정보통신개론

강 경 인 저

오성 미디어

머 리 말

사람들은 오늘날 우리가 살고 있는 시대를 정보화시대라고 한다. 또한 덧붙여 지식정보화시대라고도 한다. 지식정보화란 하나의 지식을 단순히 머리에 넣는 것이 아니라 다양한 지식을 복합적으로 활용하여 가치창출을 극대화할 수 있는 것을 말한다. 지식정보화시대를 완성하는 데 필수불가결한 것이 바로 우리가 배우고자 하는 정보통신이다.

정보통신은 말 그대로 정보를 주고받는 것을 말한다. 넓은 의미로는 일상적으로 하는 대화나 손짓, 몸짓도 정보통신이라 할 수 있겠지만 우리가 배우고자 하는 정보통신은 기계적인 것을 이용해서 즉 통신 터미널(communication terminal)을 통해서 정보를 주고받는 것을 의미한다. 그렇다면 정보란 무엇일까 정보란 우리에게 유익함, 편리함과 일상의 즐거움 등을 줄 수 있는 것이라 할 수 있겠다. 이러한 정보는 문자(text), 소리(sound), 영상(image) 등으로 구성되어져 있다. 따라서 정보통신을 좀 더 구체적으로 정의해 보면 다양한 정보 미디어 즉 문자, 소리, 정지영상(still image)과 동영상(moving image) 등으로 이루어진 정보를 송신 원(transmitter source)에서 수신 원(receiver source)으로 전송매체(transmission medium)를 통해서 정확하고 신속하게 또한 편리하게 주고받는 것을 말한다. 그렇다면 정보통신시스템은 무엇을 말하는 것일까 정보통신시스템은 정보통신을 하기 위해 필요한 각종 기계적인 장치 즉 하드웨어 장치와 하드웨어 장치를 구동시키는 소프트웨어 등을 포함하는 모든 것들을 말한다. 모스 전신기 발명과 함께 시작된 통신은 현재 사용자들의 다양한 서비스 요구와 성능이 우수한 통신장비의 개발에 따라 여러 가지 형태로 발전하게 되었다.

이 책은 정보통신 분야에서 사용되어지고 있는 다양한 개념과 시스템들을 학습하고 분석함으로써 정보통신에 대한 기본적인 이해와 함께 추가적으로 논리적인 사고력과 창의력을 배양하는데 목적을 두고 저술되었으며 총 12장으로 구성되어져 기본적인 정보통신 정의와 역사, 기본적인 개념과 기술, 정보통신시스템 구성과 기본적인 기술 사항과 다양한 정보통신시스템, 정보보안, 정보압축 등에 대해 학습한다.

부족하나마 이 책을 통해서 학습하는 독자들의 무궁한 발전을 기원하며, 이 책의 출판을 위해 노력해주신 모든 분들에게 고마움을 보내고 출판의 기쁨을 함께 나누고자 한다.

2011년 어느 추운 날에

차 례

제 1 장

정보통신 정의와 발전 과정

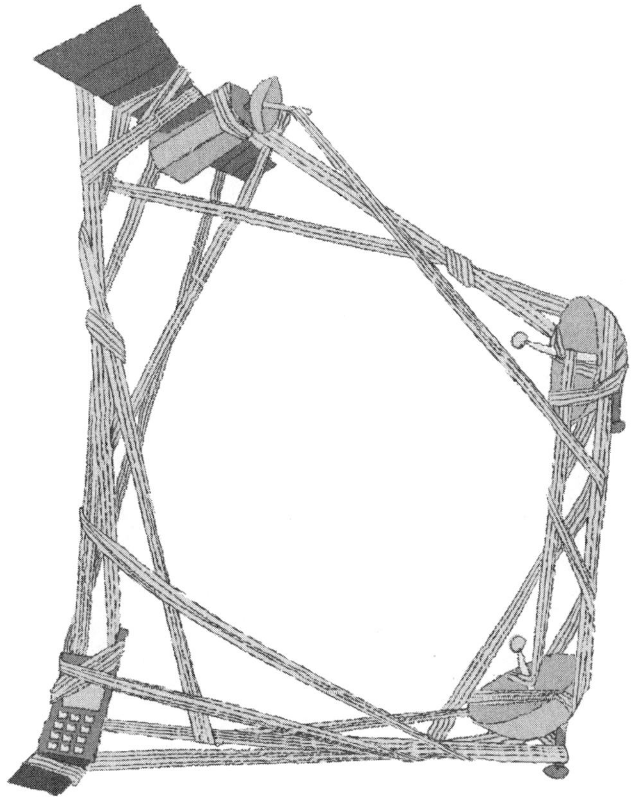

제1장 정보통신 정의와 발전 과정

오늘날 정보통신(information communication)과 IT(Information Technology)는 우리에게 아주 익숙한 용어가 되었다. 오늘날을 살고 있는 우리들은 이제 정보통신 없이는 살 수 없는 시대가 되었다. IT 즉 정보기술은 정보통신을 포함하는 개념으로서 우리가 오늘날 주변에서 볼 수 있는 컴퓨터, 통신 관련 장치들은 모두 IT에 포함된 것들이다.

요즘 우리들이 가장 익숙하게 사용하는 스마트 폰을 비롯한 휴대폰, mp3(MPEG Audio Layer-3), DMB(Digital Multimedia Broadcast), 내비게이션(navigation), 넷 북(net book), 태블릿(tablet) PC 등은 바로 IT에 의해 실현된 정보통신시스템들이라고 할 수 있다.

정보통신이란 한 마디로 설명하자면 정보를 주고받는 것을 말한다. 정보통신을 이해하기 위해서는 정보통신을 구성하고 있는 정보와 통신에 대한 개념 정립이 필요하다. 이번 장에서는 정보통신에 대해서 정의하고 정보통신의 발전과정에 대해서 살펴보고자 한다. 그림 1.1에는 우리가 가장 많이 사용하고 있는 이동통신과 인터넷에 대한 개략적인 망 구조에 대해 표현하였다. 앞으로 상세하게 배울 내용이므로 간단하게 그림을 통해서 살펴보도록 하자. 여기서 CP는 사용자 컴퓨터(user computer)이고 MS(Mobile System)는 사용자 휴대폰이라고 생각하면 된다.

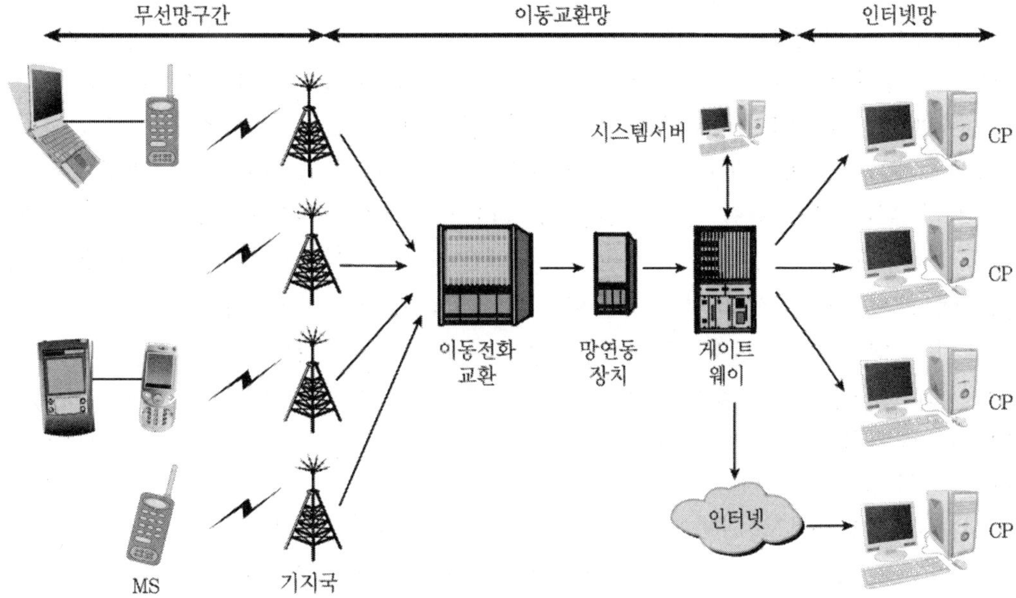

그림 1.1 이동통신 망과 인터넷 망

1.1 정보통신의 정의

일반적으로 우리는 알지 못하는 새로운 것을 이해하고 학습하기 위해서는 먼저 그 것에 대한 정의에서 출발해야 한다. 정의를 통해서 새로운 것에 대한 개략적인 이해를 바탕으로 세부적인 내용을 분석하고 학습해야 한다.

우리가 배우고자 하는 정보통신을 정의하기에 앞서 정보통신을 구성하고 있는 정보(information)와 통신(communication)에 대해서 알아보자. 또한 정보와 유사한 개념으로 사용되는 데이터(data)에 대해서도 알아보기로 하자.

1) 정보와 데이터의 정의

일반적으로 사람들은 데이터와 정보를 특별히 구분하지 않고 사용하고 있다. 실제로 일상생활에서 데이터통신과 정보통신을 별로 구분하지 않는 것과 비슷하다고 할 수 있다. 그렇지만 데이터와 정보는 약간의 차이점이 존재한다.

데이터란 가공 처리되지 않은 단순한 기록을 말하며, 넓은 뜻으로는 실세계에 존재하는 모든 사물, 상황의 상태를 의미한다. 한편 정보는 데이터를 가공 처리하여 특정 상황에 맞게 정리하여 의미와 가치를 가지는 기록을 의미한다. 예를 들면 도자기를 가마에 굽는 요령과 온도 등은 일반 사람들에게는 대부분 유용하고 가치 있는 내용이 아닐 것이다. 그렇지만 도자기에 관심이 있는 사람들과 도자기를 전공하는 사람들에게는 매우 유용하고 가치 있는 내용이 될 것이다. 결과적으로 도자기에 대한 내용은 일반인들에게는 그저 데이터일 뿐이지만 도자기를 전공하는 사람들에게는 매우 유용하고 가치가 있는 정보가 되는 것이다. 또한 휴대폰의 내부 구조에 대한 경우도 마찬가지 예시가 된다. 우리처럼 정보통신을 전공하고자 하는 사람들에게는 유용한 정보가 될 수 있겠지만 보통 휴대폰을 사용하는 일반사람들에게는 아주 복잡하고 흥미 없는 데이터에 불과하고 단지 휴대폰을 통한 다양한 서비스에 더 집중할 것이다.

위에서 설명한 바와 같이 데이터와 정보는 사용하는 사람에 따라서 단순한 데이터가 될 수도 있고 아니면 유용한 정보가 될 수도 있다. 따라서 데이터와 정보의 중요한 차이점은 데이터와 정보에 담겨진 내용보다는 데이터나 정보를 사용하는 사람에 좌우된다는 것이 맞는 말이다.

우리가 일상생활에서 마주치는 방대한 데이터들은 단순하게 표현하자면 다음 그림 1.2와 같은 과정을 거쳐 정보로 바뀌게 된다. 그림 1.2에서 중요한 것은 데이터를 어떠한 가공처리를 통해서 좀 더 가치 있는 정보로 만들어 낼 수 있느냐는 것이다. 가공처리를 하는 주체는 사람이 될 수도 있고 기계적인 시스템의 형태가 될 수도 있다. 똑같은 데이터라고 할지라도 가공처리 하는 사람이나 시스템의 능력이나 성능에 따라 결과물로 도출되는 정보의 가치는 아주 다양할 것이다. 정보화시대를 살아가고 있는 우리들에게 데이터와 정보의 의미는 상당히 중요하다. 방대한 데이터를 아주 가치 있는 정보로 변환시킬 수 있는 많은 노력이 필요하다.

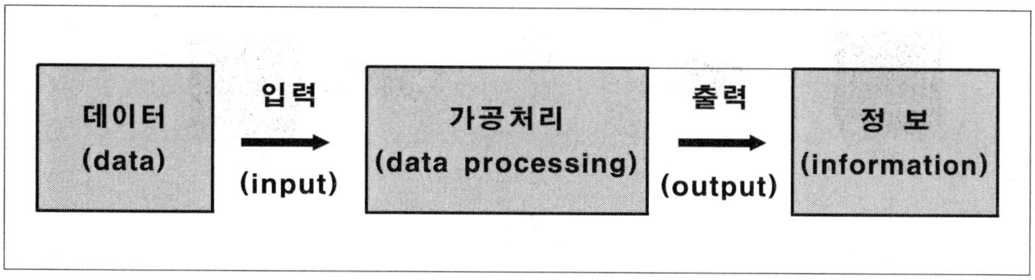

그림 1.2 데이터와 정보의 관계

그림 1.2에서의 가공처리는 데이터를 사용하는 사람이 자신의 사용목적에 알맞게 변환시켜 유용한 정보로 만드는 과정을 말한다. 한편 이후에 이 책에서 실제로 데이터와 정보에 대해서 논의될 때는 데이터와 정보를 구분하지 않고 사용할 것이다. 일반적으로 정보라는 개념을 가지면서 용어는 데이터로 사용하는 것이 일반적이다.

2) 통신의 정의

통신(communication)의 사전적 의미는 인간의 의사, 지식, 감정 또는 각종 자료를 포함한 정보를 공간적 사이에서 주고받는 작용 또는 현상을 말한다. 즉 간단하게 말하자면 서로 간에 필요한 정보를 주고받는 행위를 말한다. 물론 이러한 정의는 넓은 의미의 정의로서 우리가 배우고자 하는 통신의 의미와는 차이가 있다. 우리가 배우고자 하는 통신은 사람과 사람사이의 직접적인 통신형태가 아니라 통신 터미널(communication terminal)이라는 매개체를 통해서 통신하는 것에 국한된다.

그림 1.3에는 오늘날 우리가 가장 많이 사용하고 있는 통신의 형태인 이동통신에 대해 간략하게 표현하였다. 이동통신의 기본구조는 우리가 가지고 있는 휴대폰 즉 이동노드(mobile node)를 이용하여 기지국, 이동교환국 등을 통해 다른 이동 노드와 통신하는 형태를 가진다. 여기서 N1, N2, N3은 노드(node)로서 일반적으로 여러분들이 가지고 있는 휴대폰이라고 생각하면 된다.

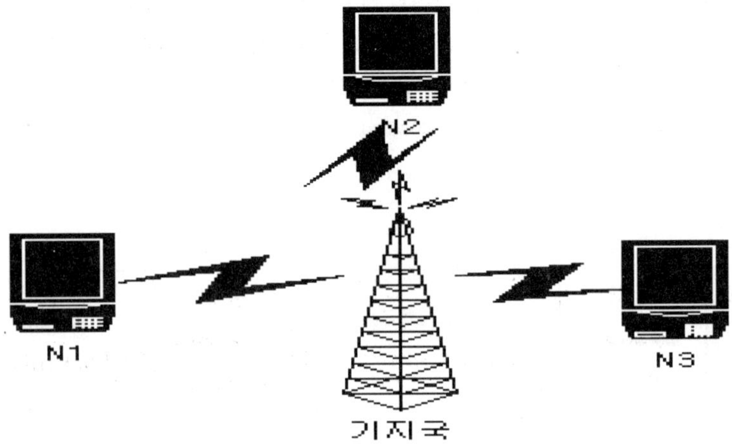

그림 1.3 이동통신의 기본구조

3) 정보통신의 정의

정보통신(information communication)을 가장 간단하게 정의하자면 정보를 통신하는 것을 말한다. 위에서 살펴보았듯이 정보는 데이터를 가공처리 한 것을 말하고 통신은 주고받는 것이니까 다시 한번 정의해 보면 데이터를 가공처리 한 정보를 어떠한 매개체를 통해서 주고받는 것을 말한다. 여기서 말하는 매개체는 이동통신에서 설명하자면 휴대폰, 기지국, 이동교환국, 전송매체 등을 말할 것이다. 이러한 용어에 대해서는 이후에 천천히 배워보도록 하자.

정보통신이란 글자 그대로 정보를 주고받는 것을 말한다. 다시 말해, 정보 내용의 배열 또는 구조를 변경하지 않고 발신지에서 수신지로 정보를 전달하는 것을 말한다.

넓은 의미의 정보 통신은 손짓이나 발짓에 의한 의미 전달, 언어에 의한 정보의 전달 그리고 문자, 음성, 영상 등의 정보를 전기 통신 기기에 의해 전달하는 것을 의미한다. 좁은 의미의 정보 통신은 컴퓨터와 전기 통신 기기를 결합하여 근거리나 원거리에서 정보를 정확하고 효율적으로 전달하는 것을 의미한다.

예를 들면, 친구와의 직접 대화 및 전화 통화, TV 시청, 컴퓨터 통신 등이 있으며, 또한 서울로 장기간 출장을 나온 한 회사원이 나무(데이터)를 가공 처리하여 만든 피노키오 인형(정보)을 제주도에 사는 자신의 딸에게 소포로 붙인 다음, 며칠 후에 그 딸이 아버지가 서울에서 보내온 소포를 받았을 경우에 이러한 것도 넓은 의미의 정보통신으로 볼 수 있다. 물론 우리가 다루고자 하는 정보통신은 넓은 의미의 정보통신이 아니라 좁은 의미의 정보통신이다. 그렇지만 우리가 다루고자 하는 좁은 의미의 정보통신을 잘 수행하기 위해서는 넓은 의미의 정보통신을 잘 살펴보고 분석할 필요가 있다. 또한 넓은 의미의 정보통신을 잘 분석하고 그것의 필요성을 잘 이해한다면 우리가 실제로 하고자 하는 좁은 의미의 정보통신에 대해 많은 장점을 제공할 수 도 있다. 다음 그림 1.4는 좁은 의미의 정보 통신의 개념을 나타낸 것이다.

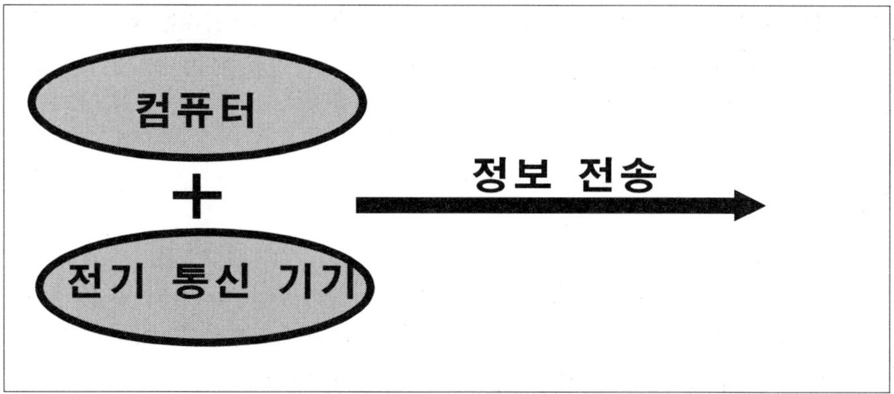

그림 1.4 좁은 의미의 정보 통신

1.2 정보로써의 미디어

일상생활에서 미디어(media)라는 말은 정보라는 말과 함께 자주 사용되고 인용되는 말이다. 미디어는 한마디로 정보를 표현하는 수단이라고 생각하면 된다. 미디어는 매체나 방법이라는 의미로 의사소통의 여러 수단 즉, 문자, 음성, 그리고 영상 등의 정보 전달매체로써의 역할을 담당한다. 이러한 개념을 바탕으로 우리가 일상생활에서 접할 수 있는 정보전달매체를 살펴보면 기본적으로 다음과 같은 세 가지로 분류된다. 문자정보, 음성정보, 영상정보를 통해서 정보로써의 미디어를 고찰해보기로 하자.

1) 문자정보

문자정보는 우리에게 가장 익숙한 미디어이다. 인류의 역사를 가능하게 해준 중요한 매체이다. 신문, 잡지, 그리고 서적 등의 인쇄물을 통해 문자 미디어 시대가 열렸다. 특히 이러한 매체의 정보 축적과 대량 생산이 가능해짐으로써 정보의 신속한 전달과 저장을 이룩하였다. 또한 색인 등의 방법을 이용함으로써 보다 효과적인 사용도 가능해졌다. 현재에는 이동통신과 컴퓨터통신에서 사용하는 문자메시지, 이메일(e-mail), 트

위터(twitter), 온라인 채팅 등 일상생활에 다양한 형태로 적용되어지고 있다.

2) 음성정보

실제로 음성정보 또는 소리정보는 문자정보 이전에 이미 우리들에게 중요한 정보전달의 수단으로 존재해 왔었지만 축음기의 등장으로 음성정보의 기록과 재생이 가능해짐에 따라 음성 미디어 시대가 열렸다. 레코드를 이용하여 음성정보를 전달할 수 있게 되었고, 실시간의 쌍방향 통신이 가능한 전화나 전자기파를 이용한 라디오는 지역과 국경을 초월하여 시간과 공간의 한계를 극복하였다.

3) 영상정보

사진기술의 발달로 인한 화상 기록이 가능해짐에 따라 영상 미디어 시대가 열렸다. 특히 동영상 재생 기술은 영화제작이라는 서민 오락문화 창달을 이룩하였고, 영상과 음성이 혼합된 정보가 전 세계적으로 실시간 전송이 되고 있는 TV는 오늘날 미디어로 중요한 역할을 담당하고 있다. 이제는 휴대폰을 통한 영상통신도 일반화되어졌다.

1.3 멀티미디어

요즘 컴퓨터와 통신이라는 키워드를 가지고 정보통신에 대해 이야기 할 때 많이 언급되어지고 있는 단어중의 하나가 멀티미디어(multimedia)이다. 사람들은 이미 멀티미디어에 대한 사용이 익숙해졌으며 혹자는 너무나 일반적인 멀티미디어에 대한 정의가 무의미하다고 까지 한다. 왜냐하면 멀티미디어에 대한 정의를 논하는 것과 휴대폰이 무엇이냐고 묻는 것과 같다는 의미일 것이다. 그렇지만 정보통신에 대해 정확히 배우고자 하는 사람들은 반드시 멀티미디어에 대한 정확한 정의가 필요하다.

멀티미디어는 문자, 음성, 영상 등의 단일 매체를 디지털 방식으로 통합하여 사용하는 다중 매체를 의미한다. 멀티미디어를 사전적인 개념으로 설명하면 다중, 복합 등의 의미를 갖는 멀티와 매체, 수단 등의 의미를 갖는 미디어가 결합된 개념으로 다중 매체 또는 복합 매체란 의미를 갖는다.

멀티미디어 시스템의 기본이 되는 미디어 시스템을 정의하는데 크게 두 가지의 접근이 가능하다. 첫째, 좁은 의미의 미디어로는 다양한 미디어들을 컴퓨터라는 도구를 사용하여 하나의 매체로 통합하여 상호작용, 대화 등의 총체적인 기능을 제공하는 컴퓨터 시스템으로 정의한다. 둘째, 넓은 의미의 미디어로는 인간의 의사소통 수단을 통합시켜주는 시스템으로 정의한다. 그림 1.5에는 좁은 의미의 미디어와 넓은 의미의 미디어를 개략적으로 분류하였다.

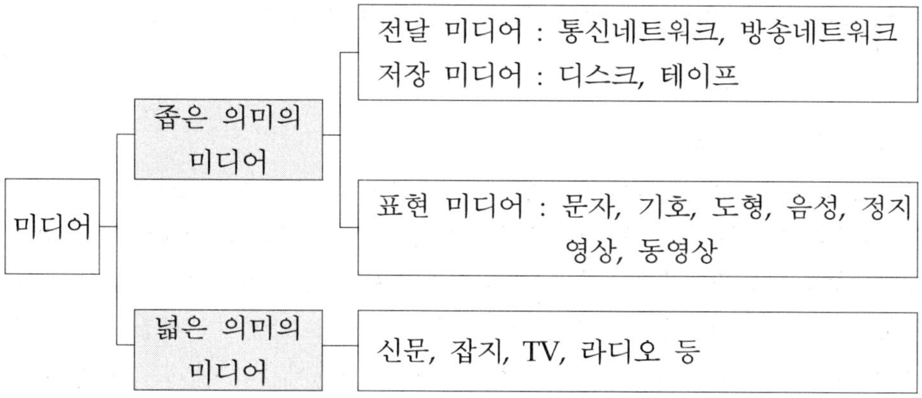

그림 1.5 미디어의 분류

1) 멀티미디어의 특징

멀티미디어는 컴퓨터와 통신에서 사용되는 중요한 요소로서 우리가 멀티미디어에 대한 정확한 정의를 바탕으로 멀티미디어에 대한 다양한 특성을 고려하여 현재의 정보화 시대에 더욱더 잘 적응할 수 있는 계기가 될 것이다. 멀티미디어의 특징들 중에서 가장 중요한 특징은 디지털 신호 처리, 정보의 양방향 통신, 인간 중심적 인터페이스에 대해 고찰해 보고자 한다.

(1) 디지털 신호 처리

디지털 신호 처리란 먼저 모든 데이터를 디지털 데이터로 변환시킨 다음 다시 디지털 데이터를 디지털 신호로 변환시켜 처리하는 것을 말한다. 정보를 저장할 때는 디지털 데이터 형태로 하고 정보를 전송할 때는 디지털 신호 형태로 수행한다. 모든 정보를 디지털 데이터로 변환하여 생성, 전송, 처리, 저장할 수 있는 방식이 요구된다. 즉 다양한 단일 미디어를 통합하여 하나의 멀티미디어로 만들 때 디지털 방식이 필요하다는 것이다.

(2) 정보의 양방향 통신

정보의 양방향 통신이라는 것은 정보의 전송 관점에서 송신 원(transmitter source)과 수신 원(receiver source)이 고정되어져 있지 않고 상황에 따라 송신 원과 수신 원의 기능을 교대하는 통신 터미널(communication terminal)을 통한 통신을 말한다. 일반적으로 정보통신에서 멀티미디어를 주고받는 통신형태는 장소와 시간에 상관없이 실시간으로 양방향 통신이 가능해야 한다. 일반적으로 라디오와 TV와 같이 송신 원과 수신 원이 고정되어져 있는 단 방향 통신이 아니라 정보에 대한 송수신이 가능해야 한다.

(3) 인간 중심적 인터페이스

인터페이스(interface)라는 의미는 일반적으로 접속을 의미하며 정보처리의 관점에서 보면 정보처리를 수행할 수 있는 기본적인 방법, 도구 조작을 의미하며 통신의 관점에서 살펴보면 통신하고자 하는 터미널 사이에서 정보를 주고받을 수 있도록 하는 장치와 규격 등을 의미한다고 생각하면 된다. 물론 실제로는 조금 더 복잡한 정의가 필요하지만 현재로서는 간단한 정의로 만족하고 이후에 자세하게 다루기로 하자. 사용자가 보다 간단한 조작으로 편리하게 정보를 이용할 수 있는 사용자 인터페이스(UI : User Interface)가 요망되며 인간의 사고과정이나 일상적인 활동을 컴퓨터에서 지원해야 한다.

2) 멀티미디어의 종류

(1) 하이퍼텍스트

하이퍼텍스트(hypertext)의 사전적 의미는 전자적으로 축적된 방대한 정보를 컴퓨터로 검색하게 할 수 있는 기술을 말한다. 하이퍼텍스트란 관련 정보를 즉시 참조할 수 있는 비선형 문서로써 문자로만 이루어진 정보를 포함한다.

하이퍼텍스트는 노드(node)와 링크(link)로서 구성되며 노드는 지식베이스내의 모든 정보로써 계층적 구조로 구현되고, 링크는 개념적인 요소 간 연결선으로 라벨(label)이 붙어 있다. 하이퍼텍스트는 동적으로 움직이는 영상과 애니메이션(animation)이 가능하며 수정 및 배포가 용이하다. 또한 대용량 문서의 물리적 공간을 절약함으로써 자원을 효율적으로 사용할 수 있으며 동시성을 갖는다.

(2) 하이퍼미디어

하이퍼텍스트와 하이퍼미디어(hypermedia)의 차이점은 하이퍼텍스트는 인터넷상에서 문자 매체이고 하이퍼미디어는 인터넷상에서 멀티미디어 매체라는 것이다.

상호 링크가 멀티미디어에 추가되고, 내비게이션(navigation) 시스템이 비선형적으로 되었을 때의 멀티미디어로써 하이퍼미디어 구조와 멀티미디어 표현을 갖고 있는 정보를 직접적으로 노드와 링크시키는 장점이 있다. 즉, 링크가 되어 있는 경우 직접 데이터를 검색할 수 있다.

1970년대 후반 경 미국의 브라운(Brown) 대학연구 그룹으로부터 시작되었다. 기능별 시스템을 분류하면 문서관리기능에 중점을 둔 것, 문서작성에 목표를 둔 것, 지식데이터베이스를 지향한 것, 응용개발도구로써 사용할 수 있는 것, 사전이나 책등이 있다.

① 구조

Ⓐ 단일구성요소

가장 단순한 방법으로 구성요소(component) 내부 층의 한 구성요소의 데이터 부분에 표현될 모든 데이터를 저장하는 방식이다. 즉 구성요소에 포함된 데이터의 표현은 단일 링크에 의해 동시에 작동되며 멀티미디어 정보에 대한 동기화는 시스템에서 제공되는 기술에 의해 이루어진다. 이러한 동기화에 이용되는 기술은 데이터 정의 부분에 제어기능을 포함시키거나, 데이터 아이템 사이의 시간적 관계를 잘 설정하여 각 데이터를 순차적으로 접근시키는 것 등이 있다.

이 구조는 제한된 데이터의 수에 대해 효율적인 관리를 할 수 있다는 장점이 있지만 복잡한 멀티미디어 데이터를 조합할 경우에는 확장이 어렵다는 단점을 갖는다.

Ⓑ 완전분리방식

한 구성요소에 오직 한 개의 데이터만 포함시키는 방식이다. 데이터의 취합은 여러 개의 링크로 이루어지며 각 링크를 통해 동작하기 때문에 동기화의 어려움이 발생한다. 이런 동기화를 이루는 기법은 상대적 동기화 정보를 링크 노드에 명시하는 것이 사용되는데 제한된 수의 데이터의 경우 노드의 상호작용을 명시하는데 유용하다. 그러나 사용자가 직접 동기화 정보를 정의하고 유지・보수해야하는 단점을 갖는다.

Ⓒ 복합구조방식

위 두 방식의 데이터 취합과 동기화 문제를 해결하기 위해 주로 선택되는 방식이다. 몇 개의 구성요소로 구성하고 동일 매체의 데이터는 가능한 한 컴포넌트에 포함시키므로 구현된다.

② 링크의 종류

Ⓐ 정적 링크

노드 간을 포인터나 참조 테이블로 직접 연결하는 방식이다. 이것은 표현 및 조작이 간단한 반면에 검색은 링크에 제한된다는 단점이 있다.

Ⓑ 동적 링크

프로그램에 의해 다음 상태를 지정할 수 있는 방식으로 HyperCard의 스크립트(script)가 대표적인 예이다. 스크립트의 작성은 인터페이스 상에서의 간단한 대화조작에 의해 자동적으로 생성된다. 또한 필요에 따라 여러 형태(type)의 상태 변환이 실현될 수 있다. 표현의 자유성이 보장되며 GUI(Graphic User Interface)과 관련되고 특히, 대규모 하이퍼미디어나 장기간의 이용 또는 공유 이용이 예상되는 경우에 매우 유용한 방식으로 각광받고 있다. 이런 방식을 이용한 것은 Media-Mix Book의 집합조작링크나 링크 상에서 질의를 할 수 있는 가상링크 등이 있다.

Ⓒ 브라우저 툴(Browser Tool)

정보 내용의 시간/공간 관계를 일관성 있게 지원하는 방식으로 링크로 연결된 모든 관련정보의 공간표시를 수행한다. 사용자의 열람 계열 표시는 history/path라는 인터페이스를 통해 윈도우 내에서 쉽게 실현할 수 있다. 또한 이것은 노드 간 계층구조도 지원한다. 이와 같은 그래픽 브라우저는 정보 검색 및 제시의 보조수단일뿐만 아니라 정보 정리 및 구조화를 지원한다.

1.4 정보의 특성

정보는 사용자, 시간, 환경 등에 따라 그 가치가 달라지며 대부분의 경우에는 정보를 이용함으로서 유용한 결과를 가져올 수 있지만, 정반대의 경우도 있을 수 있다. 따라서 다음과 같은 정보가 가지고 있는 여러 가지의 특성을 잘 이해하여 효과적으로 활용해야 한다.

(1) 시한성

정보는 이용 시기에 따라 그 가치가 증가하거나 감소한다. 경우에 따라서는 전혀 쓸모없게 되는 경우도 있다. 따라서 정보를 이용하는 그 시점이 생명이라 할 수 있다.

(2) 종합성

정보는 풍부하게 축적되고 상호간에 결합되어 종합성을 가질 때, 그 가치가 더 높아진다. 하나의 정보보다는 여러 개의 정보가, 개개의 정보보다는 상호간에 결합된 정보가 더욱 더 높은 가치를 발휘하게 된다.

(3) 독점성

정보는 희소성을 가지고 있기 때문에 공개가 되면 그 가치가 급격하게 감소하게 된다. 따라서 정보의 가치를 높이기 위해서는 공개하지 말고 독점성을 유지해야 한다.

(4) 이용성

정보는 이용하지 않으면 아무런 가치가 없으며, 적극적으로 이용될 경우에만 그 가치를 발휘하게 된다.

(5) 변화성

정보는 이용자의 필요성에 따라 그 가치가 변화한다. 다시 말해, 정보를 이용하는 시기, 장소, 환경 등에 따라 그 가치가 달라짐으로서 같은 정보라 하더라도 그 효율성은 천차만별이다.

(6) 결과성

정보는 아무리 정확하고 좋은 내용을 가졌다 하더라도 이용한 결과가 좋지 않으면 오히려 쓰레기보다 못한 것이 되고 만다. 따라서 정보는 이용 후에 좋은 결과를 얻어야 비로소 그 진가를 발휘하게 된다.

1.5 정보통신의 발전과정

1) 정보통신망과 시스템의 정의

먼저 정보통신의 발전과정을 알아보기 전에 정보통신을 구성하고 있는 가장 중요한 요소인 정보통신망과 정보통신시스템에 대한 정확한 정의가 필요하다. 일반적으로 사용자가 직접 사용하는 시스템을 제외한 통신에 필요한 모든 것들을 정보통신망으로 정의하기도 한다.

이동통신에 이를 적용해 보면 여러분들이 사용하는 휴대폰만이 정보통신시스템이 되고 BS(Base Station), MSC(Mobile Switching Center), 메인 컴퓨터(main computer), 각종 전송매체 등이 정보통신망이라고 할 수 있다. 또 다른 정의는 정보통신망은 전송매체와 전송매체를 통해서 정보를 어떻게 송수신하는 방법에 따른 기술 사항들만을 포함하고 나머지는 모두 정보통신시스템이라고 하기도 한다. 이 경우를 이동통신에 적용하면 휴대폰을 포함해서 BS, MSC, 메인 컴퓨터 등 통신에 필요한 물리적인 시스템은 모두 정보통신시스템이 되고 휴대폰과 , BS와 MSC, MSC와 메인 컴퓨터 사이를 연결하는 전송매체와 전송방식 만이 정보통신망이 된다. 위에서 살펴 본 두 가지 정의가 서로 다르지만 공통점은 정보통신은 정보통신망과 정보통신시스템으로 구성되어진다는 것이며 정보통신망과 정보통신시스템을 학습하게 되면 자연스럽게 정보통신을 이해할 수 있다는 것이다. 따라서 이 책에서는 정보통신망과 정보통신시스템을 특별히 구분하지 않고 정보통신을 위해서는 정보통신망과 정보통신시스템이 필요하며 정보통신망을 구성하는 요소에 정보통신시스템이 포함되며 정보통신망은 전송매체를 비롯하여 전송기술과 방법까지 포함한 것으로 정의한다.

우리가 가장 익숙하게 사용하는 전화에 대한 구조를 그림 1.6에 나타내었다. 그림 1.6을 살펴보면 가입자 건물과 가입자 빌딩에 있는 전화기와 각종 교환기들을 정보통신시스템이라고 하며 나머지 모든 것들을 통칭해서 공중 전화망 즉 정보통신망으로 분류할 수 있다. 공중전화망에서 보이는 로컬 교환기들과 로컬 교환기들을 연결하는 중계 교환기 등은 개인인 사용하는 시스템보다 복잡하지만 기본적으로 정보통신시스템의 형태를 가지고 있다.

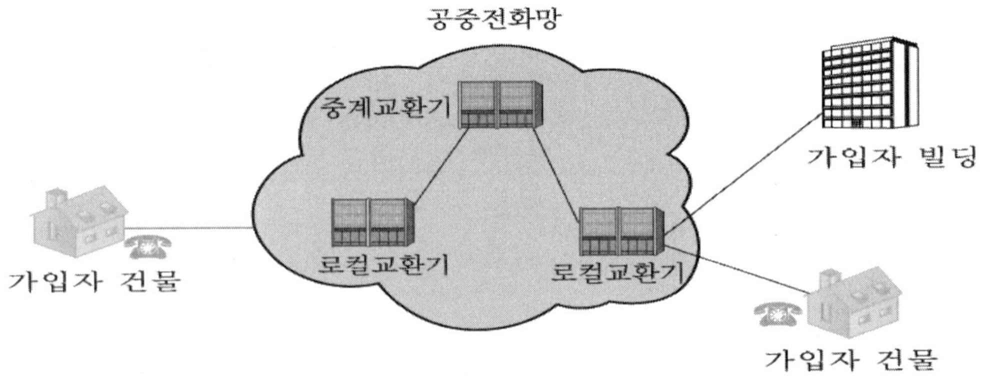

그림 1.6 일반적인 공중 전화망

2) 정보통신 발전과정을 배우는 목적

정보통신의 발전과정 즉 역사를 배우기에 앞서서 역사를 배우는 목적에 대해 살펴보자. 대부분의 책들이 어떤 내용을 설명할 때 먼저 소개와 역사를 설명한다. 그렇다면 우리가 역사를 배우는 목적은 무엇일까 역사란 과거에 일어난 사건들을 기술한 것이고 역사를 통해서 단순히 몇 년도에 무슨 일이 일어났는지를 알아보는 것이 아니라 과거에 일어났던 사건을 통해 현재를 사는 우리들에게 교훈적인 것들을 전달하여 현재를 좀 더 알차게 살 수 있는 계기를 마련한다.

한편, 우리가 배우는 정보통신의 역사도 이와 유사한 의미해서 배운다고 할 수 있다. 과거에 사용되어졌던 정보통신을 배우는 목적은 과거의 정보통신이 개발되어질 당시에 어떤 필요성에 의해 개발되어졌고 또한 사용 중에 어떠한 단점과 문제점이 발생하였으며 그러한 단점과 문제점을 극복한 또 다른 정보통신망과 정보통신시스템이 어떻게 개발되어졌는지를 분석하여 즉 과거의 정보통신의 장점과 단점을 철저하게 분석하여 현재의 정보통신을 좀 더 효율적으로 만드는데 그 목적이 있다 하겠다. 따라서 정보통신을 학습하는 사람들은 과거의 정보통신에 대한 개발 동기 및 필요성, 장점과 단점을 철저히 분석하고 이해하여 새롭고 효율적인 정보통신을 개발하는데 집중해야 할 것이다. 또한 개별 정보통신망과 정보통신의 사용에 따른 불편함을 지나치지 말고 불편함을 해결할 수 있는 창의적인 아이디어를 사용하여 새로운 정보통신을 개발하는 계기를 만들어야 한다.

3) 정보통신의 발전과정

(1) 자연통신

정보통신의 발전과정에 대해서 살펴보도록 하자. 넓은 의미의 정보 통신은 인류의 탄생과 동시에 나타났다고 할 수 있다. 언어가 사용되기 전에는 손짓과 발짓을 이용하여 서로 간의 의사를 전달하는 정보 통신을 시작했다. 이것은 고대에 비해 문명이 비교할 수 없을 정도로 발달한 현재에도 우리가 사용하는 가장 기본적인 정보 통신 수단인 것이다.

그 이후에는 음성을 정보 통신 수단으로 사용했을 것이다. 그러나 사람의 음량에는 한계가 있어서 어느 정도 떨어져 있으면 의사소통이 불가능하게 된다. 따라서 고대의 사람들은 여러 가지의 정보 전달 방법을 고안하게 되는데, 예를 들면 빛(봉화), 악기소리(북, 종), 수기(깃발) 등을 정보 통신 수단으로 사용하였다.

(2) 전기통신

전기통신이란 전기의 흐름을 이용하여 정보를 상대방에게 전달하는 것을 말한다. 전기 통신의 역사는 1837년 모스 전신기 발명과 함께 시작되었다. 이 전신기는 패러데이(Faraday)가 발견한 전자 유도 법칙을 응용한 것으로 다음 표 1.1과 같은 모스 부호를 이용하여 상대방과 통신하게 된다.

표 1.1 모스 부호

문자	모르스 부호	문자	모르스 부호	문자	모르스 부호	문자	모르스 부호
A	- —	B	— - - -	C	— - — -	D	— - -
E	-	F	- - — -	G	— — -	H	- - - -
I	- -	J	- — — —	K	— - —	L	- — - -
M	— —	N	— -	O	— — —	P	- — — -
Q	— — - —	R	- — -	S	- - -	T	—
U	- - —	V	- - - —	W	- — —	X	— - - —
Y	— - — —	Z	— — - -				

위의 모스 부호는 짧은 부호(-)와 긴 부호(—) 그리고 사이의 공간을 조합하여 알파벳 문자를 표현한 것으로 전신기의 키를 ON(-와 — 표현)/OFF(-와 — 사이의 공간 표현)하여 송신 측에서 수신 측으로 전송하는 것이다. 즉, 전류의 흐름(ON)과 정지(OFF) 상태로 신호를 만드는 것이다.

전기를 사용하는 정보통신의 역사는 1837년경에 모스(Morse) 전신기 발명과 함께 시작되었고 1844년 워싱턴과 볼티모어 64km 사이에 전신기가 설치됨으로써 실용화되었다. 이때의 통신망 형태는 일 대 일(point to point) 방식인 직접적인 연결방식을 사용하였다. 모스 전신기는 전기신호의 조합에 의하여 문자를 표시하는 방법으로서 통신하고자 하는 송신기와 수신기 사이에 전기신호 조합에 대한 코드 표를 공유함으로써 정보를 전달하였다. 모스 전신기의 사용과 함께 정보통신은 본격적으로 시작되었으며 급속하게 발전하였다. 전기신호는 빛의 속도와 같은 속도로 정보를 전달할 수 있으므로 이전의 통신방법과는 비교할 수 없는 신속한 통신방법이었다. 하지만 모스 코드에 익숙하지 않은 사람들이 사용하기에는 너무 어렵고 또한 수신하는 사람의 부재 시에는 정보수신이 불가능하였다. 즉 기록통신이 아니어서 일반적인 사용을 위해서는 많은 문제점의 해결이 필요하였다.

이러한 모스 전신기의 단점들을 해결할 수 있는 시스템에 대한 연구가 진행되었고 연구 결과 등장한 시스템이 바로 텔렉스(telex)이다. 텔렉스는 사용자들이 문자를 쉽게 쓰고 받을 수 있는 타이프라이터(typewriter)와 문자를 전기신호로 또는 전기신호를 문자로 변환시킬 수 있는 컨버터(converter)를 도입한 시스템이다. 텔렉스의 등장으로 인해서 기록통신이 가능하여 졌으며 전문가가 아닌 일반인들의 사용도 가능하여져서 널리 사용하게 되었다. 현재의 시각에서 보면 모스 전신기와 텔렉스는 문자통신이라 할 수 있다. 따라서 현재의 음성통신에 비해 정보전달 전송 량이 적고 또한 모스 전신기에 비해서는 텔렉스가 사용하기에 편해졌다고 하나 여전히 일반인들이 사용하기에는 어려움이 많았다. 따라서 이러한 문제점들을 해결할 수 있는 시스템의 개발이 절실히 필요했다.

이러한 사회적 필요성으로 인해 음성통신의 대표 주자인 전화기가 1876년에 미국의 벨(Bell)에 의해서 개발되었다. 그 당시의 전화기는 우리가 현재 사용하고 있는 전화 시스템과 기본적인 구조는 거의 유사하였다. 전화기의 송화기 즉 컨버터에 의해서 사람들의 음성을 전기신호로 변환하여 송신하고 수화기에 의해 수신된 전기신호는 사람들이 들을 수 있는 음성으로 바꾸어 줌으로써 송신자와 수신자가 신속하게 정보를 전달할 수 있도록 하였다. 전화기는 전문가가 아닌 일반인들도 누구나 쉽고 편리하게 사용할 수 있다는 장점을 가지고 있었다. 하지만 현재의 통신시스템 관점에서 살펴보면 텔렉스가 기록통신이 가능했던 것과는 달리 전화는 송신자의 정보 전송 시 수신자가 부재인 경우 통신은 불가능하였으며 즉 기록통신은 어려웠다. 현재의 전화시스템은 수신자의 부재 시 자동응답기능을 통해서 송신자의 메시지를 저장할 수도 있으며 텔렉스와 마찬가지로 문자통신도 가능한 다양한 형태의 전화시스템이 되었다. 아마도 음성통신 위주의 전화기에 텔렉스의 장점을 결합한 것이 오늘날의 전화시스템을 가능하게 한 요인이 되었을 것이다.

우리도 과거의 시스템들의 장점과 단점을 철저하게 분석함으로써 오늘날의 다양한 정보통신시스템의 개발과 개선이 가능하도록 하는 계기가 되어야 할 것이다. 유선전화에 이어 사용의 편리성과 이동성을 위한 코드리스 전화가 개발되었고 결국 사용자의 이동성을 보장해 주는 이동통신의 등장을 가능하게 하였다.

(3) 컴퓨터통신

모스 전신기, 텔렉스와 전화에 이어 완전히 새로운 통신환경을 제공하는 것이 바로 각종 컴퓨터와 터미널 등을 활용한 통신이다. 그 중에서 대표적인 것이 우리가 정보처리용으로 사용하던 개인용 컴퓨터(personal computer)에 신호변환장치인 모뎀(MODEM)을 붙여 통신을 가능하게 한 컴퓨터통신이다. 초기에 컴퓨터통신은 문자통신 위주로 이루어졌으며 점차 음성과 영상통신으로 확장되었다. 즉 컴퓨터상에서 이전의 텔렉스와 전화에서 하던 모든 통신 형태를 할 수 있게 되었으며 컴퓨터 통신 시대에 접어들면서 대량의 데이터를 가공 처리하여 짧은 시간에 먼 거리까지 정확하게 데이터를 주고받을 수 있게 되었다.

컴퓨터의 역사는 1946년 세계 최초의 컴퓨터 에니악(ENIAC : Electronic Numerical Integrator And Calculator)으로부터 시작되었다. 에니악은 18,000 여개의 진공관(vacuum tube)으로 구성된 지금으로서는 상상하기 어려운 크기와 무게를 가지고 있었다. 진공관은 현재에도 백열전구나 CRT(Cathode Ray Tube) 즉 브라운관 및 전자레인지의 전자기파 발생장치 등에서 흔히 볼 수 있다. 진공관이란 높은 진공 속에서 금속을 가열할 때 방출되는 전자를 전기장으로 제어하여 정류(rectification), 증폭(amplification) 등의 특성을 얻을 수 있는 유리관을 말한다.

이 후에는 진공관을 대신에 트랜지스터(transistor), 집적회로(IC : Integrated Circuit), 고집적회로(LSI : Large Scale Integrated Circuit), 초고집적회로(VLSI : Very Large Scale Integrated Circuit), 극 초고집적회로(ULSI : Ultra Large Scale Integrated Circuit) 순으로 개발되어 오늘날 컴퓨터시스템의 다양한 성능향상과 함께 소형화에 기여하였다.

한편, 우리가 현재 사용하는 통신을 위한 최초의 컴퓨터 통신 시스템은 1958년에 미국에 의해 개발된 군사용 SAGE (Semi-Automatic Ground Environment)이고, 1961년에 민간용으로 SABRE(Semi-Automatic Business Research Environment)가 등장하였다. 1960년대 말에는 미국의 ARPA(The Advanced Research Projects Agency)라는 단체를 중심으로 ARPANet이 개발되어졌으며 오늘날 우리들이 사용하는 인터넷의 기원이 되는 시스템이다. 1974년에는 DARPA(The Defence Advanced Research Projects Agency)에서 TCP(Transmission Control Protocol)와 IP(Internet Protocol)를 개발하여 운영체제가 다른 컴퓨터들 간의 통신이 가능하게 하였다. 1975년에는 상업용 통신네트워크인 TELNet과 TYMNet 시스템이 개발되었다. 1980년대에는 ARPANet을 군사용인 MILNet과 민간용인 ARPANet으로 분리하였다. 미국 과학 재단(NSF : National Science Foundation)이 개발한 NSFNet이 TCP/IP를 채택함으로써 컴퓨터통신은 세계로 급속하게 발전하였다.

이와 같이 발전에 발전을 거듭하여 1980년대에는 LAN(Local Area Network), MAN(Metropolitan Area Network), WAN(Wide Area Network), ISDN(Integrated Service Digital Network) 등의 디지털 기술에 의한 종합적 컴퓨터 통신망 시대를 맞이하게 된다. 그림 1.7은 네트워크에 대한 일반적인 사항들을 표현하였다.

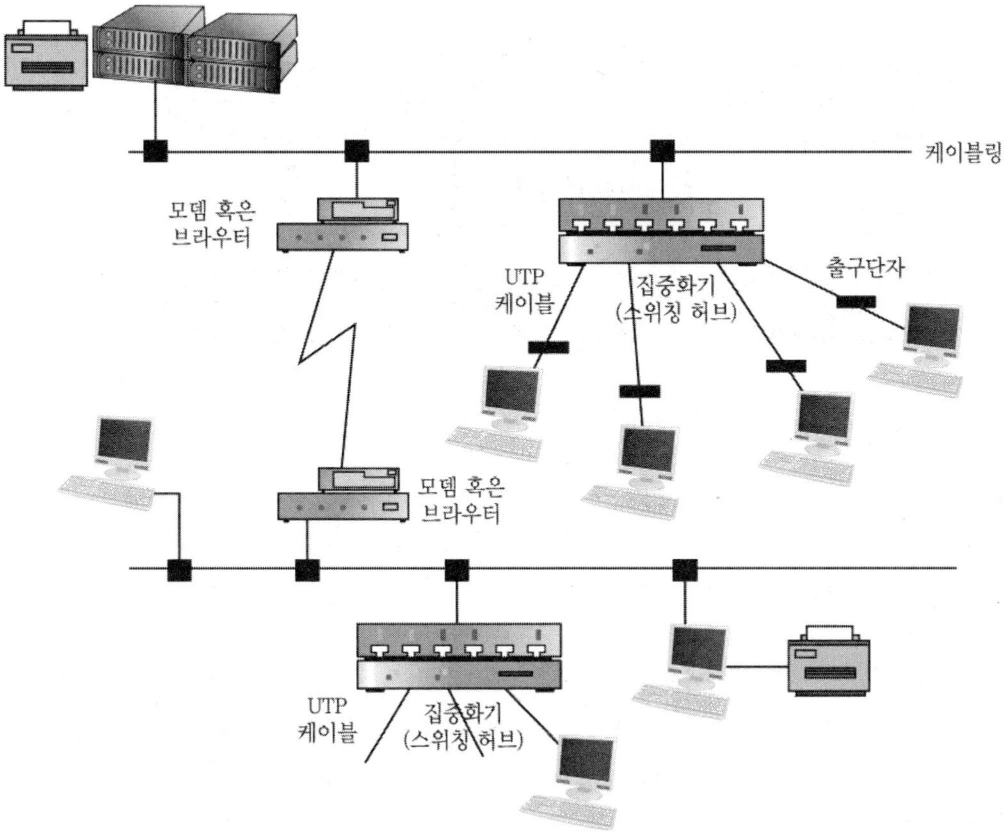

그림 1.7 네트워크의 일반적인 구조

그림 1.7에서 브라우터(bridging router)는 브리지(bridge)에 라우터(router) 기능을 추가한 것으로 개발 순서는 브리지, 브라우터, 라우터 순으로 개발되었고 요즘에는 일반적으로 라우터를 사용한다. 한편 UTP(Unshielded Twisted Pair) 케이블은 두 개의 구리선을 꼬아서 만든 여러 개의 케이블의 외부를 플라스틱으로 감싸 전류가 통하지 않게 만든 선으로서 전화선이나 랜에서 주로 사용된다.

그림 1.8은 그림 1.7에서 살펴 본 네트워크들을 연결하여 통신망을 확대한 MAN의 예를 나타낸 것이다. 기업체, 연구소, 학교, 병원 등에서 자체적으로 구성한 LAN을 하나로 통합해서 MAN으로 사용하고 있다.

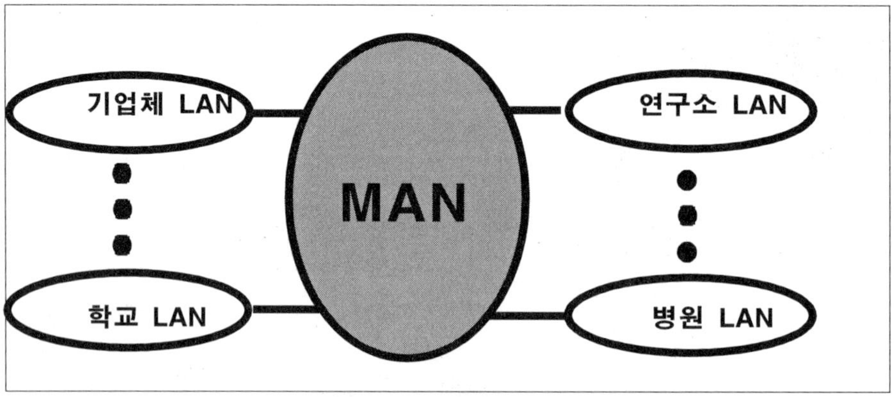

그림 1.8 MAN의 일반적인 구조

1990년대에는 폭발적으로 증가하고 있는 정보를 쉽고 빠르게 검색할 수 있는 웹(Web)의 등장으로 컴퓨터 네트워크의 사용은 한층 더 활기를 띄기 시작하여 130여개의 국가가 컴퓨터 네트워크에 연결되어 있으며, 전 세계에서 약 3,000만 명의 사람들이 컴퓨터 네트워크를 이용해 정보를 교환하고 있는 것으로 추정되고 있다.

이와 같이 컴퓨터 통신의 이용률이 폭발적으로 증가하고 통신 서비스에 대한 사용자의 요구가 고급화 및 다양화되면서 시간과 공간을 초월하여 통신하고자 하는 욕구를 충족시켜 줄 수 있는 이동 통신 및 위성 통신에 관한 기술이 지속적으로 연구되어져 왔으며 다양한 곳에서 편리하게 사용 중이다. 또한, 차세대 통신망으로 주목을 받았던 IMT(International Mobile Telecommunication)-2000 또는 미래공중이동통신망인 FPLMTS(Future Public Land Mobile Telecommunication System)는 각 사용자가 자신의 단말기로 문자, 음성, 영상 등의 멀티미디어 서비스를 제공받을 수 있으며 편리한 정보화 사회를 위한 중요한 수단이 되었다.

이와 같이 인류가 성취해온 통신 기술은 엄청난 발전을 거듭하여 오늘날 우리 생활의 거의 모든 분야(은행, 학교, 연구소, 기업체, 가정 등)에서 없어서는 안 될 중요한 요소가 되었으며 미래에도 더욱 더 발전할 것으로 기대된다.

현재의 컴퓨터통신은 언제 어디서나 누구와도 문자, 음성, 정지영상, 동영상 등 모든 미디어 정보들을 신속하고 정확하게 또한 편리하게 주고받을 수 있는 것을 가능하게 하였고 필요한 정보를 빠르게 검색하고 상품을 쇼핑하며 온라인 은행업무, 온라인 교육 강좌 등 오프라인 상에서 할 수 있는 모든 일들을 가능하게 하였다. 한편, 휴대폰에서도 문자통신, 음성통신뿐만 아니라 영상통신도 가능하게 되었으며 이동 인터넷도 편리하게 사용할 수 있게 되었다.

앞으로의 통신환경은 모든 통신도구들이 결합되어 사용되어지고 또한 정보처리 분야와도 밀접하게 관련되어 발전하여 편리한 정보화시대를 활짝 열게 될 것이다.

1.6 정보통신의 목적

정보통신의 목적을 한마디로 표현하면 정보통신 사용자간에 송수신기를 통해서 필요한 정보를 정확하고 신속하고 편리하게 주고받는 것이다. 정확, 신속, 편리라는 단어는 일상생활에서는 비교적 정확히 의미가 파악되지만 정보통신 분야에서 위의 세 단어를 정확히 이해하는 것은 쉽지 않다. 아마도 이 책을 거의 학습한 이후에 정확한 의미를 이해하게 될 수도 있다. 어쩌면 이 책을 다 학습한 이후에도 이해가 어려울 수도 있다. 그만큼 정보통신의 목적을 정확히 파악하는 것은 어려운 작업이다. 따라서 우리는 이 책을 통해서 또는 다른 부가적인 자료들을 통해서 정보통신의 목적을 이해하는데 많은 시간을 할애해야 할 것이다. 어쨌든 천천히 정보통신의 목적을 이해하고 분석하는 시간을 가지다 보면 조금씩 정보통신의 목적에 대한 이해뿐만 아니라 정보통신 기술에 대한 전반적인 내용을 파악하게 될 것이다.

정보통신 사용자간에 정보를 정확하게 주고받기 위해서 우리는 어떠한 분야를 공부해야 할까 먼저 정보를 정확하게 주고받기 위해서는 정보의 정확한 전송을 방해하는 요소 즉 정보 전송에 영향을 미치는 자연현상, 전송매체의 전송손상과 전송기와 수신기의 송수신 수행능력 등에 대한 고찰이 필요하다. 또한 송신 원에서 보낸 정보가 수신 원에 도착했을 때 그 정보에 대한 에러 검출 여부, 에러 수정 여부 등에 대한 고찰도 필요하다. 실제로 전송되는 정보의 정확성을 높이기 위한 분야는 너무 많아 여기서 다 언급하기는 거의 불가능하다. 앞으로 천천히 학습해 나가도록 하자.

정보통신 사용자간에 정보를 신속하게 주고받기 위해서 우리는 어떠한 분야를 공부해야 할까 먼저 도로를 달리는 자동차와 비교하여 설명하여 보기로 하자. 자동차가 어떤 지점을 출발해서 원하는 목적지에 빨리 도착하기 위해서 필요한 것은 어떠한 것들이 있을까 자동차의 성능, 막히지 않고 빨리 갈수 있는 길 선택, 운전자의 운전능력, 도로의 차선을 포함하는 도로의 상태 등 여러 가지 요소가 있을 수 있다. 자동차의 성능은 정보 전송을 위한 송수신기와 각종 통신제어장치와 길 선택은 네트워크의 경로설정(routing), 운전자의 운전능력은 통신 공급자의 통신망 운용 능력, 도로의 상태는 전송매체 용량과 트래픽 제어(traffic control) 등과 같다고 할 수 있다. 앞으로 이후의 장에서 논의될 것이다.

정보를 전송하고 유익한 정보를 취득하기 위해서 사용하는 사용자 중심의 각종 정보기기들은 사용자들이 편리하게 사용할 수 있도록 기능을 구현해야 한다. 이러한 정보통신 기기들의 사용성에 대한 편리성은 다양한 사용자 계층을 위해서 필요성이 증대하고 있다. 정보통신을 전공하는 우리들은 이러한 통신 환경에 대한 이해를 바탕으로 정보통신시스템을 개발하고 개선하는 작업에 집중해야 할 것이다.

연 습 문 제

1. 정보, 데이터, 통신, 정보통신에 대해 정의하시오.

2. 멀티미디어에 대해 설명하시오.

3. 정보의 특성에 대해 설명하시오.

4. 정보통신의 역사를 배우는 목적에 대해 설명하시오.

5. 정보통신의 발전과정을 간략하게 설명하시오.

6. 정보통신의 목적에 대해 설명하시오.

제 2 장

정보통신시스템

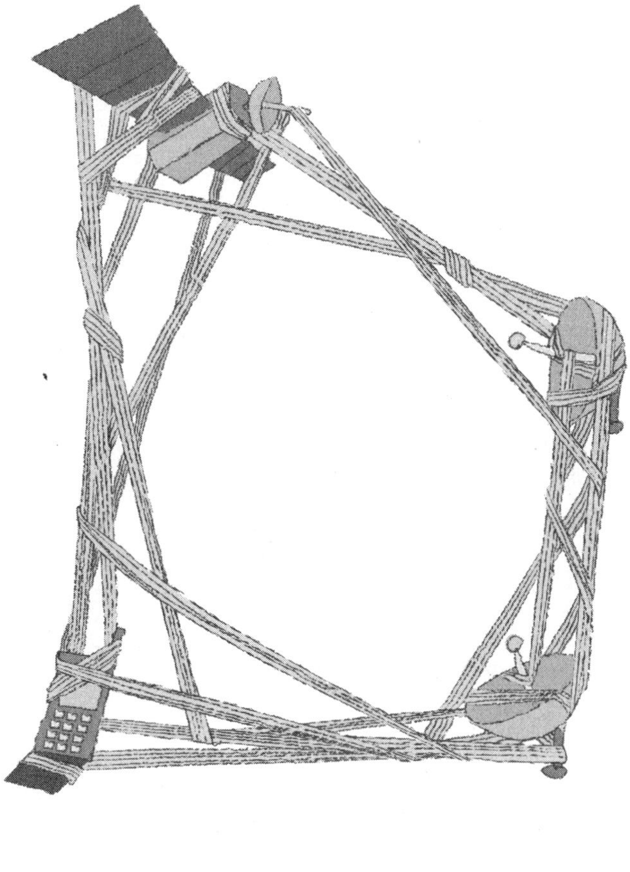

제2장 정보통신시스템

2.1 정보통신시스템 개요

정보통신시스템 또는 정보통신기기에 대해 학습하기에 앞서 먼저 정보통신시스템에 대한 정확한 정의가 필요하다. 우리가 일상생활에서 사용하고 있는 정보통신시스템들은 상당히 다양하다. 정보통신시스템이라고 하면 바로 떠오르는 시스템은 현재 일반사람들이 가장 많이 사용하고 있는 휴대폰 또는 컴퓨터를 생각할 것이다. 스마트 폰을 비롯한 휴대폰도 아주 다양하게 출시되고 있으며 컴퓨터도 데스크 탑 컴퓨터, 노트북 컴퓨터, 넷 북, 태블릿 PC 등 아주 다양한 제품들을 접할 수 있다. 그렇지만 여러분들이 생각하는 휴대폰과 컴퓨터는 정보통신시스템의 아주 작은 일부에 지나지 않는다는 사실을 이번 장에서 확인하게 될 것이다. 정보통신시스템의 세상으로 들어가 보기로 하자.

2.1.1 정보통신시스템 정의와 기능

이번 절에서는 정보통신시스템의 정확한 정의를 이해하고 정보통신시스템을 구성하는 각각의 시스템에 대한 기능과 세부적인 사항에 대해 살펴보기로 하자.

1) 정보통신시스템 정의

휴대폰과 컴퓨터를 통해서 정보통신시스템을 정의해보자. 두 사람이 각각 휴대폰을 가지고 있고 서로 통신하고자 하는 경우를 생각해보자. 과연 휴대폰만 있다면 서로 통신할 수 있을까 당연히 불가능하다. 우리는 휴대폰을 구입함과 동시에 특정 통신회사에 가입을 하게 될 것이다. 일단 간단한 경우를 설명하기 위해서 두 명이 같은 통신회사에 가입되어 있다고 가정하자. 한 사람이 다른 사람에게 전화를 건다는 것은 실제로 두 사람의 휴대폰끼리 직접적으로 통신하는 것이 아니라 가입한 통신회사의 통신 인프라(communication infrastructure)를 통해서 통신하는 것이다. 이동통신에서의 통신 인프라는 기지국, 이동교환국, 전송매체 등 많은 통신시스템들을 포함한다. 당연히 휴대폰을 포함하여 이러한 통신시스템을 통칭해서 정보통신시스템이라고 하는 것이 일반적이다. 하지만 일반사람들은 자신이 가지고 있는 것만을 정보통신시스템 또는 정보통신기기라고 생각하는 경향이 있다. 정보통신을 정확히 이해하기 위해서는 정보통신

시스템에 대한 정확한 정의를 기본으로 해서 가능하기 때문에 정보통신을 위해 사용되는 모든 시스템을 정보통신시스템이라고 정의하고 다양한 정보통신시스템을 학습함으로써 정보통신을 정확히 이해할 수 있도록 해야 하겠다.

정보통신시스템은 컴퓨터나 단말기 장치를 통신 회선으로 상호 접속하여 정보를 주고받는 시스템 전체를 말한다. 정보통신시스템의 구성 요소는 DTE(Data Terminal Equipment), DCE(Data Circuit-terminating Equipment), CCE(Communication Control Equipment)와 메인 컴퓨터(main computer) 등이 있다. 정보통신시스템의 구성 요소는 정보통신망 구성 요소와 거의 유사하다.

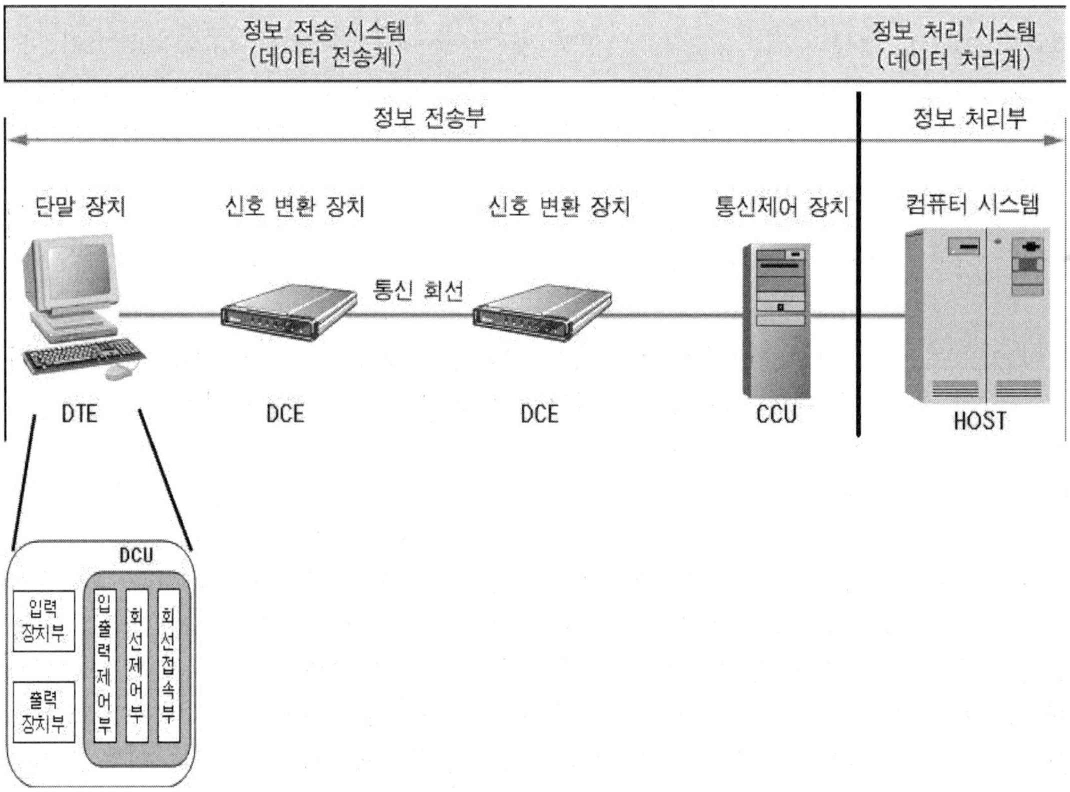

그림 2.1 정보통신시스템의 일반적인 구조

그림 2.1에서 HOST는 메인 컴퓨터를 말하며 DCU(Data Control Unit)는 전송제어장치라고도 하며 입출력 제어 부, 회선 제어 부, 회선 접속부로 구성되며 DTE에 포함된 장치이다. 또한 DCU에는 직병렬 변환기가 포함되기도 한다. 한편, 입출력 제어 부는 앞쪽에 위치해 있는 입력 장치부와 출력장치부의 동작을 직접적으로 제어하고 감

시하는 역할을 수행한다. 회선 제어 부는 전송제어를 통해서 송신 제어 과정과 수신 제어 과정을 전체적으로 제어하고 유지하는 기능을 수행한다. 회선 접속 부는 회선 제어부와 연관되어 있으며 DTE 내부에서 신호 레벨 수행을 담당한다. 직병렬 변환기는 DTE에서 전송매체로 나가는 데이터에 대한 직렬을 병렬로 또는 병렬을 직렬로 변환시켜 주는 역할을 수행한다.

정보통신시스템을 정의하는 또 다른 방법은 기능적인 측면에 따라 두 가지 시스템 즉 정보처리시스템과 정보전송시스템으로 구분하는 방법도 있다. 간단히 표현하면 정보통신시스템은 데이터를 전송하기 위해서 처리하고 데이터를 전송 받아서 저장매체에 저장하기 위해서 처리하는 과정에 관련되는 시스템과 처리된 데이터를 전송하는 시스템으로 분류된다. 데이터를 전송하기 전에 송신 DTE에서 처리되는 과정을 전 처리(preprocessing) 과정이라고 하고 전송된 데이터를 수신하여 수신 DTE에서 처리되는 과정을 후처리(postprocessing) 과정이라고 한다. 이러한 전 처리와 후처리를 담당하는 전 처리기와 후처리기를 따로 구분하기도 한다.

2) 정보통신시스템의 기능

정보통신시스템의 기능은 크게 정보처리기능과 정보전송기능으로 나뉘어 진다. 정보처리기능은 일반적으로 정보전송기능을 지원하기 위한 기본적인 기능들로 구성되어진다. 앞에서 설명한대로 간략하게 살펴보면 전 처리기능과 후처리기능으로 분류된다.

전 처리기능은 송신 터미널에서 데이터를 전송하기 이전에 처리하는 과정으로서 예를 들면 데이터를 전송하기 위해서 신호로 변환하는 과정, 데이터 량을 줄여 데이터를 신속하게 보내기 위한 목적을 달성하기 위해서 데이터 압축을 수행하는 과정, 데이터를 송신 단말기에서 수신 단말기로 안전하게 전송하기 위해서 데이터 암호화를 수행하는 과정과 데이터 에러를 감지하고 수정하기 위해 데이터 코드를 삽입하는 과정, 데이터를 신속하게 보내는 경로를 결정하는 경로 설정 과정 등 우리가 앞으로 학습해야 하는 많은 부분들이 포함된다.

후처리기능은 송신 터미널에서 데이터를 전송하고 수신 터미널에서 데이터를 수신한 이후에 수신 터미널에서 처리하는 과정으로서 송신 터미널에서 데이터를 전송하기 위한 목적으로 변환된 신호를 다시 원래의 형태인 데이터로 변환시키는 과정, 압축된 데이터를 원래 데이터로 복원하는 과정, 암호화된 데이터를 원래 데이터로 복호화 하는 과정, 전송된 데이터의 에러를 감지하고 수정하는 과정 등 역시 우리가 앞으로 학습해야 하는 부분들이다.

한편 정보전송기능은 앞에서 설명한 정보처리기능 즉 전 처리기능과 후처리기능을 바탕으로 해서 정보전송에 관련된 모든 기능들을 포함한다. 일반적으로 정보전송기능은 정보처리기능을 포함하는 것으로 정의되기 때문에 우리가 대체로 알고 있는 정보통신시스템을 지원하는 모든 기능이라고 생각해도 무방하다. 앞으로 정보통신을 이해하기 위해서는 반드시 필요한 것이라고 할 수 있다.

2.1.2 정보통신시스템 구성 요소

정보통신시스템의 구성 요소는 앞 절에서 살펴본 바와 일반적으로 DTE(Data Terminal Equipment), DCE(Data Circuit-terminating Equipment), CCE(Communication Control Equipment)와 메인 컴퓨터(main computer) 등으로 이루어진다. 물론 다양한 정보통신시스템의 형태가 네 가지 형태로 국한되는 것은 아니다. 하지만 서로 다른 이름을 가지고 약간 서로 다른 기능을 수행하기도 하지만 대체적으로 위의 네 가지 형태의 기본 틀 속에서 정보통신시스템을 구성하고 있다. 지금부터는 네 가지 형태의 구성 요소를 통해서 정보통신시스템을 이해하고 분석하도록 하자.

1) DTE

DTE(Data Terminal Equipment)는 영어 의미 그대로 데이터 터미널 장비 또는 데이터 단말기 장비라고 하며 일반적으로 사용자 단말기를 가리킨다. 사용자 단말기란 우리가 일상생활에서 사용하고 있는 휴대폰, 컴퓨터 등을 말한다. 정보통신의 서비스 관점에서 고려하면 전송매체(transmission media) 즉 전송선로의 양끝에 위치하며, 기본적으로 다음과 같은 네 가지 기능 즉 데이터 입력 기능, 데이터 송신 기능, 데이터 수신 기능, 데이터 출력 기능을 수행한다. 우리가 일상생활에서 가장 많이 사용하고 있는 컴퓨터와 휴대폰을 통해서 각각의 기능에 대해 간략하게 설명하면 다음과 같다.

(1) 데이터 입력 기능

데이터 송신 또는 데이터 정보처리 DTE 사용자가 직접적으로 데이터 입력 장치 즉 키보드, 마우스, 단말기 버튼, 화면 터치 기능, 음성 인식 기능, 화면 문자 쓰기 기능 등을 이용해서 DTE에 각종 데이터를 입력할 수 기능을 말한다. 요즘 휴대폰에 사용되고 있는 화면 터치 기능, 음성 인식 기능 등은 최근에 적용된 기술들로 사용자들에게 상당한 편리함을 제공하고 있다. 사용자의 편리성을 추구하는 현상이 요즈음 정보통신 분야의 중요한 목적 중의 하나도 대두되고 있는 실정이다.

(2) 데이터 송신 기능

데이터 송신 DTE 사용자가 DTE의 데이터 입력 기능을 통해서 입력한 데이터나 DTE 저장장치에 저장되어 있는 각종 데이터를 적당하고 정해진 방법으로 전 처리한 이후 전송매체를 통해 데이터 수신 DTE 사용자에게 송신할 수 있게 하는 기능이다. 물론 앞으로 우리가 학습할 내용이지만 데이터 송신 DTE 사용자와 데이터 수신 DTE 사용자가 직접적으로 통신하는 경우는 거의 드물고 실제로는 중간에 다양한 통신제어 시스템을 통해서 통신하게 된다. 데이터 송신 기능은 당연히 송신기가 그 역할을 수행하며 일반적으로 데이터를 전송하기 위해서 발진(oscillation), 증폭(amplification), 변조(modulation), 재 증폭(re-amplification) 등의 과정을 거쳐 송신 안테나를 통해서 송신하게 된다. 나중에 학습하겠지만 발진, 증폭, 변조에 대해서 간단히 살펴보도록 하자. 여기서 발진이란 정보를 전송하는 신호인 반송파(carrier frequency)를 생성시키는 과정을 말하며 증폭은 크기가 작은 반송파나 전송 중에 약해진 반송파를 크기를 크게 하는 과정을 말하며 변조란 어떤 신호를 특정한 목적에 따라 다른 형태의 신호로 변화시키는 과정을 말한다.

(3) 데이터 수신 기능

데이터 송신 또는 데이터 정보처리 DTE 사용자가 직접적으로 데이터 입력 장치 즉 키보드, 마우스, 단말기 버튼, 화면 터치 기능, 음성 인식 기능, 화면 문자 쓰기 기능 등을 이용해서 DTE에 각종 데이터를 입력할 수 기능을 말한다. 요즘 휴대폰에 사용되고 있는 화면 터치 기능, 음성 인식 기능 등은 최근에 적용된 기술들로 사용자들에게 상당한 편리함을 제공하고 있다. 사용자의 편리성을 추구하는 현상이 요즈음 정보통신 분야의 중요한 목적 중의 하나도 대두되고 있는 실정이다. 데이터 송신 DTE 사용자가 DTE의 데이터 입력 기능을 통해서 입력한 데이터나 DTE 저장장치에 저장되어 있는 각종 데이터를 적당하고 정해진 방법으로 전 처리한 이후 전송매체를 통해 전송한 데이터를 수신 안테나를 통해서 데이터를 수신한 후 다양한 후처리과정을 통해서 데이터 수신 DTE 사용자가 데이터를 수신할 수 있게 하는 기능이다. 데이터 수신 기능은 수신기가 그 역할을 수행하며 일반적으로 데이터를 수신하기 위해서 증폭, 주파수변환(frequency transform), 국부발진(local oscillation), 복조(demodulation) 등의 과정을 거쳐 수신 안테나를 통해서 송신하게 된다. 역시 나중에 학습하겠지만 주파수 변환, 국부발진, 복조에 대해서 간단히 살펴보도록 하자. 여기서 주파수변환은 어떤 주파수 영역을 가지고 있는 신호를 특별한 목적을 위해서 다른 주파수 영역을 가지는 신호로 변환시키는 것을 말하고 국부발진이란 주파수변환과 함께 송신기에서 생성된 신호인 반송파(carrier frequency)에서 원래 데이터를 생성시킬 목적으로 반송파를 제거하는 과정을 말하며 복조란 어떤 신호를 특정한 목적에 따라 다른 형태의 신호로 변화시키는 과정인 변조의 반대과정을 의미한다. 즉 다른 형태의 신호로 변한된 것을 원래의 신호로 복원하는 과정을 말한다.

(4) 데이터 출력 기능

수신된 데이터 또는 일반 사용자가 자체적으로 처리한 데이터를 DTE에 출력할 수 있도록 하는 기능을 말한다. 요즘 휴대폰에 사용되고 있는 화면 터치 기능이나 음성 인식 기능에 의해 바로 바로 휴대폰 화면에 출력되는 형태는 사용자의 편리성을 극대화한 기능으로 일반화되어지고 있다.

2) DCE

DCE(Data Circuit-terminating Equipment)란 데이터 전송 장치로서 송신 DTE부터 CCE와 CCE부터 수신 DTE까지의 전송 회선과 전송 장비를 말하는 것이다. 데이터의 전송 회선에는 우리가 앞으로 학습하게 될 유선전송매체인 이중나선 케이블(twisted pair cable), 동축 케이블(coaxial cable), 광섬유 케이블(optical fiber cable)과 무선전송매체인 방송 통신회선, 마이크로파 통신회선, 위성 통신회선, 이동 통신회선 등이 사용된다. 그리고 DTE를 전송 선로에 접속시키기 위한 전송 장비로는 주로 모뎀(MODEM : Modulator & Demodulator)과 DSU(Digital Service Unit)가 사용된다.

모뎀과 DSU는 한마디로 표현하면 신호변환장치이다. 신호변환장치란 데이터를 신호로 또는 신호를 데이터로 변환시켜주는 장치이다. 정보통신시스템을 수행하는 과정에서 데이터를 신호로 또는 신호를 데이터로 변환시켜야 하는 경우는 아주 다양하게 존재한다. 앞으로 데이터와 신호에 대한 개념을 학습하겠지만 간단히 설명하면 저장의 개념에서는 데이터로 표현하고 전송의 개념에서는 신호로 표현한다. 즉 하나의 DTE의 저장장치에 저장되어 있는 데이터를 또 다른 DTE에게 전송하기 위해서는 데이터를 신호로 변환시켜야 할 필요가 있고 전송 받은 신호를 저장장치에 저장하기 위해서는 데이터로 변환시켜야 할 필요가 있다.

모뎀은 DTE 또는 메인 컴퓨터에서 발생한 디지털 데이터를 아날로그 신호로 변환(modulation)하여 전송 선로에 실어주고, 반대로 전송 선로를 통해 들어오는 아날로그 신호를 디지털 데이터로 복원(demodulation)하여 데이터 단말기 장치나 메인 컴퓨터로 보내는 기능을 한다. 또한 아날로그 데이터를 아날로그 신호로 또는 아날로그 신호를 아날로그 데이터로 변환시켜주는 형태도 모뎀의 일종이라고 할 수 있다.

한편, DSU는 디지털 데이터를 디지털 신호로 또는 디지털 신호를 디지털 데이터로 변환 시켜주는 형태와 아날로그 데이터를 디지털 신호로 또는 디지털 신호를 아날로그 데이터로 변환 시켜주는 형태가 있다. 모뎀과 DSU에 대한 세부적인 내용은 좀 더 복잡하고 다양한 형태를 가지고 있기 때문에 이 후에 학습하기로 하자.

3) DTE와 DCE 인터페이스

DTE와 DCE에 대한 내용은 앞에서 간략하게 설명했다. 이번에는 DTE와 DCE 각각에 대한 내용이 아니라 정상적인 정보통신을 위해서 DTE와 DCE 사이에 요구되는 사항 즉 DTE와 DCE 인터페이스(interface) 또는 접속 규격에 대해 고찰해 보기로 하자.

컴퓨터나 터미널 등의 DTE가 만들어낸 정보를 보다 먼 거리의 상대에게 전달하기 위해서는 정보를 다른 형태의 신호로 변환하여야 한다. 그리고 이 신호 변환의 역할을 담당하는 기기를 DCE라 하며, 그 대표적인 예가 모뎀이라는 사실에 대해서는 지금까지 언급되었던 사항이다. 그러나 정보를 정확하게 잘 전달하기 위해서는 또 다른 기술이 요구된다. 먼저 DTE와 DCE가 서로 잘 조화되어 동작하여야만 할 것이다. 그러기 위해서는 DTE와 DCE 간에 미리 정의된 인터페이스(interface) 또는 접속 규격이 요구된다.

세계 시장에는 여러 제조업자들이 생산한 수많은 종류의 DTE나 DCE가 나와 있다. 그런데 만일 이들 DTE난 DCE 간을 상호 연결하기 위한 접속 규격이 정의되어 있지 않다면 이들을 접속하는데 상당한 혼란이 야기될 것이다. 따라서 이를 막기 위해 현재 국제적 표준 기구들인 ITU-T(CCITT), ISO, EIA(Electronics Industrial Association) 등에서는 DTE와 DCE 사이의 접속 규격에 관한 표준들을 제정, 권고하고 있다.

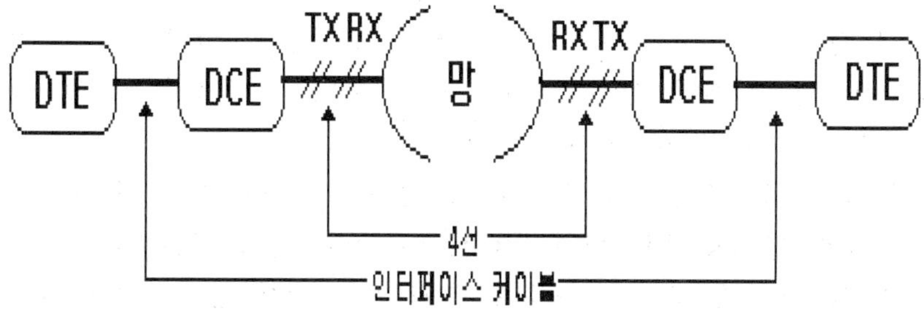

그림 2.2 DTE와 DCE 인터페이스

그림 2.2는 일반적인 DTE와 DCE 인터페이스구성을 보여준다. 여기서 TX는 트랜스미터(transmitter)로서 송신 부를 의미하며 RX는 리시버(receiver)로서 수신 부를 의미

한다. DCE와 망간의 연결은 4선으로, 송/수신 각각 2선으로 구성된다. DTE와 DCE 간의 연결은 전용 인터페이스 규약에 따라 각각에 맞는 케이블로 연결된다. DTE는 단극 성(unipolar) NRZ(Not Return to Zero) 신호를 사용하고, 전송 유효거리는 약 20~30m 정도이며, DCE는 DTE의 양극 성(bipolar) RZ(Return to Zero) 신호로 코딩해서 망으로 전송하고 전송 유효거리는 5~6Km 정도이다. 앞에서 설명한 단극 성(unipolar), NRZ(Not Return to Zero), 양극성, RZ 등은 5장에서 상세하게 학습할 내용이다. 이번 장에서는 DTE와 DCE 인터페이스구성에 대해서만 간단하게 살펴보기로 하자.

(1) RS-232C 특성

RS-232C는 EIA가 RS-232B의 개정판으로 1969년에 발표하고 1981년 개선하여 승인한 규격이다. 이는 본래 아날로그 통신회선을 이용하는 모뎀 등의 DCE와 텔레타이프와 같은 DTE를 접속하는 규격으로서 발표되었다. 그러나 현재에는 대부분의 PC와 주변기기들이 RS-232C를 입·출력 인터페이스로서 채용하고 있으며 또 대형컴퓨터와의 연결에도 이를 사용하고 있다. RS-232C는 ITU-T(CCITT) 권고 중 V.24(DTE와 DCE간 상호접속회로의 정의, 핀 번호와 회로의 의미)와 V.28(불 평형 복류 상호접속회로의 전기적 특성)에 ISO2110(25핀 커넥터와 핀 배치)을 사용하는 접속규격과 기능적으로 호환성을 갖고 있다.

RS-232C는 25핀 커넥터로서 이론적으로는 DTE와 DCE가 25개의 선으로 연결되어야 함을 의미하나 실제 응용에서는 이보다 적은 수의 선을 이용해서도 상호 접속할 수 있게 된다.

RS-232C에서는 임의 신호를 수신하였을 때, 그 신호전압이 -3V이하이면 2진 값 '1'로서 +3V이상이면 '0'으로 판정하게 된다. 또 송신 시에는 2진 값 '0' 과 '1'을 각각 +12V, -12V의 전압 값으로 표현한다. 여기서 입력과 출력 시의 전압 값이 서로 다른 것은 전송중의 전압감쇠나 잡음을 고려한 것이며, 이 접속규격의 데이터속도는 20Kbps이하, 전송거리는 15m이하이다.

RS-232C에서는 송신 측과 수신측이 서로 상대의 상태를 확인하면서 데이터전송을 수행한다. 이러한 방법을 핸드세이크(handshake)라 한다. RS-232C의 핸드세이크는 DTE 측이 송신할 때와 DCE 측이 송신할 때가 서로 다른 방법을 사용한다.

(2) DTE와 DCE 접속 방법

RS-232C는 원래 DTE와 DCE 간의 데이터전송 방법을 정하기 위한 것으로 각 방향에 따라 별개의 신호선이 준비되어 있다. 따라서 DTE와 DCE를 접속하는 경우에는 서로 같은 핀 번호를 갖는 것끼리 접속하면 된다.

실제 RS-232C 접속규격을 갖는 프린터나 플로터등 대부분의 주변기기들은 DTE로서 만들어져 있다. 따라서 컴퓨터를 이들 기기와 접속하려면 앞의 경우보다 더 주의를 기울이지 않으면 안 된다. 왜냐하면 DTE 측의 2번 핀은 데이터를 송신하기 위한 것이므로 DTE와 DCE 접속처럼 2번 핀끼리 서로 연결하면 양쪽에서 모두 데이터를 송신하려고만 하기 때문에 혼란이 야기된다. 따라서 DTE와 DTE간 접속의 경우에는 서로 반대되는 기능을 갖는 핀끼리 연결해야 한다.

간혹 퍼스널 컴퓨터 중에는 DCE로서 설계된 것도 있다. 이러한 퍼스널 컴퓨터와 모뎀의 접속은 DCE와 DCE의 접속이 된다. 이 경우도 DTE와 DTE 간 접속과 마찬가지로 케이블과 커넥터를 해체하여 서로 반대 기능을 갖는 핀끼리 접속한다. 그런데 이 경우에는 서로 받을 필요가 없는 신호는 끊어버리면 된다.

4) CCE

CCE(Communication Control Equipment)는 통신제어장치로서 정보통신시스템에서 아주 중요한 역할을 담당하고 있는 장치이다. 이전에는 통신제어장치와 메인컴퓨터를 구분하지 않고 주로 메인컴퓨터로만 구분되었다. 그렇지만 정보통신시스템에 관련된 기능과 역할이 다양화되고 복잡해지면서 메인컴퓨터의 역할과 기능 중에서 일정부분을 분담하는 통신제어장치에 대한 필요성이 대두되었다.

이러한 통신제어장치는 일반적으로 메인컴퓨터 앞쪽에 설치되어 메인컴퓨터의 기능을 보조하고 분담하여 정보통신시스템의 기능적인 효율성을 증대시키는 역할을 수행한다. 통신제어장치는 역할과 기능에 따라 FEP(Front End Processor), BEP(Back End Processor), CCP(Communication Control Processor) 등이 있다.

여기서 FEP는 일반적으로 메인컴퓨터와 보조기억장치 사이에 위치하며 메인컴퓨터가 데이터를 처리하기 전에 필요한 모든 작업을 가공처리 함으로써 메인컴퓨터가 필요한 작업에 더 많은 시간을 할당할 수 있도록 보조하는 역할을 수행하고 BEP는 대규모의 데이터베이스 처리나 파일관리 등의 기능을 수행하며 CCP는 직접적인 프로그램 제어 기능을 수행하게 된다.

CCE의 일반적이고도 중요한 기능은 메인 컴퓨터와 DCE 사이에 위치하여 DCE로부터 들어오는 데이터에 오류가 있는지를 조사하고, 메인 컴퓨터의 처리 속도와 DCT의 전송 속도를 맞추어 주는 역할을 수행한다. 또한, 메인 컴퓨터의 처리 방식에 맞추기 위해 직렬(serial) 데이터를 병렬(parallel) 형태로 바꾸어 주는 역할도 수행한다. 데이터 오류 검사, 전송 속도 제어, 직병렬 변환에 대한 내용은 이후에 학습하기로 하자.

5) 메인 컴퓨터

통신을 위한 모든 기능들을 제어하고 관리하는 기능을 수행한다. 이전에는 메인 컴퓨터가 CCE의 기능을 포함하여 수행하기도 하였지만 통신을 위한 장비의 다양화와 많은 제어 기능들의 추가로 인해서 기능을 일정부분을 CCE가 대신하게 되었다.

그림 2.3에는 정보통신시스템의 기본적인 구조를 표현하였다. 사용자들은 DTE를 사용하여 DCE, CCE, 메인 컴퓨터를 통하여 다른 사용자들과 통신하게 된다.

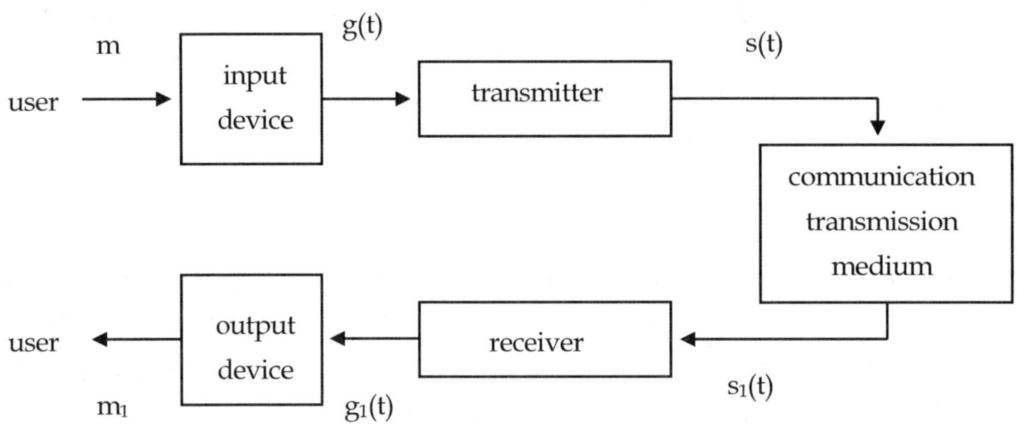

그림 2.3 정보통신 기본적인 구조

2.2 모뎀

이번 절에서는 정보통신시스템에서 아주 중요한 부분을 담당하고 있는 모뎀에 대해 학습해 보자. 앞에서 설명한 바와 같이 모뎀(MODEM)은 전송매체와 함께 DCE에 해당하는 장치로서 신호변환기라고도 한다. 일반적으로 송신원에서 디지털 데이터를 아날로그 신호로 변환시키는 변조기(modulator)와 수신원에서 아날로그 신호를 디지털 데이터로 변환시키는 복조기(demodulator)로 구성되어져 있다.

2.2.1 모뎀 종류

전화선을 이용한 단말기간의 연결 요구가 증대함에 따라 새로운 통신 규약과 하드웨어가 요구되었다. 모뎀은 전화선 등의 아날로그 통신매체를 이용하여 컴퓨터의 디지털 신호를 아날로그로 바꾸는 변조를 거쳐 다시 전송된 아날로그 신호를 디지털 신호로 바꾸는 복조를 수행하는 장비이다. 즉, 데이터 처리신호체계(디지털 신호)와 전화회선 신호체계(아날로그 신호)의 상호 변환 장치로써 컴퓨터 내부에 설치하는 내장형 모뎀과 외부에 연결시켜 사용하는 외장 형 모뎀으로 구분된다. 전송 속도에 따라 다양한 종류가 있으며 과거 간단한 전자우편이나 파일전송은 비교적 느린 속도의 모뎀으로도 충분히 가능했지만 오늘날 대용량 데이터 전송을 필요로 하는 멀티미디어 정보의 홍수로 고속 모뎀의 수요가 증대되고 있다. 모뎀에 종류는 다음과 같다.

1) 벨 103 모뎀

우리가 흔히 사용하는 다이얼 업 모뎀이라는 것은 미국의 AT&T (American Telegraph & Telephone)사에서 만든 Bell 103 이라는 모뎀이 시초입니다. 최대 300bps의 비교적 느린 전송속도로 변조방식은 저속통신에 주로 이용되는 FSK(Frequency Shift Keying)를 사용한다.

2) 벨 212A 모뎀

벨 103 모뎀 발표 이후, Bell 212A 모뎀을 생산하여 판매를 판매하였다. 모뎀규격은 CCITT 권고안 V.22와 동일하며 최대 1,200bps까지의 전송속도를 갖으며 동시에 두 개를 변조할 수 있는 PSK(Phasor Shift Keying)를 사용한다.

3) 팩스 모뎀

전송 문장을 그림 이미지로 인식하여 전송하며 송신기는 스캐너와 프로세서의 통합된 형태를 갖는다. 또한 데이터 압축방식이 가장 큰 효과를 나타내고 있는 분야의 하나로써 팩시밀리 통신은 문서의 이미지 정보를 통신채널을 통해 전달하는 것이므로 이미지정보의 특성상 한 문서 당 표현되는 정보의 양이 방대해 데이터 압축을 거치지 않고 전송 할 경우 그 전달시간이 많이 소요되며 따라서 전송비용 부담이 커지게 된다. 팩시밀리 통신에 있어서는 이러한 문제를 해결하기 위해 런 랭스(run length) 부호화와 수정 허프만(huffman) 압축기법을 채용하여 전송될 이미지정보의 양을 축소시키고 있다.

4) 케이블 모뎀

케이블 TV 망을 이용한 고속 데이터 통신은 10Mbps이상의 빠른 속도를 제공한다. 이것은 28,800bps 모뎀으로 전화회선을 사용하는 것보다 대략 300배, 128Kbps의 ISDN(Integrated Service Digital Network)보다 100배 빠른 속도이다. 인터넷 서비스, 재택근무, 화상회의, LAN(Local Area Network) 연결 등은 케이블 모뎀에서 제공하는 서비스들이다. 또한 가정과 가정, 학교, 기업간에 보다 빠르고 신속한 데이터 서비스를 제공 할 수 있다. 일반 네트워크를 위한 제품들을 보면, 케이블 모뎀, 라우터, 스위치, ATM(Asynchronous Transfer Mode) 연결 등이 있으며, 망 관리로 종단 간(End-to-End) 서비스, 사용자 관리 등을 할 수 있다. 일반 사용자의 입장에서는 기존의 전화선으로는 할 수 없었던 보다 빠른 통신과 상호교환적인 경험을 할 수 있다. 또한 대용량의 파일들도 10Mbps의 빠른 속도로 200마일까지 전송이 가능하다.

5) 무선 모뎀

무선 모뎀은 RS232와 RS422/RS485 시리얼 통신표준을 갖고 있으며 소프트웨어 드라이버나 하드웨어 버퍼를 사용하지 않고도 최대 19,200bps의 속도로 완전한 무선 시리얼 데이터를 전송할 수 있다. 전송거리는 개활지에서는 보통 수백m 정도이고 건물 내에서는 수십m 정도의 범위를 갖는다. 이 무선 모뎀은 강력한 통신 프로토콜에 의해 데이터의 전송 중 끊어짐이 없는 한 어떤 포맷으로도 가능하며 또한 파일 크기의 제한이 없으며 코드 조화는 자동적으로 수행되기 때문에 단일 문자나 다중 문자의 전송이 가능하다. 시스템 지연은 보통 수십 ms보다 적어 기존의 시스템 타이밍을 변경하지 않고도 응답 메시지의 수신이 가능하다.

6) 노트북 모뎀

일반적인 데스크 탑 컴퓨터에 비해 부피가 매우 작은 노트북은 보다 가볍고 얇은 PCMCIA(Personal Computer Memory Card International Association) 방식의 형태를 갖는다. PCMCIA는 퍼스널 컴퓨터 메모리 카드 국제 협회로 많은 노트북에서 사용되는 신용 카드 크기의 어댑터 카드에 대한 표준을 정하는 컴퓨터 제조업체 협회로써 세 가지 타입이 정의되어 있다. 먼저 첫 번째 타입1은 두께 3.3mm로 RAM, ROM 확장카드에 주로 사용되고 타입2는 두께 5.5mm로 모뎀 등에 많이 사용되며 TypeⅢ는 최대 두께 10.5mm로 소형 하드디스크에 사용된다. LAN과 함께 연결이 가능하기도 하며 최상의 데이터 압축과 에러 정정 기술을 제공하여 56Kbps의 전송속도를 유지한다. ITU-T권고 사항의 V.90을 지원하며 노트북을 사무실 또는 가정에서 사용할 수 있는 완벽한 데이터 통신 및 윈도우용 워드프로세서나 그래픽 운용프로그램으로 작성한 문서를 팩스 프로그램을 이용하여 일반 팩스보다 선명하게 즉시 전송한다.

2.2.2 모뎀 권고안 및 표준안

모뎀을 구입할 때 판매하고 있는 모뎀이 어떠한 표준안을 만족하고 있는지를 아는 것은 상당히 중요하다. 전 세계적으로 표준안의 제정은 먼저 ISO(International Organization for Standardization)와 다음으로 현재 ITU-T의 전신인 CCITT와 IEEE(Institute of Electrical and Electronic Engineers)를 포함하여 크게 세 곳이지만 제품을 만드는 많은 업체들도 새로운 표준안을 마련하고 있다.

1) V.22 bis

ITU-T(International Telecommunication Union - Telecommunication Standardization Sector)의 권고안인 V 시리즈로 데이터의 전송속도는 최대 2,400bps를 유지하며 과거의 변조방식인 FSK(Frequency Shift Keying)나 PSK(Phase Shift Keying)로는 전송이 불가능했기 때문에 새로운 변조방식인 QAM(Quadrature Amplitude Modulator) 을 사용한다.

2) V.32

데이터의 전송속도는 최대 9,600bps를 유지하며 V.22 bis와 마찬가지로 변조방식은 QAM(Quadrature Amplitude Modulator)을 사용한다.

3) V.32 bis

V.32의 확장된 형태로 최대 전송속도는 14,400bps를 유지한다.

4) V.42

V.32의 전송속도를 유지하며 자동 재 전송 방식을 적용한 표준안으로 에러에 대한

수정기능을 포함한다.

5) V.42 bis

일반 공중전화망을 이용한 데이터통신을 위한 표준 권고안인 V 시리즈의 하나로서 V.42 bis라는 표준을 제정하여 권고하고 있다. 이 표준은 자동 재 전송 방식에 의한 에러 제어 방식을 정하고 있는 V.42라는 표준에 새로이 LZW(Lempel-Ziv-Welch) 압축 기법을 추가한 것인데, 모뎀 내에 에러제어와 데이터 압축방식을 모두 채용함으로써 데이터전송에 있어서 정보의 제1원칙인 정확성 확보와 제2원칙인 경제성 확보를 동시에 제공하도록 한 것이다.

6) V.90

SAM(Synchronous Access Mode)을 뜻하며 컴퓨터와 모뎀 사이의 데이터를 실시간으로 주고받는 규약으로 안정된 화상회의를 가능하게 한다.

7) K-56

락웰(Rockwell)사에서 제안한 56Kbps급 모뎀에 대한 규격이다. US 로보틱스에서 제안한 X2 규격과는 달리 하드웨어적인 설계로 완벽한 56K를 실현하는 방식이며 ASIC(Application Specific Integrated Circuit) 방식을 사용함으로써 기본설계에 충실하면 제작에 무리가 없고 작동이 가능하다는 특징이 있으나 칩 셋의 명령이 고정되어 있어 사후에 성능 향상이 불가능하다는 단점을 갖는다. 락웰의 지지 세력을 기반으로 표준화하려는 움직임이 활발히 진행되고 있다.

8) X2

X2는 US 로보틱스가 표준으로 내세우는 기술로 사실 K-56과 기술상 서로 차이점은 없다. 그러나 서로 호환이 잘 되지 않으며 TI 칩 셋을 이용한 X2는 ASIC 칩보다 발전한 TI에 DSP를 사용하기 때문에 안정적인 작동이 어렵고 제작기술이 어렵다는 단점이 있지만 발전된 기술임에는 논란의 여지가 없다.

2.3 교환기 역사

교환기는 정보통신시스템의 구성요소에 따라 분류하면 CCE가 될 수도 있고 메인컴퓨터가 될 수도 있다. 기능적으로 여러 가지 분류가 존재한다.

2.3.1 세대별 분류

교환기를 발전 순서에 따라 분류하는 것은 견해에 따라 다양하다. 1880년대 교환원에 의해 수동으로 교환이 이루어졌던 시대를 개막한 이래 중앙제어방식에서 중앙의 노드를 줄여주기 위해 분산제어로 발전하였다. 이 후, 다시 기계식 교환방식을 이용한 공통제어 방식을 도입함으로써 접속시간을 단축할 수 있게 되었다. 1960년대에 드디어 컴퓨터를 이용한 전자식 교환방식이 등장함에 따라 한 대의 교환기가 처리할 수 있는 최대 용량은 증가하였고 급작스런 고장에 견딜 수 있는 새로운 방식의 설계가 등장하였다. 중소형 PBX(Private Branch eXchange) 시장의 응용분야 확대 및 세대교체를 대비한 ISDN 교환기는 컴퓨터 네트워크 및 각종 부가장비와 통합으로 응용분야를 확대할 수 있다. ISDN 교환기는 디지털 다기능 전화 활용의 확대 및 보편화의 실현에 따라 PBX의 그룹화에 따른 계열화, 네트워크화, 및 미래화를 선도할 시스템으로 발전하였다.

1) 제 1 세대 교환기

1960년대 초반기에는 수천에서 65,000 회선까지의 교환 범위를 갖는 대용량 설계에 중점을 두었다. 대도시의 전화국용으로 설계된 교환기로써 일반적으로 PBX(Private Branch eXchange)라고도 불려진다. 비용보다는 수행성(performance)과 신뢰성(reliability)이 중시되었기 때문에 모든 구조를 이중화시킴으로써 고장 유닛을 즉시 대체할 수 있도록 설계하였다.

2) 제 2 세대 교환기

1960년대 중반부터 개발된 교환기로 엄밀히 말하면 1.5세대로 분류된다. 기본적 구조 및 프로그램 제어 방식은 1세대 교환기와 같은 방식을 이용하지만 근본적으로 다른 점은 소 용량으로 설계되었다는 점이다. 즉 1,000~10,000 회선 정도를 수용할 수 있도록 설계되었고 이전의 교환기에서는 그다지 중요하지 않았던 비용의 문제가 설계의 중요한 관점이 되었다. 1세대 교환기에 비해 하드웨어 비용이 감소하였고, 고장 율을 포함한 시스템 신뢰성도 현저히 감소하였다.

3) 제 3 세대 교환기

1970년대 초반 실리콘 IC(Integrated Circuit)의 출현으로 소형화, 수행성 증가, 하드웨어의 비용 감소를 가져왔다. 이전 교환기와의 큰 차이는 프로그램 저장장소가 읽기 및 쓰기가 가능한 램으로 대체되었다는 점이다. 파일의 형태로 저장시키는 추가된 디스크 시스템은 프로세서의 유연성을 증가시켰지만 반면 시스템의 복잡성을 증가시켰다. 처리속도를 향상시키기 위해 시분할 방식이 도입되었다.

4) 제 4 세대 교환기

3세대 교환기를 2세대로 구분할 때, 이것은 2.5세대로 구분하기도 한다. 대도시 교환국이 세분화되면서 500~5,000 회선 정도를 수용할 수 있도록 설계되었으며 통합된 논리 회로에 의해 고속화가 성취되었다. 이전 세대의 교환기에 비해 회선수가 감소하여 전체 하드웨어와 프로세서 수가 감소하였기 때문에 모든 구조를 완전히 이중화할 수 있었다. 고장에 대한 자기진단회로는 자체 검사를 수행하였고 검출 회로가 프로세서의 통합된 부분으로써 결합되었다. 호 처리와 내장 프로그램이 분리되어 처리되던 것을 단일 저장 시스템으로 통합되었다. 그러나 복잡성이 증가하면서 시스템이 강등될 가능성이 증가하였고, 강등 시 복구를 위해 복잡한 처리가 요청되었다. 호 저장과 프로그램 저장 사이의 동시접근은 허용되지 않았고, 이로 인해 발생된 불이익은 고속의 실리콘 메모리를 사용함으로써 보상되었다.

5) 제 5 세대 교환기

이전까지의 교환기는 대형과 중형 교환국의 제어를 위해 설계되었지만 제 5 세대 교환기는 다중 응용에 적합하도록 분산된 처리 방식 및 스위치 구조를 갖도록 설계되어 더욱 커다란 수용력을 갖게 되었다. 기존의 방식을 그대로 사용하면서 새로운 프로세서의 개발, 기존 교환기와의 스위치 재구축 등을 구현하였다. 또한 근거리 접속 망, 고속의 B-ISDN(Broadband-ISDN), 무선통신망 등을 위한 사용자들의 새로운 요구 사항들을 수용하였다. 특히 하나의 스위칭(switching) 시스템 내에 저장과 프로세서를 동시에 수행할 수 있도록 설계함으로써 전체적인 시스템 성능의 향상을 성취하였다. 완벽한 고장진단 및 고장복구가 가능하도록 설계되었다. 완전한 디지털 시스템으로 다음의 세 가지 모듈 구조를 갖는다.

(1) 관리 모듈

관리 모듈(AM : Administration Module)은 트래픽 및 과금 데이터 수집 기능 등의 시스템 관리 기능뿐만 아니라 호 처리 기능을 지원한다.

(2) 통신 모듈

통신 모듈(CM : Communication Module)은 스위칭(switching) 모듈과 관리 모듈 또는 스위칭 모듈간의 통신 설비를 제공한다. 시분할 다중화(multiplexing) 스위치와 메시지 스위치로 구성되며 호 라우팅(routing) 기능이 수행된다.

(3) 스위칭 모듈

스위칭 모듈(SM : Switching Module)은 전체 처리비율 중 95%를 담당하는 것은 호 처리로써 회선 및 패킷 교환 기능을 수행하도록 설계되어 원격 스위치 모듈은 최대 10,000 회선 정도를 수용할 수 있다.

2.3.2 국내 공중 교환기의 변천사

1) TDX-1A

우리 국내 기술로 개발한 최초의 양산 공급기로서 교환기 국산화의 첫걸음이 된 교환기로 최대 10,240 회선 용량을 갖고 주로 농어촌의 교환을 담당한다. 디스크를 채용하였고 선로 시험 기능을 보강한 것으로 자동안내용으로 사용된 호 자동분배장치는 시외 국에 설치되었고 사설교환 기능을 보유한 집단전화용으로 집단전화 교환기와 행정통합 망에 ISDN 기능을 첨가한 부가사업용의 TDX(Time Division eXchanger)-NET 등의 제품이 있다.

2) TDX-1B

현재까지의 최대 수출기종으로 22,528 회선 용량을 갖는 중소도 시범위의 국설 중형 교환시스템으로 주로 사용된다. TDX-1A의 기본 구조를 유지하며 호 처리 능력과 가입자 및 중계선 용량이 개선되어 M&A 기능을 보완하는 효과를 보인다. 최초로 32 비트 마이크로프로세서를 채택함으로써 보다 고속처리가 가능해진 것으로 자국용 소형 원격 교환 장치인 소형원격교환기와 ISDN 망 구축을 위한 ISDN-NET 등의 제품이 있다.

3) TDX-10

국내 정보 통신망의 자력 실현을 위해 개발되어 100,000 회선 용량을 갖는 대도시 지역의 국설 대용량 교환시스템으로 사용된다. 톨(toll) 기능과 ISDN 교환 기능을 포함하고 있으며 모듈 구조와 광섬유를 채용한 완전한 32 비트 마이크로프로세서로써 자체 개발한 병렬처리 운영체계를 사용한다. 또한 DBMS(Data Base Management System)를 채택하여 사용자들을 통합 관리한다. 국설 대용량 교환기와 생활정보서비스 안내 교환용의 생활정보서비스 시스템 등이 있다.

4) TDX-10A

최대 100,000 회선 용량 또는 60,000 중계선을 수용할 수 있으며 국내외의 가격 경쟁에서의 우위를 확보하기 위하여 경제성을 최우선으로 설계한 것이다. 하드웨어와 소프트웨어가 모듈화 되어 기능의 추가, 변경 및 확장이 용이하여 다양한 망 환경에 쉽게 적용될 수 있다. 따라서 TDX-10A는 PSTN의 모든 교환기능, 즉 시내, 시내/중계, 그리고 시외교환기의 용도로 사용될 수 있고 궁극적으로는 PSTN, ISDN 뿐만 아니라 IN(Intelligent Network), PLMN(Public Land Mobile Network) 등 다양한 망 형태에서 융통성 있게 적용될 수 있다. 또한 1,200,000 BHCA(Busy Hour Call Attempts)의 처리가 가능한 강력한 분산제어 기능을 갖는다.

5) TDX-100

TDX-100은 통신시장개방에 따라 전전자교환기에 있어서도 국제 경쟁력의 확보가 필요한 환경에서 기존 제품의 운용상의 문제점을 개선시키며 운용 보전의 편리성을 증대시키고 고품질 저가격의 교환기로 경영 효율성을 높이기 위해 개발된 것이다. 특히 다양한 서비스를 수용할 수 있는 슈퍼 노드(super node) 개념의 교환기로서 PSTN, N-ISDN, PCS, ATM, VAN, 인터넷 등 각종 망과의 연동 및 서비스를 제공할 수 있다. 종합정보통신망 구축을 위한 국제 표준 전전자교환기로서 TDX-10과 마찬가지로 모든 망에서 융통성과 유지 보수성을 갖는다. 최대 260,000 회선 용량 또는 50만 이동 가입자를 수용할 수 있으며 아날로그/디지털의 혼용도 가능하다.

6) ATM

ATM(Asynchronous Transfer Mode)은 B-ISDN용 차세대 교환기로 기존의 시분할 방식을 이용한 STM(Synchronous Transfer Mode)에서의 비효율성을 극복한 망 효율의 증대를 통해 광 대역 종합서비스와 초고속 멀티미디어 통신을 위한 종합적 해결책으로 등장한 것으로 다양하게 요구되는 통신이용자의 서비스 욕구를 충족시킬 수 있을 것으로 전망된다.

2.4 다양한 정보통신

오늘날 정보통신은 모든 분야에서 다양하게 이용되고 있어서 우리에게는 없어서는 안 될 중요한 일부분이 되었다. 우리 주변에서 사용되고 있는 다양한 정보통신에 대해서 살펴보기로 하자.

2.4.1 유비쿼터스

유비쿼터스(Ubiquitous)의 사전적 의미는 언제 어디서나 어떤 기기로든 자유롭게 통신망에 접속하여 다양한 자료들을 주고받을 수 있는 것을 말한다. 유비쿼터스는 물이나 공기처럼 시공을 초월해 언제, 어디에나 존재한다는 뜻의 라틴어로 사용자가 컴퓨터나 네트워크를 의식하지 않고 장소에 상관없이 자유롭게 네트워크에 접속할 수 있는 환경을 말한다. 생활 구석구석에 스며들어 있음을 뜻하는 퍼베이시브 컴퓨팅(pervasive computing)과 같은 개념이다.

유비쿼터스화가 이루어지면 가정, 자동차는 물론 심지어 산꼭대기에서도 정보기술을 활용할 수 있고 네트워크에 연결되는 컴퓨터 사용자의 수도 늘어나 정보기술 산업의 규모와 범위도 커지게 된다. 그러나 유비쿼터스 네트워크가 이루어지기 위해서는 광대역 통신과 컨버전스(convergence) 기술의 일반화, 정보기술 기기의 저가격화 등 정보기술의 고도화가 전제되어야 한다. 휴대성과 편의성뿐 아니라 시간과 장소에 구애받지 않고도 네트워크에 접속할 수 있는 장점들 때문에 세계적인 개발 경쟁이 일고 있다.

유비쿼터스는 우리 일상생활 속에서 편리함을 주는 정보통신 첨단기술이다. 출근하기 전 정보기기로 신문 등 정보를 집에서 간편하게 얻을 수 있으며 차량운행 중 교통 상황을 체크하여 체증이 덜한 길로 우회하여 간다. 이는 모든 차량에 부착되어 있는 RFID(Radio Frequency Identification)로부터 정보를 얻어 가능하게 되었다. 또한 자신이 원하는 사람의 위치와 자신에게 필요한 정보를 넘겨받을 수 있는 기능 또한 추가 되어있다. 언제든지 실시간으로 누구에게나 정보를 공유 받을 수 있다는 장점이 있다.

xerox의 mark wiser 가 처음 제시한 유비쿼터스는 초소형 전자기기 시스템을 통하여 사람 눈에 보이지 않게 사물과 물리공간에 컴퓨터를 장착해 사물 공간, 공간 사람, 사람 사물, 간에 네트워크 환경을 구성 한다 는 것이다. 공기처럼 보이지 않지만 거미 같은 네트워크로 연결된 세상은 '혁신' 이라고 할 만큼 다양한 변화를 가져 올 것으로 예상된다.

유비쿼터스 컴퓨팅은 컴퓨팅의 주체가 사람에서 사람과 사물을 포함한 모든 것으로 바뀌는 패러다임의 변화라고 할 수 있다. 유비쿼터스라는 단어의 의미대로 언제 어디서나 존재하는 즉 상호 네트워크로 연결 편재된 컴퓨터의 의미에서 본다면 단순히 컴퓨팅 환경의 확장 및 확대된 개념으로도 볼 수 있다. 그러나 물리공간에 존재하는 모든 것 사물, 기계 , 식물 , 동물 , 사람 등에 컴퓨팅과 통신 능력을 갖는 유비쿼터스 칩 을 심고, 서로 네트워크로 연결해 전자공간과 융합되어진 유비쿼터스 공간 을 창출한다는 유비쿼터스 컴퓨팅 개념은 단순한 컴퓨팅 환경의 확장 그 이상이다. 즉 새로운 공간 의 창조라고 할 수 있다.

유비쿼터스의 가장 큰 장점은 모든 정보를 손쉽게 얻을 수 있다는 것이다. 또한 최적의 환경을 제공한다는 것이다. 모든 정보가 단말기를 통해 내게 모이는 것이다. 모든 정보가 손 안에 다 들어오는 것이다. 마트에 가더라도 따로 지갑을 가지고 갈 필요가 없어지고 진열장에 있는 물건의 가격이 얼마이고, 생산일자가 언제이고, 유통기한이 언제인지, 그리고 생산자, 생산지, 품질검사자 등을 모든 정보를 핸드폰을 통해서 확인해 볼 수 있을 것이고, 결제 또한 카운터를 거치지 않고 진열대에서 바로 할 수도 있고. 생전 처음 가보는 낯선 곳에 가더라도 주변에 어떤 가게들이 있고, 어디에 무엇이 있는지 모두 확인해볼 수 있다. 택배로 물건을 배송하더라도 컴퓨터로 배송업체의 인터넷 사이트에 들어가 보지 않더라도 물건이 어디쯤에 있고, 누구의 손을 거치고 있는지도 다 확인 할 수 있다. 길거리에서, 공원 벤치에서, 카페에 앉아서 냉장고도 살 수 있고, 그 냉장고가 어디까지 와 있는지도 확인 할 수 있다.

2.4.2 와이브로

와이브로(WiBro : Wireless Broadband Internet)는 이동하면서도 초고속인터넷을 이용할 수 있는 무선 휴대 인터넷 시스템을 말한다. 현재 와이브로는 와이파이(WiFi : Wireless Fidelity)와 함께 무선 인터넷 분야에 폭넓게 이용되어지고 있다.

와이브로는 우리나라의 삼성전자와 한국전자통신연구원이 개발한 무선 광 대역 인터넷 기술이다. 처음엔 고속 데이터 통신 기술을 가리키는 용어로 창안된 것이지만 통신업체에서 기술 명을 서비스명으로 이용하면서 기술 이름보다 서비스 이름으로 더 잘 알려져 있으며 국내 사업자로 KT와 SK텔레콤이 선정돼 2006년 6월 30일부터 서울과 경기도의 일부지역에서 세계 최초로 상용화 서비스가 시작됐다. 특히 2007년 10월 18일, 우리나라가 세계 최초로 개발한 와이브로 기술이 국제전기통신연합 전자기파총회에서 'IMT-2000'으로 통칭되는 3세대 이동통신(3G)의 6번째 국제표준으로 채택되면서 화제가 되기도 했다.

와이브로는 휴대형 단말기를 이용하여 정지 및 이동 중에 언제, 어디서나 고속의 전송 속도(약 1Mbps 급)로 인터넷에 접속하여 다양한 정보 및 콘텐츠 사용이 가능한 초고속인터넷 서비스를 말한다. 즉, 실내의 유선 초고속인터넷 서비스를 실외에서 이동 중에도 사용할 수 있도록 확장하는 개념이다. 이것은 2.3GHz 주파수 대역을 이용하여 셀 반경 1Km이내, 이동시 최소 60Km/H 이상에서도 끊김 없는 무선 인터넷 서비스를 보장하고, 보다 저렴하게 무선 인터넷을 이용할 수 있는 새로운 서비스이다. 현재에는 70Km/H의 이동성과 가입자당 1Mbps의 전송속도까지 지원하는 수준으로 개발되었으며, 상용화되면 100Km/H 의 이동성과 3Mbps의 전송속도까지 가능할 것으로 전망된다. 와이브로 서비스가 시작되면 노트북용 무선 랜 카드나, USB 무선 랜 카드처럼 생긴 장치를 연결하면 길거리나 달리는 차 안에서 영화를 즐기고, 온라인 게임을 이나 웹 서핑을 하는 것을 지금 사무실에서 인터넷 서핑을 하듯 할 수 있게 된다.

와이브로의 가장 큰 기술적 특징은 무선 인터넷 접속에 이동성을 더하였다는 것이다. KT의 네스팟과 같은 기존의 WI-FI 기반의 무선 랜 인터넷 접속은 AP(액세스 포인트 : Access Point) 장치를 중심으로 일정한 반경(커버리지:coverage)에 인터넷을 접속할 수 있게 하였으나 AP 장치는 핸드오프(hand off)를 지원하지 못하기 때문에 일정 범위(셀 커버리지:cell coverage)를 벗어나면 연결이 끊길 수밖에 없었다. 와이브로는 이동통신의 직교 주파수 분할 다중접속(OFDMA) 기술 및 셀룰러(cellular) 기술을 응용하여 서비스 셀을 구성하고 핸드오프를 구현하여 이동하면서 인터넷에 접속할 수 있게 하였다. Global WiBro 기술인 WiMAX는 2006년 이동성을 제공할 수 있는 규격개선을 완료하였고, 와이브로의 규격도 이 WiMAX와 호환되도록 규격개정이 이루어졌다.

와이브로는 요금 면에서 저렴하게 사용 할 수 있다는 것과 약 1Mbps 정도의 빠른 전송속도로 이동전화 무선인터넷보다 데이터 전송에 유리 하며 60km 이상의 속도로 이동 중에도 무선 인터넷을 할 수 있다. 또한 유선 초고속 인터넷처럼 자유롭게 다양한 컨텐츠를 이용 할 수 있는 장점이 있지만. 서비스 특성상 중계기가 미설치된 건물이나 주택 실내에서는 신호가 미약하여 정상적인 접속 및 이용에 어려움이 있을 수 있다.

한편, 와이브로 모듈이 내장된 인텔의 칩 셋을 노트북이나 넷 북에 탑재할 경우 이용자들은 별도로 와이브로 모뎀을 구매하지 않고 와이브로를 이용할 수 있기 때문이다. KT는 인텔의 칩 셋을 이용할 수 있도록 10MHz 대역으로 전국망을 구축하여 새로운 무선망을 구현해 네트워크 트래픽의 효율을 높이고 네트워크 및 운용비용을 절감할 수 있도록 하였다. 컴퓨팅 서비스를 언제 어디서나 손쉽게 사용할 수 있는 최적화된 디바이스 사용, 인텔의 클라우드 컴퓨팅 기술을 접목하여 클라우드 컴퓨팅 서비스의 필수 요소인 가상화, 최적화, 효율화를 구현하는 것이 가능하다.

와이브로는 일반적인 무선 인터넷 사용방식인 Wi-Fi에 이동성을 추가한 것으로 이동 중에도 사용할 수 있고 무선이기 때문에 언제 어디서나 손쉽고 간편하고 편리하게 사용 될 수 있다는 장점을 가지고 있다. 그렇지만 가정, 사무실 등 내부에서는 접속이 되더라도 속도가 느린 점, 유무선공유기를 구입해서 이용하는 번거로운 방법과 최초에 유무선공유기 가격 비용이 든다는 단점도 가진다.

2.4.3 WLL

WLL(Wireless Local Loop) 시스템은 전화국과 일반가정, 사무실을 유선이 아닌 무선으로 연결하여 음성, ISDN, 팩스, 데이터 서비스 등을 제공하는 시스템을 말한다. 특히 전화국에서 전화 가입자의 댁내까지를 연결하는 유선 선로 대신 무선시스템을 이용하여 전화선을 구성해 주는 것을 시작으로 개발되었다. 이 기술은 농어촌 지역과 같이 인구밀도가 희박한 지역에 전화를 가설할 경우 가설비를 줄이기 위한 방편으로 지난 70년대 초 미국 벨연구소에서 처음 고안되었지만 무선 주파수의 확보가 쉽지 않았고 안테나와 무선 송수신 장치의 제조 및 설치비용이 과다하여 상용화 단계에까지 이르지 못하였다. 그러나 최근 전자통신 기술의 급격한 발달과 더불어 여러 제조업체에서 경제성 있는 제품을 시장에 속속 출시해 통신사업자들도 이 WLL의 상용화에 지대한 관심을 보이고 있다.

현재 전 세계의 전송망 사업자 사이에서 WLL 기술은 구리나 알루미늄 케이블보다 무선 시스템의 보다 낳은 장점으로 인하여 지방에서 가입자의 접속 비용을 줄일 수 있고, 서비스 요구에 따른 더욱 빠른 접속을 제공한다는 장점 때문에 인기 있는 전송 매체로 선택되고 있다. 몇 년 전만 해도 공중 무선 통신망 접속은 신형 통신 사업에 포함되어 있어, 사우디아라비아 사막, 오스트레일리아 오지나 텍사스 평원과 같이 인구밀도가 희박한 고립 지역에서 서비스 되었다. 오늘날 다른 방식의 시스템이 위협을 받고 있는 것과는 대조적으로 WLL은 확장된 대중 매체와 인구 밀도가 희박한 지역에서 활기를 띠고 있다.

예를 들면, 인도네시아, 영국, 남아프리카와 브라질 등의 시장에서 무선망이 저가 비용으로 가입자간의 접속을 제공할 것으로 예상되고 있다. 일시적으로 후진국에서 근간을 이루던 WLL 사업은 이제 선진 시장에서 진보적이고, 영구적으로 수용할 수 있는 기술로써 받아들여지고 있다.

WLL의 장점은 다음과 같이 정리할 수 있다. WLL은 fixed-to-fixed 전자기파이다. WLL에서 fixed-to-fixed 전자기파의 경로 손실은 20dB/decade나, 이동무선전화(fixed-to-mobile)의 경우에는 40dB/decade이고, 이는 상당히 높은 손실에 해당한다. 안테나는 건물의 높은 곳에 위치하므로 WLL은 다중경로 조건이 아니다. 페이딩이 없는 fixed-to-fixed 조건의30KHz FM 채널에서carrier-to-interference ratio(C/I)는 10dB이 필요하다. 반면에 이동 통신 조건하에서는 C/I가 18dB이 요구된다. 이는 WLL에서는 페이딩이 없는 조건하에서 수신된 신호는 더 많은 간섭까지도 허용할 수 있다는 것을 의미한다. WLL에서 주파수 재사용 거리는 WLL의 fixed-to-fixed 연결이 간섭거리를 줄이기 위해 양단에 방향성 안테나를 사용하고 있기 때문에 더욱 짧아질 수 있다. 주파수 재사용 거리의 감소는 용량의 증가를 의미한다. WLL에서는 fixed-to-fixed 연결로 인해 핸드오프가 발생하지 않는다. 각 건물과 cell까지의 무선 연결은 간섭을 줄이기 위해 설치될 수 있다. 이런 연결은 설치 이후에는 변하지 않으며 디자인 역시 매우 간단하다.

WLL의 단점은 다음과 같이 요약할 수 있다. 첫 번째로 Loop의 거리, 인구분포, 인프라 구조의 이용도 등의 변화 때문에 유선과 무선 시스템간의 비용문제를 직접 비교해 보기 어렵다. 두 번째로 현재의 고정 무선 시스템은 동선에 비해서 서비스 영역이 적다. 따라서 대부분이 음성, 팩시밀리, 저속데이터에 한정된다. 세 번째로 WLL 기술에 대한 국제 표준화가 마련되어있지 않다. 그래서 WLL과 무선 망의 요구사항을 만족시켜줄 만한 해결책이 없다.

사실상 셀룰러 시스템은 WLL에 적합한 시스템이며, CDMA와 같은 디지털 방식은 아날로그 방식에 비해 15에서 20배 정도의 용량을 갖고 있다. 더욱이 CDMA를 WLL 시스템에 사용할 때가 이동통신 시스템에서 이용될 때보다 두 세배 정도의 용량을 갖는다. 이두 시스템은 같은 CDMA 셀룰러 통신 장비를 이용할 수 있다. 다음 그림은 기본적인 WLL 시스템의 배치를 보여주고 있다.

무선 기지국은 무선 송수신기와 기지국의 두 부분으로 구성된다. 그리고 WLL에는 핸드오프나 전력 제어 기능이 없어 제어 기능이 간단해 진다. WLL은 경제적인 통신 방식을 찾는데 많은 기여를 해 오고 있다. 일반적으로 셀룰러와 PCS 망은 고 대역을 제외하고는 동일하게 사용될 수 있으며 자유 공간 조건 때문에 신호 손실이 최소가 되도록 설계되어 있다. 일반적으로 WLL의 구성 도를 그림 2.4에 나타내었다.

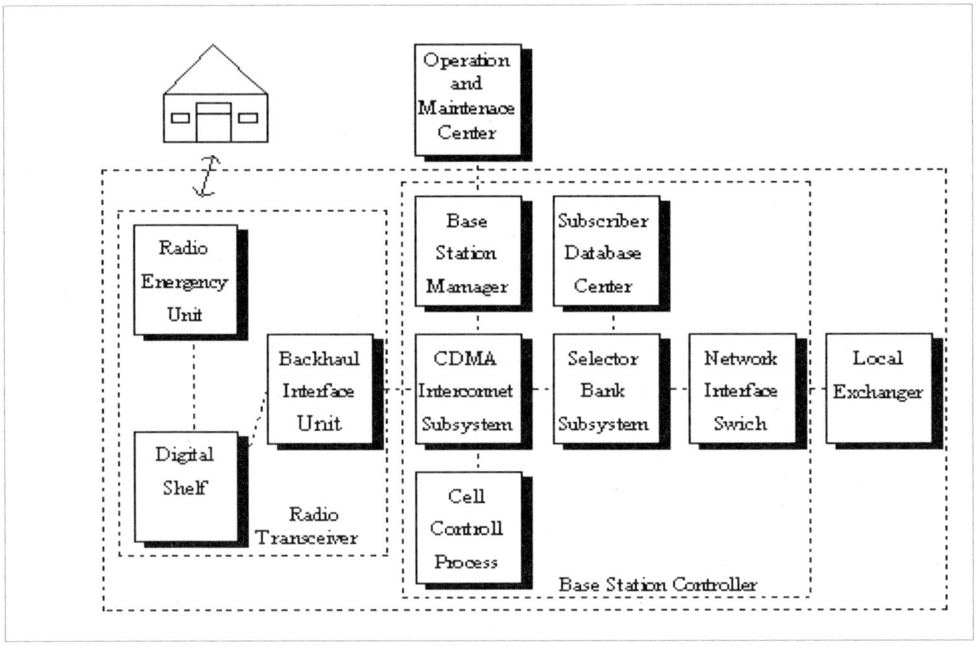

그림 2.4 WLL의 구성도

2.4.4 무선 LAN 기술

무선 LAN(Local Area Network)은 협 대역(Narrow band) 마이크로웨이브, 적외선(Infrared), 그리고 확산 대역(Spread Spectrum)대역을 사용하며, 적외선 LAN은 가시 광선 바로 아래의 주파수 대역을 사용한다. 산업, 과학, 의료계의 용도를 위해 지정된 ISM 대역은 902~928MHz, 2.4~2.484GHz, 5.725~5.805GHz를 포함한다. 신호를 확산하는 확산대역 방식을 사용할 경우 많은 주파수 대역을 사용하게 되어 그 효율은 떨어지지만 안정성과 신뢰성을 유지할 수 있기 때문에 현재 많은 상용화 제품이 확산 대역 전송 기술을 사용한다.

무선 LAN이 더 활성화되기 위해서는 이동성뿐만 아니라 유선 LAN의 속도에 버금가는 전송 율을 제공할 수 있어야 한다. 현재 대부분의 상용 무선 LAN제품은 유선 LAN에 비해 상당히 낮은 전송 율을 제공하고 있다. 전송율의 향상을 위해서는 라디오 변조 기법을 향상시키고 RF(Radio Frequence) 부품과 DSP(Digital Signal Processor)와 같은 기본적인 하드웨어 기술의 발달이 병행되어야 한다.

1) 적외선 방식

적외선을 사용한 최초의 무선 LAN은 1980년대 말에 개발되었다. 그 이후로 많은 적외선 LAN이 출현했다. 이러한 시스템들은 무선망의 통신매체로 라디오 대신 적외선의 많은 장점을 이용하려고 했던 것이다. 예를 들면, 적외선은 대역폭이 풍부하고, FCC(Federal Communication Commission)의 면허가 필요 없으며 라디오 간섭을 받지 않고 적외선 소자들은 작고 가격이 저렴하고 전력을 거의 사용하지 않는다.

파장이 거의 비슷한 적외선과 가시광선은 특성이 거의 비슷하다. 즉, 어두운 물체에 의하여 흡수되고 밝은 물체에는 산란되며 거울이나 빛나는 금속에서는 반사된다. 적외선은 유리는 통과하지만 벽을 통과하지 못한다. 바로 이 점이 라디오에 대한 중요한 특징인데, 벽으로서 선을 구성하며 이웃하는 셀끼리의 간섭이 생기지 않게 된다. 특히 적외선 방사가 방안에만 한정시키므로 통신보안이 좋다. 적외선은 여러 가지 단점도 가지고 있다. 적외선 링크는 송신기와 수신기 사이의 사물 또는 사람에 의해 전송이 방해된다. 이것은 비방향성 시스템에 대하여는 빛이 벽 등의 반사에 의하여 수신기로 도달되므로 치명적이지는 않다. 적외선의 다른 단점은 안전에 대한 고려로 적외선 송신기의 파워에 제한을 주고 또한 벽을 통과하지 못하기 때문에 전달범위가 제한된다는 점이다. 따라서 적외선을 사용하는 고속 무선망에는 반경 약 5m의 작은 셀들이 생기게 된다. 셀 사이의 연결은 유선으로 하기 때문에 적외선 무선망에서 사용되는 선의 양은 유선망에서 사용되는 선의 양보다 약간 작게 된다. 그러나 무선 적외선망의 백본(backbone)을 구성하는 셀 기지국의 유선망은 일단 설치되면, 단말기의 이동에 관계없이 변하지 않게 되므로, 기존의 유선망 보다 효율적이다. 이러한 방해물에 의한 전송방해와 작은 셀 크기에도 불구하고 적외선은 무선망의 매체로서 아직까지도 유망하다고 여겨진다. 사실 면허가 필요 없는 풍부한 대역폭 때문에 100Mbps 이상의 고속 망을 경제적으로 구현 할 수 있는 유일한 방법이기도 하다.

125Kbps의 속도로 동작하는 최초의 적외선 LAN은 천장물질의 우수한 확산성이 있는 반사 성을 이용했다. 각 셀은 각각의 기지국을 가지며, 기지국은 천정에 위치하며

광소스로 LED 배열(array)를 사용한다. 각 기지국들은 유선으로 연결되고, 단말기로부터 기지국까지의 업 링크(up-link) 신호는 기지국에서 수신되어 유선 백본을 통하여 각 기지국으로 브로드캐스트(broadcast)되고, 각 기지국에서는 다시 각각의 셀에서 적외선으로 브로드캐스트된다. 따라서 단말기 입장에 서 보면 모든 셀들은 하나의 공동 채널로 보이게 된다. 업 링크 충돌을 피하기 위하여 CSMA/CD가 사용되었으며, 업링크와 다운 링크(down-link) 전송은 간섭을 피하기 위해 서로 다른 주파수를 사용했다. 이러한 확산성을 이용하는 장점은 송신기와 수신기 사이의 정교한 정렬을 하지 않아도 된다는 점인데 특히 이동단말기인 경우에 매우 중요한 점이다. 반면에 단점은 반사파에 의해 생기는 분산인데, 이점 때문에 전송속도가 제한되기도 한다. 다중 경로파에 의한 분산은 방향성 있는 광학 빔을 사용하면 많이 감소하므로 높은 비트속도를 달성 할 수 있다. 그러나 시스템 성능이 방향에 매우 민감하므로 이동단말기 에는 적절하지 않다.

고속의 적외선 통신을 이루는 데는 크게 3가지의 장애사항이 있는데, 주위 환경의 빛, 포토다이오드의 높은 용량 성 및 다중경로에 의한 분산으로부터 생기는 잡음이다. 일반적으로 사무실의 램프로부터 방사되는 빛의 상당부분이 적외선이기 때문에 무선 광학링크의 주된 잡음의 소스가 된다. 가장 흔한 빛의 소스 가운데 백열전등이 적외선을 가장 많이 내며 그 다음에 햇빛, 형광등의 순이다. 대부분의 사무실에서 형광등을 사용하는 것은 그나마 대행한 일이다. 그러나 백열전등과 햇빛과는 다르게 형광등은 교류 전원의 주기에 맞추어 빛의 세기가 깜박거리는데 이 저주파수의 강도변화는 포토디텍터(photodector) 전류의 스펙트럼에 그 전원 주파수의 정수배의 주파수에서 나타난다. 100KHz 이상까지 나타나는 이 전원주파수 간섭은 라인 코드를 사용하거나 수백KHz이상의 반송파에 데이터를 변조시킴으로써 해결할 수 있다. 100Mbps의 속도를 내려면 어떤 변조 방법을 사용하여도 반송파의 주파수가 매우 크므로 형광등에 의한 간섭은 baseband 시스템에 국한된다. 실내 환경에서 송신기로부터 수신기까지의 광신호는 벽이나 그 밖의 반사체로부터의 반사에 의해 분산이 생긴다. 이 분산으로 인해 다중경로 페이딩이 생기게 된다. 이 다중 경로 페이딩은 피드백 이퀄라이저(equalizer)를 사용하거나 적절한 변조 방법을 선택하여 줄일 수 있다.

2) 협 대역 마이크로웨이브 LAN

협 대역 마이크로웨이브 LAN은 일반적으로 18GHz 라디오파를 사용하는데 빛과 같이 어떤 물체에 의해 막히기도 하고 산란되기도 하며 반사되기도 한다. 라디오 채널에서 제공되는 물리적 연결성이 간헐적이라는 점이 무선매체의 가장 먼저 나타나는 특징이다. 그 반면에 유선 매체는 연속적인 물리적 연결성을 유지해준다, 마이크로웨이브 주파수대에서는 사무실 또는 공장에서의 움직이는 사람이나 신호의 블록킹(blocking)도 간헐성의 주요 원천이 되다. VHF나 UHF대역에서는 전기적 잡음도 역시 문제가 된다. 그러나 다행스럽게도 CSMA/CD망에서 충돌을 처리하는 것과 마찬가지로 이러한 문제점들을 다루기 위한 에러 검사 및 재 전송 프로토콜이 많이 이용되고 있다.

무선 채널과 유선 채널의 두 번째 큰 차이점은 매체를 통해 전달되는 정보신호의 특성이다. 대부분의 유선 LAN은 baseband를 이용하므로, 신호 파형을 스칼라 양으로 나타낼 수 있지만, 무선 통신에서는 반송파를 이용하는 변조신호를 사용하므로 신호파형을 벡터와 같이 크기와 위상의 두 양으로 이루어지는 복소수로 나타낸다. 데이터통신에 이용되는 라디오 신호는 RF반송 주파수의 신호와 데이터 주파수(데이터 비트속도)에 관련된 신호로 특정 지어진다. 보통 반송파의 파장과 데이터 신호의 파장은 수천 배의 차이가 나는데 이것은 밑에서 설명하는 다중경로에 의한 간섭에서 중요한 요소이다.

공중을 통과하는 라디오 신호의 가장 특징적이고 골치 아픈 특성은 신호가 송신 측에서 수신 측까지 여러 경로를 통하여 전달되는 점이다. 따라서 수신 측에서는 전송신호의 여러 복사 신호의 합을 수신하게 된다. 진폭 널이 20dB 정도 생기는 것이 보통인데 무선 LAN에서는 매우 적은 전력으로 전송하기 때문에 20dB 정도의 감쇄 때문에 신호가 없어지기도 한다. 이것보다 더 파괴적인 다중경로의 형태는 벽에서 반사되어 오는 경우이다. 이때의 반사 벽의 거리가 데이터 신호의 파장과 비슷한 경우가 많으므로 직접 수신되는 신호 반사파 신호 사이의 도착 시간 차이가 크게 된다. 이 지연확산된 다중경로에 의해 ISI(Inter Symbol Interference)가 생기게 된다. 이것은 반사파의 비트가 직접 수신되는 신호의 다음 비트와 겹치는 현상이다. 일단 ISI가 원래신호 레벨의 어느 정도 레벨이 되면 데이터 통신 시스템에서 에러 율이 급격히 커지게 된다. 이러한 지연확산 다중경로는 감쇄도 야기 시키는 데 아주 복잡한 형태로 나타나게 된다.

라디오 전자기파의 다양한 환경 하에서 다중경로 문제를 해결하기 위한 많은 기술들이 개발되었는데 일반적으로 적응등화(adaptive equalization), 스프레드 스펙트럼, 다중화(diversity, multiplexing) 등의 3가지 방법이 사용된다. 음성 급 전화선에 사용되는 고속 데이터 모뎀의 동작을 위해 개발된 적응등화 기술이 굽은 대기와 지상의 반사파에 의한 지연확산 다중경로에 의해 생기는 ISI를 없애기 위해 현대의 점 대 점 마이크로웨이브에 널리 사용되고 있다. 그러나 등화기 하드웨어는 10Mbps 데이터 신호를 등화하기 위해 필요한 하드웨어의 크기, 비용, 전력소모 등의 실질적인 어려움도 있다. 이러한 문제점 때문에 아직까지는 적응등화 기술이 무선 LAN에 사용되지는 않고 있다. 다중경로를 극복하는 다른 방법은 스프레드 스펙트럼 기술을 이용하는 것이다. 이 기술은 현재 무선 LAN에서 많이 사용되고 있다. 이 스프레드 스펙트럼은 지연 확산 다중경로에 효과적이나, 단점은 일반 LAN의 속도에서 필요한 대역폭이 크다는 점이다.

마지막으로 다중화 방법이 있다. 가장 간단한 형태로 안테나 다중화 방법은 송신기와 수신기 사이의 신호경로를 만들어서 가장 좋은 경로를 선택하는 것이다. 이러한 다중화 기술은 local scattering 다중경로로 생기는 진폭 페이딩을 감쇄시키는 최적방법으로 오랫동안 이용되었다. 여러 면에서 실내통신 환경에서 다중경로를 다루는 데는 안테나 다이버시티가 이상적인 기술이다. 왜냐하면 우선, 스프레드 스펙트럼과 같은 대역폭에 대한 단점이 없으며 10Mbps 신호를 등화하기 위한 비싼 신호 프로세서가 필요 없기 때문이다.

3) 확산 대역 방식

확산 대역 기술은 1940년대부터 연구가 시작되었으며, 장거리 데이터 통신에 관련된 다중 경로 문제를 해결하기 위해 제안된 이래로 강력한 비화성과 간섭, 방해에 강하다는 특징 때문에 군용으로 널리 이용되고 있다. 1960년대 이후에는 비동기로 다중 접속이 가능하다는 점에서 위성간의 통신 방식에도 이용되고 있으며, 무선 LAN 및 이동통신 등에서도 사용되고 있다.

확산대역 방식은 자연적으로 생기는 잡음이나, 고의적인 전자기파 방해 같은 간섭에 강하다. 하지만 이 의미는 단지 탐지 당할 확률이 적다는 것이며, 안전한 데이터 전송 환경을 완벽히 보장하지는 못한다. 만일 확산 대역을 사용해도 신호가 탐지된다면, 암호와 기법을 사용하여 데이터를 안전하게 전송할 수 있다. 이와 같은 장점으로 인하여 1985년 FCC에서 ISM 대역으로 허가 받지 않고 사용할 수 있는 확산 대역 방식을 인가함으로써 무선 LAN시스템에 본격적으로 적용되게 되었다. 인가가 필요 없는 ISM 밴드 대역 내에서 2.4Ghz 주파수대는 여러 제조업체들에게 유용하게 사용되고 있다. 이 주파수대는 무선 LAN 에 있어서 편리하고 빠른 속도를 보장할 수 있는 가히 혁신적인 기회를 제공하고 있다. 특히 우리나라에서는 902Mhz대가 이동통신 영역으로 사용되고 있기 때문에 2.4GHz 대의 사용은 필연적이다.

확산 대역 방식은 전송하고자 하는 정보를 필요한 대역폭에 비해 훨씬 넓은 대역폭으로 신호를 송신하고, 수신 측에서는 원래의 정보 대역폭에 비해 훨씬 넓은 대역폭으로 신호를 송신하고, 수신 측에서는 원래의 정보 대역폭으로 수신된 신호를 복원하는 방식으로, 이 협 대역 신호와 광 대역 신호간의 변/복조가 이 방식의 핵심 기술이다.

사용자를 적절히 할당하여 스펙트럼을 공유함으로 다중 접속이 가능하며 원래의 정보 대역폭에 비해 넓은 대역폭을 사용한다. 특히 전력 스펙트럼 밀도가 낮기 때문에 신호 은닉이 가능하여 보안성을 높여준다. 또한 다른 사용자의 고의적인 전자기파 간섭에 대해 강하며 다중 경로 효과로 인하여 지연된 신호에 대한 자체 방어가 가능하다는 특징을 갖는다.

통신 시스템 설계자들은 시스템의 효율성을 논할 때, 주로 시스템이 신호의 에너지와 대역폭을 이용하는 것에 대해 고려한다. 물론 대부분의 통신 시스템에 있어서 그것은 중요한 이슈이다. 하지만 그 외에도 시스템이 외부적인 간섭 현상에 대항하고, 낮은 스펙트럼 에너지를 취급하며 외부 제어 없이도 다중 접속 능력을 제공하고, 외부에서 접근할 수 없는 비밀 채널도 제공해야 하는 상황이 있을 수가 있다. 여러 가지 무선 통신 기술 중에서 확산 대역 기술은 이러한 목적을 가장 잘 만족시키는 기술이다.

확산 대역 기술은 안정되고 보안성이 뛰어난 무선 통신 환경을 제공하는 통신용 제품들에 주로 적용되고 있다. 확산 대역은 과거에 군사용 디지털 통신용으로 사용되던 기술이었다. 현재는 확산 대역을 무선 LAN에 적용한 상업적 응용들도 다수 존재한다, 통합 바코드 스캐너, 라디오 모뎀 장치와 디지털 셀룰러 전화 통신, 그리고 팩스교환, 컴퓨터 데이터, 전자우편, 멀티미디어 데이터 등을 위한 광 대역 네트워크를 구축한 소위 "정보화 사회"를 위한 핵심 기술이 바로 확산 대역 기술인 것이다.

확산 대역 기술은 협 대역 방식과는 정반대로 전송하고 싶은 정보를 필요한 최저한도의 대역폭으로 전송하는 것이 아니라 의도적으로 그것보다 더 확실하게 넓은 주파수 대역폭을 사용하여 정보를 전송한다. 송신 측에서는 PSK(Phase Shift Keying: 위상변조)와 FSK (Frequency Shift Keying:주파수 변조)라고 하는 일반적인 변조 방식을 사용하여 일차 변조를 행한다. 또한 이 일차 변조파의 대역폭을 넓히기 위해서 이차 변조를 행한다. 이 과 정을 확산 변조라고 한다. 수신 측에서는 확산 변조된 신호를 원래대로 받기 위해서 이차 복조 혹은 역 확산시킨다. 역 확산 된 신호는 송신 측에서의 일차 확산된 신호와 거의 유사하기 때문에 마지막으로 일차 복조를 행한다.

확산 대역은 광대역이며 잡음과 유사한 신호를 사용한다. 이러한 특성 때문에 신호를 다른 사람이 감지하기가 상당히 어렵다. 또한 확산 대역 신호는 가로채거나 복조하기도 비교적 어렵다. 나아가서 협 대역 신호에 비해 좀처럼 방해받지 않는다. 이러한 낮은 차단 가능성(LPI : Low Probability of Intercept)과 잼(Jam)방지 특성은 과거 오랫동안 군사용 목적으로 사용된 확산 대역 방식의 유용성을 말해주는 것이다. 확산대역의 통신 방식에는 DSSS(Direct Sequence Spread Spectrum)과 FHSS(Frequency Hopping Spread Spectrum) 방식 두 가지가 주로 사용되고 있다.

DSSS 방식은 전달될 각 비트에 대해 여분의 비트 패턴을 발생시킨다. 이 비트 패턴은 칩(chip)이나 치핑 코드(chipping code)라고 불린다. 칩이 크면 클수록, 원래의 데이터가 복원될 가능성이 커진다.(물론, 더 넓은 대역폭이 요구된다). 칩 안에 있는 하나 혹은 그 이상의 비트가 전송될 동안 손상을 입을 수 있지만, 무선 장치에 적용된 통계적인 기술로 신호를 재 전송할 필요 없이 복원이 가능하다. 관계없는 수신기에 대해서는 DSSS는 저 에너지의 광 대역 노이즈로 인식되며, 대부분의 협 대역 수신기들은 DSSS 신호를 무시한다. 다시 말해, DSSS 방식은 스펙트럼을 확산시켜야 할 신호에 이 신호가 갖는 대역폭에 비해 충분히 넓은 스펙트럼을 가진 확산 부호를 이용하여 협 대역 신호에서 광대 역 신호로 변환하는 방식이다. DSSS 방식은 신호를 확산함으로서 그 에너지를 분산시킨다.

데이터 시퀀스로 변조된 반송파를 광 대역 확산신호(spreading signal)로 직접 변조하여 주파수 대역을 확산시키는 것을 DSSS 방식이라 한다. 이 +1과 -1로 구성된 확산 신호는 확산시퀀스, 확산 코드, 또는 코드 시퀀스라고 부른다. 주파수 대역에 확산된 신호를 전송하며 전송 신호는 잡음, 간섭, 신호 방해 등에 의해 변형되어 수신기에 도달한다. 수신기에서는 송신기에서 사용한 것과 동일한 확산 신호를 이용하여 수신 신호의 확산된 대역을 대역 환원한다. 이 신호를 복조하면 원하는 데이터 시퀀스가 얻어진다. +1, 또는 -1을 곱하는 것은 위상을 반전시키는 것과 같으므로, 변조에 위상 변조 방식인 BPSK(Binary Phase Shift Keying), QPSK(Quadrature Phase Shift Keying) 또는 MSK(Minimum Shift Keying) 등이 주로 사용된다.

FHSS 방식은 발신기와 수신기 모두가 알고 있는 패턴의 범위 내에서 주파수를 변화시키는 협대역이 반송파를 사용한다. 수신기와 발신기 양측이 적절하게 동기화되면, 하나의 논리적인 채널로 유지되는 효과를 얻을 수 있다. 관계없는 수신기에 대 해서는 FHSS는 지속성이 짧은 임펄스 노이즈로 인식된다. 다시 말해, FHSS방식은 스펙트럼을 확산시켜야 할 신호의 반송파 주파수를 얻던 특정한 패턴에 따라 시간적으로 전환해 감으로서 시간평균으로 협 대역 신호를 광 대역 신호로 변환하는 방식이다. 데이터 시퀀스로 변조된 반송파의 주파수를 주파수 합성기에 의하여 불규칙적으로 바꿈으로서 주파수 대역을 확산시킨다. 송신기에서 하는 변조 작업을 주파수 도약이라 하고 이 장치를 주파수 도약기라고 한다. 수신기에서는 주파수 환원 기(dehopper)가 송신기와 정반대의 방법으로 반송파 주파수를 도약환원(dehopping)함으로써 주파수 대 역을 환원시킨다. 변조에는 주파수 변조 방식인 BFSK(Binary Frequency Shift Keying)또는 MFSK(M-array FSK)등이 주로 사용된다.

2.4.5. PLC

PLC(Power Line Communication)는 일반적으로 전력선 통신이라고 한다. 가정이나 사무실의 소켓에 전원 선을 꽂으면 음성·데이터·인터넷 등을 고속으로 이용할 수 있는 서비스로 텔레비전·전화·퍼스널컴퓨터 등 가정의 모든 정보기기를 연결하는 홈 네트워크까지 가능하다. 이 기술이 실현되면 지금까지 유선 텔레비전 망, 전화선·광통신망 등으로 복잡하던 데이터 전송 경로가 전력선 하나로 줄어들게 된다. 전원과 통신 데이터를 나누어주는 모뎀이나 시스템 등 별도의 장치만 있으면 되므로 설치 또한 간편하다.

현재 세계 인구의 85% 가량이 전기를 사용하고 있는 데 반해 전화선이나 초고속통신망 따위를 이용한 인터넷 접속은 12~15%에 불과하다. 이런 점에서 또 다른 광케이블이나 동축케이블을 깔지 않고 이미 집집마다 연결된 전력선을 활용한 빠른 데이터 전송이 가능해진다면 선진국과 개발도상국, 대도시와 농촌 간의 정보 격차를 해소하는 일은 한결 수월해질 것이다. 또한 인터넷 서비스와 네트워크 구축뿐만 아니라 전력선 기반 지능형 가전제품의 원격제어와 계량기 등의 원격 검침, 각종 전기기계의 원격제어 등도 가능하게 된다. 데이터를 전력선 내부에 실어 보내는 것에 따른 속도의 한계와 전력선망 자체의 간섭현상 등의 과제가 아직 남아 있으나 곧 실용화될 전망이다.

PCL은 데이터 전송 속도에 따라 저속 60nbps~10Kbps, 중속 10Kbps~2Mbps, 고속 2~10Mbps 으로 구분되며 저속은 홈 네트워킹의 제어용으로, 중속은 홈 네트워킹의 데이터 통신용으로, 고속은 외부 망 액세스용으로 구분 할 수 있다. 표준화로는 전력선 통신의 표준화 활동은 지역 표준화 단체를 중심으로 추진 중이다.

PCL은 전력을 이용한 통신이라 AC 전원을 이용하는 모든 장비에 PLC 모뎀만 달면 양방향 통신이 가능하다는 점과 별도의 추가 설치 없이 사용이 가능하므로 추가 비용도 적으며 네트워크 구성도 간단하게 할 수 있으나. 아직 은 저속이고 변동이 심한 부하 간섭과 심한 잡음 ,감쇄 특성이 있으며 제대로 된 규격이 없다는 것이 단점이다.

2.4.6 FTTX

FTTX(Fiber-To-The-X)는 전화국으로부터 광섬유가 도달되는 지점, 구역, 장비 또는 서비스를 의미하는 광 가입자망의 포괄적인 표현이다. 광 가입자망의 궁극적인 목표는 가정이나 댁내 장치에까지 광섬유가 개별적으로 공급되는 광케이블을 통해 대용량의 데이터를 초고속/광 대역으로 전송할 수 있도록 구축된 망으로 FTTX 광 네트워크 구축 형태를 의미한다. FTTX는 디지털 기술의 발전으로 다양한 멀티미디 서비스와 대용량 데이터 전송이 증가하고 방송/통신의 융합, 홈 네트워크, IPTV, 화상 통신 으로 초고속 광 대역 전송로가 요구되며 차세대 광 대역통합 망을 실현하기 위해 가장 현실적인 전송기술이라 생각되며 점점 발달되고 있다.

FTTX는 서비스 제공 영역에 따라 FTTH(Fiber To The-Home), FTTB(Fiber To The Building) FTTC(Fiber-To-The-Curb), FTTO(Fiber-To-The-Office) 등으로 구분할 수 있다.

FTTH는 댁내 가입자 망으로 불리며 일반 가입자의 가정까지 ONU(optical network unit)를 설치하여 초고속/광대역 서비스를 제공하는 광가입자망구축단계로서 광케이블을 가정까지 구축한다. FTTH 보급의 가장 큰 걸림돌은 고가의 OUN와 망 구축비용이다. 여기서 ONU는 최종 사용자들에게 서비스 인터페이스를 제공하는 광통신망의 종단 장치이며 고객의 아날로그 신호를 전송하는 케이블과 광 시설들을 연결시켜주는 장치이므로, 바로 이곳에서 광 신호와 전기신호가 서로 교환된다.

FTTO는 광케이블이 사용자의 빌딩까지 인입되는 망으로서 빌딩 내의 가입자용 광 전송 장비(RT)를 이용하여 광케이블을 구축하며 국내에서는 광 가입자 전송장치를 이용해 FTTO를 구축한다. 광 가입자 전송장치는 동기 식 광 전송장치로 전화국 내의 COT(Central Office Terminal)와 빌딩 내의 RT 장비로 구성되어진다. 여기서 COT는 음성. 데이터, DS1, DS1E, DS3 신호를 STM-1급 신호를 역 다중화하여 서비스를 수행한다.

FTTC는 일정한 거주자 밀집지역까지 광 전송망을 구축하는 방식으로 가입자 밀집지역까지 OUN을 통해 광케이블을 설치하고 이후 가입자 댁내는 동선을 이용하며 음성서비스뿐만 아니라 ISDN, VOD 등 고속서비스도 제공가능하다. 하나의 광전 장비(HDT : Host Digital Terminal)와 다수의 ONU가 접속되고, ONU는 다수의 가입자 동선과 연결되는 방식으로 기존을 동선을 이용하므로 경제성은 높으나 초고속 광대역 서비스 제공에는 한계가 있다.

FTTX는 대역폭을 비롯해 전송 효율, 신뢰성, 기능성 등의 기술적인 우월성 때문에 궁극적인 광 대역 가입자망으로 평가받고 있지만 직접 일반 가정이나 회사 건물 까지 광케이블로 연결하여 사용하므로 경제적인 비용이 너무 크다는 단점을 가지고 있다.

2.4.7 블루투스

블루투스(Bluetooth)는 휴대폰과 휴대폰 또는 휴대폰과 PC간에 사진이나 벨소리 등 파일을 전송하는 무선전송기술을 말한다.

블루투스라는 명칭은 10세기 덴마크와 노르웨이를 통일한 바이킹헤럴드 블루투스(Harald Bluetooth; 910~985)의 이름에서 따왔다. 그는 블루베리를 즐겨 먹어 치아가 항상 푸른빛을 띠고 있어 '푸른 이빨'로 불렸다고 한다. 블루투스가 스칸디나비아 반도를 통일한 것처럼 PC와 휴대폰 및 각종 디지털기기 등을 하나의 무선통신 규격으로 통일한다는 상징적 의미가 담겨 있다. 처음에는 프로젝트 명으로 사용했으나 브랜드 이름으로 발전했다.

1994년 세계적인 통신기기 제조회사인 스웨덴의 에릭슨은 휴대폰과 그 주변장치를 연결하는 무선 솔루션을 고안해 케이블을 대체하기 위한 연구를 시작했다. 즉 휴대폰과 주변기기 간에 소비전력은 적으면서 값싼 무선 인터페이스를 연구하기 시작한 것이다. 이후 에릭슨은 다른 휴대장치 제조사와 제휴를 추진했고 마침내 1998년 2월 에릭슨을 주축으로 노키아, IBM, 도시바, 인텔 등의 대표적인 첨단 IT 기술회사로 구성된 블루투스 SIG(Special Interest Group)가 발족했다. 블루투스 SIG에는 현재 모토로라, 마이크로소프트, 루슨트테크롤로지, 스리콤 등 세계적인 기업이 참여하며 전 세계적인 표준 규격으로 자리 잡았다.

블루투스가 정보통신 분야에서 주목받는 이유는 다음과 같다. 첫 번째, 블루투스는 저렴한 가격에 저 전력(100㎽)으로 사용할 수 있다는 점이 장점이다. 두 번째, 블루투스는 주파수 대역을 나누기 때문에 데이터 전송을 여러 주파수에 걸쳐서 분할해 보낼 수 있다. 그렇기 때문에 무선 전송에 따른 보안 위협에서도 상대적으로 안전하다. 세 번째, 블루투스 신호는 벽이나 가방 등을 통과해서 전송될 수 있으므로 배선이나 연결 상황을 육안으로 확인할 필요가 없고 장애물이 있어도 신호를 주고받을 수 있다. 넷째, 주파수 특성도 전 방향으로 신호가 전송되므로 각 장치를 연결하기 위해 일정한 각도를 유지할 필요가 없어 사용하기에 편리하다. 마지막으로 무엇보다 전 세계 수많은 국가가 블루투스 표준 규격을 준수하기 때문에 세계 어느 곳에서나 같은 기술을 이용할 수 있다. 따라서 블루투스를 이용한 무선 네트워크는 언제 어디서나 모든 정보기기 간의 자유로운 데이터 교환이 이뤄질 수 있다.

블루투스의 소비 전력이 매우 적고, 저렴한 가격, 표준화 제정, 무선으로 되어있어 매우 편리하다는 장점이 있으며 이에 반에 무선 LAM에 비해 속도감이 떨어지며 동작거리가 짧고 보안성이 상대적으로 좀 약하다는 단점도 가진다.

블루투스는 무선 근거리 통신 장치로서 작동 원리는 트랜시버(transceiver)와 유사하다. 트랜시버는 전송기(transmitter)와 수신기(receiver)를 하나의 패키지에 합쳐놓은 것이다. 이 용어는 휴대폰이나 무선전화기, 휴대용 무전기 등과 같은 무선 전송장치들에 적용되며, 아날로그나 디지털 신호를 송신하고 수신할 수 있다. 그러나 이 용어가 이따금 케이블이나 광케이블 시스템의 송수신기와 관련하여 사용될 때도 있는 데 무전기 트랜시버에서는 송신 중 수신기가 동작하지 않는데 전자 스위치를 사용하면 송신기와 수신기가 같은 안테나에 접속될 수 있고 송신기의 출력이 수신기를 방해하는 것을 예방할 수 있다. 이러한 종류의 트랜시버를 이용하면, 송신 중에도 신호를 수신하는 것이 가능하며 이것을 반 이중 방식이라고 하며 송신과 수신은 항상은 아니지만 같은 주파수로 이루어지는 경우가 많다.

어떤 종류의 트랜시버는 송신 중에 신호를 수신할 수 있도록 설계되기도 하는 데 전이중 방식이라고 하며, 송신기와 수신기는 충분히 다른 주파수를 사용함으로써 송신 신호가 수신을 방해하지 않도록 한다. 휴대폰이나 무선전화기 등이 이러한 방식을 사용하며 위성 통신 네트워크는 육상에 기반을 둔 가입자선들에서 흔히 전 이중 방식의 트랜시버를 채용한다. 트랜시버에서 위성으로 전송된 신호를 업 링크라고 부르고, 위성에서 트랜시버로 수신된 신호를 다운 링크라고 부르며

트랜시버는 실제로 네트워크 전선 상에 있는 회선에서 신호들을 사용하고 전선을 통해 지나가는 신호들을 감지해내는 근거리 통신망의 장치를 나타내기 위해 가장 자주 사용된다. 많은 근거리 통신망에서 트랜시버는 네트워크 카드 내에 장착되지만 어떤 종류의 네트워크에서는 외장 형 트랜시버를 필요로 하며 이더넷 네트워크에서 트랜시버를 MAU(Medium Access Unit)라고 부른다.

블루투스 종류에는 블루투스 폰, 블루투스 헤드셋, 블루투스 프린터, 블루투스 USB 등이 있다.

2.4.8 VoIP 전화

먼저 VoIP에 대한 간단한 용어정리부터 시작해보자. VoIP는 Voice over Internet Protocol의 줄임말이다. 그렇다면, 이번에는 인터넷 프로토콜(Internet Protocol)을 보자. IP라는 약자로 더 많이 알고 있을 인터넷 프로토콜은 보통 인터넷 공간에서 상대방의 PC 혹은 단말기의 위치정보를 나타낼 때 사용된다. 즉, 인터넷 공간에서 통신을 하기 위한 가장 기초적인 주소의 역할을 담당한다고 볼 수 있다. 또한 VoIP의 앞 단어인 'Voice'는 '음성'을 뜻한다. 즉, 용어를 최종 정리하면 Voice (음성) + over + IP 인터넷주소로, '인터넷 망 위에서 음성을 전달할 수 있는 기술'이라고 정의할 수 있다.

기존의 전화망과 인터넷 전화의 차이점은 VoIP가 인터넷 망을 이용한 전화기술이라는 것이다. 이번 에는 일반 유선전화망과의 차이점에 대해 그림 2.5와 그림 2.6을 통해 알아보도록 하자.

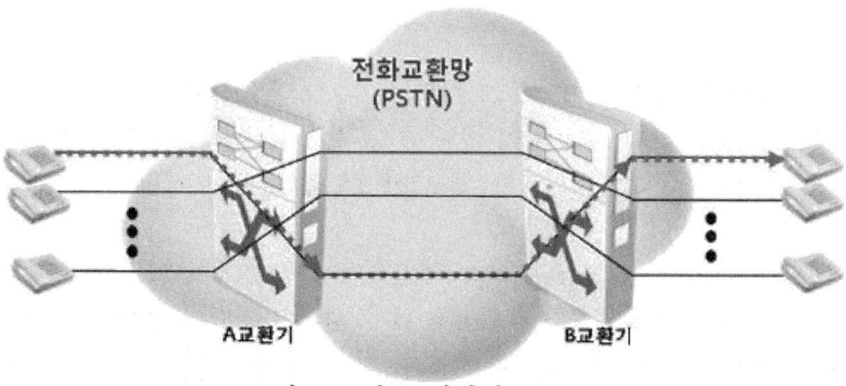

그림 2.5 기존 전화망 구조도

그림 2.5에서는 왼쪽과 오른쪽에 각각 집안에 유선전화가 설치돼있다. 일반적으로 유선전화는 전화선이 전화 단자함을 지나 인근 전화국의 전화 교환기까지 연결되어있는 구조를 가지고 있으며, 전화국과 전화국 사이에는 역시 교환기끼리 연결되어있다. 사용자가 수화기를 들어 상대방의 전화번호를 입력하면, 교환기가 전화번호를 인식해 목적지의 교환기 쪽으로 신호를 전달해 상대방과 통화를 할 수 있게 되는 구조다.

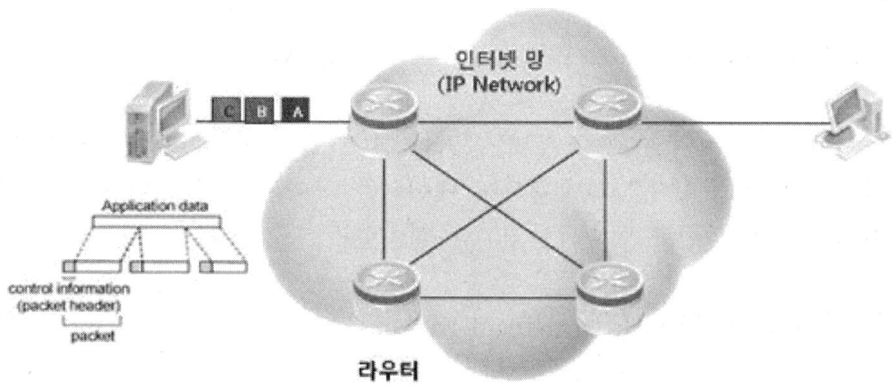

그림 2.6 VoIP망 구조도

그림 2.6을 보면 그림 2.5와 다르게 왼쪽과 오른쪽 끝에 PC가 설치돼있으며, 각각의 PC에 소프트웨어 폰 프로그램이나, PC 대신 이용할 수 있는 물리적인 하드웨어 IP 폰이 설치되어있다. VoIP 구간을 이용한 전화통신이기 때문에 소프트 폰과 하드웨어 폰 각각에는 IP 주소가 할당된다.

2.4.9 Green IT

보통 Green IT하면 환경을 저해하는 현IT의 문제점을 친환경적으로 바꾼다는 의미로도 해석되고 있으나 현재 차량으로 인한 공해나 산업에서 발생하는 환경 오염 등을 IT 기술로 방지하고 예방하여 보다 낳은 환경을 만들어 보자라는 뜻으로도 사용된다.

Green IT는 원래 Green Computing이라는 용어에서 시작되었다. 기존의 IT가 경제력 활성화에 그 목적을 두고 있다면 Green IT는 3P 즉 인류(people), 지구(planet), 그리고 수익(profit)에 그 목적을 둔다고 볼 수 있다. Green IT는 이미 알려진 Green Chemistry (예: 납과 같이 건강에 해로운 물질을 제조과정에서 제거함을 비롯하여 폐기물 재생처리 등을 통한 에너지 및 자원 소비 절감)와 비교했을 때 친환경 목적은 같으며 단지 화학 분야가 아닌 IT 즉 컴퓨팅 분야에서 추구하는 새로운 친환경(Green Environment) 기술이다.

글로벌 리서치 기관인 Gartner에서는 Green IT정의를 다음과 같이 내리고 있다. 환경을 파괴하지 않고 지속될 수 있는 IT를 유지하며 IT를 활용함으로서 IT 스스로 친환경 보존에 공헌케 한다.

선진국 정부에서 일차로 시행할 수 있는 9가지 Green IT 전략 샘플은 다음과 같다.

1) 환경 감시 (Environmental Monitoring)

인구 밀도가 높은 지역을 골라 주변 공기와 물의 질을 계속 추적하며 환경 구조와 관계된 모든 물질을 지속적으로 측량하여 데이터를 구축하고 분석한다. 이를 성공적으로 이행하기 위해 지역별로 이동측량기기를 설치한다.

2) 집합적 관리 체제 (Fleet Management System)

정부 차량 (경찰차, 대중교통, 공무원 차량, 군용 차량 등) 파견 및 활용을 GPS나 모바일 (cellular) 기술을 통해 효율적으로 운영하여 불필요한 차량 파견 및 운행으로 인한 공해와 에너지, 자원 소비를 억제한다.

3) 정부기관 설비시설 오토메이션 (Government Building Automation)

센서 네트워크 (sensor network) 설치를 통해 조명시설과 난방 및 AC시설을 개선하여 에너지 소비량을 대폭 줄이고 기존의 전력 라인을 이더넷(ethernet) 라인과 공유할 수 있도록 재설계하여 기관 내 케이블 설치 량을 줄여 전자파 방출을 최대한 감소시킨다.

4) 대체 에너지 활용 (Alternative Energy Sources)

정부에 소속된 모든 건물은 태양전지 판(solar panel)을 장착하고 활용한다.

5) 중앙난방 장치 (District Heating)

건물별로 설치된 보일러 시설을 없애고 특별 구역에 대규모 보일러 시설을 설치해 중앙 관리함으로서 공해를 줄이고 에너지 소비량을 절감한다.

6) 자택 근무(Tele working)

e-government 시스템을 적극 활용하여 정부 에이전시 직원들의 주 50% 이상 자택 근무를 장려한다. 이를 시행하기 전에 직원들의 능률과 효율성 유지를 위한 자택 근무 교육 프로그램이 우선으로 시행되어야 한다.

7) 온라인 서비스 (Online Service)

지자체 기관에 찾아드는 일반인들의 개인 차량 운행을 감소시키기 위한 방편으로 온라인 서비스를 강화하여 일반 가정집에서 행정관련 서비스를 받을 수 있도록 조치한다. 장기적으로 보면 공해 방지, 에너지 절약과 더불어 공무원 설비 감소에 큰 효과를 볼 수 있다. 온라인 서비스가 성공리에 운영되면 특별한 경우을 제외하고 모든 오프라인 서비스는 비용체제를 갖춘다.

8) 폐기물 관리 (Waste Management)

LBS (Location-based Service), GPS (Geographical 또는 Global Positioning System), RFID (Radio Frequency Identification)등 첨단 IT기술을 활용하여 기존의 폐기물 수거와 처리방법을 개선시키는 방법을 연구해야 한다.

9) 정책 이행 비용 (Cost of Compliance)

거래 세나 소득세에 친환경 세금을 추가하여 친환경 유지비용으로 활용하는 세금과 관계된 전략은 일반인들에게 친환경의 중요성을 알리며 참여를 유도하는데 매우 중요한 역할을 할 수 있다. 하지만 역으로 이 또한 일반인들의 Green IT 참여를 강제화 한다고 볼 수 있고 각국의 세금 법안이 새로이 개정 되어야 하는 절차가 큰 숙제로 남아있어 쉽게 이행되기는 어렵다.

한편 유사한 개념으로 스마트 그리드(smart grid)라는 것이 있는 데 간단히 살펴보기로 하자. 스마트 그리드는 에너지 네트워크와 통신 네트워크가 합쳐진 지능형 전력망으로 똑똑한 스마트와 전기, 전력을 뜻하는 그리드가 합쳐진 용어이다.

이른바 똑똑한 전기로 불리며 전력공급자와 소비자가 실시간으로 상호교환 할 수 있는 차세대 에너지 신기술이다. 스마트 그리드는 소비자가 주체가 되어 비효율적인 전력소비패턴을 바꿀 수 있게 되는 것인데, 전력거래소가 전국의 전력수요를 분석해 실시간 전력요금을 결정하면 소비자는 스마트그리드를 통해서 요금 데이터를 받을 수 있다. 소비자는 전기 사용요금과 사용량 정보를 체크해서 전기요금이 가장 싼 시간대에 전기를 선택해서 사용할 수 있게 되는 것이다.

지금까지 전력수요는 밤에는 남고 낮에는 모자라기 때문에 낮의 수용에 맞춰 필요 발전설비들이 가동되고 있지만 스마트그리드를 적용하게 되면 비효율적인 전력소비패턴이 바뀌게 되어 필요 발전설비의 가동을 효율적으로 조절할 수 있다.

2.4.10 HDMI

HDMI(High-Definition Multimedia Interface)는 비 압축방식의 디지털 비디오와 오디오 인터페이스 규격의 일종이다. HDMI는 HDMI를 지원하는 셋 탑 박스, DVD 재생기 등의 멀티미디어 소스에서 AV 기기, 모니터, 디지털 텔레비전 등의 장치들 사이의 인터페이스를 제공한다.

칩 제조업체들은 새롭게 주목받고 있는 고선명 멀티미디어 인터페이스 표준인 HDMI 대한 첫 번째 사양을 캘리포니아 Sunnyvale에서 발표했다. 이 기술은 새로운 부류의 가전제품 및 기타 관련 제품들에 맞추어 준비된 것이다. HDMI(High Definition Multimedia Interface)라고 명명된 최근에 만들어진 컨소시엄에는 히타치, 마Tm시다(파나소닉), 필립스, 실리콘 이미지, 소니, 톰슨 및 도시바 등의 회사가 포함되어 있다. 이 회사들은 소비 가전의 차세대 디지털 인터페이스를 정의하는 버전 0.9 표준을 만들어 냈으며 이 사양은 현재 이 그룹의 웹 사이트(http://www.hdmi.org)에

검토를 위해 올려져 있다.

디지털 엔터테인먼트 시대로의 인도를 위해 설계된 HDMI는 고선명(high-definition) 비디오와 다중채널 오디오를 5Gbps 이상의 대역폭을 가진 단일 디지털 인터페이스로 결합시키는 것이다. 이 기술로 인한 이점들은 비 압축 디지털 화질(음질), 적은 케이블 및 작고 사용하기 편한 커넥터 등이다. HDMI는 또한 DVI(Digital Visual Interface) 표준과도 연동할 수 있도록 개발됐다.

HDMI는 현재 빛을 보지 못하고 있는 HDTV 기술에 대한 발전 가능성 있고 매력적인 해결책을 공급한다고 M2 리서치의 사장인 Wanda Meloniss는 말했다. 이 컨소시엄은 HDMI의 추가적인 특징들로 패킷화된 데이터 전송기술을 이용한 음성의 통합, 소비가전 장비를 위한 15-mm, 19-pin HDMI 인터페이스의 설계 및 HDCP(High-bandwidth Digital Content Protection)를 제시했다.

HDMI(High-Definition Multimedia Interface)는 압축되지 않은 풀 디지털 오디오/비디오를 전송할 수 있는 최초의 멀티미디어 인터페이스로서 향상된 고선명 비디오와 더불어 싱글 케이블 상의 멀티채널 디지털 오디오를 지원한다. 이것은 모든 ATSC HDTV를 전송할 수 있고 충분한 대역폭을 지닌 8채널 디지털 오디오를 지원한다.

소비자들은 HDMI를 통해 다음과 같은 이익을 얻을 수 있다. 우수하면서 압축되지 않은 고품질 디지털 비디오와 오디오, 간단한 싱글 케이블 연결로 미로와 같은 케이블 연결을 대체할 수 있는 사용자 친숙 환경의 커넥터, HDCP를 통한 저작권의 보호로 인해 메이저 영화 제작사의 디지털 콘텐츠를 다량으로 공급받을 수 있다.

HDMI의 5 Gbps의 대역폭 중 HDTV가 사용하는 대역폭은 절반에 미치지 못한다. 예비 수용능력까지 포함하면 HDMI는 예측 가능한 미래까지의 새로운 기술의 진보와 수용능력을 충분히 포괄할 수 있다. 현존하는 아날로그 인터페이스인 컴퍼지트, S-비디오, 컴퍼넌트 비디오에 비해 HDMI의 장점은 다음과 같다. HDMI 는 압축되지 않은 디지털 오디와 비디오를 가장 높고, 가장 뚜렷한 이미지 품질로 전송하며 HDMI 는 아날로그 인터페이스 상 불필요한 디지털/아날로그 변환에 따른 손실이 없는 비디오의 완전 디지털 렌더링을 보장하고 또한 HDMI는 압축되지 않은 비디오 포맷을 간단한 방식으로 비용 절감적인 방법으로 제공하며 품질과 기능성이 뛰어난 디지털 인터페이스이다. 한편 HDMI는 비디오와 멀티채널 오디오를 단일 케이블에 혼합하여 비용과 복잡함, 지금의 A/V 시스템에서 사용하는 다중케이블의 혼잡을 피할 수 있고 비디오 소스(DVD 플레이어와 같은)와 DTV 간의 쌍방향 통신을 지원하여 새로운 기능성을 가능하게 한다.

HDMI는 DTV를 위한 CEA-861 프로파일을 사용해서 DVI와 호환이 완전하게 가능하며 HDMI DTV는 현재의 DVI 가 장치된 제품들에서 보낸 영상을 재생할 수 있고

DVI가 장치된 TV는 HDMI 소스의 영상을 재생할 수도 있다. HDMI 기술은 아주 긴 표준 구리 케이블 구조에 맞춰 설계되었다. 케이블 제조자가 새로운 기술을 사용해서 그들의 제품의 기능을 향상시킬 수 있도록, HDMI 는 케이블의 요구 성능은 명시하였지만 최대길이는 명시하지 않았다.

케이블 제조사는 10미터가 넘는 HDMI용 케이블을 제작할 수 있으며 노이즈에 대한 우려 없이 전송이 가능하며 또한 반도체 기술이 향상됨에 따라 섬유광학 케이블을 사용하거나 증폭기(amplifier)나 리피터(repeater)를 사용한 액티브(active) 케이블 기술을 사용해 아주 먼 거리를 연결할 수도 있다.

2.4.11 클라우드 컴퓨팅

클라우드 컴퓨팅(Cloud Computing)은 PC에 내장된 소프트웨어 대신 인터넷에서 프로그램을 이용하게 하는 기술이다. 좀 더 이해를 돕자면 인터넷 공간에 분산되어 있는 서버에 설치된 어플리케이션을 단말기로 인터넷에 접속해 자유롭게 이용할 수 있는 기술이다. 그 예로는 구글, 야후, MS의 웹 기반 이메일 서비스와 워드, 엑셀 등 온라인 소프트웨어를 제공하는 구글 독스(Google Docs) 서비스도 예로 들 수 있다. 또한 클라우드 컴퓨팅 사례를 정리하면 아래 표 2.1과 같다.

표 2.1 클라우드 컴퓨팅 사례

마이크로 소프트	윈도우즈 라이브 서비스 (라이브 메일, 라이브 메신저, 라이브 포토 갤러리 등) Windows Live Mesh, Windows SkyDrive
구글	Google Docs , Google App Engine
아마존	Amazon S3 Service, EC2
애플	Mobile Me
IBM	Blue cloud
위즈솔루션	CCN (Cloud Computing Network)

클라우드 컴퓨팅에 주목해야 하는 이유로는 디지털 시대인 오늘 날 인프라 구축, 비지니스 협업, 디지털 기기가 급속도로 증가하고 있고, 실시간 데이터 스트리밍, 웹2.0 어플리케이션, 소셜 네트워킹, 모바일 거래 등의 급성장으로 현재의 기반으로 가속화되는 IT 환경을 유지하기에는 힘들다고 보기 때문이다. 이러한 다변화와 다중 환경 변화를 충분히 감당할 수 있는 컴퓨팅 환경 진화에 대한 답안으로 급부상하고 있는 것이 바로 클라우드 컴퓨팅이라고 IT업계는 내다보고 있는 것이다. 한마디로 고객과 소

비자들이 요구하는 컴퓨팅 자원을 언제 어디서나 사용할 수 있도록 하나의 데이터 센터에 데이터와 서비스를 집약시키고 인터넷이 가능한 컴퓨터를 포함한 모바일기기로 이 자원을 이용하도록 하는 것. 즉 클라우드 컴퓨팅은 웹2.0 시대를 맞아 웹2.0과 가장 잘 맞아 떨어지는 컴퓨팅 방식으로 판단한데 기인한다.

클라우드 컴퓨팅의 발달로 PC는 사망 선고를 당하게 되지만 결국 디지털 라이프는 더욱 풍부해질 것이라고 전망했으며 또한 제2의 디지털시대가 다가오고 있다. MS 플랫폼이 클라우드 컴퓨팅(cloud computing) 혁명의 중심이 될 것이다. 충분히 분석, 발전시킨다면 머지않아 클라우드 컴퓨팅은 그린IT 기술로 우리 모두의 컴퓨팅 환경으로 깊숙이 자리 잡고 있을 것으로 전망된다.

클라우드 컴퓨팅이 가져올 새로운 확장성과 유연성 그리고 비용 절감 측면에서는 상당히 호의적이지만, 보안, 지연, 서비스 수준, 가용성에 대해 적지 않은 우려들을 갖고 있는데 그것은 통제권 상실에 대한 제어 불능에 대한 두려움이다.

2.4.12 RFID

RFID(Radio-Frequency IDentification) 기술이란 전자기파를 이용해 먼 거리에서 정보를 인식하는 기술을 말한다. 여기에는 RFID 태그(이하 태그)와, RFID 판독기(이하 판독기)가 필요하다. 태그는 안테나와 집적회로로 이루어지는데, 집적회로 안에 정보를 기록하고 안테나를 통해 판독기에게 정보를 송신한다. 이 정보는 태그가 부착된 대상을 식별하는 데 이용된다. 쉽게 말해, 바코드와 비슷한 기능을 하는 것이다.

RFID가 바코드 시스템과 다른 점은 빛을 이용해 판독하는 대신 전자기파를 이용한다는 것이다. 따라서 바코드 판독기처럼 짧은 거리에서만 작동하지 않고 먼 거리에서도 태그를 읽을 수 있으며, 심지어 사이에 있는 물체를 통과해서 정보를 수신할 수도 있다. RFID는 사용하는 동력으로 분류할 수 있다. 오직 판독기의 동력만으로 칩의 정보를 읽고 통신하는 RFID를 수동형(Passive) RFID라 한다. 반수동형(Semi-passive) RFID란 태그에 건전지가 내장되어 있어 칩의 정보를 읽는 데는 그 동력을 사용하고, 통신에는 판독기의 동력을 사용하는 것을 말한다. 마지막으로 능동형(Active) RFID는 칩의 정보를 읽고 그 정보를 통신하는 데 모두 태그의 동력을 사용한다. RFID를 동력 대신 통신에 사용하는 전자기파의 주파수로 구분하기도 한다. 낮은 주파수를 이용하는 RFID를 LFID(Low-Frequency IDentification)이라 하는데, 120~140 킬로헤르츠(khz)의 전자기파를 쓴다. HFID(High-Frequency IDentification)는 13.56 메가헤르츠(Mhz)를 사용하며, 그보다 한층 높은 주파수를 이용하는 장비인 UHFID(UltraHigh-Frequency IDentification)는 868-956 메가헤르츠 대역의 전자기파를 이용한다.

RFID를 이용하면 쉽게 물류의 위치뿐 만 아니라 판매량 재고 등을 한눈에 알아볼 수가 있고 회사의 직원을 많이 필요로 하지 않기 때문에 인건비 등을 절약할 수 있다. 그리고 어려운 기술이 아니기 때문에 누구나 사용가능하다.

요즘 물류 창고에서는 RFID를 사용한다. 더베이직 하우스는 국내 패션업체로는 최초로 첨단 RFID 시스템을 도입해 물류 시스템을 혁신하고 있다고 발표했다. 패션의 유행 사이클이 갈수록 짧아지면서 제품 기획에서부터 최종 판매 시점까지 걸리는 시간을 단축하는 것이 의류업계의 핵심 과제로 떠오르면서 RFID 시스템을 활용한 제품 공급 기간 단축 및 효율적 공급 망 운영에 대한 관심이 크게 높아지고 있다. 더베이직 하우스는 자사의 4개 브랜드 중 마인드브릿지, 더클래스 2개 브랜드에 우선적으로 RFID 시스템을 도입해 본격적인 운영을 개시했으며, 공급 기간 단축 및 물류 비용 절감, 적정재고 관리에 효과를 거두고 있다고 밝혔다. 더베이직 하우스의 RFID 시스템은 해외의 생산 공장과 국내의 물류센터는 물론 마인드브릿지와 더클래스의 백화점 및 전 매장에 구축 될 예정이며, RFID 태그가 부착된 약 2백만 점의 의류가 최첨단 물류 시스템에 의거해 운송되게 된다. RFID 시스템은 해외의 생산 공장에서 출하되는 순간 RFID 리더가 자동으로 해당 물품의 정보를 인식해 실시간으로 물류센터로 전송하며, 물류센터에서는 주문서와 일치 여부 및 도착 시간 등을 즉시 파악할 수 있게 된다. 물류센터에서 매장으로 배송될 때도 동일한 방식으로 매장에서 정확한 정보를 전송받게 된다.

매장에서는 해당 의류가 판매되는 순간 해당 정보가 본사의 ERP 시스템으로 전송되기 때문에 본사에서는 전체 매장에서의 판매량과 재고량을 실시간으로 파악할 수 있다. 이에 따라 본사에서는 추가 생산에 대한 결정을 정확하고 신속하게 내릴 수 있게 됐다.

연 습 문 제

1. 정보통신시스템에 대해 정의하시오.

2. 정보통신시스템의 구성요소에 대해 설명하시오.

3. DTE에 대해 설명하시오.

4. DCE에 대해 설명하시오.

5. DTE와 DCE의 인터페이스에 대해 설명하시오.

6. CCE에 대해 설명하시오.

7. 메인컴퓨터에 대해 설명하시오.

8. 모뎀의 종류에 대해서 설명하시오.

9. 교환기에 대해서 설명하시오.

10. 다양한 정보통신에 대해서 예를 들어 설명하시오.

제 3 장

데이터 전송

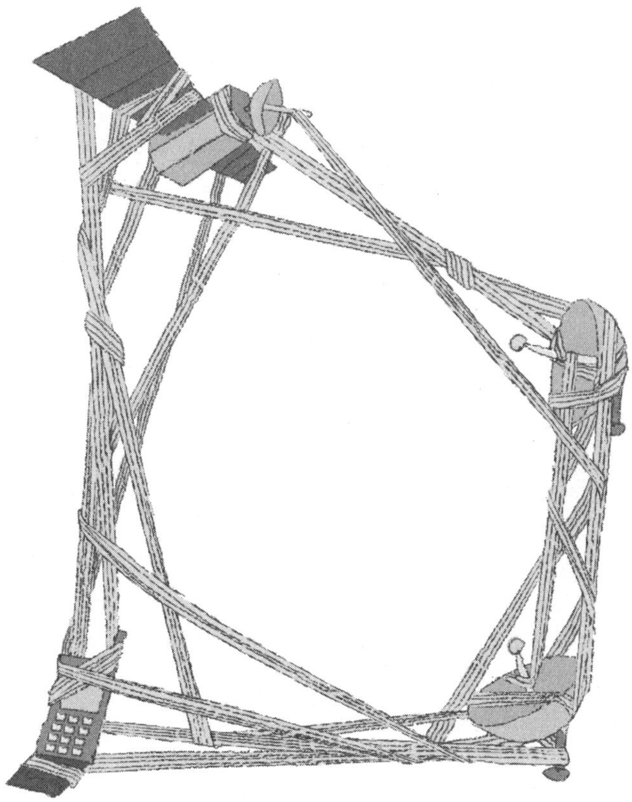

제3장 데이터 전송

데이터 전송을 한마디로 표현하면 데이터를 주고받는 것을 의미한다. 물론 정보 전송 또는 신호 전송이라고 표현해도 상관없을 것이다. 데이터 전송의 기본적인 개념을 이해하기 위해서 앞장에서 정보통신시스템의 구성요소인 DTE, DCE, CCE, 메인컴퓨터에 대해 학습하였다. 이 번장에서는 정보통신시스템의 구성요소를 바탕으로 전송매체의 개념과 종류, 데이터 전송 기초 개념, 전송손상 개념과 해결책 등에 대한 내용을 학습하고자 한다.

3.1 전송매체

전송매체는 정보통신시스템에서 중요한 요소로서 신호변환장치인 모뎀과 DSU와 함께 CCE를 구성한다. 전송매체는 실제로 정보통신시스템에서 가장 중요한 데이터 즉 정보가 이동하는 통로이기 때문에 정보통신의 중요한 목적인 정보의 정확하고 신속한 전송에 가장 밀접하게 영향을 미치는 요소이다.

전송매체란 정보통신시스템에서 실제 사용자들의 DTE 즉 사용자 송신기와 사용자 수신기 또는 메인컴퓨터를 연결하는 물리적인 통로로서 DTE나 메인컴퓨터에서 발생된 정보가 이동되는 정보 전송로이다.

전송 매체는 물리적인 형태를 가지느냐에 따라 유선전송매체와 무선전송매체로 구분된다. 여기에서 물리적인 형태라는 것은 우리 눈에 보이는 형태라고 생각하면 간단하다. 유선전송매체들은 물리적으로 구분되는 형태를 가진 것으로 이중나선(twisted pair) 케이블, 동축(coaxial) 케이블, 광섬유(optical fiber) 케이블 등이 있고 무선전송매체들은 물리적 형태를 가지지 않은 것으로 방송 통신 회선, 마이크로파 통신 회선, 위성 통신 회선, 이동 통신 회선 등이 있다. 유선전송매체와 무선전송매체를 사용분야에 따라 간단하게 정리하면 표 3.1과 같다.

표 3.1 유선전송매체와 무선전송매체의 종류

구 분	전송 매체 종류	사용 분야
유선 전송매체	이중나선 케이블	전화선, 컴퓨터와 단말기 사이의 전송선
	동축 케이블	LAN 선, TV 안테나선
	광섬유 케이블	LAN 선, 장거리 통신선, 고속 데이터 전송선
무선 전송매체	방송 통신 회선	방송 회선(라디오 방송, TV 방송)
	마이크로파 통신 회선	TV 중계 회선, 장거리 시외 전화 회선
	위성 통신 회선	위성 전화 회선, 위성 방송 회선
	이동 통신 회선	차량용 전화기, 무선 호출기, 휴대용 전화기

3.1.1 유선전송매체

유선전송매체들은 물리적으로 구분되는 형태를 가진 것으로 이중나선 케이블, 동축 케이블, 광섬유 케이블 등 있다. 유선전송매체들의 구조, 특징, 장단점 등에 대해 알아보기로 하자.

전송매체란 통신상대방 사이에서 실제적인 정보를 전송하는 물리적인 통로를 의미한다. 전송매체는 크게 동축케이블이나 광섬유와 같이 유선에 의한 것과, 물이나 공기 등 무선에 의한 것으로 분류될 수 있다. 또, 유선에 의한 전송매체는 그 물리적인 특성에 따라, 그리고 무선에 의한 전송매체는 서로 다른 주파수 범위에 따라 다시 다음과 같이 분류된다.

유선 전송매체의 경우는 최초의 나선에서 선로손실을 고려한 평형 이중 케이블과 두 개의 절연된 도선이 서로 꼬여진 상태로 이루어진 이중나선, 두 개의 도선 가운데에 절연물질이 채워진 형태를 이루는 동축케이블, 그리고 전기적 신호를 광원에 의해 광신호로 변화시킨 다음 이를 유리 도체 내로 반사시키는 광섬유 및 광케이블로 구분된다. 이들 각 전송매체에 대한 일반적인 전송특성은 아래의 표 3.2와 같으나 구체적인 매체의 규격이나 기술 발전에 따라 그 성능이 계속적으로 향상되고 있다.

표 3.2 유선전송매체의 특징

전송매체	총 데이터속도	대역폭	중계기 없이 전송 가능한 거리
이중나선 케이블	4Mbps	250KHz	2~10Km
동축케이블	500Mbps	350MHz	1~10Km
광섬유	2Gbps	2GHz	10~100Km

1) 이중나선 케이블

유선통신에서 최초로 전송로로 사용된 것은 나선이었다. 이것은 저항이 적은 굵은 전선을 절연 애자를 사용하여 전주에 마치 배전선처럼 평행하게 붙인 것으로 전화가 개발되기 전까지의 전신의 전송로로 이용되었다. 그러나 나선은 폭풍우나 기타 자연 환경에 영향을 많이 받으며, 특히 전송로 저항에 의한 신호감쇠 즉, 선로손실이 큰 문제점이 있었다. 그래서 더욱 장거리 전송에 적합한 선로로써 도선을 절연체로 피복하고 쌍으로 감싼 평형 페어 케이블이 등장했다. 이것은 지름이 0.33~1.4mm인 구리선이 이용되고 절연체로는 종이나 발포 폴리에틸렌이 이용된다.

이중나선 케이블은 두 가닥의 절연된 구리선이 균일하게 서로 잠겨 있는 형태를 가지고 있으며, 여러 개의 쌍이 다발로 묶여져 하나의 케이블을 형성하고, 바깥쪽 부분에는 보호용 피복으로 감싸여 있다. 이와 같이 두 선을 꼬아 놓은 이유는 다른 쌍들과의 누화(cross talk) 영향을 감소시킬 수 있기 때문이다.

이중나선 케이블은 다른 전송 매체와 비교할 때 상대적으로 전송 거리, 데이터 전송률, 대역폭에서 많은 제약점을 가지고 있지만 가격이 저렴하기 때문에 많이 사용된다. 이중나선 케이블은 주로 우리가 쉽게 접할 수 있는 전화선이나 단일 건물 내의 통신 선로, 예를 들면 컴퓨터와 단말기 사이의 전송 선로와 같은 곳에 사용된다. 전화국에서 가입자까지의 전화선로나 건물 내의 통신선로로서 가장 많이 사용되고 있으며, 다른 전송매체에 비해 값이 저렴하므로 단거리용으로서 적합하다.

이중나선 케이블은 아날로그 전송과 디지털 전송에 모두 사용할 수 있다. 아날로그 전송 시에는 약 6Km 간격마다 증폭기(amplifier)를 설치하여 세기가 약해진 전송 신호를 증폭시켜 주어야 하고, 모뎀을 사용하여 28,800bps(bits per second)까지의 데이터 전송 율을 가질 수 있으며, 4kHz까지의 주파수 대역을 사용한다. 디지털 전송 시에는 약 3Km 간격마다 리피터(repeater)를 설치해야 하고, 64kbps까지의 데이터 전송 율을 가질 수 있으며, 250kHz까지의 주파수 대역을 사용한다. 위에서 언급한 증폭기와 리피터에 대해서는 다음에 상세하게 설명하기로 하자.

2) 동축 케이블

동축 케이블(coaxial cable)은 원통형 외부 도체와 그 중심에 놓인 내부 도체 그리고 이 둘을 일정 간격으로 유지시키는 절연체 및 가장 바깥쪽에 보호용 외피로 감싸여져 있다. 동축 케이블은 집중적 구조를 가지고 있기 때문에 이중나선 케이블보다 간섭과 누화 현상에 강하다. 우리가 가정에서 TV를 옥외 안테나에 연결할 때 사용하는 둥글고 검은 케이블이 바로 동축 케이블이다.

동축 케이블 역시 아날로그 전송과 디지털 전송에 모두 사용할 수 있다. 아날로그 전송 시 약 400MHz까지의 주파수 대역을 사용할 수 있기 때문에 약 10,000개 정도의 음성 채널을 동시에 제공하며, 약 10개 정도의 TV 채널을 동시에 제공한다. 이 때, 증폭기는 수 Km마다 설치해야 하며, 높은 주파수 대역을 사용할수록 이 간격을 좀 더 좁게 하여 설치해야 한다. 디지털 전송 시에는 약 500Mbps 정도의 데이터 전송 율을 가지며, 리피터를 매 Km마다 설치할 경우 약 800Mbps까지의 데이터 전송 율을 가질 수 있다.

동축 케이블은 다양한 분야에서 사용할 수 있는 전송 매체로서 장거리 전화, TV, CATV, 근거리 통신망에 등에 많이 사용된다. 다음 그림은 동축 케이블을 나타낸 것이다. 컴퓨터통신 시스템간의 연결이나 근거리통신망, 장거리 전화망 또는 CATV용으로 많이 쓰이는 전송매체로서 대역폭이 넓어 고속 데이터 전송이 가능하다.

3) 광섬유 케이블

꿈의 전송로라 일컬어지고 있는 광섬유 통신방식은 음성을 전기신호로 바꾼 뒤 이를 빛의 강약 또는 광신호로 바꾸어 광섬유를 통해 정보를 전달하는 새롭고 혁신적인 통신방식이다. 광통신케이블은 석영유리를 이용한 광섬유 코어를 플라스틱 재질로 2차 코팅하고, 이것을 여러 개 집합하여 케이블 코어를 형성시킨 후, 그 위에 다시 외부 피복한 것이다. 광섬유 심선을 만드는 석영유리의 투명도가 극히 높기 때문에 입사된 광파는 감쇄가 적어서 전송 손실이 매우 적으며, 전자유도나 정전유도가 전혀 발생하지 않아 누화나 잡음이 없고, 고전압에 의한 전력유도 고장이 없는 무유도 전송이 가능하며, 전송 주파수 대역도 광섬유에서 제공하는 것만큼 넓다. 또한 케이블의 가설이나 포설작업 동선에 비해 4분의 1 정도로 가벼워 취급이 용이하고 운반, 보관 및 설치

작업이 간편하며, 특성에서도 내열성과 내화학성이 우수하여 전선의 수명이 길다는 장점을 가지고 있다. 광통신케이블의 기본 구조는 광섬유 다발을 완충재(Jelly-compound)와 함께 플라스틱 재질의 튜브 내에 함유시킨 루즈튜부(Loose Tube)형과 광섬유를 나란히 배열한 형상으로 2차 코팅한 리본 형이 있다. 루즈튜브 형은 케이블의 중심 인장선 위에 루즈튜브를 필요한 심선 수만큼 집합하고 포설 환경에 적합한 재질로 외부 피복을 한 것으로 루즈튜브 내의 광섬유가 일정한 여장을 가지고 있기 때문에 포설 시의 과중한 인장 하중에서도 광섬유가 직접 영향을 받지 않아 기계적 특성이 매우 안정적이라는 강점을 가지고 있다. 적용 위치에 따라 가공용, 직매용, 관로용 및 난연 형 등으로 응용 구조가 다양하다. 리본 형은 4심 리본 또는 8심 리본을 슬롯이 형성되어 있는 슬롯 스페이서(Slot Spacer)에 삽입한 리본 슬롯(Ribbon Slot) 구조로 기계 환경적인 특성이 우수하면서 광섬유의 실장 밀도가 높고, 광섬유의 접속이 빠르고 간편하다는 강점 때문에 향후 가입자망의 광화에 필요한 다심 광케이블로 적당하다고 판단된다.

광섬유는 빛의 신호를 전송할 수 있는 선로로써 원통형 유전체 도파관으로 코어(core)와 클래드(clad), 아크릴 코팅 층으로 구성되어 있으며 코어와 클래드 층의 굴절률 차에 의해 빛의 전반사가 일어나며 코어 층을 통해 빛이 전달된다. 코어부의 전자기파모드의 수에 따라 단일모드와 다중모드로 구별되며 이중 단일모드는 광섬유 손실은 적으나 코어 반경이 수 마이크론 이하로 광섬유 상호간의 접속이 어렵다는 단점이 있으나 장거리 전송 및 대용량 통신에 다중모드보다 유리하다는 장점이 있다. 이러한 용도로 사용되는 단일모드 광섬유는 차단차장 천이 광섬유와 분산천이 광섬유가 있다. 또한 코팅 재질에 따라 실리콘 코팅과 아크릴 코팅으로 구별되며 실리콘 코팅 광섬유에 느슨하게 삽입한 유닛을 중심으로 인장선 위에 접합한 구조를 갖는 광섬유는 특히 인장력에 강한 특성을 가지게 된다. 일반적으로 광섬유는 사용 대역이 넓으며 고속 데이터처리(100Mbps~2.5Gbps)가 가능하고 인접 케이블이나 다른 광파이버와의 혼신이 발생하지 않는다. 링크의 양단은 전기적으로 절연 상태이기 때문에 작동 오차가 발생하지 않으며 전송 중 외부로 복사되는 에너지가 없기 때문 도청이 불가능하여 보안기능이 강력하며 전기 에너지가 아니기 때문에 스파크에 의한 폭발 위험성이 없다는 장점을 갖는다. 또한 무게나 부피가 극히 작기 때문에 설치 및 관리가 용이하며 주된 재질이 유리이므로 신호감쇠가 낮고 부식이 안 된다. 일반적인 광파이버의 선로 당 통화량은 2선식 선로일 경우 1,344 통화가 가능하다.

광섬유 케이블(optical fiber cable)은 현존하는 유선통신 전송매체 중에서 가장 뛰어난 특성을 가지는 전송 매체이다. 머리카락 정도의 두께를 가지는 광섬유 케이블은 유리 또는 투명 플라스틱을 재료로 하여 그 내부에 적당한 굴절률을 분포시켜 빛을 투과시켜 정보를 전송할 수 있는 전송 매체이다.

광섬유 케이블은 1.7Gbps의 높은 데이터 전송 율을 가지기 때문에 음성, 문자, 영상 등의 방대한 양의 정보를 고속으로 전송할 수 있어 각광을 받고 있다. 광섬유 케이블을 이중나선 케이블이나 동축 케이블과 비교해 볼 때 다음과 같은 장점을 가지고 있다.

① 대역폭이 넓다.
대역폭이 넓기 때문에 고속 및 대량의 데이터 전송이 가능하다.
② 소형이면서 경량이다.
작고 가볍기 때문에 유연성이 좋고 설치가 간편하다.
③ 감쇠 율이 적다.
감쇠 율이 적기 때문에 약 100Km 간격마다 리피터를 설치하면 된다.
④ 고품질 전송이 가능하다.
외부적 전자기장에 영향을 받지 않기 때문에 간섭, 누화, 충격, 잡음 등에 강하다.

이와 같은 장점이 있는 반면에 접속이 어렵고 급격하게 구부리면 끊어질 수 있다는 단점을 가지고 있다.

3.1.2 무선전송매체

무선 통신이란 자유 공간을 전송 매체로 하여 전자파 형태의 정보를 주고받는 통신으로 1894년 이탈리아의 마르코니(G. Marconi)가 무선 전신기를 발명한 것이 최초의 무선 통신이다. 과거의 통신은 대부분 유선 통신 방식을 이용했으나, 근래에는 무선 통신 방식이 장소나 거리에 제한을 받지 않고 다수의 상대방에게 정보를 전달할 수 있다는 장점으로 인하여 우리 생활 곳곳에서 많이 사용되고 있는 추세이다. 이러한 무선통신 전송매체들은 전자기파와 같이 물리적 형태를 가지지 않은 것으로 방송 통신 회선, 마이크로파 통신 회선, 위성 통신 회선, 이동 통신 회선 등이 있다.

무선통신 전송매체로 사용되는 전자기파는 주파수 3000GHz 이하의 전자기파로서 다음 표 3.3과 같이 분류된다.

표 3.3 주파수에 따른 사용 분야

명칭	기호	주파수 범위	사용 분야
장파	VLF(Very Low Frequency)	3~30kHz	중파 방송, 선박 통신
	LF(Low Frequency)	30~300kHz	
중파	MF(Medium Frequency)	300~3000kHz	AM 방송, 기상 통보
단파	HF(High Frequency)	3~30MHz	단파 방송, 국제통신
초단파	VHF(Very High Frequency)	30~300MHz	FM 방송, TV 방송
극초단파	UHF(Ultra High Frequency)	300~3000MHz	TV 방송, 이동 통신
	SHF(Super High Frequency)	3~30GHz	전화, 마이크로파 통신
	EHF(Extremely High Frequency)	30~3000GHz	빌딩간 통신

방송 통신 회선은 우리가 가장 흔히 접할 수 있는 무선통신 전송매체 중의 하나이다. 라디오 방송(AM, FM)과 TV 방송(MBC, KBS, SBS, EBS) 등이 방송 통신 회선을 사용한다. AM 방송은 500~1500kHz 사이의 주파수를 사용하므로 중파에 해당하고, FM 방송은 80MHz~100MHz 사이의 주파수를 사용하므로 초단파에 해당하며, TV 방송은 초단파 또는 극초단파를 사용한다.

마이크로파 통신 회선은 주로 3GHz 이상의 전자기파를 이용하여 통신을 가능하게 해주는 전송 매체로서 주로 지상 마이크로파 통신이나 장거리 시외 전화 등에서 많이 사용되는 무선통신 전송매체이다. 공중통신에서는 2~20GHz까지의 마이크로파 대역을 이용하여 시외 중계회선에서 전자기파를 수신 쪽을 향해서 발사하는데, 이를 위해 개구면 안테나라고 불리는 모양의 안테나를 이용한다. 이것은 파라볼라 안테나, 전자렌즈, 전자나팔, 슬롯 안테나 등이 있다. 마이크로파 통신 방식에는 지금까지의 아날로그 다중 반송 통신과 아날로그 무선방식, PCM(Pulse Code Modulation) 디지털 다중 전송에 적합한 디지털 무선방식이 있다. 원거리 이동통신에서는 유선 전송로와 무선 전송로가 섞여서 이용되는 경우도 있다.

위성 통신 회선은 인공위성을 적도 상공 36000km에 위치시켜 놓고 이것을 매개체로 하여 정보를 주고받는데 사용된다. 올림픽, 월드컵 등 세계적인 관심 스포츠 등을 우리나라의 안방에서 시청할 수 있는 것은 바로 위성 통신의 덕택이라 할 수 있다. 이러한 위성 통신은 세계를 하나로 묶는 중요한 매체로서 장거리 전화, 위성 방송 등의 사용을 가능하게 해주는 무선통신 전송매체이다.

이동 통신 회선은 주로 가정 사용되는 무선 전화기(cordless phone), 무선 호출기, 카폰(car phone)이라 불리는 차량용 전화기, 휴대용 전화기 등에서 많이 사용되는 무선통신 전송매체이다.

라디오 방송이나 TV 방송, 택시 무선통신 등의 무선은 우리 생활에 깊이 파고 들어와 있고, 공중통신회선 중 시외 전화회선에서는 마이크로파 파라볼라 안테나를 이용한 무선이 많이 이용되고 있다. 무선통신은 다음과 같은 특징을 갖는다.

① 산악, 바다 등의 지형에 관계없이 사용가능하며 재해에 강하다.
② 동시에 다수의 상대방에게 정보를 전할 수 있다.
③ 자유공간은 광 대역(broadband) 통신에 적합하다.
④ 전자기파는 상호간섭이 있으며, 사용 주파수 대역은 전자기파법으로 규제된다.
⑤ 지형이나 기상조건에 따라 복잡한 특성을 나타낸다.

3.2 주파수와 전자기파 개념

전송매체를 통해서 이동하는 데이터 또는 신호의 개념을 정확하게 이해하기 위해서는 주파수와 전자기파를 이해하는 것이 중요하다. 주파수라는 이야기는 정보통신을 전공하는 사람들이 아니라도 일상생활에서 종종 듣는 용어이다. 가장 흔히 일반인에게 사용되는 주파수란 개념은 라디오 방송의 주파수 개념일 것이다. 또한 전자기파는 일반인들에게 전자기파라는 용어가 더 익숙할지도 모른다. 이번 절에서는 정보통신시스템을 이해하기 위해서 반드시 학습해야만 하는 주파수와 전자기파에 대해서 학습하기로 하자.

1864년에 Maxwell은 가속된 전하들은 공간 속을 이동해가는 전자기적 교란을 발생시킨다고 발표했고 만약 그 전하들이 주기적인 진동을 한다면 그 교란은 서로 수직한 전기장과 자기장이 이루는 평면에 수직한 방향으로 진행해 나가는 파동이 되며 이를 전자기파라고 규정지었다.

자유전자가 이동하는 현상을 전류라고 정의하고 우리는 일반적으로 일상생활에서 사용하고 있는 데 자유전자가 모여져 있는 전하 주위에는 전기장이 생기게 된다. 전기장이란 전하에 의하여 힘을 가지는 공간을 말하는데 질량을 가져오면 힘을 받는 공간이 중력장인 것과 비슷한 내용이 된다. 우리가 초등학교 시절에 자석과 쇳가루를 이용해서 자기장을 만드는 것도 힘을 받는 공간이라 생각하면 된다.

전자기파는 위에서 설명한 전하에 의하여 힘을 가지는 공간인 전기장이 움직이는 것인데 모두 같은 크기의 전기장이 움직이는 것이 아니라 전기장의 크기가 다양한 곳이 반복해서 움직이는 것을 말한다. 같은 장소에서 관찰할 때 전기장이 크기가 다양하게 변화하는 것을 반복하는 횟수가 전자기파의 진동수 즉 우리가 배우게 될 주파수와 관련되어져 있다. 전자기파는 진동수에 따라 물질과 반응하는 방법이 달라지며 우리가 잘 알고 있는 라디오파, 가시광선, 적외선, 자외선, 엑스선, 감마선 등 많은 형태의 전자기파가 존재한다. 이러한 전자기파는 우리들 생활과 아주 밀접하게 관련되어져 있어 우리에게 많은 편리함을 제공한다. 그림 3.1에는 다양한 전자기파에 대해서 간단하게 표현하였다.

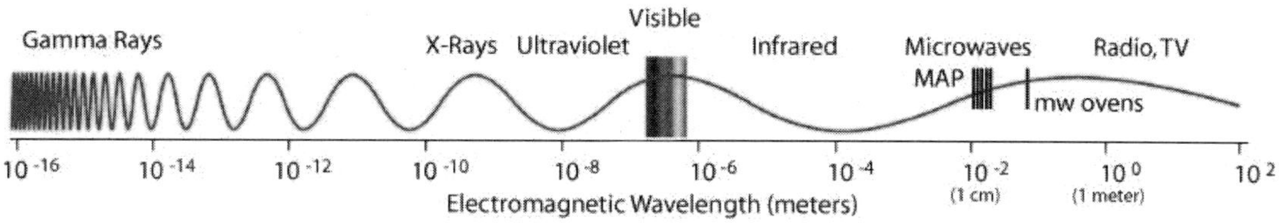

그림 3.1 다양한 전자기파

전자기파는 3000GHz 이하의 주파수의 전자기파(전자파)로서 전자파는 주파수가 높아짐에 따라 성질이 크게 변화하므로 유사한 성질을 갖는 주파수 범위를 묶어 주파수대로 정하여 각각 명칭을 붙이고 있다. 전자기파의 주파수대는 장파, 중파, 중단파, 단파, 초단파, 극초단파, 마이크로파, 밀리파, 준밀리파 등으로 구분한다. 지상 약 100Km에 있는 전리층과 약 200Km에 있는 전리층이 반사경의 역할을 하기 때문에 둥근 지구상에서 지구 반대편까지 무선통신이 가능하게 된다. HF, MF, LF, VLF 등은 전리층에서 반사가 되므로 원거리 통신에 사용되며 VHF, UHF, SHF 등은 전리층을 뚫고 지나갈 수 있으므로 위성통신 등에 사용된다. 아마추어 무선에서는 1.9MHz부터 23GHz까지의 주파수와 송신전력이 지정되어 있다.

한편, 우리가 통신에서 정보를 전달하기 위해 사용하는 전자기파 또는 전자기파는 기본적으로 여러 가지 종류의 주파수를 가지는 정현파들의 모임이라고 할 수 있다. 전자기파는 3000[GHz] 이하 주파수의 전자기파(전자파)로서 전자파는 주파수가 높아짐에 따라 성질이 크게 변화하므로 유사한 성질을 갖는 주파수 범위를 묶어 주파수대로 정하여 각각 명칭을 붙이고 있다. 전자기파의 주파수대는 장파, 중파, 중단파, 단파, 초단파, 극초단파, 마이크로파, 밀리파, 준밀리파 등으로 구분한다. 지상 약 100[Km]에 있는 전리층과 약 200[Km]에 있는 전리층이 반사경의 역할을 하기 때문에 둥근 지구상에서 지구 반대편까지 무선통신이 가능하게 된다. HF(High Frequency), MF(Medium Frequency), LF(Low Frequency), VLF(Very Low Frequency) 등은 전리층에서 반사가 되므로 원거리 통신에 사용되며 VHF(Very High Frequency), UHF(Ultra High Frequency), SHF(Super High Frequency) 등은 전리층을 뚫고 지나갈 수 있으므로 위성통신 등에 사용된다. 아마추어 무선에서는 1.9[MHz]부터 23[GHz]

까지의 주파수와 송신전력이 지정되어 있다.

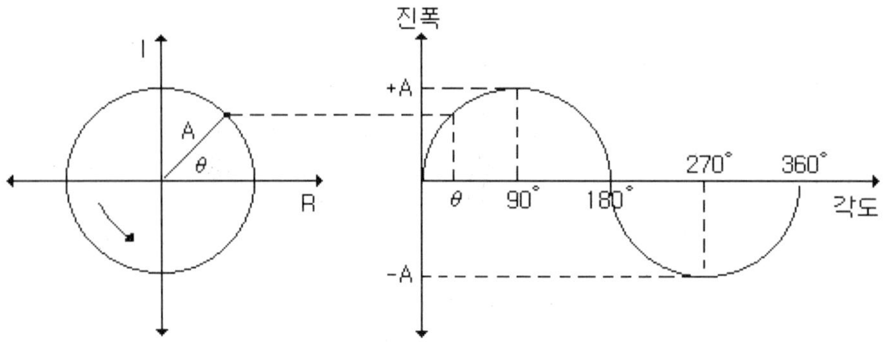

그림 3.2사인파의 구성

그림 3.2에는 전자기파를 구성하고 분석하는 데 가장 기초가 되는 사인파의 구성원리에 대해서 표현하였다. 사인파는 파형을 수학적으로 분석하기 위해 가장 보편적으로 이용된 삼각함수이다. 왜냐하면 사인파는 파동 형태로 표현되며, 다양한 수학적 표현이 용이하기 때문이다. 대표적인 교류로써 정현파라고도 표현되며 크기, 위상, 및 주기를 갖는다. 이때 크기를 진폭이라고 하며 일반적으로 최대 진폭을 지칭한다. 또한 위상은 사인파가 시작에서부터 얼마나 이동했는지의 여부를 나타낸다. 한 번 변화하기 시작해서 다시 원상태가 되기까지를 1 사이클(cycle)이라고 하는데, 그때까지 소요된 시간을 주기라고 하며, 이의 역수인 주파수는 1초 동안의 회전수로써 그 단위로 헤르츠(Hz)를 사용한다. 사인파의 기본적인 형태는 다음과 같다.

$$A\sin(\omega t + \Theta)$$

이때 ω는 각속도 또는 각주파수라고 부르며, 360도의 라디안 표기법인 2π에 주파수 f를 곱한 값으로서 사인파가 얼마나 빨리 회전하는가를 나타낸다. 따라서 ω는 $2\pi f$가 된다.

3.2.1 정현파

정현파(sine wave)는 시간에 따라 전압의 크기가 변하는 교류전압을 표기할 때 일반적으로 사용하며 일반적인 형식은 다음과 같다.

$v(t) = V_m \sin(\omega t + \alpha)$, $(-1 \le \sin\omega t \le 1)$

여기서, V_m : 정현파 교류 전압의 최대 값

$\omega = 2\pi f$ $(rad/\sec)$: 각속도(angular velocity)

각주파수(angular frequency)

$f = \frac{1}{T}$: 주파수(frequency), T : 주기(period), α : 위상(phasor)

3.2.2 용어

정현파를 표현하는 수식에 대한 설명은 다음과 같다.

① 1 사이클(cycle) : 전압이 변화하다 다시 원상태로 될 때까지의 기간이다.

② 주파수(frequency) : 1[sec] 동안의 반복되는 사이클 수를 말한다.

③ 정현파에서는 공간각에 관계없이 1 사이클의 각을 2π $[rad]$로 정의하고 이것을 기준으로 표시되는 각을 전기 각(electrical angle)이라고 한다.

④ 주파수가 f [Hz]인 경우, 1[sec] 동안에 변화하는 전기 각은 $2\pi f$ $[rad]$이며, 이는 각속도(angular velocity) 또는 각주파수(angular frequency)라 부르고 ω로 표시한다.

⑤ $\omega = 2\pi f\,[rad]$, $f = \frac{1}{T}\,[Hz]$, $T = \frac{1}{f}\,[\sec]$

⑥ 주기 T : 2π $[rad]$ 변화하는데(1 cycle 동안) 걸리는 시간

⑦ 파장 λ : 주기적 변화를 거리의 관점에서 고찰할 때, 1 사이클의 주파수에 해당하는 길이를 파장, 즉 1주기 간에 정현파 교류가 전파되는 거리를 파장(wave length)이라 하고 λ로 표시한다. 파장은 빛의 속도에 비례하고 주파수에 반비례한다.

⑧ 위상 α : 사인파의 처음 시작하는 위치를 나타낸다.

3.2.3 주파수의 특징 및 대역

전자기파는 인공적인 유도 없이 공간을 전자기파하는 3KHz에서 3,000GHZ 사이의 주파수를 가지는 전자파를 말한다. 여기서 인공적인 유도가 없다는 말의 의미는 전자기파가 유선이나 물질을 매개로 하지 않고 공간 속에서 그냥 전달된다는 뜻이다. 즉 전자기파는 공기를 매개로 전달되는 우리의 목소리나 음향과 같은 음파와는 구별이 된다. 즉, 공기가 없는 곳에서는 전달되지 않는 음파와는 달리 전자기파는 공기가 없는 우주공간 속에서도 전달된다.

전자기파는 시간적으로 크기가 변하는 전류에 의해 발생된 파동형태의 에너지이다. 전자파가 공간을 진행할 때 1초 동안에 진동하는 횟수를 주파수라 한다. 주파수는 전자파의 존재를 실험적으로 증명한 독일의 헤르CM(H. R. Hertz)의 이름을 따서 단위를 정했다. 즉, 파동이 1초 동안에 1회 진동하는 경우 이를 1Hz라 하고 천 번 진동하면 1KHz, 백만 번 진동하면 이를 1MHz, 10억 번 진동하면 이를 1GHz라 한다. 전자파는 주파수가 높아짐에 따라 성질이 크게 변화한다. 20KHz 이하의 주파수를 가청 주파수라 부르고 3000GHz 이상의 전자파는 빛(광파)이라고 한다. 또 108GHz 이상의 전자파를 X선(X-ray), 1010GHz 이상의 전자파를 g선(감마), 1012GHz 이상의 전자파를 우주선이라 한다.

전자기파는 주파수가 높아짐에 따라 성질이 크게 변화한다고 한다. 빛은 전자파이며 3000GHz 이상의 주파수를 갖는다. X-ray나 우리가 눈으로 인식할 수 있는 가시광선의 모든 색은 각각 다른 주파수를 갖는다. 빨, 주, 노, 초, 파, 남, 보의 무지개 색깔에서 빨간색은 주파수가 낮고 보라색은 주파수가 높다. 빨간색보다 주파수가 낮아 눈에 보이지 않는 것이 적외선이라고 하고 보라색보다 주파수가 높아서 보이지 않는 것이 자외선이라고 한다. 또 주파수가 낮은 것은 멀리 잘 가고 장애물이 있으면 회절, 굴절 등이 잘 되는 성질이 있고, 주파수가 높은 것은 직진성이 좋고 반사가 잘 되는 성질을 지닌다.

전자기파가 가지고 있는 속성으로 주파수 외에 진폭, 파장이 있다. 주파수가 전자기파의 1초 동안의 진동 횟수라 한다면 여기서 진동은 S 커브 형태의 파도로 표현될 수 있다. 진폭이란 이 파도의 높이로 전기파의 세기, 크기를 나타낸다. 파장이란 전기파가 하나의 S 커브를 그리는 동안 나아간 거리, 길이를 말하며 파장과 주파수는 반비례한다. 즉 높은 주파수의 전자기파는 파장이 짧고 낮은 주파수의 전자기파는 파장이 길다.

전자기파는 주파수가 높아짐에 따라 성질이 크게 변화하므로 유사한 성질을 갖는 주파수 범위를 묶어 주파수대로 정하여 각각 명칭을 붙이고 있다. 전자기파의 주파수대는 장파(3~300KHz), 중파(300~3,000KHz), 중단파(1.5~3MHz), 단파(3~30MHz), 초단파(30~300MHz), 극초단파(0.3~30GHz), 마이크로파(1~100GHz), 밀리미터파(30~3000GHz) 등으로 구분한다. 지상으로부터 약 100Km 위쪽에 있는 전리층과 약 200Km에 있는 전리층이 반사경의 역할을 하기 때문에 둥근 지구상에서 지구 반대편까지 무선통신이 가능하게 된다. HF(High Frequency), MF(Medium Frequency), LF(Low Frequency), VLF(Very Low Frequency) 등은 전리층에서 반사가 되므로 원거리 통신에 사용되며 VHF(Very High Frequency), UHF(Ultra High Frequency), SHF(Super High Frequency) 등은 전리층을 뚫고 지나갈 수 있으므로 위성통신 등에 사용된다.

주파수 대역은 전자기파를 이용하여 통신 및 방송 등의 서비스를 제공할 때 그 서비스에 할당된 주파수 범위를 말하기도 한다. 국내의 경우 디지털 이동전화의 주파수대는 800MHz대이며 PCS의 주파수대는 1.7~1.8GHz이다.

3.3. 데이터 전송의 기초

정보 전송 또는 데이터 전송을 이해하기 위해서는 기본적인 개념과 용어에 대한 이해가 필요하다. 아날로그와 디지털에 대한 개념, 아날로그 데이터와 디지털 데이터의 구분, 아날로그 신호와 디지털 신호의 구분, 데이터와 신호의 개념에 대해서 알아보기로 하자.

3.3.1 아날로그와 디지털

아날로그(analog)란 연속적(continuous)인 것을 의미하며, 디지털(digital)이란 이산적(discrete)인 것을 의미한다. 시계를 예로 들면 시침, 분침, 초침을 가지고 있는 시계는 아날로그시계라 할 수 있고 숫자로 표시되는 시계는 디지털시계라 할 수 있다. 다음 그림 3.3 (a)는 아날로그시계를 나타낸 것이고, (b)는 디지털시계를 나타낸 것이다. 아날로그시계는 초침, 분침, 시침이 모두 연속적으로 동작하는 것을 알 수 있고, 디지털시계는 초, 분, 시간을 모두 불연속적인 숫자로 나타내는 것을 알 수 있다.

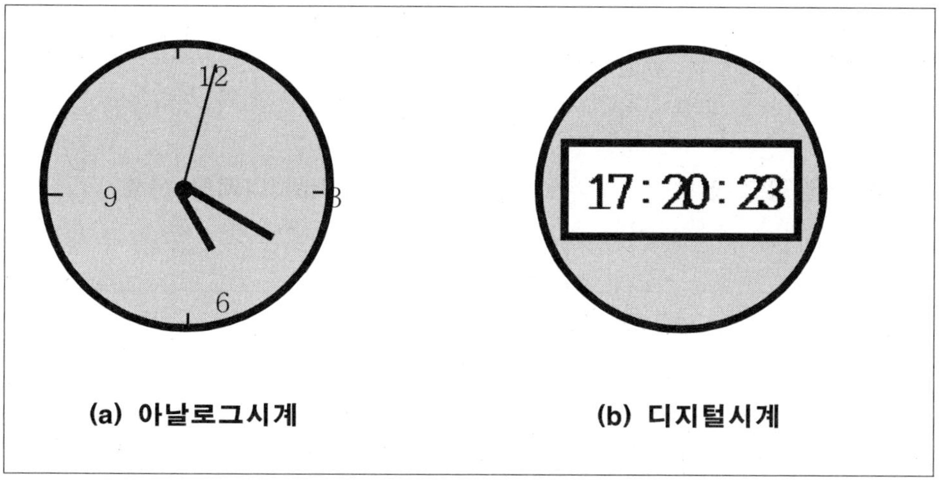

그림 3.3 아날로그시계와 디지털시계

3.3.2 데이터와 신호

아날로그 데이터(analog data)란 연속적인 값을 가지는 데이터를 말하며, 디지털 데이터(digital data)란 이산적인 값을 가지는 데이터를 말한다. 아날로그 데이터의 예로는 사람의 음성이라든가 온도, 압력 등을 들 수 있다. 반면에 디지털 데이터의 예로는 문자나 숫자 등을 들 수 있다. 일반적으로 컴퓨터는 디지털 데이터 중에서도 1과 0만을 사용하는 2진 디지털 데이터를 사용한다.

이와 같은 아날로그 또는 디지털 데이터를 정보 통신 시스템에서는 한 지점에서 다른 지점으로 전송하기 위하여 각각 아날로그 신호(analog signal)와 디지털 신호(digital signal)로 변환한다. 아날로그 신호란 계속적으로 변화하는 일종의 전자기파(electromagnetic wave)로서 유선과 무선을 통해 전송이 가능하다. 이에 반해 디지털 신호란 전압 펄스의 연속으로 구성되어 양(+)은 1을 음(-)은 0을, 또는 양(+)은 0을 음(-)은 1을 나타내며 유선을 통해서만 전송이 가능하다. 다음 그림 3.4는 아날로그 신호와 디지털 신호를 나타낸 것이다.

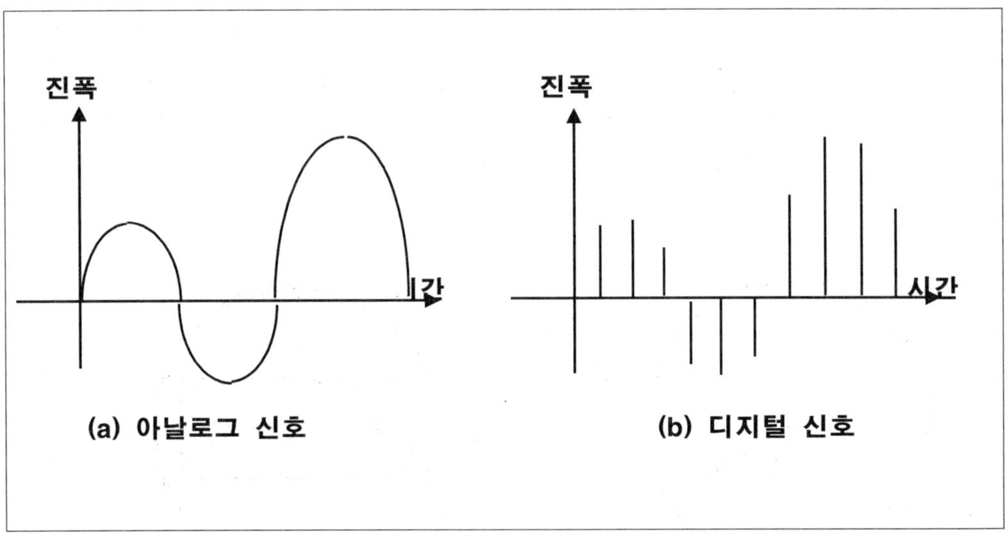

그림 3.4 아날로그 신호와 디지털 신호

음성, 영상, 동영상과 같은 데이터는 어떠한 전자적인 신호로 표현되는지를 알아보도록 하자. 먼저 음성정보를 생각해 보자. 사람의 목소리를 비롯한 음성정보는 소리의 고저와 음폭에 의해 서로 다른 소리를 구별된다. 이 경우 소리의 고저가 진폭에 해당하며 음폭은 주파수에 해당한다. 이러한 음성정보에서 음향은 동일한 스펙트럼을 갖는 전자적 주파수로, 진폭은 전압으로 표현됨으로써 연속적인 진폭 값을 갖는 아날로그신호로서 전송매체를 통해 상대방에게 전달된다. 따라서 음성정보는 아날로그신호로 표현된다. 음성정보의 한 예인 사람의 목소리는 전화기의 송화기를 통해 아날로그신호로 표현되어 전화선을 타고 다른 곳으로 전송된다. 일반적으로 가청 주파수는 20Hz에서 20,000Hz의 주파수를 포함하지만 전화통신에서 사용되는 음성대역은 이보다 더 좁은 300Hz에서 3,400Hz 범위이지만 흔히 음성신호의 대역폭은 4KHz를 취하고 있는데, 이는 전송채널 상에서 대역을 나눌 때 인접 대역과의 간섭을 방지하기 위한 가드 밴드(guard band)를 포함하기 때문이다. 아날로그 신호로 표현되는 또 다른 정보가 TV 화면과 같은 영상정보이다. 음성정보와 마찬가지로 사람이 영상을 구별할 수 있는 것은 빛의 파장이 서로 다른 색을 구별할 수 있기 때문인데 이것은 음성이 서로 다른 주파수로 다른 소리를 나타낸 것과 동일한 개념으로 해석될 수 있다. 예를 들면 TV 화면상의 영상표현은 주사선을 따라 돌아온 빔이 수평 및 수직으로 재 투사되어 각 점마다 빔의 세기에 따른 명암이 정해짐으로써 가능해진다. 이 때 빔의 세기는 시간에 따라 변하는 값을 갖는 아날로그 신호이다. 따라서 영상 정보는 시간에 따라 그 값이 변하는 아날로그 신호로서 표현된다. 아날로그 영상정보를 전송하기 위해서 필요한 대역폭은 4MHz이지만, 음성정보와 마찬가지로 인접 대역간의 상호간섭을 배제하기 위한 가드밴드 때문에 음성신호를 포함하는 컬러 영상정보의 전송인 경우에 약 6MHz가 소요된다.

한편, 데이터정보와 이미지정보는 일반적으로 0과 1로서 구성된 디지털신호로서 표현된다. 우리가 전달하고자 하는 각 문자나 숫자와 같은 데이터정보는 단말기에 의해 2진 정보로서 생성된 다음, 컴퓨터나 데이터관련 장비에 의해 두 가지 레벨의 전압 중 하나에 각각 0이나 1이 할당되어, 일정 시간동안 그 레벨의 전압을 출력함으로써 2진 정보를 전송로를 통해 전달하게 된다. 여기서 2진 정보란 0이나 1만으로 모든 정보를 표현하는 것으로, 2진수의 세계를 말한다. 즉, 2진수의 세계에서 숫자 2를 표현하기 위해서는 최하위 자리만으로 이를 표현할 수 없기 때문에 자리올림을 해서 2자리의 2진수인 '10'으로서 숫자 2를 표현하여야 한다. 2진수의 표현에 있어서 각 자리를 '비트'라 하며, 2진 표현인 '101'은 3자리의 2진수, 즉 3 비트로 구성된 정보이다. 이러한 비트가 8개 합친 것을 '바이트' 또는 '옥텟'이라고 정의한다. 한 비트는 이진 값을 가지므로, n 개의 비트는 2^n 개의 정보를 표현할 수 있다.

3.4 부호와 부호체계

컴퓨터를 통해 우리가 나타내야 될 데이터정보는 숫자뿐만이 아니라 문자, 기호 등 매우 다양하다. 그러면 이렇게 다양한 각 데이터정보는 어떠한 2진 정보로서 표현해야 될 것인가? 이는 각 국가나 단체의 표준기관에서 정해놓은 부호체계에 따라 조금씩 다르게 되어 있다. 여기서 '부호(code)'라는 것은 각 데이터정보 하나하나에 할당되는 2진 표현을 말하며, '부호체계'란 모든 문자집합에 대한 부호집합을 의미한다. 세계적으로 가장 널리 쓰이고 있는 부호체계는 ITU-T(CCITT)와 ISO에서 표준안으로서 권고하고 있는 International Alphabet No.5이며, 이는 각 문자들을 7비트 부호, 즉 7자리의 2진수로서 데이터를 표현하는 부호체계이나, 이것을 약간 변형한 부호체계가 현재 가장 많이 사용하고 있는 ASCII(American Standard Code for Information Interchange) 부호이다.

3.4.1 비트와 심벌

전송 데이터는 원천적으로 디지털 정보이다. 이런 정보의 최소단위를 비트(bit : binary digit)라고 하며 '0'과 '1'로 표현된다. 전송 효율을 높이면서 도 신뢰성을 높이려면 구성이 경제적이고 에러의 검출과 정정이 용이하도록 구성되어야 한다. 이러한 일련의 기술을 부호기술이라고 한다.

심벌(symbol)은 2비트 이상으로 구성될 때의 하나의 신호 구간을 말하며 다음 표 3.3과 같은 2비트 표현에 대한 심벌의 개념은 다음 그림 3.5와 같다.

표 3.3 2비트 표현에 대한 레벨표시

레벨	대응비트
0	00
1	01
2	10
3	11

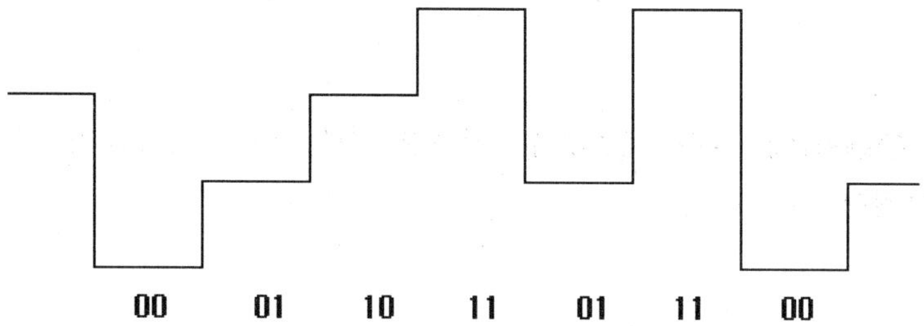

그림 3.5 레벨에 대한 심벌 표현

3.4.2 부호체계

1) 보도트 코드(Baudot Code)

1984년 전신을 위한 코드로 인정받았으며 머레이(Murray) 코드라고도 한다. CCITT에 의해 알파벳 No.2로 명명되었다. 이것은 오직 전신만을 위한 코드로 5비트로 구성된다. 그러므로 2^5 즉, 32개의 조합이 가능하나 여기에 쉬프트 기능(왼쪽/오른쪽)이 부가되어 64개의 문자조합이 가능해진다.

2) 아스키 코드(ASCII Code)

8비트 코드로서 7개의 정보비트와 1개의 패리티 검사비트로 구성된다. 그러므로 2^{27} 즉, 128개의 조합이 가능해져 128개의 문자 전송이 가능해진다. 또한 패리티 검사를 통해 에러의 발생 여부를 알 수 있다.

3) 확장 이진화 십진 코드(EBCDIC)

8비트 정보코드로서 IBM 계열사 컴퓨터 코드로 이용되고 있으며 데이터 전송을 위한 내부 기계 어 코드로 사용한다.

4) 한글 표준코드

(1) 7비트 코드

한국공업규격 KS CS5601에 의해 표준화된 것으로 기능문자, 로마문자, 한글자모용 부호가 7비트로 구성된다.

(2) 8비트 코드

7비트 코드에 한 개의 비트를 추가하여 구성한 것으로 최초의 비트가 '0'으로 된 경우에는 기능부호와 로마자를, '1'인 경우에는 한글문자용 부호를 나타내도록 한 것이다.

(3) EBCDIC 한글코드

기호부호나 로마자 부호는 기존의 일반 EBCDIC 코드와 동일하지만 여기에 한글자모용 부호를 추가하여 정의하였다.

(4) 16비트 한글코드

16비트의 부호로서 한글문자의 표현에 초성자음, 모음, 및 받침자음을 모아서 표현한 조합형과 15비트 즉, 2^{15}개의 한글 완성형으로 표현하는 방식이 있다. 일반적으로 조합형이 주로 사용되며 그 구성형식은 다음과 같다.

3.5 전송 손상

손상이란 전송신호가 열이나 전자기장 등의 외적요인 또는 전송매체의 물리적 특징에 의하여 송신 직전의 신호와 달라지는 것을 말한다. 감쇠로 인한 신호의 약화, 지연으로 인한 왜곡, 그리고 잡음 등이 이에 해당된다.

전송 손상(transmission impairment)이란 신호가 전송 매체를 통해 전송되는 동안 내부 또는 외부적 요인에 의해 달라지는 현상을 말한다. 대표적인 전송 손상에는 감쇠 현상, 지연 왜곡, 잡음 등이 있다.

3.5.1 감쇠 현상

전송신호가 거리에 따라 약해지는 현상을 말하며, 이는 모든 전송매체에서 발생한다. 유선매체에서는 전송신호의 강도가 거리에 따라 최초 급격히 감소하다가 점차 완만해지는 형태를 취한다. 무선매체에서는 거리뿐만 아니라 반사, 굴절, 회절 등의 주변의 상황에 따라 영향을 받는 복잡한 양상을 띤다. 신호가 전달되기 위해서는 수신 측에서 인식할 수 있을 정도의 강도를 유지해야 하는데 이를 위해 전송 중 잡음의 상대적 크기를 최소화시켜야 하며, 발생할 수 있는 감쇠를 보상해 주어야 한다. 특히 원거리 통신에서는 수신신호를 감지하고 해석하는데 무리가 없을 정도의 강도가 보장되어야만 하며, 에러 없이 전송되기 위해 잡음에 비해 충분히 큰 신호를 사용해야 한다. 이러한 원거리 전송에 대한 문제를 해결하기 위해 증폭기나 리피터라는 장비를 송신기와 수신기 사이에 사용하여 약해진 신호를 원래의 신호 수준으로 회복시킨다. 그러나 신호의 변형이 초래될 수 있으며, 특히 장치들이 직렬로 여러 개 연결된 경우에는 신호변형이 감쇠방지의 효과를 상쇄시킬 수 있으므로, 보통 최대로 연결하는 수를 제한한다.

하나의 신호는 여러 주파수 요소로 구성되는데, 주파수에 따른 감쇠 정도는 동일하지 않다. 특히, 감쇠는 높은 주파수에서 더 많은 영향을 받는데, 이러한 특징에 의해 발생하는 신호의 변형을 감쇠왜곡이라고 한다. 감쇠왜곡은 에너지가 집중된 형태를 갖는 디지털 신호보다 아날로그 신호에서 더 심각하다. 이러한 감쇠왜곡을 극복하기 위해 전송매체의 주파수 스펙트럼 전체에 걸쳐 감쇠의 정도가 비슷하게 되도록 주파수 대역에 따라 서로 다른 보상을 취하는 방식을 사용한다.

감쇠(attenuation) 현상이란 신호가 전송 선로를 따라 이동하면서 그 세기가 점차로 약해지는 현상을 말한다. 이러한 감쇠 현상은 모든 전송 매체에서 발생하는 현상이다. 다음 절에서 논의될 유선 매체(이중나선 케이블, 동축 케이블, 광섬유 케이블)에서는 전송 신호의 세기가 거리에 따라 처음에는 급격히 감소하다가 점차 완만히 줄어드는 형태를 가지며, 유선 매체의 종류에 따라 이 형태는 달라진다. 무선 매체의 경우에는 거리뿐만이 아니라 주변의 환경에 대해서도 영향을 받는다.

유선 매체의 경우, 이와 같은 감쇠 현상을 극복하기 위해 아날로그 전송에서는 증폭기를 디지털 전송에서는 리피터를 사용하여 신호를 증폭해 주어야 한다. 다음 그림 3.6은 거리에 따른 감쇠 현상을 나타낸 것이다.

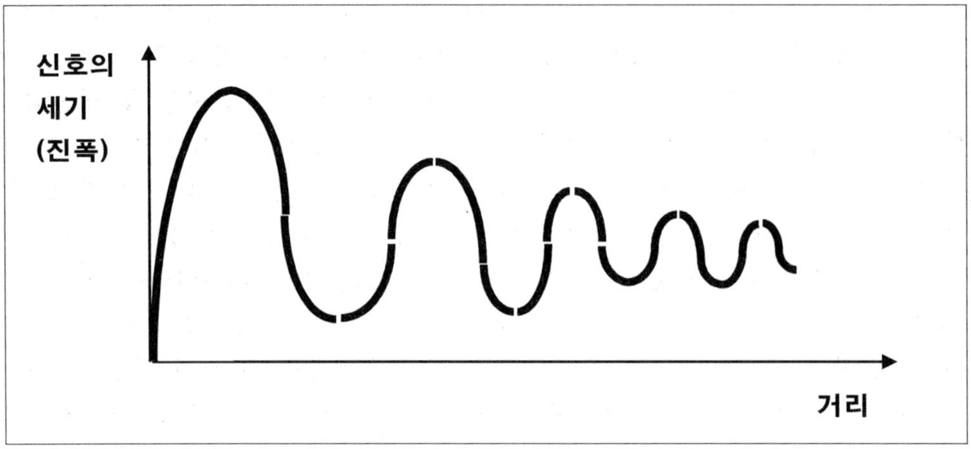

그림 3.6 거리에 따른 감쇠 현상

3.5.2 지연 왜곡

지연 왜곡이란 유선 매체에서 주로 발생하는 전송 손상으로, 전송되는 주파수에 따라 도착하는 순서가 달라져 송신기는 하나의 신호를 이루는 개별 주파수를 동시에 받지 못하는 현상을 말한다.

이러한 지연 왜곡은 주로 디지털 전송에서 매우 심각한 문제를 야기 시킨다. 수신측에 들어오는 일련의 비트 열들이 주파수 요소에 따라 시간을 달리하여 도착한다면, 하나의 비트가 바로 앞에 있는 비트와 겹쳐질 수가 있다. 따라서 계속 이어져 들어오는 일련의 비트 값을 구분하기가 어렵게 된다. 이러한 현상을 심벌 간 상호간섭(inter-symbol interference) 현상이라 하며, 디지털 정보의 최대 전송 속도를 제한하는 주요한 요인이 된다.

유전체를 통과하는 신호의 속도는 대기를 통과하는 속도보다 느릴뿐만 아니라 주파수 성분에 따라 상이한 속도를 갖는다. 즉, 모든 주파수에 걸쳐 일정한 속도를 갖는 대기와는 다르게 서로 다른 전송매체에서는 전자기파속도 차이에 의한 지연왜곡이 발생한다. 음성채널의 경우, 1,800KHz 부근의 중심 주파수를 중심으로 양쪽으로 멀어짐에 따라 급격히 떨어지는 양상을 보인다. 디지털 전송의 경우에는 수신 측에 들어오는 신호들이 주파수에 따라 상이한 지연 요소를 포함하여 도착한다면, 하나의 비트와 인접한 다른 비트가 중첩되는 현상이 발생할 수 있다. 이를 상호간섭이라고 하며, 이것이 디지털 정보의 최대 전송속도를 결정하는 주요 요인이 된다. 그림 3.7에는 음성채널에서의 개별 주파수에 대한 지연정도를 표현하였다.

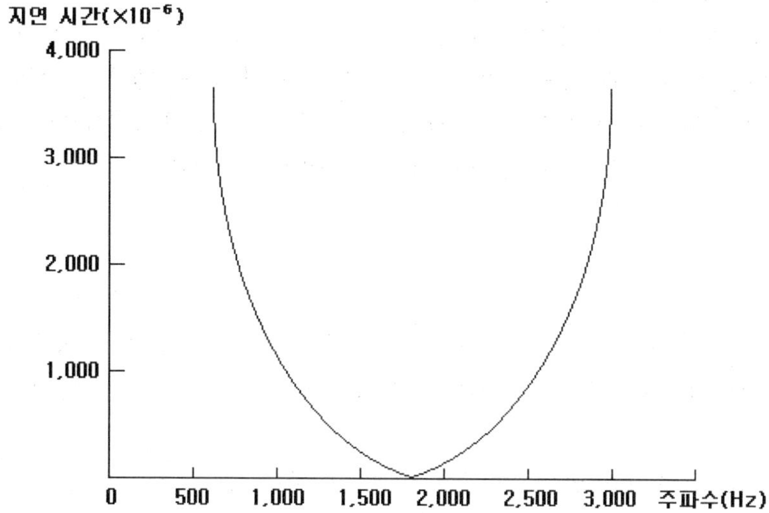

그림 3.7 음성채널에서의 개별 주파수 지연정도

3.5.3 잡음

잡음(noise)이란 신호를 전송하는 과정에서 발생하는 원하지 않는 신호를 말한다. 이것은 전송매체의 물리적인 특성에서 기인한 잡음과 돌발적인 외부환경에 의한 잡음으로 대표된다. 특히, 전송매체의 물리적인 특성에 의한 잡음은 통신시스템의 성능과 밀접한 관련이 있다. 즉, 원 신호에 대한 잡음의 강도를 신호 대 잡음 비라고 하며, 통신 특성을 결정하는 중요한 요인으로 평가된다.

잡음이란 송신 측에서 수신 측으로 신호를 전송하는 과정에서 발생하는 불필요한 신호를 말한다. 이러한 잡음은 정보 통신 시스템의 효율성을 저하시키는 주요한 원인이 된다. 이러한 잡음에는 열잡음, 누화(혼선) 잡음, 반향 잡음, 주파수간 상호간섭, 충격 잡음 등이 있다.

1) 열잡음

매체 내부의 전자의 불규칙한 운동 즉, 열 교란에 의한 내부의 잡음이다. 모든 전자장비에 나타나는 것으로 크기는 절대온도에 비례한다. 열잡음은 '흰빛'과 같은 스펙트럼을 갖기 때문에 백색잡음(white noise) 또는 random noise라고 불린다.

열잡음(thermal noise)이란 도체 내에서 온도에 따른 전자의 운동량의 변화에 기인

되는 잡음으로 모든 전자 기기(device)와 전송 매체에서 발생한다. 예로, TV를 한동안 시청하다가 TV 뒷부분을 만져보면 따뜻함을 느낄 수 있는데 바로 이것이 열잡음이다. 이러한 열잡음은 제거될 수 없는 잡음으로 전자 기기나 전송 매체의 특정 부분에서만 발생하는 것이 아니라 전반적으로 발생하기 때문에 백색잡음(white noise 또는 random noise) 혹은 가우스 잡음(gaussian noise)이라고도 한다.

2) 누화 잡음

음성통화 중 다른 사람의 말이 들리는 혼선과 같은 현상으로 열잡음에 그 크기가 비교적 작은 편이다. 매체가 매우 가까운 위치에 인접해 있거나, 신호 반사 등의 경우에 발생될 수 있다.

누화 잡음(cross talk noise)은 한 신호 채널이 다른 신호 채널과 잘못 결합되어 발생하는 잡음을 말한다. 예로, 전화를 사용할 때 혼선으로 인하여 다른 사람의 대화를 듣게 되는 경우가 있는데 바로 이것이 누화 잡음이다. 전화선은 보통 두 전선이 꼬여있는 이중나선 케이블을 사용하는데, 이 꼬여있는 케이블 간에 전기적 신호의 결합으로 인해 누화 잡음이 발생된다. 이러한 누화 잡음은 열잡음에 비해서는 크기가 작은 편이다.

3) 반향 잡음

반향 잡음(echo noise)은 송신 측에서 수신 측으로 전송한 신호가 다시 송신기로 되돌아옴으로서 발생한다. 이것은 주로 전선이 상호 연결되는 연결점에서 발생하며, 근거리 통신망(LAN : Local Area Network)인 경우에는 선로의 종단 점에서 발생한다. 이를 제거하기 위해 연결점에 반향 제거기(echo canceller)를 설치한다.

4) 주파수 상호 간섭 잡음

동일매체를 서로 다른 주파수를 사용하는 신호가 이용할 때, 주파수의 합, 차 또는 배수에 해당하는 새로운 주파수 요소가 생성됨으로써 발생하는 잡음이다. 전송과정에서 송·수신기 등의 장비가 선형성을 만족하지 않으면 이러한 잡음은 더 많이 발생한다.

주파수 상호 간섭 잡음(inter modulation noise)은 동일매체를 서로 다른 주파수를 사용하는 신호들이 이용할 때, 이들 주파수의 합, 차, 배수에 해당되는 새로운 주파수가 생성됨으로서 발생하는 잡음이다. 예를 들면, 1kHz와 2kHz의 주파수를 각각 사용하는 두 신호가 동일매체를 사용할 경우, 두 신호는 3kHz에 해당하는 새로운 주파수를 생성하게 되고, 이미 3kHz의 주파수를 사용하고 있는 다른 신호와 간섭현상을 일으키게 되는 것이다.

5) 충격잡음

예측할 수 없는 외부적 요인이나 통신장비의 결함에 의해 발생되는 경우로 비교적 단속적이며 순간적인 형태를 갖지만 다른 잡음에 비해 상대적으로 큰 값을 갖는다. 이 잡음은 음성과 같은 아날로그 전송에는 큰 문제가 되지 않지만 고속의 데이터를 전송하는 디지털 전송에서는 중대한 문제를 야기할 수도 있다. 예를 들면, 1Mbps 정도의 고속 전송 시 0.01초 동안의 짧은 단속도 10,000비트에 해당하는 정보를 상실하게 하여 전체 정보를 인식할 수 없는 상태를 만들 수도 있다.

앞의 네 가지 잡음은 어느 정도 예측이 가능하다. 그러나 충격잡음(impulse noise)은 예측할 수 없는 요인(번개, 통신장비의 결함이나 파손 등)에 의해 발생하기 때문에 미리 준비할 방안이 없다. 이와 같은 충격잡음은 순간적으로 발생하게 되며 다른 잡음에 비해 상대적으로 크다. 충격잡음은 아날로그 데이터보다는 디지털 데이터 전송에 더 큰 영향을 미치게 된다. 예를 들어 충격 잡음에 의해 다음 그림 3.8과 같은 결과를 가져온다면 절친했던 두 사람의 관계는 멀어지게 될 것이다.

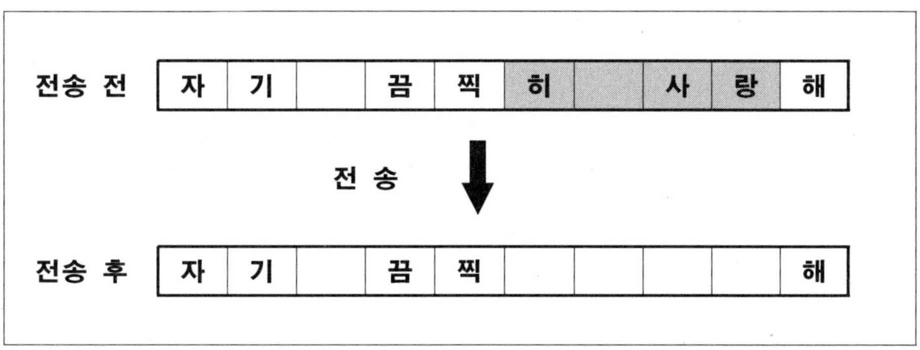

그림 3.8 충격 잡음에 의한 전송 손상의 예

3.6 전송용량

전송용량은 디지털 전송을 대상으로 단위시간에 보낼 수 있는 정보의 양을 말한다.

정보 전송 율은 보통 초를 단위로 한 비트 전송 율(bps : bit per second)로 나타낸다. 또한 물리적으로는 하나인 전송매체가 여러 채널로 나뉘어 사용될 수 있기 때문에 채널용량(channel capacity)이라고도 한다. 채널이 서비스 중심적인 개념이므로 전송용량도 매체의 물리적인 특성에만 의존하는 것이 아니라, 서비스와도 관련된다.

채널용량이란 정보가 에러 없이 그 채널을 통해 보내어질 수 있는 최대속도를 나타내며, 전송용량과 마찬가지로 bps로 표현된다. 여기서 주의해야할 점은 같은 bps라는 속도 단위를 사용한다고 해서 앞에서 언급한 정보의 전송속도와 여기서 설명하는 채널용량이 같다고 생각해서는 안 된다는 것이다. 앞에서 설명한 정보의 전송속도는 전송매체로 정보를 실어보내기 위해 컴퓨터 관련기기에 의해 만들어지는 정보의 생산속도를 말하며, 채널용량은 사용되는 전송매체가 수용할 수 있는 정보전송능력을 가리킨다.

채널을 통해 보내지는 데이터 량은 그 채널의 대역폭에 비례한다. 즉, 전송로 상에서의 에러 가능성이 전혀 없다고 가정할 때 주어진 양만큼의 정보를 전달하기 위해서는 대역폭×시간이 필요하게 된다. 즉 대역폭이 크면 시간이 그만큼 적게 걸리고 대역폭이 작으면 시간이 더 많이 걸리게 된다. 그러나 실제 전송매체에 있어서 에러 율이 0인 통로는 없기 때문에 채널용량은 이들 에러 율을 반영해야 할 것이다.

연 습 문 제

1. 전송매체의 개념에 대해 설명하시오.

2. 유선전송매체에 대해 설명하시오.

3. 무선전송매체에 대해 설명하시오.

4. 주파수와 전자기파의 개념에 대해 설명하시오.

5. 디지털과 아날로그에 대해 비교 설명하시오.

6. 데이터와 신호에 대해 비교 설명하시오.

7. 전송손상의 개념에 대해 설명하시오.

8. 감쇠현상에 대해 설명하시오.

9. 지연왜곡에 대해 설명하시오.

10. 잡음에 대해 설명하시오.

제 4 장

정보통신망

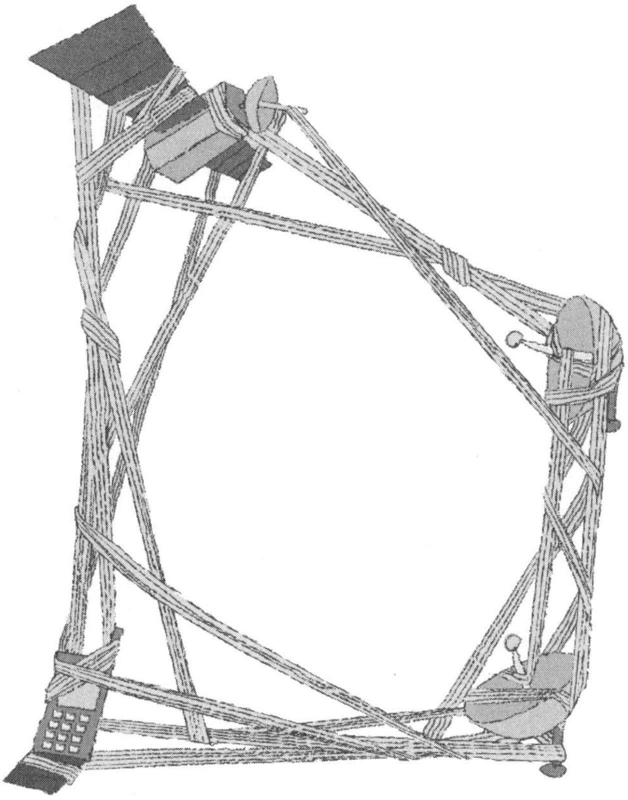

제4장 정보통신망

4.1 정보통신망의 개요

정보통신망이란 기본적으로 정보통신을 가능하게 해주는 전송매체들의 모임이라고 할 수 있다. 하지만 단순히 다수의 전송매체들의 모임을 말하기보다는 확장해서 해석하면 송신 원과 수신 원 사이에 위치해서 송신 원에서 전송하는 정보를 신속하고 정확하게 수신 원에 전달하는 역할을 하는 통신시스템을 포함하기도 한다.

송신 원에서 전송한 데이터를 수신 원에서 정확하게 수신하기 위해 송신 원과 수신 원 사이를 물리적으로 연결하는 전송매체가 필요하다. 송신 원과 수신 원 사이에 전송매체를 이용하여 연결하는 방식은 일반적으로 직접 연결하는 방식이다. 송신 원과 수신 원을 각각 하나의 단말기(terminal, station)라고 하면 두 개의 단말기가 직접 연결되기 위해서는 하나의 전송매체가 필요하고 세 개의 단말기가 서로 직접 연결되기 위해서는 세 개의 전송매체가 필요하다. 이와 같은 형태의 통신망의 구성은 전송 거리가 너무 멀지 않고 통신을 요구하는 단말기의 수가 상대적으로 적은 경우에는 어느 정도 성능이 효율적일 수 있으나, 통신을 요구하는 단말기들 사이의 전송 거리가 너무 멀고 단말기들의 수가 너무 많은 경우에는 단말기들을 상호 연결하는 전송매체가 너무 많아지고 또한 단말기들이 송수신할 수 있는 입출력 포트의 수가 너무 많아지므로 상당히 비효율적이며 고비용 구조의 통신망 형태라 할 수 있다.

따라서 단말기 상호 간의 직접 연결로 인한 비효율과 고비용 구조의 문제점을 해결하기 위해 단말기들을 서로 간접 연결하는 통신망을 사용한다. 단말기들을 간접 연결하는 방식은 비효율적이고 고비용 구조인 직접 연결 방식에 비해 필요한 전송매체의 수와 입출력 포트의 수를 줄임으로써 효율적이고 저비용 구조를 가질 수 있다. 하지만 직접 연결 방식에 비해 구조가 복잡하고 여러 가지 운영상의 문제점을 유발하기도 한다. 그렇지만 실제 상황에서 많은 단말기들을 직접 연결하는 것은 일반적인 상황이 아니고 또한 대단히 어려워서 대부분은 교환기(switch)를 통해 간접적으로 연결하는 방식을 취한다.

정보통신망의 기본 요소는 정보를 전기 신호로 변환하여 통신 회선에 송출하는 송신기 및 신호를 받아서 원래의 정보로 복원하는 수신기 역할을 하는 단말기와 전기적인 수단에 의해서 정보 전달을 행하는 설비를 담당하는 전송 장치 및 다수의 단말기의 접속 요구에 응하여 착신 단말기까지의 접속 경로를 설정하는 교환 장치 등으로 구성된다. 한편 정보통신망의 3대 동작 기능으로는 음성, 데이터 등의 정보를 실제로 교환 및 전송하는 수단으로서의 전달 기능, 전기 통신망에서 특히 접속의 설정 및 제어 그리고 관리에 관한 정보를 교환하는 신호 기능과 단말기와 교환설비간, 망과 망간의 접속 및 복구에 필요한 수단들을 제어하는 기능을 포함하여 시스템이 정상적으로 동작하기 위한 유지 보수 및 관리 기능을 하는 제어 기능이 있다.

일반적으로 처리 관점에 의한 정보통신망은 여러 개의 처리 센터가 있어서, 서로 다른 운영 체제를 가지거나 기능 수행 능력이 동일하지 않을 수 있으며, 단말기 장치 자체가 기억 능력과 처리 능력을 내장하여 데이터베이스의 분산화가 가능한 분산 통신망과 하나의 컴퓨터가 처리를 담당하여 모든 통신망의 제어는 중앙의 컴퓨터에 의해 처리되는 중앙 집중 통신망이 있다.

그림 4.1은 단말기와 노드들로 구성되어진 일반적인 통신망 형태를 표현한다. 하나의 단말기가 다른 단말기와 통신하기 위해서는 일반적으로 여러 개의 교환기를 필요로 한다. 이러한 교환기들은 단말기와 직접 접속되어서 단말기에게 여러 가지 통신환경을 제공해 주며 또한 단말기를 제어하는 역할을 하고 단순히 데이터를 중계해 주는 중계기 역할을 하기도 한다.

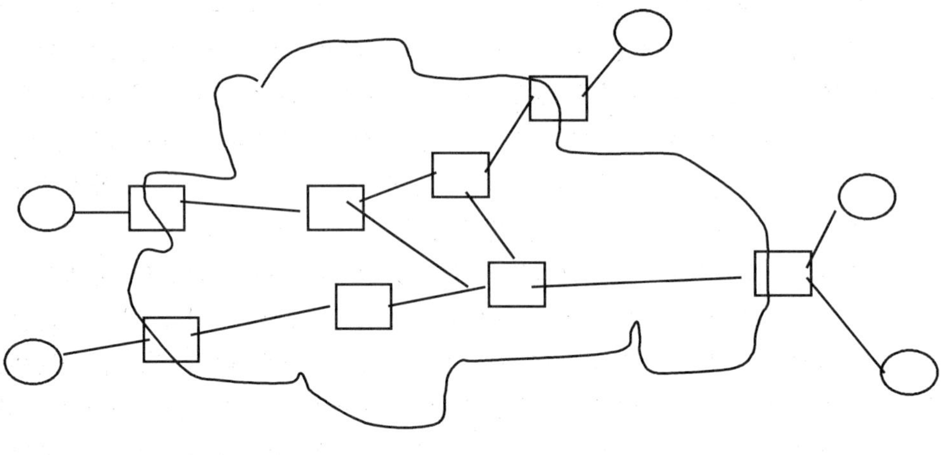

그림 4.1 일반적인 정보통신망 구조

○ : 단말기로서 통신을 원하는 주체

□ : 노드(node)라고 하며 교환 기능을 가진 교환기

각 단말기(○)는 노드(□)를 통해 네트워크에 접속하게 된다. 따라서 통신을 하기 위해 필요한 링크의 수와 입출력 포트는 모두 한 개만이 필요하게 된다. 일반적인 통신망의 예로 기존의 PSTN(Public Switched Telephone Network)을 들 수 있다. 우리들

은 PSTN을 이용해 자신이 송신하고자하는 데이터(문자, 음성, 영상)를 상대방에게 전송할 수 있다.

송수신 단말기 간에 효율적인 데이터 전송을 위해서는 물리적 인터페이스 위에 각 통신 디바이스의 제어계층을 부가함으로서 가능하다. 이러한 제어계층을 DLC(Data Link Control) 또는 DLP(Data Link Protocol)이라 한다. 데이터 링크 프로토콜은 전송도중 오류가 발생했을 경우 양쪽 단말기가 데이터를 원활하게 주고받기 위한 것이며, 이러한 프로토콜을 사용하여 두 단말기간의 연결이 이루어졌을 때를 데이터 링크(data link)라 한다. 이와 같은 데이터 링크는 토폴로지(topology)와 통신대화 방식에 의해 형성되며 회선 제어 절차에 따라 전송 제어를 수행하게 된다. 따라서 여러 형태의 데이터 링크 구성(회선 구성)은 토폴로지, 통신대화 방식, 회선 제어 절차(흐름제어와 에러제어)의 세 가지 특성에 따라 구분된다.

4.2 정보통신망의 구성 요소

오늘날 정보통신은 다양한 멀티미디어 정보를 통합하고 동기화시켜 정보통신망을 이용하여 사용자에 적합한 서비스를 제공하고 있다. 정보통신망의 발달과 사용자들의 서비스 욕구 증대로 인해 정보통신시스템에 대한 고속화, 광대역화, 고기능화 등이 요구되어지고 있다. 정보통신시스템이란 데이터 전송과 컴퓨터 처리를 유기적으로 결합하여 원하는 서비스를 제공하는 시스템을 의미한다. VLSI(Very Large Scale Integrated Circuit)에 의한 하드웨어의 발달, 디지털 통신 기술의 발달, 컴퓨터의 발달 등에 따라 정보통신망도 통합화와 대형화되어지고 있는 추세이다.

정보통신망의 구성 요소로는 가입자 장치, 전송 설비, 교환 시스템 등이 있다. 뒤에서 설명하는 정보통신시스템의 개념과 아주 유사하다. 정보통신시스템에서의 DTE(Data Terminal Equipment), DCE(Data Circuit-terminating Equipment), CCE(Communication Control Equipment)와 메인 컴퓨터(main computer)의 개념과 거의 같은 개념이다. 아래에는 가입자 장치, 전송 설비, 교환 시스템에 대해서 간단히 설명한다.

1) 가입자 장치

가입자 장치는 가입자와 통신망간의 정보 및 제어 신호를 송수신하는 기능을 제공하며 전화, 팩스, 컴퓨터 및 각종 단말기 등을 말한다.

2) 전송 설비

전송 설비는 가입자간의 정보 전달을 위한 통신 경로를 제공하는데 유선 매체로는 전화선, 동축케이블, 광섬유 등이 있고 무선 매체로는 마이크로파통신회선, 위성통신회선, 방송통신회선, 이동체통신회선 등이 있다.

3) 교환 시스템

교환시스템은 정보통신망내의 모든 가입자와 국간을 상호연결 하는 것으로 전송경로를 설정하는 기능을 제공한다.

정보통신망의 구성 요소에 대한 설명을 그림 4.2에 나타내었다. 통신 가입자들 상호간의 편리한 통신을 지원하기 위해서 가입자 장치들이 모뎀과 전송 설비(전송 매체)를 통해 교환 시스템에 연결되어진다.

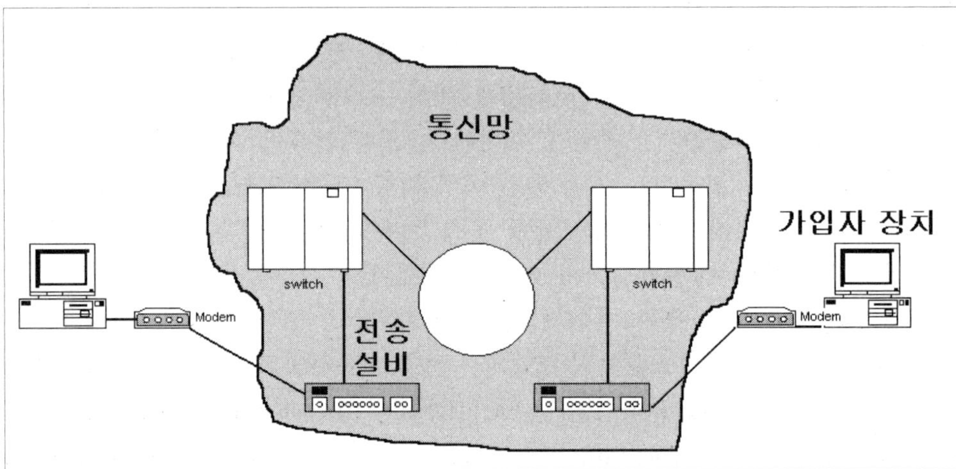

그림 4.2 정보통신망 구성 요소의 개략도

4.3 정보통신망 관리

정보통신망 관리는 통신 사용자들의 서비스 관점에서 아주 중요한 문제이다. 정보통신망 관리의 목적은 정보통신의 목적과 같다. 정보통신망의 효율적인 관리를 통해 통신 사용자들이 정보를 신속하고 정확하게 또한 편리하게 송수신할 수 있도록 해야 한다. 정보를 신속하게 송수신하기 위해서는 적절한 전송매체의 선택, 트래픽(traffic) 제어와 라우팅(routing) 제어 등과 같은 데이터 전송 제어가 필요하며 정보를 정확하게 송수신하기 위해서는 에러 제어(error control)와 흐름 제어(flow control)와 같은 기술이 필요하다.

1) 등장 배경

소규모의 정보통신망을 운영하는 경우에는 연결된 통신 장비 및 사용자 터미널의 수가 적기 때문에 정보통신망 관리의 필요성을 중요하게 생각하지 못했다. 그러나 정보통신망이 확장되면 될수록 새로운 기술 및 제품에 의한 통신 장비 및 사용자 터미널의 수는 많아지게 되고 이들을 효과적으로 관리할 수 없는 경우에는 향후 정보통신망의 확장, 유지 보수 및 서비스 제공에 커다란 장애 요인으로 등장하게 된다. 이는 정보통신망에 국한되는 문제가 아니라 투자되는 비용측면에서도 불필요한 낭비가 될 확률이 많기 때문이다.

수많은 업체에서 제작된 많은 종류의 장비들을 일관성 있게 관리한다는 것은 매우 힘든 일이지만 국제 표준화 그룹은 망 관리를 위한 표준 프로토콜을 제정하고 있으며, 이러한 표준 프로토콜을 지원하는 통신 장비를 사용하도록 권장하고 있는 실정이다.

현재 잘 알려진 망 관리 프로토콜로서는 SNMP(Simple Network Management Protocol)과 CMIP(Common Management Information Protocol) 등이 있다. 여기서 SNMP는 네트워크 장비를 관리 감시하기 위한 목적으로 TCP/IP(Transmission Control Protocol/Internet Protocol) 상에 정의된 응용 계층(application layer) 표준 프로토콜이며 네트워크 관리자가 네트워크 성능을 관리하고 네트워크 문제점을 찾아 수정할 수 있도록 한다. 한편 CMIP는 SMNP와 거의 같은 기능을 수행하고 보안 체계를 잘 갖추고 있어서 SNMP에 비해 관리 시스템이 안정적이며 이벤트 발생 기능을 수행하기 때문에 관리 프로세서가 관리 대상을 계속해서 감시할 필요한 없다는 장점을 가지고 있다. 하지만 SNMP에 비해 관리 프로세서가 운영되는 시스템의 자원(resource)을 너무 많이 소비하는 단점을 가지고 있다.

그림 4.3에는 간략하게 정보통신망 관리 구조에 대해 표현하였다.

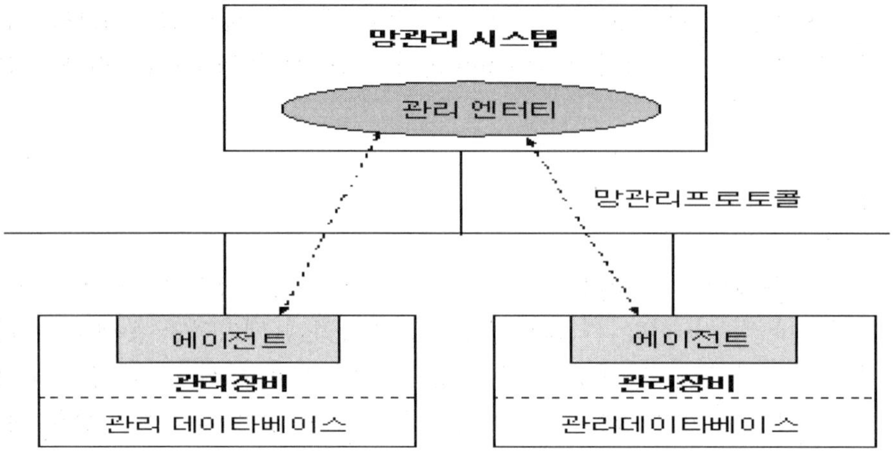

그림 4.3 정보통신망 관리 구조

2) 망 관리 구조

현재 사용 중인 대부분의 네트워크 망 관리 구조들은 그림 4.3에 나타난 것과 같은 동일한 기본 구조를 사용한다. 하나의 망 관리 시스템이 여러 개의 망 관리 대상을 관리 장비를 통해서 관리하고 있다. 컴퓨터 시스템이나 통신 장비 등의 관리 장비들은 문제가 발생했을 때 경보를 전송할 수 있는 소프트웨어(에이전트 : agent)를 가지고 있으며 각 관리 대상에 대한 정보를 관리 데이터베이스에 저장하고 있다. 발생한 문제가 어떤 정해진 한계치를 넘어서면, 관리 시스템에 망 관리 프로토콜을 통하여 경보를 전송하게 된다. 경보를 수신한 관리 시스템은 운영자에게 이를 알리거나, 이 사실을 기록하고 문제를 해결하기 위한 절차들 수행하는 등의 역할을 수행하게 된다.

관리 시스템은 각각의 관리 대상들에게 어떤 특정한 정보에 대해 문의할 수가 있는데 이는 자동적으로 수행되거나 관리자의 요청에 의해 수행될 수도 있다. 이 경우, 관리 대상들은 관리 시스템의 문의에 대해 각자가 유지하고 있는 관리 데이터베이스를 참조하여 이 정보를 망 관리 프로토콜을 이용하여 관리 시스템에게 알려주게 된다.

3) 망 관리 모델

ISO(International Organization for Standardization)에서는 망 표준화에 많은 공헌을

하고 있으며, ISO에서 제시한 망 관리 모델은 망 관리 시스템의 주요 기능을 이해하는데 도움을 준다. ISO에서 제시한 망 관리 모델은 성능 관리(performance management), 형상 관리(configuration management), 회계 관리(accounting management), 고장 관리(fault management), 그리고 보안 관리(security management) 등의 개념적인 영역으로 구분될 수 있다. 위에서 제시한 관리 방법들은 각자 고유한 기능들을 가지고 있으며 서로 보완적인 기능을 가지고 있기도 하다. 관리 방법들의 기능은 다음과 같다.

성능 관리는 망의 성능이 어떤 주어진 수준 이상으로 유지될 수 있도록 망의 성능과 관련된 여러 가지 측면들을 유지하고 관리하는 역할을 수행한다. 형상 관리는 망의 동작과 관련된 여러 하드웨어 및 소프트웨어들에 대한 형상 정보들이 추적되고 관리될 수 있도록 망 및 시스템의 형상 정보들을 감시하는 역할을 수행한다. 회계 관리는 사용자나 혹은 사용자 그룹에서 망 자원을 고르게 사용할 수 있게 하기 위해 망 자원의 사용 도를 측정하고 이를 분석하는 역할을 하는 것으로서 이를 통하여 망 자원에 대한 효율적 분배 및 사용이 가능해 질 수 있으며, 이를 근거로 비용 정보를 산출할 수 있다. 고장 관리는 망에서 발생하는 문제점들을 검출하고, 기록하고, 사용자에게 알려주거나 혹은 수리를 하는 역할을 수행한다. 보안 관리는 허가된 사용자만이 망 자원을 접근하여 사용할 수 있도록 하는 역할을 수행한다.

연 습 문 제

1. 정보통신망의 개념에 대해서 설명하시오.

2. 정보통신망의 구성 요소에 대해 설명하시오.

3. 정보통신망의 관리에 대해 설명하시오.

4. 정보통신망 관리 모델에 대해 설명하시오.

5. 정보통신망 관리 구조에 대해 설명하시오.

제 5 장

정보통신기술

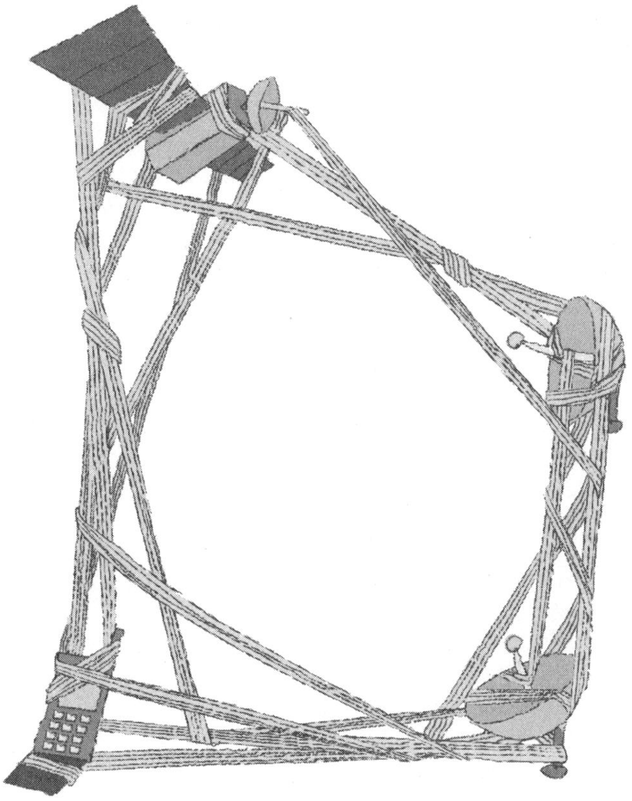

제5장 정보통신 기술

우리가 일상생활에서 만나는 정보통신시스템들은 아주 다양하다. 다양한 정보통신시스템들을 가능하게 해주는 기술을 요약하면 정보통신 기술과 정보처리 기술로 분류할 수 있다. 정보를 사람들이 사용하기 편리하게 처리한다면 정보처리하고 할 수 있고 더 나아가 정보처리 된 정보를 사람들이 서로 간에 전달할 수 있는 기술을 정보통신 기술이라고 할 수 있다. 따라서 정보통신 기술이란 일반적으로 정보처리 기술을 기본적으로 포함하는 기술이라 생각할 수 있다.

우리가 사용하는 다양한 정보통신시스템들을 편리하게 사용할 수 있고 또한 정보들을 신속하고 정확하게 서로 간에 전달할 수 있는 상세한 기술들을 배우기에 기초적으로 배워야 하는 용어, 개념, 기초 기술 등에 대해 살펴보기로 하자.

5.1 정보통신 분류

데이터와 신호의 개념에 따라 정보통신을 분류해 보자. 데이터는 저장의 의미, 신호는 전송의 의미를 가지고 있다는 것은 이미 학습했다. 데이터를 전송하기 위해서는 신호로 변환하는 과정이 필요하며 신호를 저장하기 위해서는 데이터로 변환하는 과정이 필요하다. 데이터는 아날로그 데이터(analog data)와 디지털 데이터(digital data)로 나누어지고 신호는 아날로그 신호(analog signal)와 디지털신호(digital signal)를 나누어진다.

데이터를 신호로 또는 신호를 데이터로 변환하는 변환기를 기준으로 정보통신을 분류하게 되면 8가지 형태를 가지게 된다. 따라서 앞으로 8가지 형태의 변환기를 기준으로 상세하게 학습하게 될 것이다. 이번 절에서는 8가지 형태에 대해 간단하게 살펴보기로 하자.

① 디지털 데이터 → 디지털 신호
② 디지털 신호 → 디지털 데이터
③ 아날로그 데이터 → 디지털 데이터 → 디지털 신호
④ 디지털 신호 → 디지털 데이터 → 아날로그 데이터
⑤ 디지털 데이터 → 아날로그 신호
⑥ 아날로그 신호 → 디지털 데이터
⑦ 아날로그 데이터 → 아날로그 신호
⑧ 아날로그 신호 → 아날로그 데이터

5.2 코덱과 모뎀

5.2.1 코덱

먼저 ①에서 ④까지 형태에 대해서 살펴보기로 하자.

① 디지털 데이터 → 디지털 신호
② 디지털 신호 → 디지털 데이터
③ 아날로그 데이터 → 디지털 데이터 → 디지털 신호
④ 디지털 신호 → 디지털 데이터 → 아날로그 데이터

데이터의 형태에는 아날로그 데이터와 디지털 데이터의 두 가지 형태가 존재한다고 언급한 바가 있다. 그리고 이와 같은 데이터를 전송하고자 할 때는 신호의 형태로 변환시켜 주어야 하는데, 신호의 형태 역시 아날로그 신호와 디지털 신호의 두 가지가 존재한다.

①과②는 송신 원과 수신원에서 쌍으로 이루어지는 과정이고 ③과④ 역시 송신 원과 수신원에서 쌍으로 이루어지는 과정이다. 그렇지만 이 두 과정은 약간의 차이가 존재한다. ①과② 과정과 달리 ③과④ 과정은 아날로그 데이터를 디지털 신호로 직접 변환시키는 방법이 없기 때문에 아날로그 데이터를 디지털 데이터로 먼저 변환시킨 다음에 다시 디지털 데이터를 디지털 신호로 변환시켜야 한다. 반대 과정도 마찬가지로 디지털 신호를 직접 아날로그 데이터로 변환시키는 방법이 없기 때문에 디지털 신호를 디지털 데이터로 먼저 변환시킨 다음에 다시 디지털 데이터를 아날로그 데이터로 변환시켜야 한다. 따라서 ③과④ 과정은 ①과② 과정을 포함하는 약간 복잡한 구조를 가지고 있다.

먼저 ①과② 과정과 ③과④ 과정에서 사용하는 공통적인 용어와 개념에 대해서 간단하게 설명하고자 한다. 부호화(coding), 부호기(coder), 복호화(decoding), 복호기(decoder), 코덱(CODEC : COder & DECoder), 디지타이저(digitizer)와 DSU(Digital Service Unit)에 대해서 살펴보자.

부호화란 디지털 데이터 또는 아날로그 데이터를 디지털 신호로 변환하는 것을 말하며 부호기는 부호화를 수행하는 시스템을 말한다. 복호화란 부호화된 디지털 신호를 디지털 데이터 또는 아날로그 데이터로 변환하는 것을 말하며 복호화기는 복호화를 수행하는 시스템을 말한다.

그렇지만 여기서 한 가지 반드시 구별해야 하는 내용이 있다. 정확하게 표현하자면 디지털 데이터를 디지털 신호로 변환시키는 것을 수행하는 장치는 신호변환장치의 일종인 DSU가 수행하게 된다. 한편 아날로그 데이터를 디지털 신호로 변환시키는 것은 앞에서 설명하였듯이 먼저 아날로그 데이터를 디지털 신호로 변환하고자 하면 아날로그 데이터를 디지털 데이터로 변환시킨 후에 다시 디지털 데이터를 디지털 신호로 변환시켜야 한다. 여기서 아날로그 데이터를 디지털 데이터로 변환하는 과정을 디지털화라고 표현하며 이를 수행하는 시스템을 디지타이저라 한다. 따라서 정확하게 앞에 설명한 내용을 정리하면 코덱이란 디지타이저와 DSU가 결합된 형태라고 생각하면 된다.

물론 코덱, 디지타이저, DSU를 다르게 표현할 수도 있지만 위에서 정의한 내용이 가장 일반적이라고 할 수 있다. 따라서 앞으로 우리도 디지털 데이터를 디지털 신호로 바꾸는 시스템은 DSU라고 표현하고 아날로그 데이터를 디지털 신호로 바꾸는 시스템은 코덱이라고 표현하도록 하자.

먼저 ①과② 과정에 대해 간단하게 설명하면 디지털 데이터를 디지털 신호 또는 디지털 신호를 디지털 데이터로 변환시키는 형태로 송신 DTE에 저장되어져 있거나 발생되어진 디지털 데이터를 수신 DTE에 전송하기 위해서 디지털 신호로 변환시켜 전송하고 디지털 신호를 수신한 수신 DTE가 디지털 신호를 저장하거나 처리하기 위해서 디지털 데이터로 변환한다고 생각하면 된다.

다음으로는 ③과④ 과정에 대해 간단하게 설명하면 아날로그 데이터를 디지털 신호 또는 디지털 신호를 아날로그 데이터로 변환시키는 형태로 송신 DTE에 저장되어져 있거나 발생되어진 아날로그 데이터를 수신 DTE에 전송하기 위해서 먼저 아날로그 데이터를 디지털 데이터로 변환시킨 후 다시 디지털 데이터를 디지털 신호로 변환시켜 전송하고 디지털 신호를 수신한 수신 DTE가 디지털 신호를 저장하거나 처리하기 위해서 디지털 데이터로 변환시킨 후 다시 디지털 데이터를 아날로그 데이터로 변환한다고 생각하면 된다.

5.2.2 모뎀

다음으로는 ⑤에서 ⑧까지 형태에 대해서 살펴보기로 하자.

⑤ 디지털 데이터 → 아날로그 신호 ⑥ 아날로그 신호 → 디지털 데이터 ⑦ 아날로그 데이터 → 아날로그 신호 ⑧ 아날로그 신호 → 아날로그 데이터

⑤와⑥은 송신 원과 수신원에서 쌍으로 이루어지는 과정이고 ⑦과⑧ 역시 송신원과 수신원에서 쌍으로 이루어지는 과정이다. 그렇지만 이 두 과정은 약간의 차이가 존재한다. ⑤와⑥ 과정은 디지털 데이터를 아날로그 신호로 변환, 아날로그 신호를 디지털 데이터로 변환하는 것과 달리 ⑦과⑧ 과정은 아날로그 데이터를 아날로그 신호로 변환, 아날로그 신호를 아날로그 데이터로 변환하는 과정으로서 약간의 차이점을 가지고 있다. 이후에 상세하게 배우게 될 것이다.

먼저 ⑤와⑥ 과정과 ⑦과⑧ 과정에서 사용하는 공통적인 용어와 개념에 대해서 간단하게 설명하고자 한다. 변조(modulation), 변조기(modulator), 복조(demodulation), 복조기(demodulator), 모뎀(MODEM : MOdulator & DEModulator)에 대해서 살펴보자.

변조란 디지털 데이터 또는 아날로그 데이터를 아날로그 신호로 변환하는 것을 말하며 변조기는 변조를 수행하는 시스템을 말한다. 복조란 변조된 아날로그 신호를 디지털 데이터 또는 아날로그 데이터로 변환하는 것을 말하며 복조기는 복조를 수행하는 시스템을 말한다. 또한 모뎀은 우리가 일상생활에서 많이 사용되는 용어이며 간단하게 설명하면 변조기와 복조기가 쌍으로 이루어진 신호변환장치이며 변복조기라고도 한다. 실제로 사용되는 경우 앞에서 설명한 또 다른 신호변환장치인 DSU와 비교하여 사용된다. 우리가 일상생활에서 사용되는 경우는 컴퓨터에서 디지털 데이터를 아날로그 신호로 변환시켜 사용하는 경우는 모뎀이라고 하고 일반 고정용 전화기에서 사용하는 경우는 아날로그 데이터를 아날로그 신호로 변환시켜 사용한다고 해서 변복조기 또는 전화기라고 해도 무방하다. 일반적으로 기능은 유사하지만 명칭은 다양하게 사용되어지고 있는 실정이다.

먼저 ⑤와⑥ 과정에 대해 간단하게 설명하면 디지털 데이터를 아날로그 신호 또는 아날로그 신호를 디지털 데이터로 변환시키는 형태로 송신 DTE에 저장되어져 있거나 발생되어진 디지털 데이터를 수신 DTE에 전송하기 위해서 아날로그 신호로 변환시켜 전송하고 아날로그 신호를 수신한 수신 DTE가 아날로그 신호를 저장하거나 처리하기 위해서 디지털 데이터로 변환한다고 생각하면 된다.

다음으로는 ⑦과⑧ 과정에 대해 간단하게 설명하면 아날로그 데이터를 아날로그 신호 또는 아날로그 신호를 아날로그 데이터로 변환시키는 형태로 송신 DTE에 저장되어져 있거나 발생되어진 아날로그 데이터를 수신 DTE에 전송하기 위해서 아날로그 신호로 변환시켜 전송하고 아날로그 신호를 수신한 수신 DTE가 아날로그 신호를 저장하거나 처리하기 위해서 아날로그 데이터로 변환한다고 생각하면 된다.

코덱, DSU, 모뎀 기능을 수행하는 형태로 아주 다양하다. 각각의 기능과 방법에 대해서는 다음 절에서 상세하게 논의될 것이다.

5.3 데이터의 부호화기와 복호화기

데이터의 부호화기와 복호화기에 대한 개념에 대해 간단하게 살펴보고 다양한 부호화기와 복호화기에 대한 수행 방법과 기능에 대해 살펴보기로 하자.

앞 절에서 살펴본 두 가지 형태의 부호화기와 복호화기에 대해서 열거하였다.

디지털 데이터 → 디지털 신호(DSU) 디지털 신호 → 디지털 데이터(DSU) 아날로그 데이터 → 디지털 데이터 → 디지털 신호(디지타이저 + DSU = CODEC) 디지털 신호 → 디지털 데이터 → 아날로그 데이터(DSU + 역디지타이저 = CODEC)

5.3.1 디지털 데이터의 부호화기와 복호화기

디지털 데이터 → 디지털 신호(DSU) 디지털 신호 → 디지털 데이터(DSU)

0과 1의 2진수 형태를 가지는 디지털 데이터를 부호화시키는 방법은 양의 전압과 음의 전압을 가지는 전압 펄스(pulse)로 변환시켜 주는 것이다. 이와 같이 디지털 데이터를 디지털 신호로 부호화시키는 방식은 여러 가지가 있으나, 그 중에서 가장 일반적으로 사용되는 것으로는 NRZ(Non Return to Zero) 방식, RZ(Return to Zero) 방식, 2위상(Biphase) 방식이 있다. 이들은 1과 0을 양의 전압(+)과 음의 전압(-)을 모두 사용하여 표시하는 양극 형(bipolar)과 1과 0을 양의 전압과 0 전압(또는 음의 전압과 0 전압)으로 표시하는 단극 형(unipolar)으로 표현할 수 있다.

1) NRZ 방식

NRZ 방식은 한 비트 간격 동안 전압이 0으로 복귀하지 않고 일정한 전압으로 유지된다. 예를 들면, 1010110010과 같은 디지털 데이터를 양극 형 NRZ 방식으로 부호화하게 되면 다음 그림 5.1과 같이 표현된다.

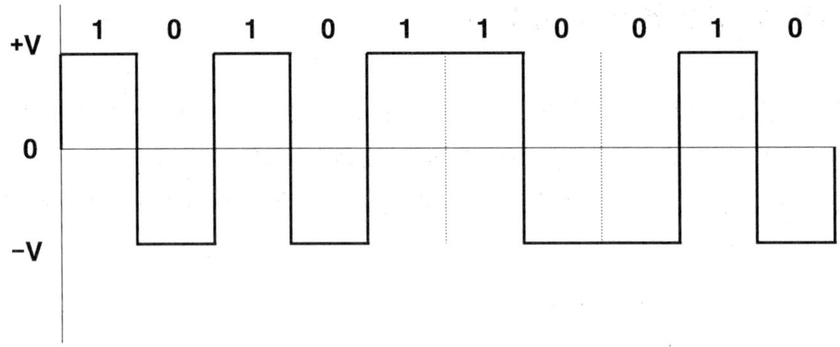

그림 5.1 양극 형 NRZ 방식의 부호화

위의 그림 5.1에서 각 비트를 보면 각 비트의 중간에서 0으로 복귀하지 않는 것을 볼 수 있는데 이러한 이유로 인하여 NRZ라는 명칭이 붙게 된 것이다. 위와 동일한 데이터를 단극 형 NRZ 방식으로 부호화하게 되면 다음 그림 5.2와 같이 표현된다.

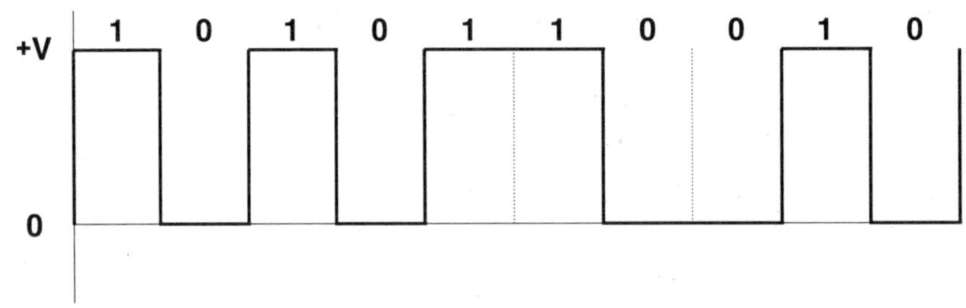

그림 5.2 단극 형 NRZ 방식의 부호화

이와 같은 NRZ 방식은 가장 간단한 부호화 방식이라는 장점을 가지고 있는 반면에 연속적으로 이진수 1이나 0이 전송될 경우 각 비트의 동기를 맞추기가 어렵다는 단점을 가지고 있다.

2) RZ 방식

RZ 방식은 한 비트 간격 동안에 1/2은 양의 전압(또는 음의 전압)을 유지하고 나머지 1/2은 0의 전압이 유지된다. 이와 같이 각 비트 중간에 0으로 복귀하기 때문에 영 복귀라는 명칭이 붙게 된 것이다. RZ 방식은 NRZ 방식에 비해 두 배의 변조를 가질 뿐만 아니라 우수한 성능을 가지지 못하기 때문에 많이 사용되지는 않는 부호화 방식이다. 예를 들어 1010110010과 같은 디지털 데이터를 양극 형 RZ 방식으로 부호화하게 되면 다음 그림 5.3과 같이 표현된다.

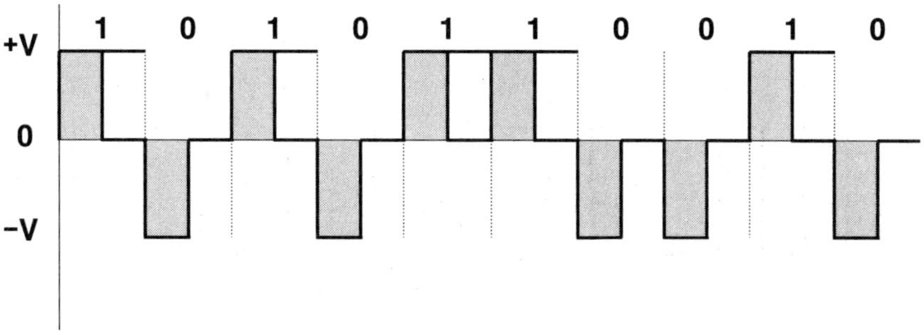

그림 5.3 양극 형 RZ 방식의 부호화

3) 2 위상(Biphase) 방식

2 위상 방식은 두 가지의 위상을 갖는다는 의미에서 붙여진 명칭이며, 영비복귀 방식과 영 복귀 방식의 단점을 보완하기 위해 만든 방식이다. 2위상 방식은 약간 복잡하기는 하지만 비트의 동기화를 위한 정보를 내포하고 있으므로 수신 측에서의 동기화가 용이하며, 오류를 쉽게 검출할 수 있다는 장점을 가지고 있다. 이러한 2위상 방식을 사용하는 대표적인 코드에는 맨체스터(manchester) 코드와 차분 맨체스터(differential manchester) 코드가 있다. 맨체스터 코드는 0인 비트의 경우에는 하위 레벨에서 상위 레벨로( ), 1인 비트의 경우에는 상위 레벨에서 하위 레벨( )로 변하는 형태를 갖는다. 예를 들어, 1010110010과 같은 디지털 데이터를 맨체스터 코드로 표현하면 다음 그림 5.4와 같다.

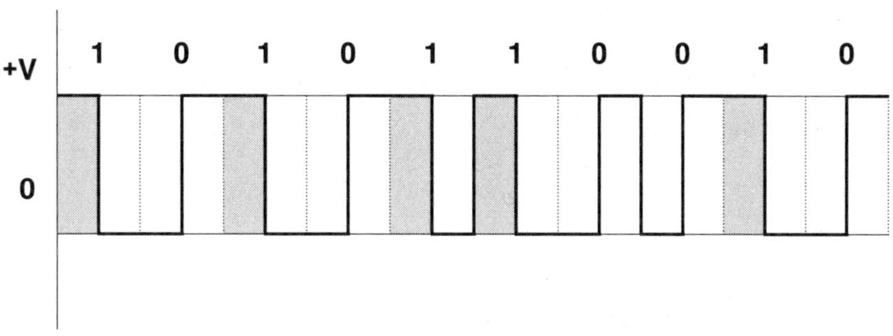

그림 5.4 맨체스터 코드를 이용한 부호화

그리고 차분 맨체스터 코드는 0인 비트의 경우에는 바로 이전 펄스의 후반 1/2 신호와 반대의 극성( )을 가지며, 1인 비트의 경우에는 바로 이전 펄스의 후반 1/2 신호와 동일한 극성( )을 유지한다. 예를 들어, 1010110010과 같은 디지털 데이터를 맨체스터 코드로 표현하면 다음 그림 5.5와 같다.

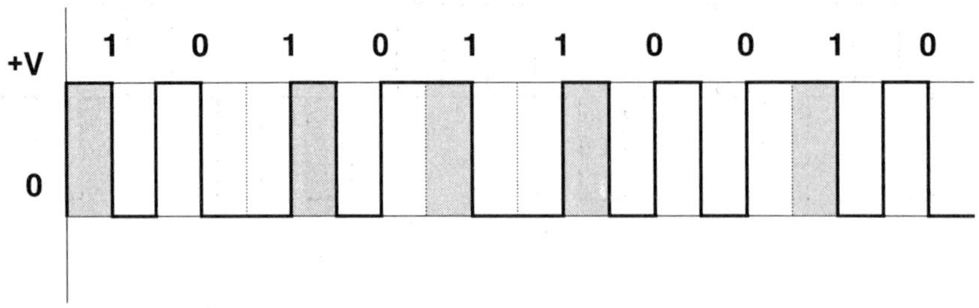

그림 5.5 차분 맨체스터 코드를 이용한 부호화

5.3.2 아날로그 데이터의 부호화기와 복호화기

아날로그 데이터 → 디지털 데이터 → 디지털 신호(디지타이저 + DSU = CODEC) 디지털 신호 → 디지털 데이터 → 아날로그 데이터(DSU + 역디지타이저 = CODEC)

음성이나 영상 등과 같은 아날로그 데이터를 부호화를 통하여 디지털 신호로 변환하여 전송하게 되면 고속 및 고품질의 전송을 할 수 있다. 따라서 최근에는 이러한 방식이 많이 사용되고 있으며 앞으로도 계속해서 발전될 전망이다.

아날로그 데이터를 부호화하기 위해서는 먼저 아날로그 데이터를 디지털화(digitization)하여 디지털 데이터로 변환한 후에 전 절에서 설명한 방식을 이용하여 부호화를 진행해야 한다. 이와 같이 아날로그 데이터를 디지털화하기 위해서 사용되는 장비를 디지타이저(digitizer)라 한다.

1) PCM

아날로그 데이터를 디지털화하는 기술에는 여러 가지가 있으며, 그 중에서 가장 대표적인 것이 바로 펄스 코드 변조(PCM : Pulse Code Modulation) 방식이다.

펄스 코드 변조는 3단계로 수행된다. 1단계에서는 표본화(sampling)가 수행되고, 2단계에서는 양자화(quantization)가 수행되며, 3단계에서는 부호화(coding)가 수행된다. 예를 들어, 다음 그림 5.6과 같은 아날로그 신호를 펄스 코드 변조한다고 하자.

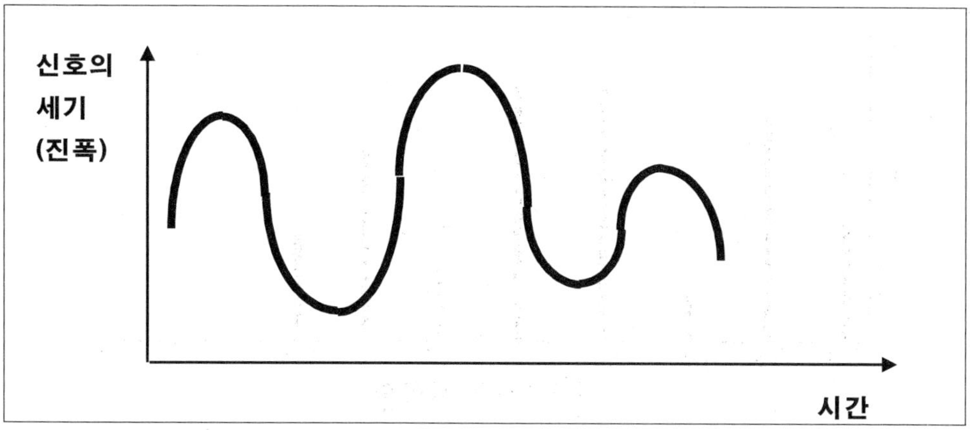

그림 5.6 펄스 코드 변조를 하기 위한 아날로그 신호

펄스 코드 변조의 3단계(표본화, 양자화, 부호화)를 그림 5.7을 표시하면 다음과 같다.

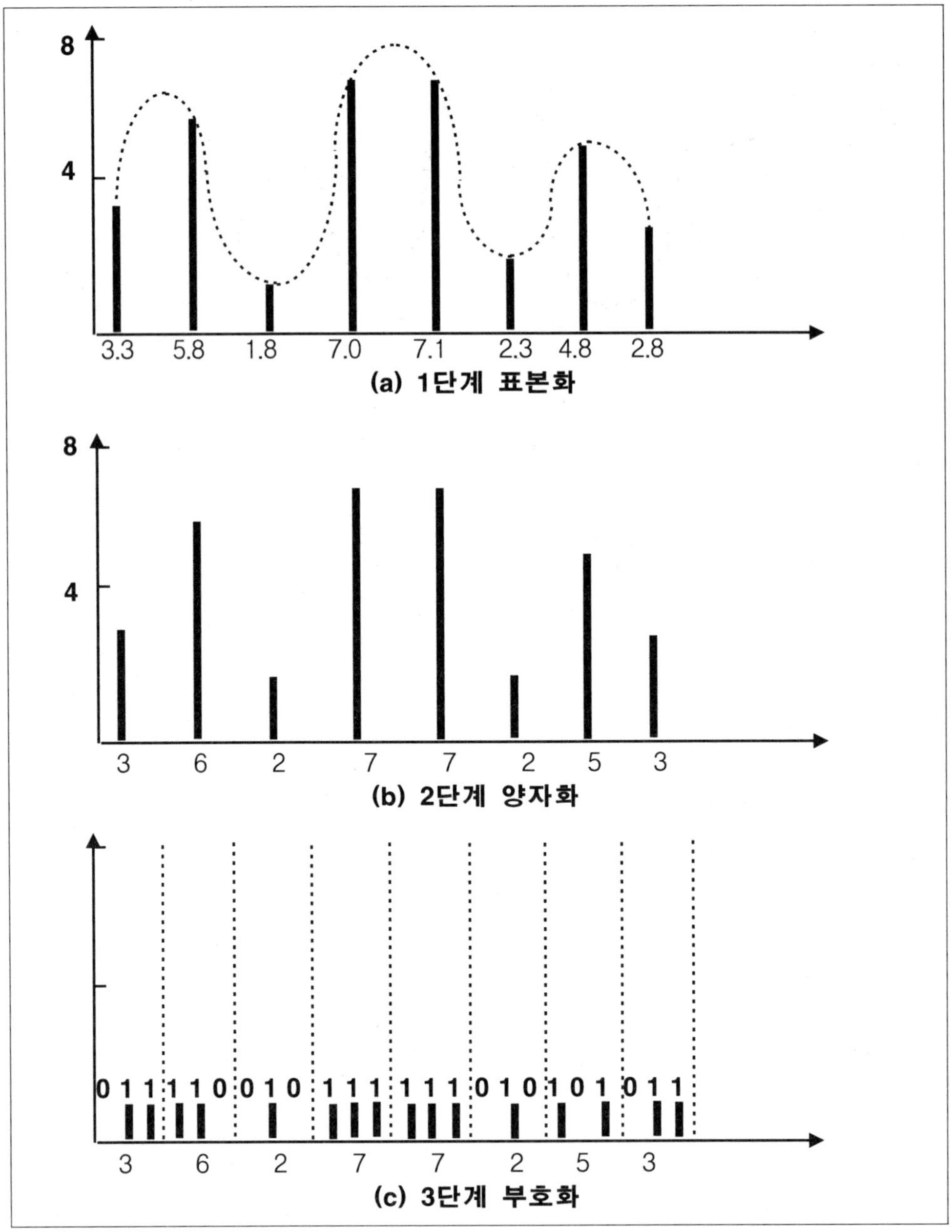

그림 5.7 3단계의 펄스 코드 변조

표본화는 그림 5.7 (a)에서와 같이 아날로그 신호를 디지털화하기 위해서 일정한 시간 간격으로 아날로그 신호의 진폭 값을 취하는 것을 말한다. 일반적으로 이러한 표본화는 샤논(Shannon)의 표본화 정리를 기초로 하여 수행된다. 표본화 정리는 샘플링 이론(sampling theory)이라고도 한다. 이 정리는 아날로그 신호를 디지털화하기 위해서 일정한 간격으로 표본을 취하되, 신호의 최고 주파수의 2배 이상으로 표본을 취해야 원래의 신호로 복원할 수 있다는 것이다. 예를 들어, 최고 주파수가 1kHz인 아날로그 신호는 초당 2000회(0.0005초에 1번)에 걸쳐 표본을 취해야 한다.

양자화는 그림 5.7 (b)에서와 같이 표본화된 값을 미리 정한 유한개의 대표 값으로 변환해 주는 것을 말한다. 그림에서 3.3은 3으로, 5.8은 6 등으로 반올림하여 대표 값으로 변환시켜 주고 있다. 이 때, 실제 값(예 : 3.3)과 양자화 값(예 : 3) 사이에는 약간의 오차(0.3)가 발생하게 되는데, 이것을 양자화 잡음(quantization noise)이라 한다.

부호화는 그림 5.7 (c)에서와 같이 양자화 된 값을 2진 비트의 디지털 신호로 변환하는 것을 말한다. 양자화 된 결과를 보고 최고 값에 따라 부호화 비트수를 결정하면 된다. 그림에서 보면 최고 값이 7이므로 3비트로 표현해 주면되는데, 3비트를 사용하여 표현해 줄 수 있는 값의 범위는 2^3이 되어 0~7까지가 된다.

2) DM

DM(Delta Modulation) 방식은 각 샘플 값을 독립적으로 전송하는 대신 현재의 샘플 값과 이전 샘플 값과의 차이를 이용하여 디지털화한다.

파형 추적을 위해서는 계단 형 함수 이용하며 진폭 변화 치에 대한 근사 값은 차이가 양이면 1 전송하고 음이면 0 전송하는 방식을 사용한다. PCM 보다 구현이 쉽다는 장점을 가진다.

3) ADM

ADM(Adaptive Delta Modulation) 방식은 DM 방식을 약간 수정한 형태를 가진다. 즉 다시 말하면 고정된 스텝 크기(fixed step size)를 가지는 방식이 아니라 가변 스텝 크기(variable step size)를 가진다. 가변 스텝 크기란 신호의 변화 정도에 따라 신호의 변화가 빠르면 큰 스텝 크기를 사용하고 신호의 변화가 느리면 작은 스텝 크기를 사용하는 것으로서 신호의 변화에 적응할 수 있다.

4) DPCM

DPCM(Differential PCM) 방식은 PCM의 수정된 형태를 가지고 있으며 신호의 변화에 대한 적응성을 상당히 높인 방식이다.

5.4 데이터의 변조기와 복조기

데이터의 변조기와 복조기에 대한 개념에 대해 간단하게 살펴보고 다양한 변조기와 복조기에 대한 수행 방법과 기능에 대해 살펴보기로 하자.

앞 절에서 살펴본 두 가지 형태의 변조기와 복조기에 대해서 열거하였다.

디지털 데이터 → 아날로그 신호
아날로그 신호 → 디지털 데이터
아날로그 데이터 → 아날로그 신호
아날로그 신호 → 아날로그 데이터

5.4.1 디지털 데이터의 변조기와 복조기

디지털 데이터 → 아날로그 신호
아날로그 신호 → 디지털 데이터

0과 1의 2진수 형태를 가지는 디지털 데이터를 아날로그 신호로 변환하여 전송하기 위해 통상 모뎀(MODEM)을 사용한다. 일반적인 예는 컴퓨터와 같은 디지털 기기가 모뎀을 통해 전화망(PSTN : Public Switched Telephone Network)에 연결되어 데이터를 전송하는 경우이다. 디지털 데이터를 아날로그 신호로 변조하는 대표적인 방식에는 진폭 편이 변조(ASK : Amplitude Shift Keying), 주파수 편이 변조(FSK : Frequency Shift Keying), 위상 편이 변조(PSK : Phase Shift Keying)가 있다.

1) 진폭 편이 변조

진폭 편이 변조(ASK : Amplitude Shift Keying)는 0과 1의 디지털 데이터를 서로 다른 크기의 진폭을 가지는 반송 주파수로 표현하는 것을 말한다. 일반적으로 데이터 1을 임의의 크기의 진폭을 가지는 주파수로 표현한다면 데이터 0은 진폭이 0인 주파수로 표현된다.

부분적으로 일정한 진폭을 갖는 반송파 신호를 이용하며 각 비트의 주기 동안 발생 가능한 진폭중의 한 개를 갖는다.

binary("1", "0")의 경우에는 다음과 같다.

$$s(t)=\begin{cases} A\sin 2\pi f_c t & 0 < t < T \\ 0 & \text{elsewhere} \end{cases}$$

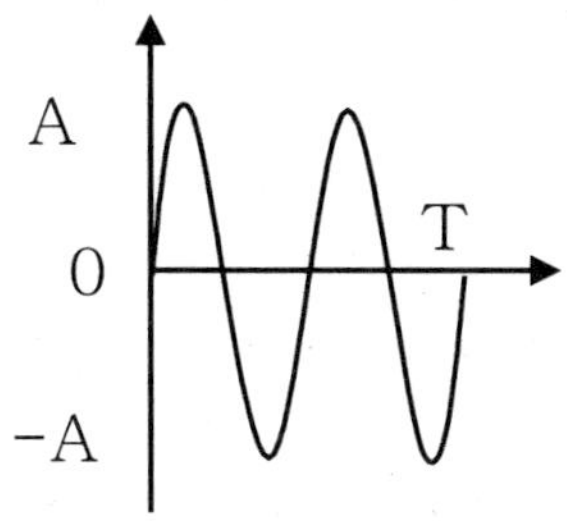

그림 5.8 진폭 편이 변조

2) 주파수 편이 변조

주파수 편이 변조(FSK : Frequency Shift Keying)는 0과 1의 디지털 데이터를 서로 다른 반송 주파수(f_1, f_2)로 표현하는 것을 말한다. 예를 들어 데이터 0은 10kHz의 주파수로 변조하고 데이터 1은 20kHz의 주파수로 변조해 주는 것을 말한다.

일정한 진폭을 갖는 정현파 신호를 사용하며 비트의 주기 동안 발생 가능한 주파수 중의 한 개를 갖는다.

binary("1", "0")의 경우에는 다음과 같다.

$$s(t)=\begin{cases} s_1(t)=A\sin 2\pi f_1 t & 0 < t < T \\ s_2(t)=A\sin 2\pi f_2 t & 0 < t < T \end{cases}$$

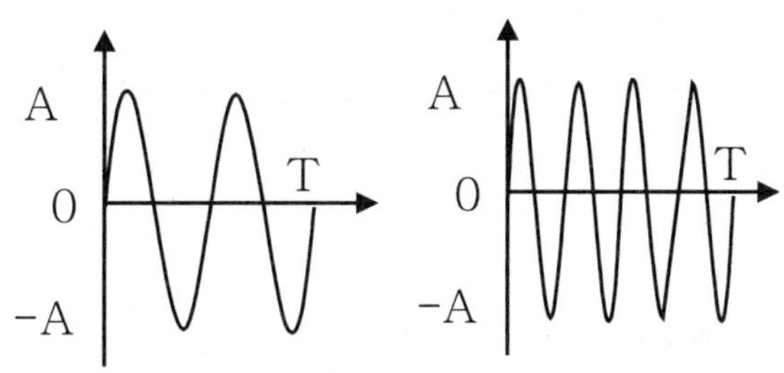

그림 5.9 주파수 편이 변조

3) 위상 편이 변조

위상 편이 변조(PSK : Phase Shift Keying)는 0과 1의 데이터를 서로 다른 위상을 가지는 반송 주파수로 표현하는 것을 말한다. 예를 들어, 데이터 0을 0°의 위상을 가지는 주파수로 표현하고 데이터 1을 180°의 위상을 가지는 주파수로 표현해 주는 것을 말한다.

일정한 진폭을 갖는 정현파 신호를 사용하며 각 비트의 주기 동안 발생 가능한 위상중의 한 개를 갖는다.

binary("1", "0")의 경우에는 다음과 같다.

$$s(t) = \begin{cases} A\sin 2\pi f_c t & 0 < t < T \\ A\sin(2\pi f_c t + 180^o) & 0 < t < T \end{cases}$$

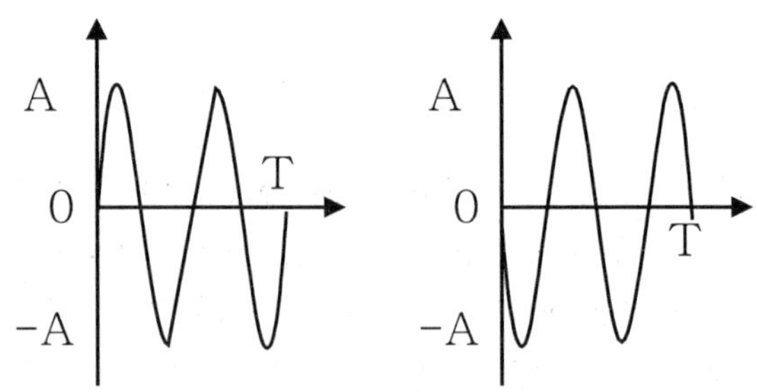

그림 5.10 위상 편이 변조

4) 차분 위상 편이 변조

차분 위상 편이 변조(DPSK : Differential Phase Shift Keying)는 0과 1의 데이터를 서로 다른 위상을 가지는 반송 주파수로 표현하는 위상 편이 변조에서 약간의 수정을 가하여 바로 전 비트를 기준으로 "1"이면 위상의 변화(180°)가 있고 "0"이면 바로 이전 비트에서 사용된 위상을 그대로 유지하는 방식이다.

수신 측에서는 이전 비트의 위상을 비교함으로써 위상의 동기화가 불필요하다는 장점을 가진다.

그림 5.11에는 PSK와 DPSK 방식에 대한 비교를 표현하였다.

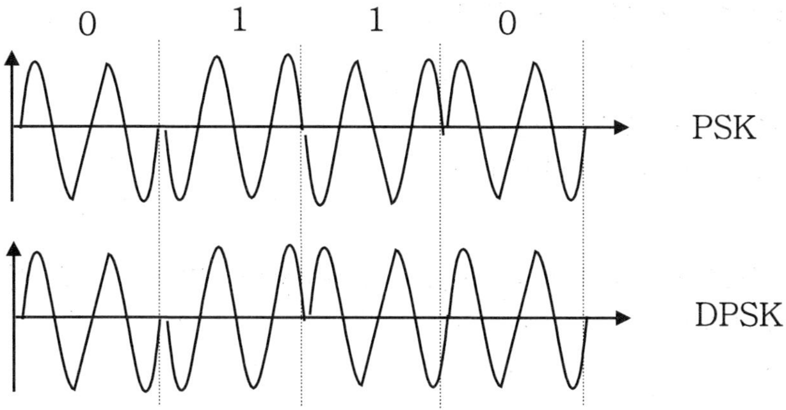

그림 5.11에는 PSK와 DPSK 방식에 대한 비교

5) QPSK(Quadrature Phase Shift Keying)

QPSK 방식은 하나의 신호에 2개 이상의 비트를 대응하는 방식으로 위상의 변화를 $\frac{\pi}{2}$ 로 설정하면 하나의 신호에 2개의 비트를 대응하는 효과를 가진다.

6) QASK(Quadrature Amplitude Shift Keying)

QPSK에 더하여 위상과 진폭의 변화를 통해서 신호에 대한 비트 수를 늘려가는 방식이다. 하나의 신호에 4개의 비트를 대응하기 위해서는 위상의 변화를 $\frac{\pi}{6}$ 로 설정하고(12개의 각) 이들 중 2개의 각에서는 2개의 진폭 값을 이용하면 가능하다.

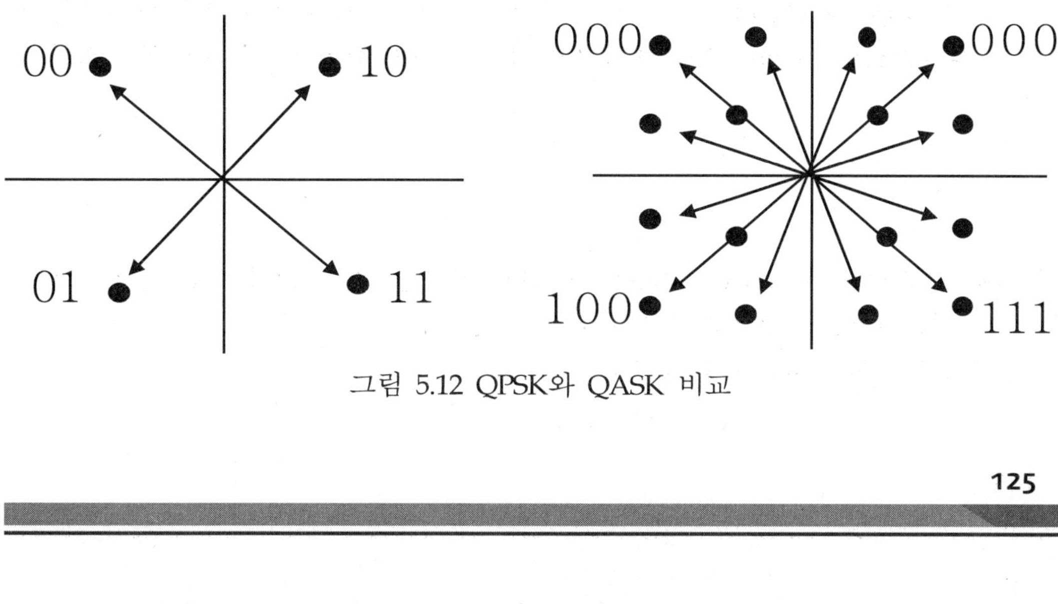

그림 5.12 QPSK와 QASK 비교

5.4.2 아날로그 데이터의 변조기와 복조기

아날로그 데이터 → 아날로그 신호 아날로그 신호 → 아날로그 데이터

아날로그 데이터를 아날로그 신호로 변조하는 대표적인 기법에는 진폭 변조, 주파수 변조, 위상 변조가 있다.

1) 진폭 변조

진폭 변조(AM : Amplitude Modulation)는 가장 간단하며 가장 오래전에 개발된 변조 방식으로 AM 라디오를 그 예로 들 수 있다. 일반적으로 정보를 나타내는 대부분의 신호는 수 KHz의 낮은 주파수를 가지며, 이러한 정보를 실어 나르는 반송파(carrier)는 높은 주파수를 가지고 있다. 이와 같이 낮은 주파수를 가지는 정보를 높은 주파수를 가지는 반송파에 실어 보내는 이유는 낮은 주파수를 송수신하기 위한 안테나의 설치가 어렵기 때문이다. 반송파의 진폭을 전송하고자 하는 신호에 맞게 변화시키는 기법을 진폭 변조라 한다. 이 때, 주파수와 위상은 일정하다.

진폭변조는 반송파의 진폭을 변화시킴으로서 다음과 같은 기능을 수행한다.

Double-SideBand Suppressed Carrier : $s_{am}(t) = s(t)\cos 2\pi f_c t$

Double-SideBand Transmitted Carrier : $s_{am}(t) = [A + s(t)]\cos 2\pi f_c t$

단측파대(Single SideBand)는 절반의 대역폭만 필요로 하며 적은 전력을 소모한다. 잔류측파대(Vestigial SideBand)는 측파대의 한쪽 제거를 위한 sharp cut-off 특성이 필요하다.

2) 주파수 변조

주파수 변조(FM : Frequency Modulation)는 기법은 전송하고자 하는 신호에 맞게 주파수를 변화시키는 기법으로 진폭과 위상은 일정하다.

반송파의 주파수 변화는 다음과 같다.

$$s_{fm}(t) = A\cos\left[2\pi f_c t + \int n_f s(t)\,dt\right]$$

3) 위상 변조

위상 변조(PM : Phase Modulation)는 전송하고자 하는 신호에 맞게 위상을 변화시키는 기법으로 진폭과 주파수는 일정하다.

반송파의 위상 변화는 다음과 같다.

$$s_{pm}(t) = A\cos\left[2\pi f_c t + n_p s(t)\right]$$

위상 변조는 대역폭이 크며 잡음에 대한 특성이 좋지만 시스템이 비선형이고 복잡하다는 단점이 있다.

5.5 데이터 전송 방식

송신 측에서 수신 측으로 전송선로를 통해 데이터를 전송하는 방법에는 직렬 전송과 병렬 전송의 두 가지가 있다. 그리고 직렬 전송의 경우, 송신 측에서 수신 측으로 연속된 비트 열로 구성되는 데이터를 전송하게 되면, 수신 측에서는 한 문자에 대한 비트의 시작과 끝을 인지해야 수신된 데이터를 정확하게 파악할 수가 있다. 이와 같은 동기화 과정은 정보 통신에 있어서 가장 기본적이면서 가장 중요한 작업 중의 하나이다. 이러한 동기화 방식에는 비동기식 전송방식과 동기 식 전송방식이 있다.

5.5.1 직렬 전송과 병렬 전송

디지털 정보를 전송하는 데는 직렬 전송과 병렬 전송의 두 가지 방법이 있다. 직렬 전송은 하나의 문자를 구성하는 각 비트들이 하나의 전송선을 통하여 순서적으로 전송되며 병렬 전송에서는 각 비트들이 여러 개의 전송선을 통하여 동시에 전송된다. 가령 하나의 문자가 8비트로 구성되어 있다면 병렬 전송에 필요한 전송선은 최소한 8개 있어야 한다. 병렬 전송방식은 일반적으로 컴퓨터와 주변기기 사이의 데이터 전송을 위해서 사용되며, 거리가 멀어지면 전송로의 비용부담 때문에 거의 이용되지 않고 있다. 따라서 정보통신에 있어서는 대부분 직렬 전송방식을 그 대상으로 하고 있다.

그림 5.13에는 직렬 전송과 병렬 전송에 대해서 간단히 표현하였다.

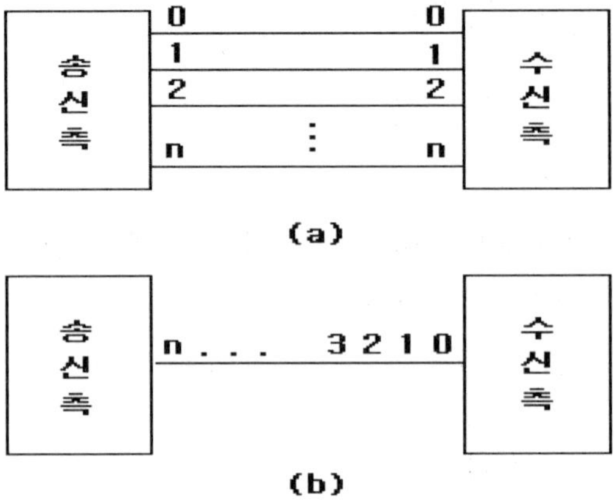

그림 5.13 (a) 병렬 전송 (b) 직렬 전송

1) 직렬 전송

직렬 전송(serial transmission)은복수개의 비트를 복수개의 전송로를 통해서 동시에 전송하는 방식으로 주로 단거리 전송에 이용된다. 직렬 전송은 하나의 전송 선로를 통해 1비트씩 순차적으로 데이터를 전송하는 방식을 말한다. 일반적으로 컴퓨터 내부에서의 데이터의 처리는 병렬로 수행되기 때문에 직렬 전송을 하기 위해서는 송신 측에서 병렬 데이터를 직렬 신호로 변환하여 전송해야 한다. 그리고 수신 측에서는 수신된 직렬 신호를 병렬 데이터로 변환하여 처리하게 된다. 병렬 전송과 비교해 볼 때, 직렬 전송의 장점은 하나의 전송 선로만을 이용하기 때문에 회선 설치비용이 낮다는 것이며, 전송 속도가 느리다는 단점을 가지고 있다. 일반적인 데이터 전송에서 직렬 전송 방식을 많이 사용한다.

2) 병렬 전송

병렬 전송(parallel transmission)은한 비트씩 한 개의 전송로를 통해 순차적으로 전송하는 방식으로 주로 장거리 전송에 이용된다. 병렬 전송은 여러 개의 전송 선로를 통해 여러 개의 비트들을 동시에 전송하는 방식을 말한다. 일반적으로 하나의 문자는 컴퓨터에서 8비트로 표현되는데, 이와 같이 8비트로 구성되는 하나의 문자를 병렬 전송하기 위해서는 최소한 8개의 전송 선로가 필요하다. 병렬 전송은 컴퓨터와 주변기기 사이에 데이터 전송을 위해 사용하거나 고속 전송이 필요한 컴퓨터에 사용되는 방식이다. 직렬 전송과 비교해 볼 때, 병렬 전송의 장점은 여러 개의 전송 선로를 통해 데이터를 동시에 전송하기 때문에 전송 속도가 빠르다는 것이며, 회선 설치비용이 높다는 단점을 가지고 있다. 일반적인 데이터 전송에 서 병렬 전송 방식은 거의 사용되지 않는다.

5.5.2 비동기식 전송과 동기 식 전송

직렬 전송방식에 의해 수신된 일련의 입력신호들에 대해, 수신 측에서는 비트 값을 식별함과 동시에, 일정 길이의 비트 블록으로 묶어 원하는 정보로 복원한다. 이러한 과정을 올바르게 수행하기 위해서는 송신 측과 수신 측 사이에 데이터를 주고받는 시점에 대한 약속이 요구된다. 이를 동기화(synchronization)라 한다. 즉, 동기화란 송신 측과 수신 측에서 정보를 보내는 송신시점과 받는 수신시점을 합의하는 절차라고 할 수 있다. 송 · 수신자간에 데이터를 전달하는 데 있어서 만일 각 비트의 시작과 끝이 서로 맞추어져 있지 않다면 송신자가 보낸 데이터는 수신자가 정확하게 추출해 낼 수 없게 된다. 바로 이러한 동기화 방법에는 일반적으로 두 가지 방법이 있다. 비동기식 방식과 동기식 방식이 그것이다. 그러나 비동기식이라고 해서 동기화를 하지 않는다는 의미가 아님을 주의해야 한다.

1) 비동기식 전송방식

비동기식 전송(asynchronous transmission) 방식은 한번에 한 문자씩 전송하되 문자를 구성하는 비트열의 양 끝에 시작(start) 비트와 정지(stop) 비트를 첨가하여 전송하는 방식을 말한다. 시작 비트는 한 문자의 시작임을 나타내고 정지 비트는 문자의 끝임을 나타냄으로서 동기화를 이룰 수 있다. 따라서 비동기식 전송 방식을 시작-정지(start-stop) 전송 방식이라 부르기도 한다.

일반적으로 송신기와 수신기 사이의 전송 선로를 통해 어떤 문자도 전송되지 않는 상태(idle state)에서는 전송 선로는 2진수 1의 상태를 유지하게 된다. 하나의 문자는 0의 값을 가지는 시작 비트(start bit)로부터 시작된다. 이러한 시작 비트에 이어서 5~8개의 데이터 비트가 오게 된다. 이어서 패리티 비트(parity bit)가 오게 되는데, 경우에 따라서 이 패리티 비트는 사용하지 않을 수도 있다. 패리티 비트는 오류를 검출하기 위해 사용되는데, 하나의 문자열(5~8비트)에서 1의 개수를 짝수 또는 홀수로 맞추어 주는 역할을 한다. 이러한 패리티 비트에 대해서는 다음 절에서 좀 더 자세히 다룬다. 패리티 비트에 이어서 한 문자의 끝을 알리는 정지 비트(stop bit)가 오게 되는데, 정지 비트는 2진수 1의 값을 가지며 그 길이는 보통 비트 길이의 1배, 1.5배, 2배가 될 수 있다.

예를 들면, 텔레타이프 형 터미널은 대부분 비동기식으로 데이터를 전송하는 것으로 키보드 하나를 누를 때마다 한 문자가 전송된다. 따라서 각 문자와 문자의 전송사이에는 휴지기간이 존재하여, 스톱비트와 같은 비트가 계속 전송된다. 비동기식 전송방식에 있어서는 타이밍에 대한 요구가 그리 완벽하지 않아도 된다. 수신측이 송신측보다 만일 5%정도 빠르거나 느리면 여덟 번째 비트는 45% 빠르거나 느리게 되지만 정보는 정확하게 인식될 수 있다. 그러나 만일 한 문자를 이루는 비트 블록의 크기가 8비트보다 크거나 송수신측간의 타이밍 오차가 5%보다 더 크다면 타이밍 에러가 발생하게 된다. 즉 마지막에 샘플링 된 비트는 잘못 수신되며, 비트 카운트도 틀려진다. 만일 비트7이 0이고 비트8이 1이었다면 비트8은 시작비트로 잘못 인식되는데, 바로 이러한 에러를 프레밍 에러(framing error)라 한다. 일반적으로 비동기식 전송방식은 단순하고 저렴하나, 각 문자 당 스타트비트와 스톱비트를 비롯해 2~3비트의 오버헤드를 요구하므로 전송효율이 매우 떨어지는 것으로 보통 낮은 전송속도에서 이용된다. 비동기식 전송방식을 이용하는 통신시스템에는 UART(Universal Asynchronous Receiver and Transmitter)라는 집적회로가 들어가는데, 이는 비트블록에 스타트비트와 스톱비트를 추가하여 전송하는 역할을 담당한다.

그림 5.14 비동기식 방식을 이용한 문자 전송에 대해서 표현하였다.

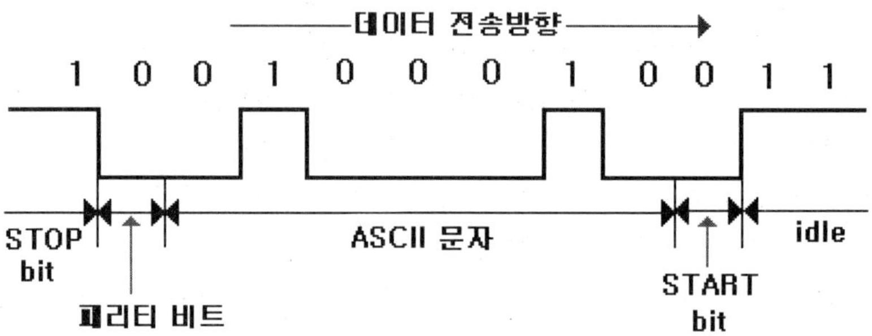

그림 5.14 비동기식 방식을 이용한 문자 전송

2) 동기식 전송

비동기식 전송방식의 비효율성을 보완하기 위해서 동기식 전송방식이 제안되었다. 물론 비효율성을 보완한 방식이라는 말이 어떠한 통신환경에서도 비동기식 전송방식보다 동기식 전송방식이 우수하다는 것을 의미하지는 않는다. 동기 식 전송(synchronous transmission) 방식은 한번에 한 문자씩 전송하는 것이 아니라 미리 정해진 수만큼의 문자열을 한 그룹으로 묶어서 한번에 전송하는 방법을 말한다. 문자마다 시작 비트와 정지 비트를 부가함으로서 비효율적인 성능을 가지는 비동기식 전송의 단점을 보완한 것이 바로 동기 식 전송 방식이라 할 수 있다.

이러한 동기 식 전송 방식에는 문자 위주(character-oriented transmission) 동기 식 전송 방식과 비트 위주(bit-oriented transmission)의 동기 식 전송 방식이 있다. 이 두 방식은 모두 프레임(frame)이라고 하는 단위로 데이터를 전송한다. 프레임이란 데이터 정보, 제어 정보, 동기 정보를 모두 포함한 형태를 가진다. 한번에 전송되는 정보비트 블록의 크기가 다를 수 있으므로, 송/수신 측간의 동기화를 위해 전송의 시작과 끝을 알리는 제어비트 블록을 정보비트 블록의 앞, 뒤에 붙여 프레임을 구성한다. 큰 크기의 프레임을 전송하는 이 방식은 제어비트 블록에 의한 동기화 외에 비트단위의 동기화도 요구된다. 비트단위의 동기화에는 별도의 동기화 라인을 통하여 시간정보를 주고받는 방법과 동기화정보를 전송신호에 싣는 맨체스터 부호화방식과 같은 자체동기화 방식이 있다.

즉, 동기식 전송방식은 한 문자단위가 아니라 여러 문자를 수용하는 데이터 블록 단위로서 전송하는 방식이다. 이 방식은 양측에 설치된 모뎀이나 다중화기 등과 같은 기기에 의해 타이밍이 공급되며, 동기문자나 플래그 등을 사용하여 송수신측간의 데이터 블록을 수신해야 하기 때문에 터미널에는 반드시 버퍼장치가 요구되며 보통 2400bps 이상의 전송속도에 사용된다. 일반적으로 상당히 큰 데이터 블록인 경우에는 동기식 전송방식이 비동기식 전송방식보다 전송효율에 있어서도 더 좋은 성능을 갖게 된다. 따라서 정보통신에 있어서 사용되는 대부분의 통신 프로토콜에서는 동기식 전송방식을 이용하고 있다.

(1) 문자 위주의 동기 식 전송 방식

문자 위주의 전송 방식은 프레임의 가장 앞부분에 고유의 비트패턴을 가지는 하나 이상의 동기문자(SYN)가 위치한다. 수신기는 이러한 동기문자를 받아들임으로서 전송되어 오는 데이터의 시작을 인지한다. 동기문자에 이어서 데이터의 정확한 송수신을 위해 제어문자들이 위치한다. 이 제어문자는 주로 전송 시 발생할 수 있는 에러를 검사하는 기능을 수행한다. 제어문자에 이어서 데이터 문자들이 위치한다. 이 데이터 문자는 송신 측에서 수신 측으로 보내고자 하는 순수한 정보를 말한다. 데이터 문자에 이어서 또 한 그룹의 제어문자들이 위치하고 프레임의 끝을 알리는 동기문자가 마지막에 위치한다. 수신기는 마지막에 위치한 동기 문자를 보고 한 프레임의 끝임을 인지하게 된다. 다음 그림은 문자 위주의 동기 식 전송 방식의 프레임 형식을 나타낸 것이다.

문자중심의 전송에서는 일련의 문자들의 묶음을 전송단위로 하며, 프레임의 형태는 다음 그림 5.15와 같다.

1	1	1	≥0	2	1
플래그	주소	제어비트	데이터	CRC	플래그

그림 5.15 문자중심전송의 프레임 구조

ITU-T와 ISO에서는 동기용 문자 'SYN(비트로는 "00010100")'을 규정하고 있으나, 하나 혹은 다수의 SYN을 연속적으로 데이터 앞에 배치하여 문자블록을 동기화한다. 그림에서처럼 데이터의 시작을 알리는 SYN문자에 이어 제어문자 DLE(Date Link Escape)와 STX(Start of Text)를 붙이며 데이터의 끝을 표시하기 위해 DLE와 ETX(End of Text)를 뒤에 붙인다. 이때 데이터 안에 DLE와 같은 비트패턴이 존재하는 경우, 수신 측에서는 데이터가 모두 전송되었다고 잘못 인식하게 되므로 이를 방지하기 위해서 DLE와 같은 비트패턴을 연속적으로 두 번 받았을 때, 이 비트패턴을 데이터로 인지하여 제어용인 DLE와 구분한다. 이를 문자 끼워 넣기(character stuffing)라고 한다. 문자중심의 동기식 전송을 담당하는 통신시스템에는 USART(Universal Synchronous and Asynchronous Receiver and Transmitter)라는 집적회로를 사용한다.

(2) 비트 위주의 동기 식 전송 방식

비트 위주의 전송 방식은 프레임의 가장 앞부분에 고유의 비트패턴을 가지는 8비트의 플래그(F)가 위치한다. 수신기는 이러한 플래그를 받아들임으로서 전송되어 오는 데이터의 시작을 인지한다. 플래그에 이어서 데이터의 정확한 송수신을 위해 제어필드가 위치한다. 제어필드에 이어서 데이터 필드가 위치하고 이어서 또 한 그룹의 제어필드가 위치한다. 마지막 부분에는 프레임의 끝을 알리는 플래그가 위치한다. 수신기는 마지막에 위치한 프레임을 보고 한 프레임의 끝임을 인지하게 된다.

전송단위를 일련의 비트들의 묶음으로 보고, 비트블록의 처음과 끝을 나타내는 특별한 비트패턴을 덧붙여 전송하는 방식이다. 이 덧붙인 비트블록을 플래그(flag)라고 한다. 프레임 형태는 다음 그림 5.16과 같다.

1	1	1	≥0	2	1
플래그	주소	제어비트	데이터	CRC	플래그

그림 5.16 비트전송중심의 프레임 구조

문자중심 전송과 마찬가지로 만약, 이 플래그와 같은 비트패턴이 프레임의 중간에 나타난다면 수신 측에서는 이를 플래그로 인식하게 되는 문제가 발생한다. 이를 방지하기 위해서 프레임의 중간에 플래그와 같은 비트패턴이 존재하면, 여분의 비트를 끼우는 방법(bit stuffing)이 사용된다. 송신 측에서 전송하고자 하는 프레임 중간에 '0'이후 '1'이 6번 반복해서 나오게 되면, 그 다음 비트에 상관없이 '0'을 삽입한다. 수신 측에서는 수신되는 비트가 '01111110'이면 끝의 '0'을 없애고 원래의 비트를 복원한다. 현재는 정보통신의 멀티미디어화에 따라 다양한 크기의 비트블록을 허용하는 동기식 전송방식의 비트중심 전송방식이 많이 사용되고 있다.

표 5.1 비동기식과 동기식 방식 비교

구 분	비동기식 전송방식	동기식 전송방식
전송 단위	문자	비트중심(Binary) 또는 문자중심(ASCII)
에러검출 방법	패리티 비트	CRC(Cyclic Redundancy Code)
오버 헤드	문자당 고정	프레임당 고정
전송 효율	비효율적	효률적
장비 가격	싸다	비싸다

5.6 전송 오류 검출

정보 통신 시스템에서 가장 중요한 사항 중의 하나는 송신 측에서 수신 측으로 오류가 없는 정확한 데이터를 전송하는 것이다. 그러나 오류가 발생할 수 있는 상항은 항상 존재하게 된다. 정보 통신 시스템에서 오류를 일으키는 주요한 원인에는 순간적인 정전, 주파수 간섭, 감쇠 현상, 잡음 등이 있다. 이러한 불가피한 상황으로 인해 발생된 오류를 검출하는 일반적인 기법에는 수직 패리티 검사(vertical parity check), 수평 중복 검사(LRC : Longitudinal Redundancy Check), 순환 중복 검사(CRC : Cyclic

Redundancy Check)가 있다.

5.6.1 수직 패리티 검사

수직 패리티 검사(vertical parity check)는 가장 간단한 오류 검출 방식으로, 전송하고자 하는 문자의 마지막 비트에 패리티 비트(parity bit)를 추가하여 전송하는 방식을 말한다. 수직 패리티 검사는 짝수 패리티(even parity)와 홀수 패리티(odd parity)를 이용하는 방법이 있다. 짝수 패리티의 경우에는 전송 문자를 구성하는 비트 1의 개수가 짝수개가 되도록 하는 것이고, 홀수 패리티의 경우에는 비트 1의 개수가 홀수개가 되도록 하는 것이다.

예를 들어, ASCII 코드 1010101을 홀수 패리티를 이용하여 전송한다면 1010101*1*을 전송하면 된다. 수신 측에서는 전송되어온 데이터를 조사하여 비트 1의 전체 개수가 홀수가 되면 오류가 발생하지 않은 것으로 판단하고, 짝수 개이면 오류가 발생한 것으로 판단하게 된다.

이와 같은 수직 패리티 검사 방법은 전송 도중 홀수개의 비트가 바뀌면 오류 검출이 가능하지만, 짝수개의 비트가 바뀌면 오류 검출이 불가능하다는 단점을 가지고 있다.

5.6.2 수평 중복 검사

수평 중복 검사(LRC : Longitudinal Redundancy Check)는 수직 패리티 검사의 단점을 개선하기 위해 만든 오류 검출 방법으로 수직 패리티 검사와 동시에 수평 패리티 검사까지 수행함으로서 비교적 높은 비율로 오류를 검출할 수 있다. 수평 패리티 검사를 위해 블록 검사 문자(block check character)를 생성한다. 이는 수평 방향으로 배타적 논리합(exclusive-OR) 연산을 수행함으로서 생성된다.

수평 중복 검사는 수평 및 수직을 모두 검사하므로 수평·수직 패리티 검사 방식이라고도 부른다. 다음 그림 5.17은 수평 중복 검사(짝수 패리티의 사용)의 예를 나타낸 것이다.

수평 패리티 ↑

parity	1	1	0	0	0	1	1	1	1	← 수직 패리티
b_7	1	1	1	1	1	1	1	1	0	
b_6	0	0	0	0	0	0	0	0	0	
b_5	0	0	0	1	1	1	0	1	0	
b_4	0	1	1	0	0	0	0	0	0	
b_3	0	1	1	0	1	1	1	0	1	
b_2	1	1	0	0	0	0	0	1	1	
b_1	1	1	1	0	1	0	1	0	1	
	C	O	M	P	U	T	E	R		← 캐릭터

그림 5.17 짝수 패리티를 사용한 수평 중복 검사

5.6.3 순환 중복 검사

순환 중복 검사(CRC : Cyclic Redundancy Check)는 비교적 간단하면서도 오류 검출 율이 대단히 높은 우수한 방식으로서 정보 통신 오류 검출 프로토콜에서 많이 사용되는 방식이다.

k비트의 데이터를 전송한다고 할 때, 송신기는 먼저 프레임 검사 시퀀스(FCS : Frame Check Sequence) 라는 n개의 비트를 생성하여 k+n 개의 비트로 이루어진 전송 프레임을 구성한다. 이 때, k+n 비트로 구성된 전송 프레임이 미리 정해져 있는 숫자로 나누어 떨어 질 수 있도록 n을 정한다. 수신기는 수신된 프레임을 미리 정해진 수로 나누어 나머지가 없으면 에러 없이 수신된 것으로 간주한다.

많이 사용되는 순환 중복 검사의 유형은 CRC-12(12 비트의 FCS 사용), CRC-16(16 비트 FCS 사용), CRC-CCITT(16 비트의 FCS 사용), CRC-32(32 비트의 FCS 사용)가 있다.

5.7 다중화

중앙 컴퓨터와 다수의 원격 지 단말기들을 각각 전용 전송선으로 연결한다면 전송의 안정적인 면은 증대되지만 비용 면에서 매우 비효율적이다. 따라서 대규모 통신 시스템에서는 적은 용량만을 필요로 하는 여러 개의 정보흐름을 하나의 용량이 큰 전송

선으로 전송하는 방식이 사용되는데, 이를 다중화(multiplexing)라고 한다.

다중화란 하나의 전송로로 복수개의 데이터 신호를 혼합시켜서 전송하는 방법을 말한다. 다중화는 다수의 저속 회선 사용자들을 하나의 고속 전용선에 접속시켜 통신망을 이용 가능하게 함으로서 통신망의 연결 효율을 극대화할 수 있고 통신비용을 절감할 수 있는 방식이다. 이와 같이 다수의 저속 회선에서 데이터를 받아 하나의 고속 회선으로 전송하거나 하나의 고속 회선의 데이터를 다수의 저속 회선으로 분할하는 장치를 다중화기(MUX : MUltipleXer)라 하고 다수의 저속 회선을 하나의 고속 회선으로 합치는 장치를 역 다중화기(DEMUX : DEMUltipleXer)라고 한다.

MUX는 n개의 입력회선으로부터 데이터를 받아들여 하나로 결합하여 고용량 데이터 채널로 전송하는 기능을 수행하고, DEMUX는 다중화 된 데이터 스트림(stream)을 받아들여 채널에 따라 데이터를 분리하여 해당 출력 회선으로 보내는 역할 수행한다.

여러 경로를 통해 들어오는 정보의 흐름을 모아주는 기능을 수행하는 다중화 장치를 멀티플렉서(Multiplexer)라고 하며, 반대로 다중화된 정보를 다시 여러 개의 분리된 흐름으로 나누어주는 기능을 수행하는 장치를 디멀티플렉서(Demultiplexer)라고 한다.

다중화의 종류는 주파수 분할 멀티플렉싱(FDM : Frequency Division Multiplexing)와 시 분할 멀티플렉싱(TDM : Time Division Multiplexing)으로 나누어진다. 또한, 시 분할 멀티플렉싱(TDM)은 동기 시분할 멀티플렉싱(STDM : Synchronous TDM)과 비동기 시분할 멀티플렉싱(ATDM : Asynchronous TDM)으로 나누어진다.

그림 5.18에는 다중화의 개념에 대해서 간단히 소개하였다.

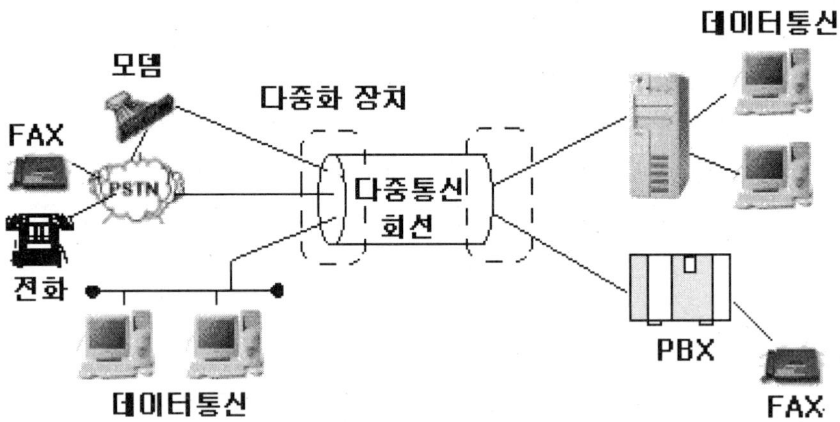

그림 5.18 다중화의 개념

5.7.1 FDM

FDM(Frequency Division Multiplexing)는 주파수가 다른 반송파를 이용하여 변조한 다음 넓은 주파수대역을 가진 하나의 전송로를 통해서 동시에 전송하는 방식으로 주파수 분할 다중화라고 불린다. 이때 전송매체의 유효대역폭을 신호의 필요대역폭의 합보다 크게 유지한다. 즉, 변조된 신호들 사이에 충분한 간격을 두어 신호간의 혼선 및 간섭을 제거함으로써 독립적인 채널이 되도록 한다. 수신측은 원하는 주파수 부분만을 여과하여 수용한다. 일반적으로 라디오, TV, 그리고 CATV 등에 사용된다.

FDM(Frequency Division Multiplexing) 방식은 통신 선로의 주파수 대역을 여러 개의 작은 주파수 대역으로 분할하여 데이터를 동시에 전달하는 방식을 말한다.

6개의 신호원들이 하나의 멀티플렉서에 신호를 보내면, 서로 다른 주파수($f_1 \sim f_6$)로 신호를 변조하여 채널을 통해 전송하게 된다. 이러한 FDM 방식은 구조가 간단하기 때문에 가격이 저렴하다는 장점이 있다. FDM 방식을 사용하는 일반적인 예로는 MBC, KBS, SBS, EBS 등과 같은 방송을 들 수 있다.

FDM 방식은 전송 신호의 대역폭보다 전송매체의 유효 대역폭이 클 때 사용할 수 있는 방법으로 주로 아날로그 전송을 하게 된다. 또한, 각 신호들의 주파수 대역이 겹쳐 간섭이 일어나지 않도록 채널과 채널 사이에는 보호 대역(guard band)을 두고 있다.

그림 5.19에는 FDM 구조에 대해서 간단하게 소개하였다.

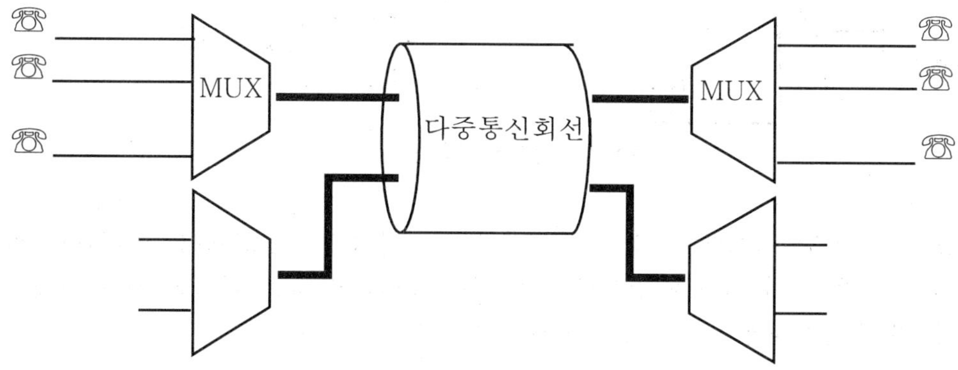

그림 5.19 FDM 구조

표 5.2 다중화 신호 계위

채널	대역폭	스펙트럼	AT&T	CCITT
12	48KHz	60~108KHz	Group	Group
60	240KHz	312~552KHz	Super group	Super group
300	1232KHz	812~2044KHz		Master group
600	2520KHz	564~3084KHz	Master group	
900	3872KHz	8516~12388KHz		Super master group
3600	16984KHz	564~17548KHz	Jumbo group	
10800	57442KHz	3124~60566KHz	Jumbo group multiplex	

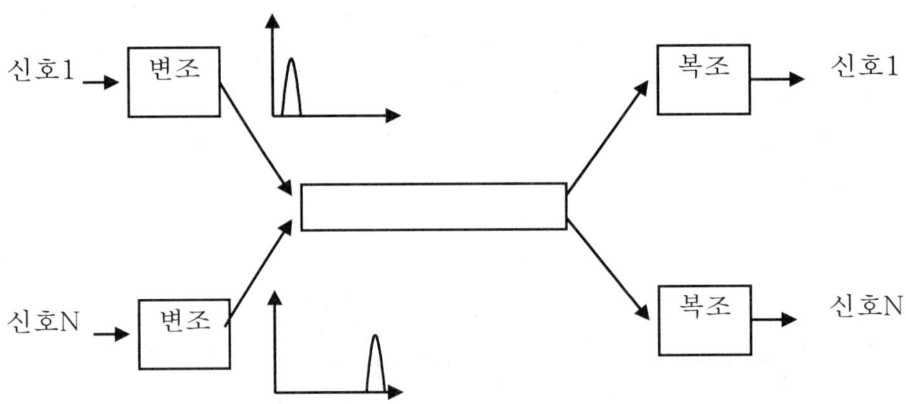

그림 5.20 FDM 방식

그림 5.20에는 FDM 방식에 대해서 간단하게 설명하였다. 신호1에서 신호N까지의 신호가 변조 과정을 거쳐 하나의 전송로에 실려서 이동하여 복조 과정을 거쳐 원래의 신호인 신호1에서 신호N까지 복원되는 형태를 보인다.

5.7.2 TDM

음성 신호를 4KHz로 잡은 것은 신호 변조 시 신호가 서로 겹쳐서 영향을 주는 것을 예방하기 위해 guide band를 두기 때문이다. 나이퀴스트 정리(샘플링 이론)에 따르면 음성신호의 경우 4KHz×2 = 8KHz의 샘플링 주파수를 갖게 되는데 양자화 레벨에 8 비트를 사용하므로 8KHz×8bit = 64Kbps가 되고, 이것은 일반적으로 전화선으로 모뎀 사용 시 낼 수 있는 이론적 최고속도가 64Kbps가 된다는 것을 의미하는 것이다. 그러나 불행히도 현재는 데이터를 위해 8 비트를 다 사용하지 못하고 7 비트를 데이터용으로 1 비트는 신호용으로 사용하는 북미방식을 사용하고 있어서 56Kbps가 최고속도가 되고 있다. 8KHz의 샘플링 주파수에 의해서 1초에 8,000개의 표본이 발생되므로 한 개의 표본에 해당하는 시간은 1/8000초 = 125㎲가 된다. 따라서 TDM(Time Division Multiplexing)은 125㎲의 시간공백을 이용한 통신이라고 할 수 있다. 125㎲의 시간 내에는 신호마다 하나의 샘플씩 순서대로 할당되는데, 이때 125㎲의 시간주기를 TDM 통신에서 프레임(Frame)이라고 한다. 프레임 시간길이는 다중화되는 신호들의 수에 관계없이 일정하므로 다중화되는 채널수가 증가하면 디지털 정보의 단위비트의 시간 폭이 줄어들게 된다. 또한 채널의 시간길이를 타임 슬롯(time slot)이라 하며, 다중화 장치들은 타임슬롯 시간 길이를 얼마나 작게 하여 전송하느냐에 따라 더 많은 신호를 다중화할 수 있게 된다.

즉, TDM은 시간을 타임 슬롯이라는 기본 단위로 쪼개고 다시 일정한 크기의 프레임으로 묶어 채널별로 프레임상의 특정한 위치에 해당하는 슬롯을 배당하는 방식으로 시분할 다중화라고 불린다.

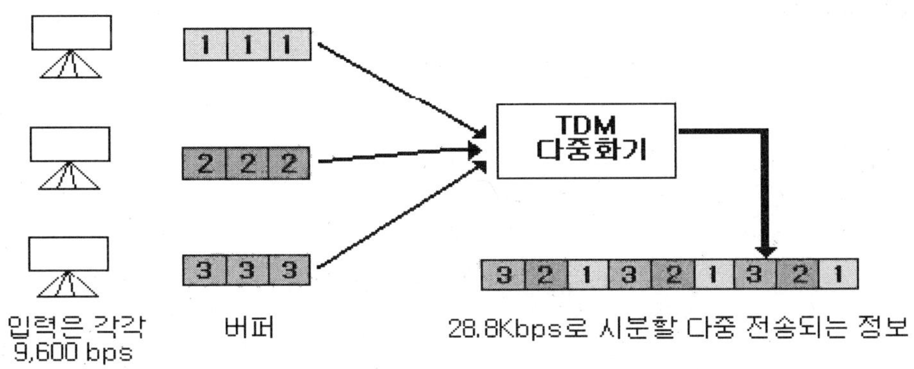

그림 5.21 시분할 다중화

그림 5.21에서와 같이 입력신호는 다중화되기 전에 각 버퍼에서 기다리다가 순차적으로 타임 슬롯으로 배정받는데, 이때 입력신호의 전송속도가 배정된 타임 슬롯보다 현저하게 느리면 속도보정이 이루어진다. 이러한 속도보정을 위해 일부 슬롯에 의미 없는 펄스를 채우는데, 이를 펄스 끼워 넣기(pulse stuffing)라고 한다.

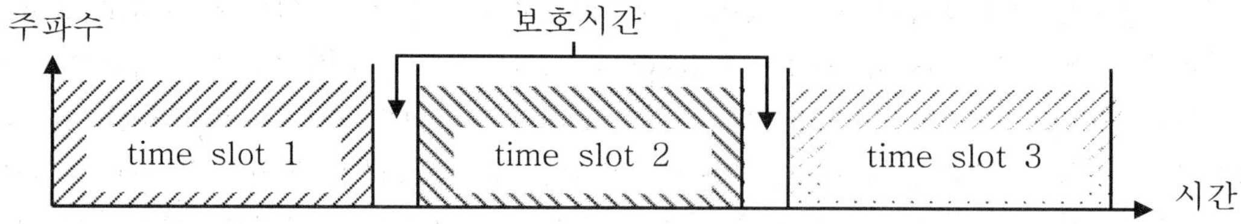

그림 5.22 TDM에서의 타임 슬롯사이의 보호시간

1) STDM

STDM(Synchronous TDM)은 한 전송로의 대역폭을 일정한 타임 슬롯(time slot)으로 나누어 여러 개의 채널로 분할하여 데이터를 한 전송로의 분할된 채널을 통해 전송하는 방식으로 동기식 TDM이라고 한다. 이 방식은 실제로 보낼 데이터가 없는 경우에도 타임 슬롯을 할당함으로서 많은 타임 슬롯이 낭비된다는 단점을 가지고 있다. 따라서 전송로를 최대한 사용하지 못하므로 효율이 많이 떨어진다.

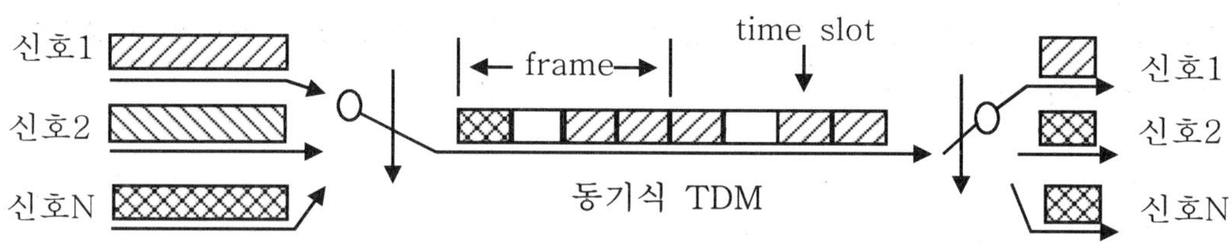

그림 5.23 동기식 TDM 방식

Flag	MUX Address	Link Control	Data from One or Multiple stations	FCS	Flag
8bits	8bits	8bits	variable length	16bits	8bits

그림 5.24 동기식 TDM 프레임 형식

2) ATDM

ATDM(Asynchronous TDM)은 STDM과는 달리 실제로 보낼 데이터가 있는 단말기 장치에만 동적으로 각 채널에 타임 슬롯을 할당하는 방식으로서 비동기식 TDM이라고 한다. 이와 같은 이유로 ATDM은 통계 TDM(statistical TDM) 또는 지능형 TDM(intelligent TDM)이라고도 한다. 이러한 ATDM은 실제로 보낼 데이터가 있는 단말기에만 각 채널에 타임 슬롯을 할당하기 때문에 대역폭의 낭비를 줄이고 전송 효율을 높일 수 있다는 큰 장점을 가지고 있다.

그러나, 임의의 한 타임 슬롯 동안에 데이터가 어느 단말기 장치에서 전송되어 왔는지를 알 수 없기 때문에 송신 측에 대한 주소(address) 정보가 데이터에 첨가되어야 한다. 따라서 STDM에 비해 슬롯 당 데이터의 효율은 조금은 떨어진다는 단점을 가지고 있다.

비 동기 시분할 멀티플렉싱의 경우에는 낭비되는 타임 슬롯이 없으므로 동일한 시간에 더 많은 데이터를 전송할 수 있으므로 전송 효율이 높다는 것을 알 수 있다. 그러나 주기가 일정하지 않으므로 송신 측의 단말기에 대한 주소정보가 데이터에 첨가되어야 한다.

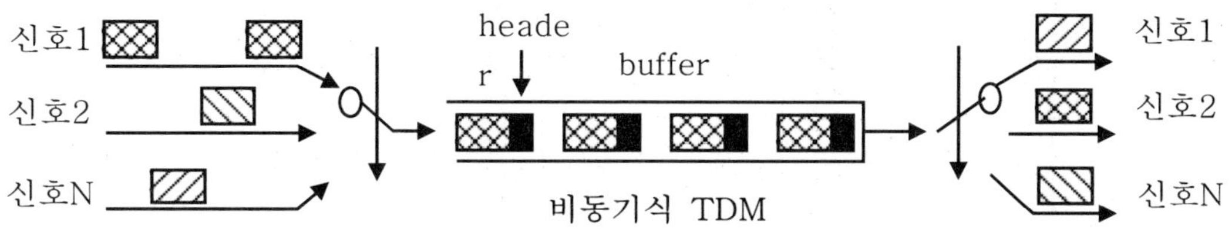

그림 5.25 비동기식 TDM 방식

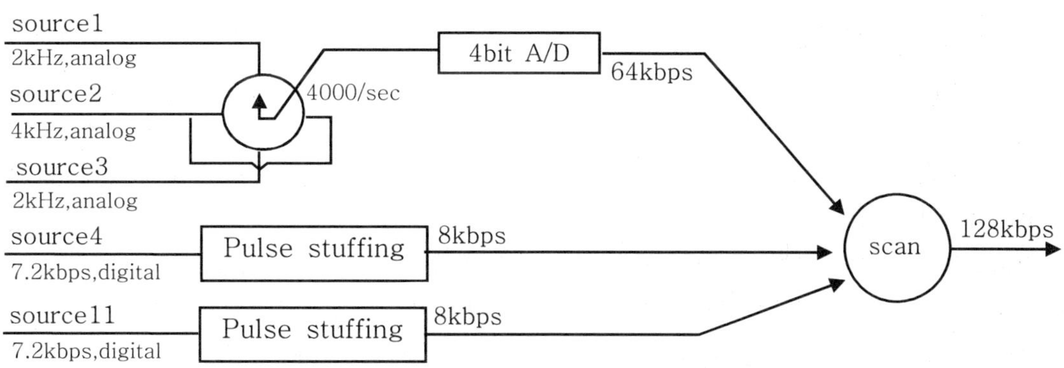

그림 5.26 비동기식 TDM 방식 세부사항

5.7.3 CDM

이동통신과 위성통신에서 사용되는 다중화 방식으로 보내고자 하는 신호를 그 주파수 대역보다 넓은 주파수 대역으로 확산시켜 전송하는 대역확산 방식이다. 각 사용자에게 서로 직교하는 고유의 코드를 부여하여 하나의 주파수 대역을 통해 여러 신호를 동시에 전송할 수 있다. 수신측은 이미 정해져 있는 코드를 이용하여 원래의 신호를 추출한다.

CDM(Code Division Multiplexing) 방식은 대역 확산(spread spectrum) 통신기술 이용하며 데이터 신호의 주파수대역보다 더 넓은 대역폭을 갖는 고유한 코드를 사용하여 대역확산 후 전송한다. 또한 직교하는 성질을 가진 코드 부여함으로써 효율을 높인다. 변·복조 과정에서 동기가 맞는 동일한 코드사용하며 같은 시간에 같은 주파수를 이용하여 정보전송이 가능하도록 하는 방법을 사용한다.

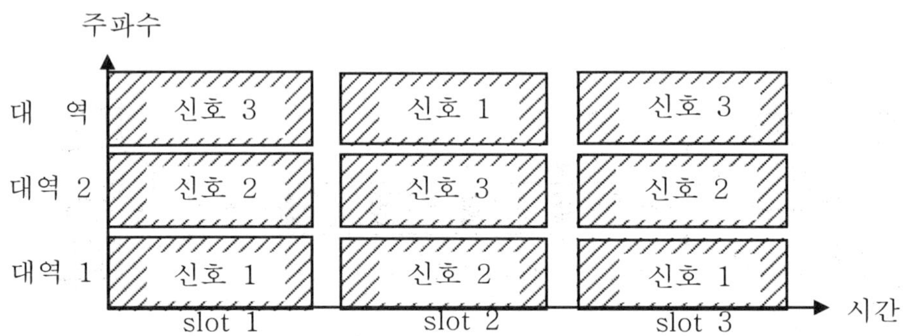

그림 5.27 CDM 방식의 대역 분할

CDM 방식은 가입자 수용용량이 상당히 높으며 잡음 및 간섭에 강해서 통신장애 확률이 낮고 원하지 않는 신호는 잡음으로 처리함으로써 통화품질이 우수하고 주파수 계획이 불필요하다는 많은 장점을 가지고 있다. 또한 많은 기술 사항들이 적용되었으며 일반적으로 DS(Direct Sequence)-CDMA 방식과 FH(Frequency Hopping)-CDMA 으로 나뉘어 진다.

DS-CDMA 방식은 PN-code(orthogonal)를 이용하여 직접 확산하며 전송 속도가 높은 code와 exclusive OR을 사용한다. 동일 셀 내 또는 인접 셀에서 동일한 주파수 사용이 가능하기 때문에 사용자 수를 늘리는 장점을 가지고 있다.

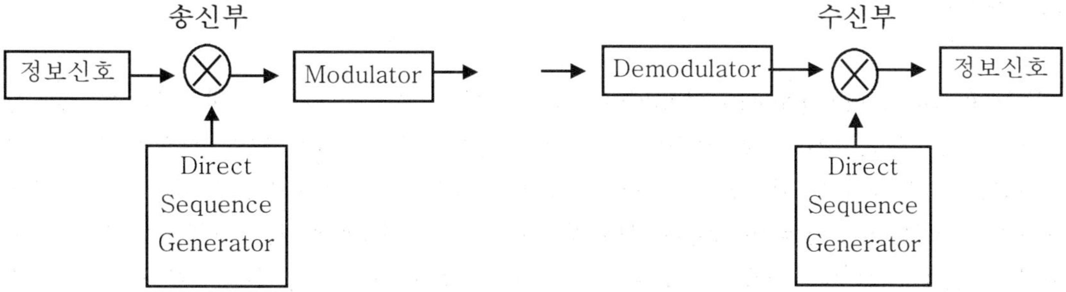

그림 5.28 DS-CDMA 방식

FH-CDMA 방식은 일정시간 동안 k개의 반송 주파수 중 하나 사용하여 전송하며 일정시간 후 다른 반송주파수를 사용하여 전송하는 과정을 가진다. 고유한 전송주파수 도약 패턴은 송신부의 코드에 따라 결정되며 수신부에서는 동일한 주파수도약 패턴을 사용하여 신호를 추출한다.

CDMA(Code Division Multiple Access) 기술은 기본적으로 오래 전부터 사용해왔던 대역확산 통신기술을 이용한 것으로, 대역확산 기술이 가지고 있는 모든 장점에 주파수 이용효율을 크게 증가시킨 것이다. 모든 서비스 영역에서 같은 주파수 대역을 사용할 수 있기 때문에 셀룰러 개념에서 보면 주파수 재사용 계수가 1이 되어 주파수 이용 효율이 다른 방식에 비해서 월등히 높다는 것, 모든 서비스 영역에서 같은 주파수 대역을 사용할 수 있기 때문에 소프트 핸드오버가 가능하다는 점, 또한 서로 다른 코드를 사용하여 통신을 하기 때문에 무선 구간의 통신 비밀 보호 특성이 매우 우수하다는 장점이 있다.

CDMA의 특징에 대해서 간단히 살펴보자. 첫 번째 전력제어(power control)로서 원하는 신호이외에는 모두 잡음으로 취급, 동일주파수 사용자가 많아지면 잡음의 전력 누적으로 통화 품질의 저하, 원하는 신호 대 잡음비 유지, 가입자 수용 용량을 최대로 하기 위해 수신 전력을 일정하게 유지한다. 두 번째 순방향전력제어(forward link power control)로서 기지국의 송신전력을 제어, 이동국은 주기적으로 프레임 에러 율(frame error rate) 등 통화품질을 기지국에 보고, 기지국은 기준 프레임 에러 율과 비교하여 송신전력을 제어한다. 네 번째 역방향전력제어(reverse link power control)로서 이동 국에서 수신한 신호의 품질에 따라 이동국의 송신전력 제어하며 기지국이 수신한 신호의 품질에 따라 이동 국으로 송신전력을 제어하도록 명령한다.

5.7.4 WDM

WDM(Wavelength Division Multiplexing) 방식은 광섬유 등을 매체로 광 신호를 전송할 때 사용하는 방식으로 전송하고자 하는 여러 신호에 서로 다른 파장을 할당하여 다중화하는 방식이다. 이것은 빛 신호의 주파수 분할 방식이라고도 불린다. 서로 다른 파장의 신호를 포함하여 광섬유에 입사시키기 위해 송신 측에서는 합파기를 사용하고, 수신 측에서는 전송된 복합신호로부터 원하는 파장을 광신호로 추출하기 위해 프리즘 역할을 하는 분파기를 사용한다.

5.7.5 정합필터

정합필터(matched filter)는 시스템 출력의 신호 대 잡음 비를 최대로 하기 위해 설계된 선형 시스템이다. 수신신호에서 2가지 경우를 생각할 수 있다.

1) 수신신호로부터 가능한 원하는 신호와 근접한 신호추출

아날로그 수신기는 원래 파형에 가장 가깝게 신호를 재구성하며 상당히 왜곡에 민감한 특성을 가지고 있다.

2) 출력신호 대 잡음 비가 최대가 되도록(신호의 파형과 무관, 왜곡발생)

디지털 수신기는 펄스의 유무에 의해 이진수를 표시하고 왜곡에 둔감하며 신호의 유무판별 과정을 수행한다.

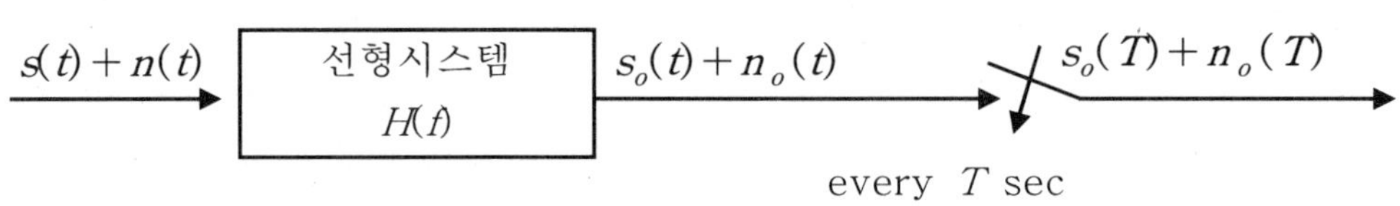

그림 5.29 선형시스템

수신된 입력 신호를 어떤 필터를 통과시켜 필요한 신호를 강조하고 잡음을 억압하면 펄스의 유무판정에 유리하도록 동작시킬 수 있다. 신호성분을 강조하고 잡음성분

억압시키면 SNR 최대로 유지시킬 수 있다.

정합필터는 $t=T$ 일 때 $\rho=\dfrac{s_o^2(T)}{n_o^2(T)}$ 가 최대가 되는 필터를 설계할 수 있으며 잡음은 무작위로 평균값을 이용한다.

신호 대 잡음 비를 최대치로 만들기 위해서는 아래와 같은 과정을 거치면 된다.

$$\rho=\frac{s_o^2(T)}{n_o^2(T)}=\int_{-\infty}^{\infty}\frac{|S(f)|^2}{G_n(f)}\,df=\frac{E}{N_o/2}=\frac{\text{신호에너지}}{\text{잡음전력밀도}}$$

시간 $t = T$ 일 때 출력신호의 최대 진폭을 갖고 시간 $t = T$ 일 때 출력신호의 최대치는 신호의 에너지가 된다. 출력신호의 최대치는 신호의 파형과는 무관하고 신호의 에너지에 연관된다.

5.8 인터페이스

정보 통신 시스템에서 컴퓨터나 터미널들을 총칭해서 DTE(Data Terminal Equipment)라 부른다. 이 데이터 단말기 장치를 데이터 전송 시스템에 접속시킬 때 모뎀(MODEM)과 같은 DCE(Data Circuit-terminating Equipment)를 이용한다. 이와 같은 데이터 단말기 장치와 데이터 회선종단 장치를 상호 접속하는 것을 인터페이스(interface)라 한다.

이 DTE-DCE를 접속하기 위하여 사용하는 통신 회선의 종류, 타이밍, 커넥터 형태 등의 조건을 정확하게 약속하여 표준화하고 있다. 이러한 인터페이스를 DTE-DCE 인터페이스라 한다. 이러한 인터페이스 조건들은 표준으로 정해 놓은 규약(protocol)을 따르는데, 표준 규격은 기계적 특성, 전기적 특성, 기능적 특성, 절차적 특성과 같은 4가지 특성 영역으로 분류되어 기술되어져 있다.

DTE-DCE 인터페이스에는 전화망이나 일반 전용 서비스의 아날로그 통신 회선에 DTE를 접속할 때의 규정인 V시리즈 인터페이스, 데이터 통신을 위해 개발된 디지털 데이터 교환 망 인터페이스의 규정인 X시리즈 인터페이스, ISDN(Integrated Service Digital Network) 인터페이스의 규정인 I시리즈 인터페이스가 있다. V시리즈 인터페이스는 모뎀 인터페이스 또는 RS-232C 인터페이스라고도 부르며, EIA(Electronic Industries Association) 규격을 따르고 있다.

V시리즈 인터페이스의 최초의 표준은 RS-232로서 1962에 발표되었으며, 이어서 1969년에 RS-232C가 발표되었는데, 이 RS-232C는 25핀 커넥터로서 가장 널리 사용되

고 있는 인터페이스 표준이다. 이 외에도 RS-422A, RS-423A, RS-449 등의 인터페이스 표준이 있다. 다음 그림은 RS-232C DTE 커넥터와 DCE 커넥터를 나타낸 것이다.

연 습 문 제

1. 디지털 데이터의 대표적인 부호화 방식 3가지를 설명하시오.

2. 아날로그 데이터의 부호화 방식 중에서 펄스 코드 변조 방식을 설명하시오.

3. 디지털 데이터의 변조 방식에 대해서 설명하시오.

4. 아날로그 데이터의 변조 방식에 대해서 설명하시오.

5. 직렬 전송과 병렬 전송 방식을 설명하고 각각의 장단점을 서술하시오.

6. 비동기식 전송과 동기식 전송의 차이점을 설명하시오.

7. 전송 오류를 검출하는 방법 3가지를 설명하시오.

8. 다중화의 개념을 설명하시오.

9. 동기 시분할 멀티플렉싱과 비동기 시분할 멀티플렉싱을 비교 설명하시오.

10. 인터페이스의 개념을 설명하시오.

제 6 장

데이터 전송 제어

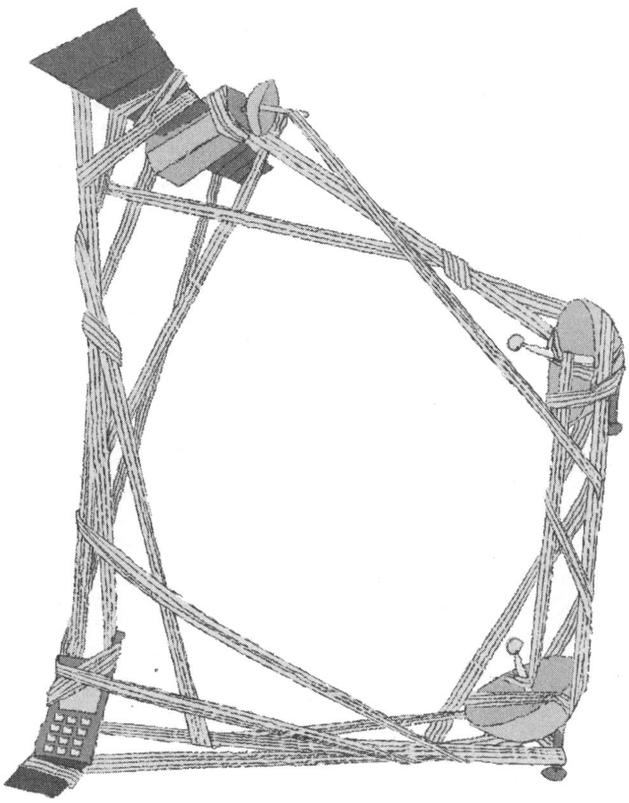

제6장 데이터 전송 제어

송수신 터미널(station)간에 효율적인 데이터 전송을 위해서는 물리적 인터페이스 위에 각 통신 디바이스의 제어계층을 부가함으로서 가능하다. 이러한 제어 계층을 데이터 링크 제어(DLC : Data Link Control) 또는 데이터 링크 프로토콜(DLP : Data Link Protocol)이라 한다.

데이터 링크 프로토콜은 전송 도중 오류가 발생했을 경우 양쪽 터미널이 데이터를 원활하게 주고받기 위한 것이며, 이러한 프로토콜을 사용하여 두 터미널간의 연결이 이루어졌을 때를 데이터 링크(data link)라 한다. 이와 같은 데이터 링크는 토폴로지(topology)와 통신대화 방식(duplexity)에 의해 형성되며 회선 제어 절차에 따라 전송제어를 수행하게 된다. 따라서 여러 형태의 데이터 링크 구성(회선 구성)은 토폴로지, 통신대화 방식, 회선 제어 절차의 세 가지 특성에 따라 구분된다.

먼저, 토폴로지, 통신대화 방식에 대해 간단히 살펴 본 다음에 토폴로지와 통신대화 방식을 조합하는 방식에 대해 살펴보도록 하자. 또한 조합된 방식에 대해 회선 제어 절차 과정을 수행하는 것을 학습하기로 하자.

6.1 토폴로지

토폴로지(topology)란 하나의 링크에 접속된 터미널들의 물리적 배열을 말하는 것으로 지점 간 또는 일 대 일(point-to-point) 링크 방식과 멀티 포인트(multi-point) 링크 방식으로 나누어진다.

지점 간 링크 방식은 가장 간단한 링크 방식으로 터미널이 일 대 일로 접속되어 있는 것을 말한다. 터미널은 n개의 터미널에 대해 n개의 입출력(Input/Output) 포트가 필요하기 때문에 비용이 많이 든다는 단점을 가지고 있으며, 구성이 단순하고 제어가 용이하다는 장점을 갖는다.

멀티 포인트 링크 방식은 하나의 주 터미널과 여러 개의 부 터미널을 접속하기 위해 사용되는 방식이다. 터미널들은 하나의 입출력 포트와 전용회선만이 필요하기 때문에 비용이 저렴하다는 장점을 가지고 있으며, 로직(logic)이 복잡하다는 단점을 갖는다.

6.2 통신 대화 방식

통신 대화 방식이란 터미널, 컴퓨터채널, 통신회선, 모뎀 등에서 통신의 전송방향을 구분하는 방법으로서 단 방향통신(Simplex)과 이중통신이 있으며, 이중통신은 다시 반 이중(half-duplex)과 전 이중(full-duplex)으로 나누어진다. 단 방향통신이란 송신자와 수신자가 고정되어 있고 항상 한 방향으로만 데이터를 전송하는 방식이다. 단 방향통신의 경우 전송로는 2선식으로 되어있다. 전기적으로 신호를 보내기 위해서는 송신 측과 수신 측을 연결하는 폐쇄회로를 구성해야 하므로 전송로는 한 방향 전송일지라도 선로는 2개가 필요하다. '반이중 통신방식'이란 송신 측과 수신 측을 서로 필요에 따라 교대하는 방식으로서 양방향 어느 쪽으로도 데이터를 전송할 수는 있으나 동시에 전송할 수는 없다. 전송로는 단 방향통신의 경우와 마찬가지로 2선식이다. 전 이중 통신방식이란 송신을 하면서 동시에 수신도 할 수 있는 방식으로서 동시에 양방향 전송을 하려면 송신용과 수신용의 2쌍의 전송로가 각각 필요하므로 4선식 전송로로 되어있다. 그러나 2선식 전송로에서도 시분할 방식 등과 같이 멀티플렉싱 기술을 채용하게 되면 마치 4선식 전송로인 것처럼 전 이중 통신이 가능하게 된다.

링크의 중첩성은 신호 흐름의 방향과 타이밍(timing)에 관련된다. 전송되는 신호 흐름의 방향에 따라 단 방향(simplex) 통신, 반 이중(half-duplex) 통신, 전 이중(full-duplex) 통신으로 나누어진다.

1) 단 방향(simplex) 통신

단 방향 통신은 데이터가 송신 시스템에서 수신 시스템으로 한 방향으로만 전송되는 통신 방식을 말한다. 이러한 단 방향 통신의 대표적인 예는 라디오, TV, 카드 리더(card reader) 등이 있다.

2) 반 이중(half-duplex) 통신

반이중 통신은 하나의 전송로에서 송신과 수신을 번갈아 가면서 교대로 하는 통신 방식을 말한다. 따라서 송신 시에는 수신을 할 수 없고 수신 시에는 송신을 할 수 없게 되며, 대표적인 예로 휴대용 무전기가 있다.

3) 전 이중(full-duplex) 통신

전 이중 통신은 송신과 수신을 동시에 할 수 있는 통신방식을 말한다. 3가지의 통신 방식 중에 가장 효율적인 통신이 가능하며, 대표적인 예로 전화기가 있다.

그림 6.1에는 통신 대화 방식인 단 반향 통신, 반 이중 통신, 전 이중 통신 방식에

대해 간략하게 표현하였다.

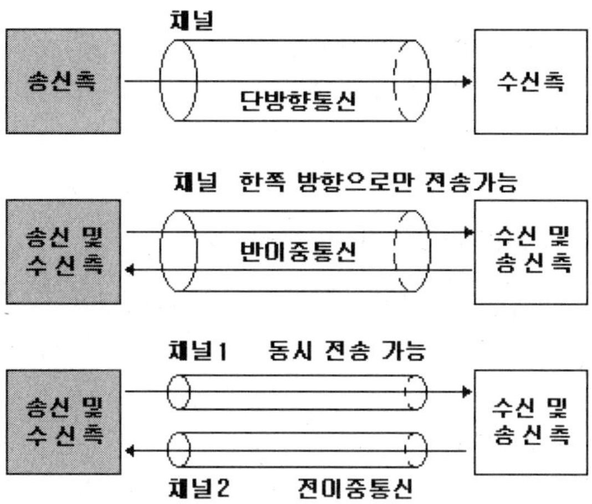

그림 6.1 통신대화방식의 구분

6.3 토폴로지와 통신 대화 방식의 조합

1) 일 대 일(point-to-point) 링크

일 대 일 링크는 하나의 주(primary) 터미널과 하나의 부(secondary) 터미널만이 존재하는 경우를 말한다. 지점 간 링크에는 반 이중 방식과 전 이중 방식의 두 가지가 있다.

(1) 반 이중 방식(half duplex)
반 이중 방식은 반 이중 링크로 두 터미널이 교대로 데이터 전송한다.

(2) 전 이중 방식(full duplex)
전 이중 방식은 전 이중 링크로 두 터미널이 서로 동시에 데이터 전송한다.

2) 멀티 포인트(multi-point) 링크

멀티 포인트 링크는 하나의 주 터미널과 여러 개의 부 터미널로 구성되는 경우를 말한다. 멀티 포인트 링크에는 멀티 멀티 포인트 방식, 멀티 포인트 반 이중 방식, 멀티포인트 전 이중 방식의 세 가지가 있다.

(1) 멀티-멀티 포인트(multi-multi-point)

멀티 멀티 포인트 방식은 주 터미널은 전 이중 방식을 사용하고, 부 터미널은 반 이중 방식을 사용한다.

(2) 멀티 포인트 반 이중(multi-point halfduplex)

멀티 포인트 반 이중 방식은 주 터미널과 부 터미널이 모두 반 이중 방식을 사용한다.

(3) 멀티 포인트 전 이중(multipoint fullduplex)

멀티 포인트 전 이중 방식은 주 터미널과 부 터미널이 모두 전 이중 방식을 사용한다.

6.4 회선 제어 절차

회선 제어 절차는 크게 지점 간 링크의 회선 제어 절차와 멀티 포인트 링크의 회선 제어 절차가 있다. 이 회선 제어 절차는 회선 규범이라고도 한다.

6.4.1 지점 간 링크의 회선 제어 절차

지점 간 링크의 회선 제어 절차는 비교적 간단하며, 예로 반 이중 링크의 경우는 다음과 같은 4 단계로 이루어진다.

1) 질의(ENQ : Enquiry)

터미널 1에서 터미널 2로 데이터를 보내고자 할 때, 터미널 1이 터미널 2가 수신 준비가 되어있는 지의 여부를 물어본다.

2) 확인 메시지(ACK 또는 NAK)

송신 터미널의 ENQ에 대해 수신 터미널은 ACK(ACKnowledgement) 또는 NAK(Not AKnowledgement)를 수신 터미널에게 전송한다. ACK의 의미는 준비가 되었으니 데이터를 전송하라는 것이고, NAK의 의미는 준비가 되지 않았으니 ACK를 보낼 때까지 대기하라는 것이다.

3) 데이터 전송(data transfer)

송신 터미널은 수신 터미널로부터 ACK를 받으면 데이터를 전송하고 NAK를 받으면 대기한다. 또한 데이터 전송 중간에 NAK를 받으면 그 부분에 대한 데이터를 재전송하거나 에러 회복 절차를 수행한다.

4) 전송 메시지의 끝(EOT : End Of Transmission)

데이터의 모든 전송이 끝나면 수신 터미널에서 송신 터미널에게 EOT를 전송함으로서 데이터 전송을 종료하게 된다.

그림 6.2에는 지점 간 링크의 회선 제어 절차에 대해서 간단하게 표현하였다.

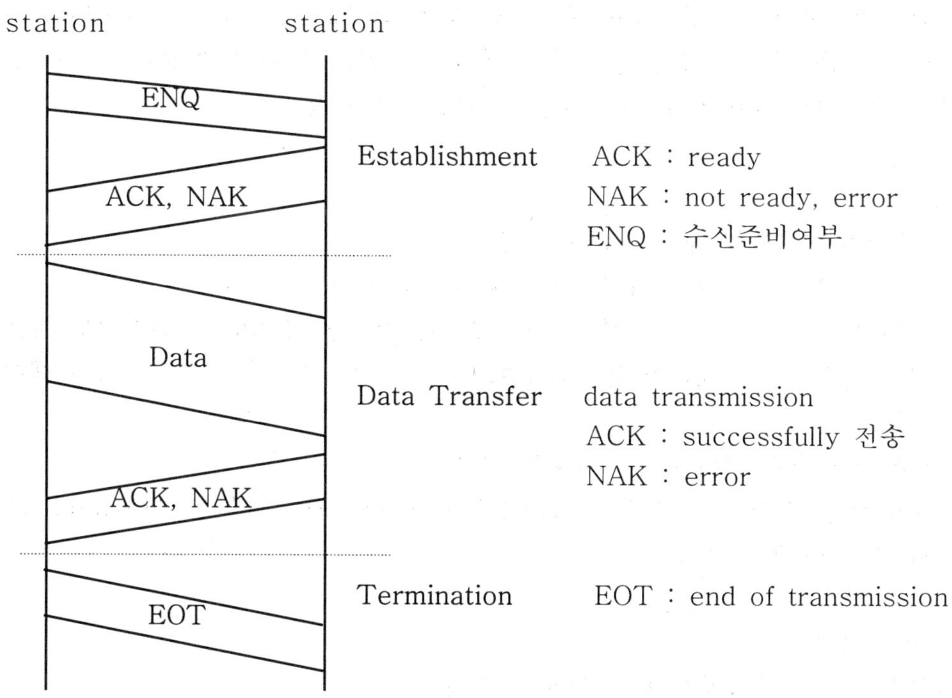

그림 6.2 지점 간 링크의 회선 제어 절차

일반적으로 지점 간 링크의 회선 제어 절차를 위해 3단계-설정 단계, 데이터 전송 단계, 종료 단계-가 있다. 설정(establishment) 단계는 송신 측과 수신 측 터미널의 판별 및 수신 측의 데이터 수신준비의 판단하는 단계로서 위의 설명에서 단계 1과 단계 2가 이에 해당한다. 데이터 전송(data transfer) 단계는 실제로 전송하고자 하는 데이터를 전달하는 단계로서 위의 설명에서 단계 3이 이에 해당한다. 종료(termination) 단계는 논리적 접속을 끊는 단계로서 위의 설명에서 단계 4가 이에 해당한다.

6.4.2 멀티 포인트 링크의 회선 제어 절차

멀티 포인트 링크의 회선 제어 절차는 주 터미널의 유무에 따라 다르다. 메인 컴퓨터가 있을 경우에는 폴(poll) 방식이나 실렉트(select) 방식을 사용하고, 메인 컴퓨터가 없을 경우에는 경쟁(contention) 방식을 사용한다.

1) 폴(Poll) 과 실렉트(Select) 명령

폴과 실렉트 명령은 데이터를 전송로를 통해 상대 터미널로 보내기 위해 사용되는 주요한 명령이다. 폴 명령은 메인 컴퓨터로 데이터를 보내기 위한 명령이고, 실렉트 명령은 메인 컴퓨터에서 터미널로 데이터를 보내기 위한 명령이다.

(1) 폴 절차
① "POLL" 명령이 주국에서 보조 국으로 전송
② 보조 국에서 보낼 데이터가 있어서 주국으로 데이터를 전송
③ 주국은 데이터를 받아 오류 검사를 한 후, 에러가 있으면 "NAK"를 전송하고 보조국은 데이터를 재 전송하고 에러가 없으면 "ACK"를 전송하고 보조국은 그 다음 데이터를 전송한다.
④ 데이터를 모두 전송할 때까지 ②③과정을 반복
⑤ 모든 데이터의 전송이 끝나면, 보조국은 전송 완료를 알리는 "EOT(End Of Transmission)"를 주국으로 전송

(2) 폴과 실렉트 절차
① "SEL(ECT)" 명령이 주국에서 보조 국으로 전송
② 보조 국에서 데이터를 받을 수 있다는 "ACK"를 주국으로 전송
③ ACK를 전송받은 주국은 데이터를 보조 국으로 전송

④ 보조국은 데이터를 받아 오류 검사를 한 후, 에러가 있으면 “NAK”를 전송하고 주국은 데이터를 재 전송, 에러가 없으면 “ACK”를 전송하고 주국은 그 다음 데이터를 전송
⑤ 데이터를 모두 전송할 때까지 ③④과정을 반복
⑥ 모든 데이터의 전송이 끝나면, 주국은 전송 완료를 알리는 EOT(End Of Transmission)를 보조 국으로 전송

(3) 실렉트 절차
① 주국은 보조 국에게 “SEL” 전송
② 보조국은 주국에게 데이터를 받을 수 없다는 의미의 “NAK”를 전송하고 데이터를 받을 수 없는 이유는 여러 가지(다른 일을 하느라 바쁠 수도 있고, 데이터를 받을만한 메모리(버퍼)를 보유하고 있지 못할 수도 있음)가 있을 수 있음
③ 주국은 다시 보조 국에게 “POLL"을 전송
④ 나머지 과정은 ②③④⑤ 과정과 동일

(4) 폴에 대한 거부 응답
주국의 “POLL”에 보조국은 거부 응답의 “NAK”를 전송하는 것으로서 다른 시스템에서는 때로 ACK 대신에 RR(Receive Ready)을, NAK 대신에 RNR(Receive Not Ready)을 사용하기도 한다.
그림 6.3에는 멀티 포인트 링크의 회선 제어 절차에 대해서 표현하였다.

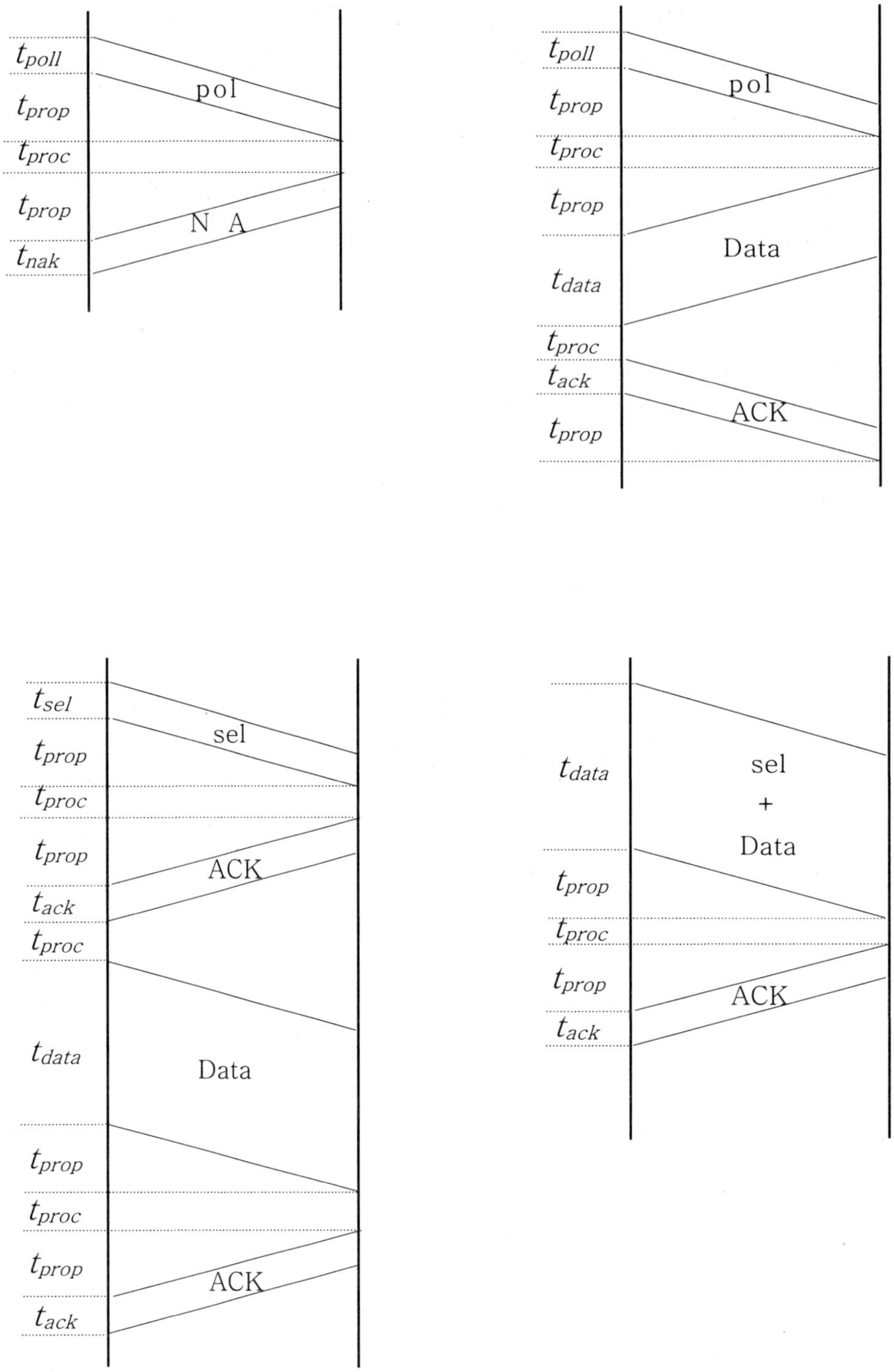

그림 6.3 멀티 포인트 링크의 회선 제어 절차

(2) 경쟁(Contention)

주 터미널 없이 동등한(peer) 터미널만으로 구성된 경우에 사용되며, 공통의 통신회선을 여러 터미널이 동시에 데이터를 전송하려할 경우, 통신요구가 빠른 것부터 처리하는 방식이다. 이 경쟁 방식은 로컬 네트워크와 위성 통신에서 많이 사용된다.

경쟁 방식의 대표적인 예는 하와이 대학을 중심으로 인공위성을 이용한 무선 패킷 교환망인 ALOHA(Additive Links Online Hawaii Area) 시스템이 있다.

멀티 포인트 링크의 회선 제어 절차에 있어서 또 하나의 특징은 주소지정(addressing) 방식을 사용한다는 점이다. 지점 간 링크의 경우에는 송수신 터미널이 하나씩이므로 주소지정이 필요 없으나, 주 터미널이 있는 멀티 포인트 링크에서는 부 터미널이 여러 개이므로 부 터미널의 주소를 명시해야 하고, 주 터미널이 없는(동등 터미널) 멀티 포인트 링크에서는 송신과 수신 터미널을 모두 명시해야 한다.

6.5 데이터 전송의 흐름제어

흐름 제어(flow control)란 송수신 터미널 간에 처리 속도가 다름에 따라 발생하는 문제를 해결하는 기능으로 수신 터미널의 용량 이상으로 데이터가 넘치지 않도록 송신 터미널을 제어하는 기술을 말한다. 이러한 흐름 제어 방식의 대표적인 예는 정지-대기(stop-and-wait) 흐름제어 방식과 슬라이딩 윈도우(sliding window) 흐름제어 방식이 있다.

6.5.1 정지-대기 흐름제어 방식

정지-대기 흐름제어 방식이란 송신기가 이미 보낸 프레임에 대한 응답(ACK)을 받은 후에 다음 프레임 전송하는 방식을 말한다. 다시 말해, 수신기는 수신한 프레임을 처리하는 동안 ACK를 보내지 않음으로써 송신기의 프레임을 제한하는 것이다.

이러한 정지-대기 흐름제어 방식의 장점은 한 개의 연속적인 블록이나 프레임 단위로 메시지를 전송하는 경우에 효율적이며, 단점은 수신 측의 버퍼크기가 제한되어 있어서 긴 메시지의 경우 작게 잘라서 한 번에 한 프레임씩 전송해야 한다는 것이다.

아래에 하나의 긴 메시지를 n개의 프레임으로 나누어 정지-대기 흐름제어 방식으로 데이터를 전송하는 과정을 나타내고 있다. 데이터 전송과정은 다음과 같다.

① 수신 터미널이 폴(poll)을 송신 터미널에게 전송한다.

② 송신 터미널은 수신 터미널에게 프레임 f_1을 전송한다.
③ 수신 터미널은 송신 터미널에게 ACK를 전송한다.
④ 데이터의 전송이 모두 끝날 때까지 ②③과정을 반복한다.

이러한 정지-대기 흐름제어 방식은 여러 가지의 흐름제어 방식 중에서 가장 간단한 형태를 가지므로 제어 방식이 단순하다는 장점이 있으나, 한번에 하나의 프레임을 전송하고 그 응답을 기다려야 하기 때문에 전송 시간이 오래 걸린다는 단점을 가지고 있다.

6.5.2 슬라이딩 윈도우 흐름제어 방식

슬라이딩 윈도우 흐름제어 방식은 송신 측에서 전송한 프레임에 대해 수신 측에서는 확인 메시지를 이용하여 송신 측 윈도우의 크기를 조절함으로써 전송 속도를 조절하는 방식을 말한다. 슬라이딩 윈도우 흐름제어 방식을 사용하기 위해서는 송신용 윈도우 및 수신용 윈도우가 필요하다. 이 때, 윈도우의 크기는 프레임의 순서번호에 할당된 비트 수에 의존한다. 예를 들어, n 비트이면 윈도우의 크기는 2^n-1로 설정하게 된다.

순서 번호 필드가 3비트(2^3)인 경우를 나타낸 것으로서 순서 번호는 0~7프레임으로 나누어진다. 전송하고자 하는 프레임을 나타낸 것으로서 프레임을 전송하면 윈도우 창이 줄어들고 ACK를 받으면 윈도우 창이 늘어나게 된다.

6.6 데이터 전송의 오류 제어

송신한 데이터가 각종 잡음원에 의해 오류가 유발되어 데이터가 틀리게 되면 오류를 검출하고 올바른 데이터로 정정해야만 정확한 데이터를 송신할 수 있다. 이러한 오류 발생을 검출하고, 검출된 오류를 정정하는 일을 오류제어(error control)라 한다.

오류 제어의 대표적인 기술에는 오류 검출(error detection) 기법과 자동 반복 요청(Automatic Repeat reQuest : ARQ) 기법이 있다. 오류 검출 기법은 순환 중복 검사(CRC) 방법이 주로 사용되고 있으며, 자동 반복 요청 기법에는 정지-대기(Stop-and-wait) 자동 반복 요청, Go-back-N 자동 반복 요청, 선별적 반복(Selective repeat) 자동반복 요청의 3가지가 있다.

6.6.1 정지-대기 자동 반복 요청 방식

정지-대기 자동 반복 요청 방식은 송신 터미널이 한 개의 프레임을 전송하고 정지-대기 상태로 있다가 수신 터미널에서 ACK가 오면 그 다음 프레임을 전송하고, NAK가 오면 전송한 프레임을 재 전송함으로서 오류를 제어하는 방식을 말한다.

송신측이 프레임 1을 전송하였으나, 수신 측에서는 프레임 1에서 에러를 발견하고 NAK를 전송한다. 이어서 송신측은 NAK를 받고 프레임 1을 재전송하고 있다.

이와 같은 경우는 수신측이 손상된 프레임을 수신하여 오류 발생을 확실하게 알 수 있는 경우이다. 그러나 링크의 결함이나 잡음으로 인해 수신 측에서 프레임을 받지 못하는 경우나 수신 측에서 ACK 신호를 전송하는 도중에 오류가 발생하여 송신 측에서 ACK 신호를 받지 못하는 경우가 발생할 수도 있다. 이와 같은 두 가지 경우에 송신 측에서는 ACK 신호를 계속해서 기다릴 수는 없기 때문에, 송신 측에서는 타이머(timer)를 가지고 있어 약속된 시간이 지나도 ACK나 NAK가 오지 않으면 오류가 발생했다고 판단하여 바로 전에 전송한 프레임을 재 전송하게 된다.

이와 같은 정지-대기 자동 반복 요청 방식은 단순하다는 장점을 가지고 있는 반면에 회선의 효율성이 낮다는 단점을 가지고 있다.

6.6.2 Go-back-N 자동 반복 요청 방식

Go-back-N 자동 반복 요청 방식은 송신 터미널이 일련의 프레임을 전송하고, 수신 터미널에서 에러가 발생한 프레임을 송신 터미널에 알리면, 에러가 발생한 프레임부터 그 이후의 프레임들을 모두 재 전송함으로서 오류를 제어하는 방식이다.

일련의 프레임 1, 2, 3, 4가 송신 측(A)에서 수신 측(B)으로 전송되는 동안에, 수신 측에서는 오류 없이 수신한 프레임 1에 대해 송신 측으로 ACK1을 전송하고 있다. 이어서 수신 측에서는 프레임 2를 수신하고, 에러를 발견하여 NAK2를 송신 측으로 전송한다. 송신 측에서는 프레임을 5까지 전송하였으나, NAK2를 받고 프레임 2부터 나머지 프레임을 모두 전송한다.

이와 같은 Go-back-N 자동 반복 요청 방식은 오류 없이 전송된 프레임일지라도 다시 재 전송해야 하는 경우가 발생하므로 다음에 설명할 선별적 반복 자동 반복 요청 방식에 비해서 효율이 떨어진다.

6.6.3 선별적 반복 자동 반복 요청 방식

선별적 반복 자동 반복 요청 방식은 일련의 프레임을 전송하여 에러가 발생한 경우, 오류가 발생한 프레임만을 재 전송함으로서 오류를 제어하는 방식을 말한다. 다른 방식에 비해 대단히 효율적이라는 장점을 가지고 있으나, 복잡한 논리회로를 가져야 한다는 단점 때문에 일반적으로 Go-back-N 자동 반복 요청 방식을 더 많이 사용한다. 다음 그림은 선별적 반복 자동 반복 요청 방식의 예를 나타낸 것이다. 설명한 바와 같이 오류가 발생한 프레임 2만을 재전송하고 있다.

6.7 고 수준 데이터 링크 제어

데이터 링크 제어(DLC : Data Link Control)는 물리적인(physical) 접속을 통하여 데이터를 전송하기 위하여 통신하는 두 터미널 간에 데이터 링크라는 논리적인(logical) 접속을 설정해 주며, 신뢰성 있는 데이터 전송을 위하여 흐름 제어 기능과 오류 제어 기능을 수행한다. 이와 같은 역할을 수행하는 대표적인 프로토콜로는 고 수준 데이터 링크 제어(HDLC : High-level Data Link Control)가 있다. 이것은 1970년 IBM 사가 동기 형 데이터 전송 제어 절차로 발표한 바가 있는 SDLC(Synchronous Data Link Control) 절차를 기본으로 하여 ISO가 표준화안을 선정한 프로토콜이다.

HDLC는 비트위주의 데이터 링크제어 프로토콜로서 다음과 같은 주요한 4가지 특성을 가지고 있다.

① 코드 독립성 : 임의의 코드(프레임)나 비트패턴의 사용이 가능하다.
② 적응성 : 다양한 형태의 링크나 요구사항을 지원한다.
③ 높은 효율성 : 비트의 오버헤드를 최소화하여 효율성을 증대시킨다.
④ 높은 신뢰성 : 강력한 에러 검출과 에러 복구 기능을 가지고 있다.

6.7.1 HDLC의 기본 특성

HDLC는 링크제어를 위한 여러 가지 요구사항과 목적을 위해 3가지 종류의 터미널, 2개의 링크 구성방식, 3개의 데이터 전달모드를 갖는다.

1) 3가지 종류의 터미널

(1) 주 터미널(primary station)

주 터미널은 링크동작을 제어하는 책임을 갖는다. 주 터미널로부터 전송되는 프레임을 명령 (command)이라 한다.

(2) 부 터미널(secondary station)

부 터미널은 주 터미널의 제어 하에 동작하며, 부 터미널에서 전송되는 프레임을 응답(response)이라 한다.

(3) 혼합 터미널(combined station)

혼합 터미널은 주 터미널과 부 터미널의 특징을 혼합한 터미널로서 명령과 응답을 모두 전송할 수 있다.

2) 2개의 링크 구성방식

(1) 불균형 구성(Unbalanced configuration)

불균형 구성 방식은 지점 간 회선과 멀티포인트 회선에서 모두 사용이 가능하며, 하나의 주 터미널과 하나 이상의 부 터미널로 구성된다. 그리고 반 이중 전송 및 전 이중 전송 방식을 지원한다.

(2) 균형 구성(Balanced configuration)

불균형 구성은 지점 간 회선에만 사용이 가능하며, 두 개의 혼합 터미널로 구성된다. 그리고 반 이중 전송 및 전 이중 전송 방식을 지원한다.

3) 3개의 데이터 전달모드

(1) 표준 응답 모드(NRM : Normal Response Mode)

표준 응답 모드는 불균형 구성에서 사용된다. 주 터미널은 부 터미널로 데이터 전송을 개시할 수 있으나, 부 터미널은 주 터미널로부터의 폴(poll)에 대해서만 데이터를 전송할 수 있다.

(2) 비 동기 균형 모드(ABM : Asynchronous Balanced Mode)

비 동기 균형 모드는 균형 구성에서 사용된다. 혼합 터미널 중 어느 한쪽이 허가 없이 전송을 개시할 수 있다.

(3) 비 동기 응답 모드(ARM : Asynchronous Response Mode)

비 동기 응답 모드는 불균형 구성에서 사용된다. 부 터미널은 주 터미널의 허가없이 응답을 할 수 있으나, 전송개시, 회선관리, 에러복구 등의 책임은 주 터미널에게 있다.

6.7.2 HDLC 프레임 구조

HDLC는 동기 식 전송을 사용하며, 프레임 단위로 데이터를 전송하는 비트 위주의 링크 제어 프로토콜이다. HDLC 프레임은 플래그 필드, 주소 필드, 제어 필드, 데이터 필드, 프레임 검사 필드를 포함하고 있다.

1) 플래그(Flag) 필드

플래그 필드는 프레임의 시작과 끝을 표시하는 동기 신호로서 01111110 형태의 고유한 비트 패턴을 갖는다. 서로 링크되어 있는 터미널들은 프레임의 시작과 끝을 확인하기 위하여 플래그의 비트-스트림(bit-stream)의 형태를 지속적으로 조사한다. 경우에 따라서는 데이터 필드 내에 플래그 필드의 고유 비트 패턴(01111110)이 나올 수도 있게 된다. 이 때, 수신 터미널이 이러한 비트 패턴을 플래그 필드로 잘못 인식하지 않도록 하기 위하여 비트 스터핑(bit stuffing)이라는 기법을 사용한다.

비트 스터핑이란 데이터 필드에 1이 연속해서 5개가 나타나면 그 뒤에 0을 첨가하여 플래그 패턴과 구분하여 주는 기법을 말한다. 수신 터미널에서는 들어오는 비트열을 조사하여 1이 연속적으로 5개가 확인되면 6번째 비트를 조사하여 0이면 제거하고, 1이면 다시 7번째 비트를 조사하여 0이면 플래그 필드로 인정하게 된다.

2) 주소(Address) 필드

주소 필드는 프레임을 송수신하는 부 터미널을 식별하기 위해 사용하며 지점 간 회선의 경우는 주소를 사용할 필요가 없으나 일반적으로 일관성을 유지하기 위해 사용한다.

3) 제어(Control) 필드

제어 필드는 일반적으로 확장 가능한 8비트로 구성되며 흐름 제어 및 오류 제어를 위하여 사용된다. HDLC에서는 제어 필드의 형식에 따라 다음 그림 6.4와 같은 3가지 종류의 프레임으로 분류한다.

	b_1	b_2	b_3	b_4	b_5	b_6	b_7	b_8
정보 프레임	0	송신순서번호			P/F	수신순서번호		
감시 프레임 전송	1	0	감독기능비트		P/F	수신순서번호		
비번호 프레임 전송	1	1	비번호기능비트		P/F	비번호기능비트		

그림 6.4 제어 필드의 3가지 형식

(1) 정보 프레임(Information frame)

사용자 데이터를 전송하는데 사용되며, 흐름 제어와 오류 제어를 위한 송신순서번호(send sequence number)와 수신순서번호(receive sequence number)로 구성된다. 첫 비트는 0으로 시작하며 5번째 비트는 P/F(Poll/Final bit)이다.

(2) 감독 프레임(Supervisory frame)

정보 프레임의 수신 확인(ACK/NAK)이나 정보 프레임 전송의 전송 일시 중단 등의 지시에 사용된다. 감독 비트 기능(Supervisory function bits)과 수신순서번호로 구성되며, 첫 번째와 두 번째 비트는 각각 1과 0이고, 5번째 비트는 P/F(Poll/Final bit)이다. 이러한 감독 프레임은 정보 영역을 갖지 않는다.

(3) 비 번호 프레임(Unnumbered frame)

모드의 설정이나 이상 유무의 상태 보고에 사용되며, 데이터 전송의 동작 모드를 설정하기 위해 사용된다. 비 번호 기능 비트(Unnumbered function bits)로 구성되며, 첫 번째와 두 번째 비트는 모두 1이고, 5번째 비트는 P/F(Poll/Final bit)이다.

4) 데이터(Data) 필드

실제 사용자 데이터를 포함하는 비트로서 정보 프레임과 비 번호 프레임에만 존재한다. 데이터 필드의 길이는 표준적으로 정해져 있지는 않지만 구현방법에 따라 최대치를 가질 수 있으며, 일반적으로 8비트의 배수를 갖는다.

5) 프레임 검사 순서(FCS : Frame Check Sequence)

주로 CRC(Cyclic Redundancy Checks) 방식을 이용한 에러검출을 위한 필드이다. 에러 검출 시 프레임 전체에서 플래그 필드를 제외한 나머지 필드에 적용된다. 주로 FCS는 16비트 CCITT를 사용한다.

연 습 문 제

1. 토폴로지와 중첩성을 설명하시오.

2. 일 대 일 링크의 회선 제어 절차를 단계별로 설명하시오.

3. 멀티 포인트 링크에서 폴 및 실렉트 방식과 경쟁 방식에 대해서 설명하시오.

4. 정지-대기 흐름 제어 방식에 대해서 설명하시오.

5. 데이터 전송의 오류 제어 방식 3가지를 설명하시오.

6. HDLC에서 3가지 종류의 터미널, 2개의 링크 구성 방식, 3개의 데이터 전달모드를 각각 설명하시오.

7. HDLC의 프레임 구조를 그리고, 각 필드를 설명하시오.

제 7 장

통신 프로토콜

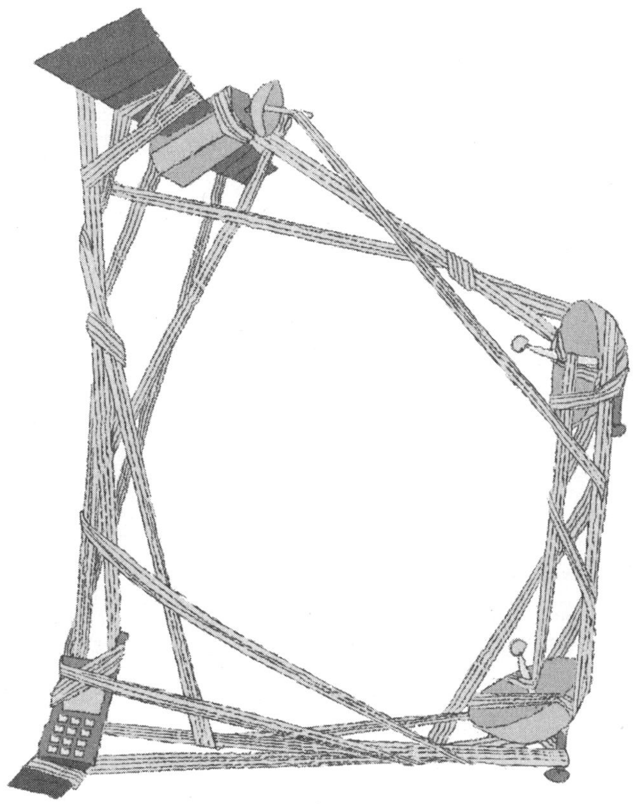

제7장 통신 프로토콜

7.1 통신 프로토콜의 개요

통신 프로토콜(communication protocol)은 사용자들이 통신을 편리하고 정확하게 사용할 수 있도록 만들어 놓은 통신 규약을 말한다. 세상에 존재하는 서로 다른(같은 기종을 포함하는) 기종의 컴퓨터 간에 필요한 데이터를 정확하게 주고받기 위한 모든 규약들을 하나하나 정의해 놓은 형태를 가진다. 우리가 현재 가장 많이 사용하고 있는 인터넷을 가능하게 한 TCP/IP(Transmission Control Protocol/Internet Protol)가 가장 대표적인 통신 프로토콜이다.

정보통신에 대한 정의를 통하여 정보와 통신에 대한 개념을 학습하였다. 통신 프로토콜에 대한 세부적인 개념 정립을 위해서 프로토콜에 대해 상세히 알아보도록 하자.

우리가 일상생활에서 한국 사람들은 한국어로 서로 간에 편리하게 대화를 나눈다. 마찬가지로 일본 사람들은 일본어로 서로 간에 편리하게 대화를 나눈다. 요즘 많은 사람들이 해외로 여행을 떠난다. 만약 일본으로 여행을 간 경우를 생각해보자. 한국 사람과 일본 사람이 대화를 하고자 하면 어떨까 한국어를 모르는 일본인과 일본어를 모르는 한국인 사이에는 어떤 대화를 할 수 있을까 물론 몸짓, 손짓을 통해서 아주 기본적인 의사소통은 가능하겠지만 상당히 불편할 것이다. 이런 불편함을 해소할 수 있는 방법이 없을까 불편함을 해소하고 편리하게 대화할 수 있는 방법은 두 가지 정도가 있을 수 있다. 첫 번째 방법은 한국 사람과 일본 사람 양자간에 의사소통을 하기 위해서는 일본어와 한국어를 동시에 할 수 있는 동시 통역사를 필요하다. 동시 통역사가 한국 사람이 말하는 한국어를 일본 사람에게는 일본어로 번역하여 전달해 주고 또한 일본 사람이 말하는 일본어를 한국 사람에게는 한국어로 번역하여 전달해 주면된다. 물론 실제 상황에서는 이것 또한 상당히 불편한 일이지만 대화를 위한 방식으로는 충분할 것이다. 두 번째 방법은 만약 한국 사람과 일본 사람이 영어와 같은 공통된 언어를 알고 사용할 수 있다면 서로 간에 한국어와 일본어가 아닌 영어로 말 하다면 편리하게 대화할 수 있을 것이다. 물론 첫 번째 방법의 경우보다 실제 생활에서는 더 편리하게 대화할 수 있을 것이다. 앞에서 살펴 본 두 가지 방법을 요약하면 한국 사람과 일본 사람이 동시 통역사나 공통된 언어가 있음으로 해서 두 사람의 대화가 가능하게 되는 것이다. 이처럼 컴퓨터를 이용한 정보 통신 시스템에서도 정확한 데이터를 주고받기 위해서는 컴퓨터 간에 미리 정해진 약속이 필요하다. 이러한 약속을 통신 프로토콜 또는 통신 규약이라 한다. 실제로 컴퓨터에서 사용하는 통신 프로토콜은 공통된 언어를 사용하는 방식보다는 동시 통역사의 형태에 가깝다고 할 수 있다.

프로토콜의 사전적 의미는 외교 관계의 의례나 국가간의 약속을 정한 의정서로 나타나 있다. 또한 컴퓨터와 컴퓨터 사이 또는 한 장치와 다른 장치사이에서 데이터를 원활히 주고받기 위하여 약속한 여러 가지 규약을 말한다. 여기서 규약에는 신호 송신의 순서, 데이터의 표현법, 오류검출법, 통신방식, 주고받을 자료의 형식, 흐름제어, 동기화, 상호간의 접속방식, 코드변환, 전송속도 규정, 정보전송 기법, 정보안정성 등 우리가 앞으로 정보통신을 이해하기 위해서 배워야 하는 많은 기술적 개념들이 포함된다. 정확성을 상품으로 하는 정보 통신 시스템에서는 기계와 기계 사이의 신호 교환에 바탕을 두어 동작하므로 오차가 없도록 정확한 약속인 통신 규약을 정해놓지 않으면 정확한 데이터의 교환이 불가능하다. 이것은 국가간에 해석이 잘못되어 오해가 발생하지 않도록 미리 정해놓은 의정서와 같다는 의미에서 프로토콜이라 부르게 된 것이다. 따라서 컴퓨터를 이용한 정보 교환에 있어서 정해진 통신 프로토콜을 사용하는 것은 무엇보다도 중요한 사항이다.

우리가 사용하는 컴퓨터상의 응용 프로그램들은 프로토콜을 통하여 서로 통신을 하게 되는 데 마치 사람들 사이에 상호 이해를 위한 공식적인 규범이 필요하듯 프로토콜들은 관련 프로그램 간에 교환되는 메시지에 일정한 형태를 규정하는 규칙의 역할을 하며 교환을 더 효율적으로 만드는 기능을 수행하게 된다.

프로토콜은 하나의 기능을 수행하는 것이 아니라 많은 기능을 수행해야 하기 때문에 하나의 단일화된 구조(single structure)가 아니라 여러 개의 계층화 구조(hierarchical structure)를 가지고 있다. 프로토콜의 계층화는 프로토콜이 수행하는 통신 절차 및 규약에 관한 내용들을 단계적으로 분리하여 통신 범위 및 한계에 따라 층(layer)이라는 형태로 정의해 놓고, 다시 층간의 수직적 상하 관계에 따라 정의해 놓은 절차를 밟아 상대방 계층과의 통신을 하도록 한 것입니다.

새로운 기술의 도입이나 이용자 요구 등이 발생할 때 통신 기능의 확장, 변경에 의한 영향에 무관하도록 하기 위하여 다른 계층들과 기능적으로 독립성을 유지하고, 상위계층에 서비스를 제공하도록 한다.

7.2 통신 프로토콜 국제 표준안 기구

통신 프로토콜의 정의와 개념에서 학습했듯이 통신 프로토콜에 대한 연구는 한 나라에 국한되지 않고 세계적인 관심분야이다. 따라서 모든 나라에서 공통적으로 편리하게 사용되어질 수 있도록 공통된 표준화 작업이 필요하다.

세계적인 표준화 기구들을 통해서 통신 프로토콜에 대한 표준화 사항들과 기술적인 내용들을 함께 학습하고자 한다. 다양한 표준화 기구들에 대한 특징과 추구하는 기술 사항, 중점 연구 분야 등을 살펴봄으로써 정보통신에 대한 이해를 높여 나갈 수 있는 계기를 마련할 수 있도록 하자.

1) ISO

ISO(International Organization for Standardization)는 1947년 창설되어 무역의 확대, 품질의 개선, 생산성의 향상을 목적으로 전 세계의 합의에 의한 국제규격의 규정을 수행하는 기관으로서 각국의 표준화 기관들이 그 나라를 대표해서 가입함으로서 구성된다. 우리나라는 1963년에 정회원으로 가입하였다. 홈페이지는 http://www.iso.org이다.

아래에는 실제 ISO 홈페이지 2011년 2월 3일에 실린 뉴스를 소개하였다. ISO 홈페이지에는 유용한 많은 자료들이 있으니 참고하기를 바란다.

No more squinting at small print or leaning forward to hear properly - thanks to new ISO standards

2011-02-03

Feel like you're getting old simply because you need to squint to see the small print or can't properly hear a signal coming from your new computer? Think twice. The problem may not be your age but a flaw in design.
Two new ISO International Standards will help make products, signs and displays more accessible to older persons and those with disabilities – and the rest of us. They offer technical information, data and ergonomic know-how for visual and auditory design that addresses the needs of these often overlooked members of the population.
The first "solution document" is a new standard, ISO 24502:2010, Ergonomics – Accessible design – Specification of age-related luminance contrast for coloured light. It specifies a method of calculation that can be applied to the design of visual signs and displays, so that they are clearly visible to older people, although the luminance contrast can be applied to people aged from 10 to 79 years of age.
For example, increasing the contrast (especially for blue light), size and overall

visibility of sign displays or integrating features such as oversized monitors or large character display fonts as part of product design can greatly help people with visual difficulties.

The second standard, ISO 24501:2010, Ergonomics - Accessible design - Sound pressure levels of auditory signals for consumer products, aims to determine an appropriate sound level range of auditory signals, so that all users, including people with age-related hearing loss, can hear them properly against interfering sounds.

The two standards are part of a set of accessible design suite that help make accessible products, services and environments encountered in all aspects of daily life, as well as in the consumer market. They adopt the principles of accessible design presented in ISO/IEC Guide 71:2001, Guidelines for standards developers to address the needs of older persons and persons with disabilities.

Kenji Kurakata, Convenor of the team that developed the new standards comments: "These standards will help accelerate the implementation of accessible design at different levels of the product development process, such as conceptualization, planning, management, and manufacturing."

"Our final goal is to distribute the concept and methods of accessible design to the end of design process, which means manufacturing products that people enjoy in their daily lives."

ISO 24501 and ISO 24502 were developed by ISO/TC 159, Ergonomics, subcommittee SC 5, Ergonomics of the physical environment, and are available from ISO national member institutes (see the complete list with contact details). They may also be obtained directly from the ISO Central Secretariat, price 66 Swiss francs, through the ISO Store or by contacting the Marketing, Communication & Information department (see right-hand column).

2) ITU

ITU(International Telecommuication Union)는 전기통신분야의 발전과 합리적인 사용을 위해 국제 협력을 증진시키고 전기통신업무의 능률 향상 및 이용 증대를 도모하기 위한 UN의 전문기관이다. ITU는 전기통신 표준화 추진, 무선 주파수 사용 시의 질서유지, 기술 조작상의 문제에 대한 연구 및 개선책 마련, 각 나라들의 전기통신체계의 개발지원 등의 활동을 하고 있다. 현재 회원국은 189개국에 이르고 우리나라는 지난 1952년에 가입했다. 우리나라는 1989년 제13차 전권위원회의에서 처음 ITU 이사국으로 진출한 이래 1994년, 1998년, 2002년 전권위원회의에서 연속으로 재선되어 활동해오고 있다.

ITU는 1865년 유럽국가들을 중심으로 유선전신에 관한 국제협력을 위해 설립된 만국전신연합(International Telegraph Union)의 후신이다. 1932년 국제전기통신협정에 따라 국제전신협정과 국제무선전신협정이 통합되었고, 협정의 효력이 발생하는 1934년부터 국제전기통신연합이 국제전신연합을 계승하게 되었다. 1947년 UN의 전기통신에 관한 전문기관이 되었으며 협정 내용도 몇 차례 개정되었다.

본부는 제네바에 있으며 회원국의 대표로 구성되는 최고 의결기관으로 매 4년마다 개최되어 ITU 헌장과 협약의 개정, 주요정책 결정 등의 역할을 수행하는 전권위원회의를 정점으로 정보통신개발 부분을 담당하는 ITU-D, 전자기파통신 부분을 담당하는 ITU-R, 정보통신표준화 개발 부분을 담당하는 ITU-T, 관리 및 행정을 담당하는 조직으로 구성되어 있다.(네이버 용어 사전 참조)

ITU의 홈페이지는 http://www.itu.int이다. 아래에는 실제 ITU 홈페이지 2011년 1월 31일에 실린 뉴스를 소개하였다. ITU 홈페이지에는 유용한 많은 자료들이 있으니 참고하기를 바란다.

New high-level UN Commission charged with tracking tangible improvements in women's and children's health

ITU Secretary-General Dr Hamadoun Touré took part in a new high-level UN Commission charged with tracking tangible improvements in women's and children' health, which held its first meeting in Geneva on January 26.
One of the key pillars of UN Secretary-General Mr Ban Ki-moon's new Global Strategy for Women's and Children's health, the Commission on Information and Accountability for Women's and Children's Health represents an important step forwards in improving accountability in health care projects worldwide.
The Commission is Co-Chaired by Canadian Prime Minister Mr Stephen Harper and Tanzanian President Mr Jakaya Kikwete, with Dr Touré and WHO Director-General Dr Margaret Chan serving as co-Vice Chairs. Its outcome, delivered at the second and final meeting in May 2011, will serve as an important stepping stone towards meeting the Millennium Development Goals.

ITU is contributing its expertise in the field of information and communication technologies (ICTs), which can serve as powerful tools in advancing information exchange and improving healthcare. "Technologies already at our disposal, such as ordinary mobile phones, can play an increasingly vital role in health care, as vehicles both for data collection and analysis, and for delivery of basic health services to communities," said Dr Touré.
Commissioners comprise 26 experts from developed and developing countries in the fields of academia, civil society and the private sector.

3) CCITT

CCITT(International Telegraph & Telephone Consultative Committee)는 ITU(International Telecommunication Union)에 속하며, 1865년에 구성된 협약 단체이다. 현재 CCITT는 ITU-T(Telecommunication Standardization Sector)로 개편되었으며 주로 데이터 통신 네트워크, 전화 교환 표준, 디지털 시스템 및 터미널 등을 다루는 광범위한 표준을 지원한다.

CCITT는 ITU의 부속기관으로 전화와 전신에 관한 기술 및 운용사의 제반 문제를 검토하는 것을 목적으로 설립되었다. 또한 이들은 전기통신에 관한 국제적 표준을 설정하기 위하여 각국의 관계기관에 권고하는 것을 목적으로 하고 몇 개의 연구위원회와 그 밑에 작업부회를 설치하여 연구, 검토를 행한다. UNDML 전문기관 중 하나인 ITU의 상설 기구로 1956년 창설되었으며 스위스 제네바에 본부를 두고 있다. 주 임무는 무선통신을 제외한 전기통신 전반에 관한 기술적 업무적인 문제에 대해 연구하고 전기통신표준에 대한 자문을 권고사항의 제정을 통하여 제공하는 것이다.(네이버 용어사전 참조)

4) ANSI

ANSI(American National Standards Institute)는 비영리, 비정부 조직의 기구로 미국 내의 자치적 표준안을 설계하는 미국의 주요 표준 기관이다. ANSI는 ISO의 회원이며, 암호화 시스템뿐만이 아니라 다음 장에서 설명될 OSI(Open System Interconnection) 7 계층의 데이터 통신 표준 개발에도 활발히 참여하였다.

홈페이지는 http://www.ansi.org이다. 아래에는 실제 ANSI 홈페이지 2011년 2월 4일에 실린 뉴스를 소개하였다. ANSI 홈페이지에는 유용한 많은 자료들이 있으니 참고

하기를 바란다.

ANSI Publishes the Power of Standardization to Educate about Standards and Conformance

New York February 4, 2011 Every time we plug in a cell phone, shop online, or hit "send" on an email, standards are at work. And yet, for those outside of the standards community, standards and related conformance activities can seem complicated and confusing.

To help illuminate the role of standards in our everyday lives, the American National Standards Institute (ANSI) has published the educational piece, *The Power of Standardization*. The document gives the complete A-Z on standards: what they are, who creates them, and why they are so important to our everyday world.

In the U.S. alone, more than 100,000 standards are work behind the scenes in all industry sectors. With standards in place, our homes, workplaces, and daily lives are safer and more convenient. *The Power of Standardization* helps everyone better understand the standards in the world around them, from product-based standards and building codes to personnel certification standards, and everything in between.

The document also helps explain how conformity assessment activities – from testing and certification to accreditation – strengthen consumer confidence in the products we buy, services we use, and people with whom we do business.

Of course, standards could not exist without the significant efforts of the technical experts who develop them. *The Power of Standardization* illuminates the contributions of the volunteers and standards developing organizations (SDOs) that come together to meet a common marketplace need.

The Power of Standardization also serves to clarify ANSI's role as coordinator of the U.S. voluntary standards and conformity assessment system, and the Institute's capacity in the international arena as the U.S. representative to the International Organization for Standardization (ISO) and, via the U.S. National Committee (USNC), the International Electrotechnical Commission (IEC).

The Power of Standardization is available free of charge to all interested stakeholders.

5) ECMA International

ECMA(European Computer Manufactures Association) International은 정보와 통신 시스템을 위한 국제적 표준화 기구이다. 1994년에 이 단체의 국제적 확장을 반영하여 ECMA에서 명칭을 변경하였다. 컴퓨터와 통신 기술에 적용할 수 있는 표준의 개발만 담당한다. 이 협회는 상업단체가 아니며, 표준과 기술 사항을 재검토하는 단체이다. ECMA International 내의 몇몇 산하단체들이 CCITT 및 ISO와 함께 활발한 작업을 벌이고 있다.

홈페이지는 http://www.ecma-international.org이다. 아래에는 실제 ECMA International 홈페이지 2011년 1월 20일에 실린 뉴스를 소개하였다. ECMA International 홈페이지에는 유용한 많은 자료들이 있으니 참고하기를 바란다.

Ecma International has published its annual yearbook Ecma Memento 2011

Geneva, 20 January 2011
The Ecma International Secretariat is happy to announce that it has published its annual yearbook called Ecma Memento 2011.
2011 is a significant year for Ecma International as it celebrates its 50th years of its founding ("Ecma Golden Jubilee").
About the Ecma Mementos
The Ecma Mementos are the Annual Report of Ecma International. They aim to provide comprehensive overview about the work of Ecma International, its working rules, its membership and so on.
The first Ecma Memento was published as early as in 1962. Since then every year a new Ecma Memento has been published.
Please note that three versions of the Memento exist. The version to be downloaded here is targeting the general public. That version does not include personal type of information, such as address information of technical experts. Ecma Members can access the full version of the Memento under the Ecma Private Website. In addition Ecma has published a few printed versions of the full version that is available on request from the Ecma Secretariat.
For more information: please contact Dr. Istvan Sebestyen, Secretary General of Ecma International. Email: istvan@ecma-international.org.

6) IETF

IETF(Internet Engineering Task Force)는 인터넷의 운영, 관리, 확장, 개발에 대해 의논하고 토의하여 표준화를 도출하는 단체로서 프로토콜에 대한 기본적인 사항과 확장적인 사항들에 대한 표준화에도 관여한다.

IESG(Internet Engineering Steering Group)와 함께 인터넷에 대한 새로운 TCP/IP에 대한 표준화를 연구하는 단체이다.

IETF의 워킹 그룹은 Application Area, General Area, Internet Area, Routing Area, Operations and Management Area, Security Area, Sub-IP Area, Transport Area 등 크게 8개의 영역으로 구분된다. 특히 IPv6 워킹그룹에서는 프로토콜에 대한 표준화를 담당하고 있으며, NGTrans 워킹그룹에서는 핵심 기술인 IPv6 전환 기술 및 시나리오 표준을 담당하였다. 이외에도 여러 워킹그룹들에서 라우팅 프로토콜 개발, 표준화 담당, 보안 관련된 부분에 대한 연구를 계속하고 있다.

IETF의 홈페이지는 http://www.ietf.org이다. 아래에는 실제 IETF 홈페이지 2011년 1월 16일에 실린 뉴스를 소개하였다. IETF 홈페이지에는 유용한 많은 자료들이 있으니 참고하기를 바란다.

Premier Internet Standards Body Celebrates 25th Anniversary

IETF participants define the standards for the global network that connects more than 2 billion people January 16, 2011 marks the 25th anniversary of the IETF, the Internet's premier technical standards body. The IETF attracts a large open international community of volunteer network designers, engineers, operators, vendors, and researchers concerned with the evolution of the Internet architecture and the smooth operation of the Internet.

The IETF has enabled the development of standards that have supported every aspect of the Internet's phenomenal growth. The IETF pioneered a unique, open process for standards development. Open to all, and based on principles such as "rough consensus and running code." While the work of the IETF takes place online to reduce barriers to participation and to maximize contributions from around the world, its in-person meetings have gathered more than 80,000 participants over the past 25 years.

Since its first meeting was held on the afternoon of January 16, 1986 in San Diego,

California with 21 participants, the IETF has published more than 4500 documents, called RFCs, that describe standards for the fundamental technologies and widely used services on today's global Internet. These include the email people use every day around the world, and the TCP/IP protocol suite, which is the foundation for Internet communications.

Technologies such as IPv6 and DNSSEC defined by the past work of the IETF are currently at the forefront of efforts to ensure the Internet's continued growth as a trusted platform of communications and innovation for billions of people around the world. Current challenges being addressed by the IETF include the increasing importance of mobile Internet access and privacy.

The IETF's 25th anniversary will be celebrated at its upcoming meeting in Prague on 27 March to 1 April. For registration and additional information, see: http://www.ietf.org/meeting/80/index.html

We expect this web page to evolve with contributions from the IETF community. Please send your contributions to remember some of the accomplishments, experiences, and memories of the last 25 years to: 25years@ietf.org.

7) IEEE

IEEE(Institute of Electrical and Electronics Engineers)는 전 세계에 지부를 두고 있는 매우 유명한 전문적 협회로서 표준화 활동에 오랫동안 참여해 왔다.

IEEE는 아이트리플이라고 발음하며 전기전자공학에 관한 최대 기술 조직으로 주요 표준 및 연구 정책을 발전시켰다. IEEE가 몇 년 전에 보여준 LAN 분야에서의 활동은 매우 주목을 받았으며, 많은 다른 표준에도 관심을 갖고 활동한다.

IEEE는 1963년 IRE(Institute of Radio Engineers)와 AIEE(American Institute of Electrical Engineers)를 합병하여 설립되었다. 대부분의 IEEE 회원들은 전기전자, 컴퓨터공학 뿐만 아니라 물리학, 수학 같은 기초과학자들도 있다. IEEE는 바로 ANSI에 의하여 인증되어 전기, 전자 및 컴퓨터 등의 공학 분야에 관련된 표준을 개발하는 기구이다.

IEEE의 홈페이지는 http://www.ieee.org이다. 아래에는 실제 IEEE 홈페이지 2011년 1월 25일에 실린 뉴스를 소개하였다. IEEE 홈페이지에는 유용한 많은 자료들이 있으니 참고하기를 바란다.

Engineering for Change Debuts with Launch of Online Platform

25 January 2011 – IEEE, ASME (American Society of Mechanical Engineers), and Engineers Without Borders USA have launched EngineeringforChange.org, an online platform that provides engineers, technologists, non-governmental organizations (NGOs) and local community advocates the tools to collaboratively address humanitarian and global development challenges. Members of the Engineering for Change community – working together – will design, apply and share knowledge to develop technical solutions for humanitarian and global development challenges in local communities throughout the world.

The E4C Web site is designed to provide users with a convenient and diversified way to learn, collaborate and share knowledge – leading to enhanced problem solving. As part of this growing community, E4C users will be able to:

- post challenges and problems to gain insight, perspectives and experience from other E4C community members;
- work collaboratively and virtually on project teams;
- utilize a growing, open-source archive of catalogued solutions and related information submitted by organizations from around the world;
- keep updated with news and information related to the nexus of engineering and global development;
- learn from expert practitioners on applying engineering in developing communities;
- track projects of interest.

To learn more or get involved, visit the Engineering for Change Web site, Facebook page or Twitter feed.

7.3 통신 프로토콜의 특성

7.3.1 통신 프로토콜의 구성 요소

통신 프로토콜을 구성하는 기본 요소는 구문(syntax), 의미(semantic), 순서(timing) 등으로 아래와 같다.

1) 구문(syntax)

데이터형식(data format), 부호화(coding) 신호레벨(signal level)등의 특정한 형식을 정의한다.

2) 의미(semantic)

제어 전송의 조정과 에러 처리를 위한 정보 등을 정의한다.

3) 순서(timing)

메시지의 순서 제어, 전송 속도 조절과 순서 관리를 정의한다.

7.3.2 통신 프로토콜 분류

통신 프로토콜은 연결 형태에 따라 직접 통신(direct communication)과 간접 통신(indirect communication), 구문상의 형태에 따라 단일 구조(single structure)와 계층구조(hierarchical structure), 두 계층간의 통신의 대칭 유무에 따라 대칭적 구조(symmetric structure)와 비대칭적 구조(asymmetricstructure), 프로토콜의 표준화 유무에 따라 4) 표준 구조(standard structure)와 비표준(nonstandard structure)으로 나눠어 진다. 각각의 경우에 따라 구조적인 특성, 장점과 단점, 확장 가능성 등에 대해 상세하게 살펴보기로 하자.

1) 직접 통신과 간접 통신

DTE와 DTE 또는 DTE와 메인 컴퓨터 사이에서 신속하고 정확한 통신을 위해의 두 시스템 사이를 연결하는 방식에 따라 직접 통신과 간접 통신으로 분류된다.

가장 간단하게 직접 통신과 간접 통신을 분류하는 요소는 시스템들의 연결을 담당하는 교환기이다. 연결을 위한 교환기의 유무에 따라 직접 통신과 간접 통신은 분류된다. 직접 통신은 점 대 점 연결 방식 통신과 멀티 포인트 연결 방식 통신 등이 있으며 간접 통신은 교환 망 통신과 인터넷과 같은 연동 망 통신 등이 있다.

직접 통신과 간접 통신으로 분류하기에 앞서 연결 형태에 따라 존재하는 방식을 네 가지 정도 설명해보자.

첫 번째는 두 시스템 사이를 직접 연결하는 방식으로 이전에 이미 학습한 일 대 일 방식의 연결 방식이 존재한다. 이 방식은 두 시스템 사이에 직접 연결을 하기 때문에 통신 속도가 빠르지만 사용자 시스템이 많은 경우에는 상당히 비효율적인 형태이다. 물론 통신구조와 프로토콜이 아주 간단하다는 장점도 가지고 있다.

두 번째는 두 시스템 사이를 직접 연결하는 방식이긴 하지만 두 시스템 사이에 하나의 전송로를 사용하는 것이 아니라 여러 대의 시스템 사이에 하나의 전송로를 연결해 동시에 통신할 수 있는 시스템 쌍을 제한하는 멀티 포인트 방식의 연결 방식이다. 물론 이 방식도 직접 통신이 가능하지만 액세스 제어(access control)가 필요하므로 프로토콜이 다소 복잡해진다. 하지만 첫 번째 방식에 비해서는 통신 효율이 우수하다.

세 번째는 우리가 가장 많이 사용하고 익숙한 방식으로서 시스템 사이에 교환기 두어 연결해서 통신할 수 있도록 하는 방식이다. 즉 교환 망 형태를 말한다. 이 방식의 경우에는 다른 매체가 데이터 교환에 도움을 주어야 하기 때문에 직접 통신이 불가능하게 된다. 그렇지만 첫 번째와 두 번째 방식에 비해서 일반적으로 통신 효율이 상당히 우수하고 우리가 대부분 정보통신에서 배우게 될 통신망의 가장 기본적인 형태를 가지고 있다.

네 번째는 세 번째의 교환 망이 여러 개가 상호 연결되어서 하나의 연동 망 형태를 가지게 된다. 우리가 현재 많이 사용하고 있는 인터넷이 바로 연동 망의 대표적인 형태라고 생각하면 된다. 당연히 연동 망에서 사용자 시스템들은 여러 네트워크를 통해 간접적으로 통신을 해야 한다.

2) 단일 구조와 계층 구조

프로토콜은 단일 구조 또는 계층 구조로 구성할 수 있다. 일 대 일 통신의 경우에는 단일 구조를 가지는 프로토콜을 설계하면 되므로 비교적 간단하다. 그러나 멀티 포인트 또는 교환 망의 경우에는 개체들 간의 통신 작업을 하나의 단위로 처리하기에는 너무 복잡하기 때문에 계층 구조를 가지는 프로토콜을 설계해야 한다.

하위 계층에서는 보다 기본적인 기능을 수행하는 개체들을 만들어 상위 계층에 서비스를 제공하고, 상위 계층의 개체들은 하위 계층에 의존하여 데이터를 송수신하게 된다. 다음 그림은 계층 구조를 가지는 프로토콜의 일반적인 예로서 시스템들이 네트워크에 연결되고 이는 다시 단말기와 연결되는 계층 구성을 나타내고 있다. 이와 같이 프로토콜을 계층적으로 설계함으로써 각 통신 개체 사이에 통신 작업을 효율적으로 수행할 수 있으며, 유지 및 관리를 용이하게 해준다.

그림 7.1에는 프로토콜의 계층 구조에 대해서 간단히 표현하였다. 각각의 계층에는 두 시스템 사이에서 필요한 특정한 프로토콜이 존재하며 각각의 계층은 자신의 하위 계층 또는 상위 계층과 적절한 인터페이스를 통해서 정확한 통신이 가능하도록 동작한다.

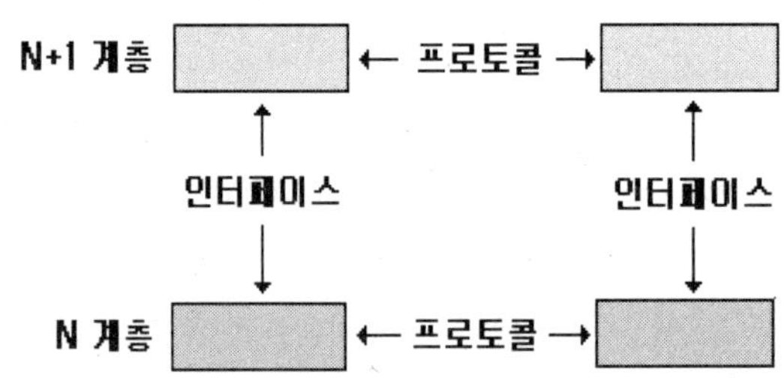

그림 7.1 프로토콜 계층 구조

계층 구조에서 필요한 프로토콜의 종류는 다음과 같다.

① 응용 프로토콜
② 프로세스 프로토콜
③ 네트워크 액세스 프로토콜
④ 인터네트워크 프로토콜
⑤ 노드 간 프로토콜

이와 같이 구조화된 프로토콜의 통신기능을 설계하기 위해서는 하드웨어와 소프트웨어가 필요하게 되는데 이것을 네트워크 아키텍처(architecture)라 한다. 네트워크 아키텍처란 네트워크를 구축하는 경우에 필요한 통신처리 기능을 체계적으로 모아 놓고, 통신처리 기능을 몇 개의 층(layer)으로 나누어 각각의 층마다 개별적으로 프로토콜을 설정하는 것을 말한다.

IBM은 당사 제품 사이의 표준화를 위해 최초로 SNA(System Network Architecture)라는 네트워크 아키텍처를 발표하였다. 이어서 다른 회사들도 당사의 제품 사이의 표준화를 위해 네트워크 아키텍처를 발표하였는데, DEC 사의 DNA (Digital Network Architecture), UNIVAC 사의 DCA(Distributed Communication Architecture) 등이 있다.

3) 대칭적 구조와 비대칭적 구조

프로토콜은 대칭적 구조 또는 비대칭적 구조를 가질 수 있다. 대칭적 구조란 동등한 개체들 간의 통신으로 메인 컴퓨터와 메인 컴퓨터 사이의 통신을 의미하는 것이며, 비대칭적 구조란 메인 컴퓨터와 사용자 터미널의 통신을 의미하는 것으로 메인 컴퓨터의 폴(poll) 신호를 이용해 통신을 개시할 수 있게 된다.

4) 표준 구조와 비표준 구조

프로토콜은 표준일 수도 있으며 비표준일 수도 있다. 여기서 비표준 프로토콜이란 특정한 통신상황에서 특정한 모델의 컴퓨터에서 사용된다. 이러한 비표준 프로토콜을 사용하게 되면 대단히 많은 프로토콜이 필요하게 된다. 예를 들어, 4개의 송신 터미널과 5개의 수신 터미널이 있다고 하고 비표준 프로토콜을 사용한다고 하자. 이 때 필요한 프로토콜의 개수는 4×5가 되어 20가지의 프로토콜이 필요하게 된다. 반면에 표준 프로토콜을 사용하게 되면 단 1개의 프로토콜만이 필요하게 된다.

프로토콜의 사용수에 의미에서는 표준 구조가 비표준 구조에 비해서 적게 사용되어 좋다고 말할 수도 있지만 성능 평가의 요소에는 프로토콜의 사용수뿐만 아니라 하나의 프로토콜에 대한 복잡성 등을 고려해야 하기 때문에 단순히 프로토콜 사용수만 가지고 성능을 평가할 수는 없다. 따라서 주어진 통신 환경에 따라 통신 성능은 변화되며 통신 환경에 따른 정확한 통신 성능에 대한 분석이 필요하다.

7.3.3 통신 프로토콜의 주요 기능

통신 프로토콜을 형성하는 대표적인 기본적인 기능에는 다음과 같은 10가지가 있다.

1) 단편화와 재합성

사용자에 의해 작성된 비교적 큰 규모의 메시지(message)를 같은 크기의 작은 블록으로 자르는 것을 단편화(fragmentation)라고 한다. 이러한 단편화는 데이터를 송신하는 측에서 수행된다. 이렇게 단편화를 하는 이유는 송신 측과 수신 측 사이에서 데이터를 주고받을 때 메시지 단위로 데이터를 송수신하는 것이 아니라 단편화된 작은 블록 단위로 데이터를 주고받기 때문이다. 이와 같이 단편화된 작은 블록에 헤더(header)를 붙여 패킷(packet)을 구성하고 다시 최종적인 데이터 형식인 프레임(frame)을 구성하여 물리적인 전송로를 통해 비트 단위로 전송되는 것이다.

재합성(reassembly)은 단편화의 반대 개념으로서 단편화된 프레임을 재합성하여 메시지로 만드는 것을 말하며, 이것은 수신 측에서 수행된다.

2) 캡슐화

단편화된 작은 블록의 데이터에 플래그 비트, 주소 비트, 제어 비트, 에러검출 비트 등과 같은 각종 제어 정보를 덧붙이는 것을 캡슐화(encapsulation)라 한다. 이와 같은 캡슐화를 하는 이유는 데이터를 정확하게 송수신하기 위해서이다. 다음 그림은 캡슐화의 개념을 나타낸 것이다.

3) 연결 제어

송신 터미널에서 수신 터미널로 데이터를 전송하는 방법에는 비접속형 데이터 전송(connectionless data transfer) 방식과 접속형 데이터 전송(connection oriented data transfer) 방식이 있다.

비접속형 데이터 전송은 두 터미널이 논리적인(logical) 연결 없이 데이터를 전송하는 방식이다. 논리적인 연결이란 물리적인(physical) 연결과 같이 실제로 두 터미널이 연결되어 있는 상태가 아니라 마치 실제로 연결되어 있는 것처럼 느껴지는 상태를 말한다. 다시 말해 가상적으로 연결된 상태를 말한다.

접속형 데이터 전송은 두 터미널이 논리적인(logical) 연결 후 데이터를 전송하는 방식이다. 이 방식은 두 터미널 사이에 많은 양의 데이터를 전송하고자 할 때 유리한 방법이다. 두 터미널 사이의 연결은 다음과 같은 3가지 단계를 거친다. 1단계에서는 연결설정이 이루어진다. 한 터미널이 연결요청 신호를 상대 터미널에게 보내고, 상대방에서 접속을 받아들일 준비가 되어있는지를 결정하는 단계이다. 2단계는 데이터 전송

단계로서 데이터와 제어정보를 교환하게 된다. 3단계는 연결해제 단계로서 한 터미널이 해제 요청 신호를 보내고 연결을 해제하게 된다.

4) 흐름 제어

송신 터미널로부터 오는 데이터의 양이나 속도를 수신 터미널에서 조절하는 기능을 흐름 제어(flow control)라 한다. 이와 같은 흐름 제어는 프로토콜의 여러 계층에서 수행된다. 대표적인 흐름 제어 방식에는 이전에 설명한 바와 같이 정지-대기 흐름 제어 방식과 슬라이딩 윈도우 흐름 제어 방식이 있다.

5) 오류 제어

데이터나 제어정보의 파손에 대비하는 기법을 오류 제어(error control)라 한다. 오류 제어 역시 프로토콜의 여러 계층에서 수행된다. 대표적인 오류 제어 방식에는 이전에 설명한 바와 같이 정지-대기 자동반복요청 방식, Go-back-N 자동반복요청 방식, 선별적 반복 자동반복요청 방식이 있다.

6) 동기화

송신 터미널과 수신 터미널의 타이밍(timing)을 정확히 맞추는 기법을 동기화(synchronization)라 한다. 두 터미널 사이에 동기화가 맞지 않으면 데이터의 정확한 송수신이 불가능하기 때문에 정보 통신 시스템에서 타이밍을 일치시키는 동기화는 필수적이라 할 수 있다.

7) 순서화

전송된 데이터들이 보내진 순서대로 되어 있는지를 명시하는 기능을 순서화(sequencing)이라 한다. 프로토콜에 이러한 기능이 없다면 수신된 데이터의 정확한 재합성이 불가능하다.

8) 주소화

송신 터미널과 수신 터미널이 일 대 일 전송외의 기법으로 통신할 때, 서로간의 인식이 가능하게 하는 기법을 주소화(addressing)라 한다. 일 대 일 전송의 경우에는 송신 측과 수신측이 하나씩이므로 데이터에 주소를 명시하지 않아도 되지만 통상 주소화 기법을 사용하여 데이터를 송수신 한다. 이 주소화는 우리가 친구에게 편지를 붙이고자 할 때 보내는 사람과 받는 사람의 주소를 써주는 것과 동일한 개념이다. 그래야 편지가 치구 집으로 정확히 배달될 것이며, 친구가 편지를 받았을 경우에도 누구에게서 왔는지를 알 수 있게 된다.

9) 다중화

다중화(multiplexing) 기법은 이전에 설명한 바와 같이 하나의 전송로로 복수개의 데이터 신호를 혼합시켜서 전송하는 방법을 말한다. 또는 복수개의 전송로로 한 개의 데이터 신호를 나누어서 전송하는 방법을 말한다. 전자의 경우는 다수의 저속 회선 사용자들을 하나의 고속 전용선에 접속시켜 통신망을 이용 가능하게 함으로서 통신망의 연결 효율을 극대화할 수 있고 통신비용을 절감할 수 있는 방식이다. 그리고 후자는 한 개체의 데이터를 여러 개의 전송선로를 통해 전송하므로 고속으로 데이터를 전송할 수 있게 된다.

10) 부가적 기능

프로토콜은 지금까지 설명한 9가지의 기능을 제외하고도 다음과 같은 별도의 부가적인 기능을 제공한다. 첫 번째는 우선순위(priority)를 부여하여 우선순위가 높은 메시지가 먼저 전송되도록 하는 기능을 제공한다. 우리가 우체국에서 이용하는 등기 속달과 같은 개념이다. 두 번째는 서비스 등급을 정하여 그 등급에 맞는 서비스를 제공한다. 세 번째는 접근 제한과 같은 보안 체제를 제공해 준다.

7.4 계층 프로토콜

7.4.1 계층 프로토콜의 목적

수많은 네트워크들이 설계 시 적용되는 표준 없이 발전해 왔기 때문에 어떤 네트워크 시스템 내의 장치들은 형편없이 정의된 인터페이스를 갖고 있다. 네트워크의 어떤 지역에서 프로그램을 변경하게 되면 전혀 상관없는 것처럼 보였던 다른 지역의 장치에 악영향을 미치는 것은 아주 흔한 일이다. 따라서 세계적으로 이러한 문제점을 해결하기 위해 국제 공동 표준화 작업을 위해 노력을 하고 있다.

국제 공동 표준화 작업의 일환으로 제시된 방안이 바로 계층 프로토콜의 개념이다. 이러한 계층 프로토콜은 다음과 같은 목적을 성취하기 위해 지난 20여년간 개발되어 왔다.

① 복잡한 네트워크를 논리적으로 좀 더 작고 이해하기 쉬운 계층으로 분리
② 네트워크 사이에 표준화된 인터페이스 제공
③ 네트워크 내의 각 노드에서 수행되는 기능들의 대칭성 제공
④ 네트워크 사이에서 발생하는 변경사항을 예측하고 제어하는 수단 제공
⑤ 여러 관계자들이 네트워크의 기능을 논의할 때 표준언어를 제공

7.4.2 계층 프로토콜 개념

3개의 계층(N-1, N, N+1)이 있다고 할 때, N계층을 중심으로 N-1계층은 하위 계층, N+1계층은 상위 계층이라 한다. 이와 같은 3 계층 구조에서 각 계층은 자신의 상위 계층에게 서비스를 제공하게 되는데, 상위 계층이 바로 밑에 있는 하위 계층에게 서비스를 제공받는 점을 서비스 접근점(SAP :Service Access Point)이라 한다. 또한 각 계층은 자신의 고유기능을 수행하기 위한 여러 개의 개체(entity)들로 구성되며, 각 개체들은 다른 시스템의 해당 개체들과 통신하기 위하여 프로토콜이 구현된다.

7.4.3 계층 프로토콜 간의 통신

이전에 언급한 바와 같이 어떤 계층의 기본 개념은 자신이 봉사하는 상위 계층에 어떤 가치를 부가해 주어야 한다. 따라서 최종 사용자와 직접 인터페이스 되는 최 상위 계층은 자신의 모든 하위 계층들이 제공하는 전체 서비스를 사용하게 되는 것이다. 상위 계층에서 하위 계층으로 명령을 내림으로서 계층간의 통신이 시작된다.

다음과 같은 4개의 상호작용 프리미티브(primitive)가 서비스 접근 점(SAP)을 통해 계층 사이에서 호출되어진다.

1) 요구(request)

서비스 사용자가 기능을 호출하는 프리미티브

2) 지시(indication)

서비스 제공자가 서비스 접근점에서 기능이 호출되었음을 지시하는 프리미티브

3) 응답(response)

서비스 사용자가 지시에 의하여 이미 호출된 기능을 완료시키는 프리미티브

4) 확인(confirm)

서비스 제공자가 요구에 의하여 이미 호출된 기능을 완료시키는 프리미티브

사용자는 바로 밑에 있는 하위 계층에게 요구 프리미티브를 보냄으로서 서비스 제공자의 기능을 호출한다. 서비스 제공자는 확인 프리미티브를 보냄으로서 요구를 확인한다. 이와 같은 경우는 사용자 A와 B가 동일한 사람인 경우를 나타낸 것이다. 그러나 사용자 A와 B가 다른 사람인 경우에는 서비스가 다른 사람에게 제공되어져야 하므로, 서비스 제공자는 B에게 지시 프리미티브를 보내게 되고 B는 응답 프리미티브를 되돌려 보내게 된다. 이와 같이 서비스 제공자는 서비스 접근 점을 통해 사용자 A와 B를 연결하는 하나의 계층으로 생각할 수 있다.

이와 같은 계층 간의 통신 방법은 수신자 요금 지불 전화(collect call) 사용법과 유사하다. 요구(request)는 공중전화에서 수신자 요금 지불 전화를 통해 교환원에게 전화를 하여 "000-XXXX로 전화 부탁합니다."에 해당하고, 지시(indication)는 교환원은 전화를 받고 번호를 확인한 다음 000-XXXX로 전화해서 "○○씨를 알고 계십니까? 전화 받으시겠습니까?"에 해당한다. 응답(response)은 교환원의 전화를 받은 사람이 "예, 전화 받겠습니다."에 해당하고, 확인(confirm)은 교환원이 전화를 신청한 사람에게 "통화하십시오."에 해당하게 된다.

7.4.4 통신 프로토콜 계층 간 상호작용

네트워크의 구조가 복잡한 경우에 계층구조를 사용한다. 자신보다 아래쪽 계층이 제공하는 서비스를 이용해서 자신의 위쪽 계층에 서비스를 제공하는 것이 계층 구조이다. 계층구조에서 한 컴퓨터의 한 계층은 다른 컴퓨터의 동급계층과 직접 통신하는 것처럼 보이지만 사실을 한 계층씩 위아래로 오르내리는 과정이 존재한다. 그리고 네트

워크 서비스를 제공하는 계층의 기능은 통신하고자하는 상대편 컴퓨터에도 동급의 서비스 제공자가 있어야 가능하다. 상대편 서비스 제공자는 자신과 같은 수준의 계층이 보낸 명령과 응답을 이해할 수 있어야 한다.

한 계층과 그에 해당하는 동급 계층은 서로 이해하고 있는 언어를 통해 요청과 응답을 주고받는데, 실제로 두 동급 서비스가 물리적으로 연결되어 있는 것이 아니고 단지 자신보다 아래 계층이 제공하는 서비스를 통해서만 연결된다. 이렇게 내려가면 결국 가장 아래 계층을 만나는데, 비로소 동축 케이블이나 전화선 같은 물리적 매체로 서로 연결되는 것이다.

한 계층이 자신의 아래 계층이 제공하는 서비스를 이용하기 위해 서비스를 전송하기 위한 메커니즘이 필요하다. 하나의 요청은 상대편 컴퓨터의 동급 계층에 직접 전해지는 것은 아니다. 대신 그 요청은 같은 컴퓨터의 바로 아래 계층에게 미리 정해진 방식으로 전해진다. 요청이 점차 아래로 전달될 때마다 각 서비스는 전달받은 요청에다 필요한 정보를 더한 후, 자기 아래의 계층에 보내며, 맨 아래 계층에 도달하면 요청을 상대편 컴퓨터에 전달한다. 상대편 컴퓨터에서는 우선 맨 아래 계층이 요청을 받아들이고 자기 위의 계층으로 올려 보낸다. 올라가는 과정은 원래 요청이 시작된 계층과 동급인 계층에 도달할 때까지 계속된다. 그 동급 계층은 받은 요청에 따라 응답을 작성해서 다시 자기 아래로 보내고, 점차 내려가 원래 컴퓨터로 전송되고 원래의 계층으로 올라오게 된다.

한 계층에서 한 인터페이스로 전해지는 모든 요청은 두 부분, 즉 상대편 컴퓨터로 보내는 데이터와 그 데이터를 어떻게 처리할 것인지에 대해 다음 계층에게 보내는 제어정보로 이루어진다. 즉 동급 서비스로 보내는 데이터는 원래의 데이터 외에도 여러 가지 정보가 추가된다. 컴퓨터 네트워크 계층의 경우 요청이란 데이터의 버퍼들로 구성된다. 이 버퍼들은 제어 정보와 함께 인터페이스를 통해 다음 계층으로 전달되고 그 계층은 제어 정보를 이용해 자신과 동급인 계층이 무엇을 어떻게 처리해야 하는지 알 수 있는 제어 정보를 추가한다. 결과적으로 원래의 데이터에는 추가적인 머리말이 추가되고, 종종 꼬리말이 붙기도 한다. 이렇게 꾸려진 데이터는 다음 계층으로 넘겨지며 또 추가적인 제어 정보가 붙는다. 이렇게 추가된 정보들은 상대편 컴퓨터의 최하위 계층으로부터 위로 올라갈 때마다 차츰 떨어져 나간다. 또 데이터를 받은 아래쪽 계층이 데이터가 너무 길어 전송하기 힘들다고 판단되면 작은 조각들로 데이터를 나누는 경우도 생긴다. 이러한 경우 이 계층은 각 조각마다 자신만의 머리말과 꼬리말을 추가해서 나중에 위쪽 계층으로 올라갈 때 적절히 조각들을 맞춰서 원래대로 복원할 수 있도록 해야 한다. 그런데 서로 다른 계층에서 붙인 머리말과 꼬리말이 자신의 위 계층에서 받은 제어정보와 밀접한 연관이 있긴 하지만 그 제어 정보 자체는 네트워크를 통해 전송되는 실제 데이터에 포함되는 것이 아니다. 제어 정보를 해석하고 그것을 이용해서 자신의 머리말과 꼬리말을 만드는 것은 그 계층의 책임이다.

연 습 문 제

1. 통신 프로토콜에 대해서 설명하시오.

2. 통신 프로토콜 표준안 기구를 쓰고, 활동 분야를 설명하시오.

3. 통신 프로토콜의 구성 요소를 설명하시오.

4. 통신 프로토콜의 주요 특성을 설명하시오.

5. 통신 프로토콜의 주요 기능을 설명하시오.

6. 계층 프로토콜의 목적에 대해서 설명하시오.

7. 통신 프로토콜 계층 간 상호작용에 대해 설명하시오.

제 8 장

OSI 7 계층

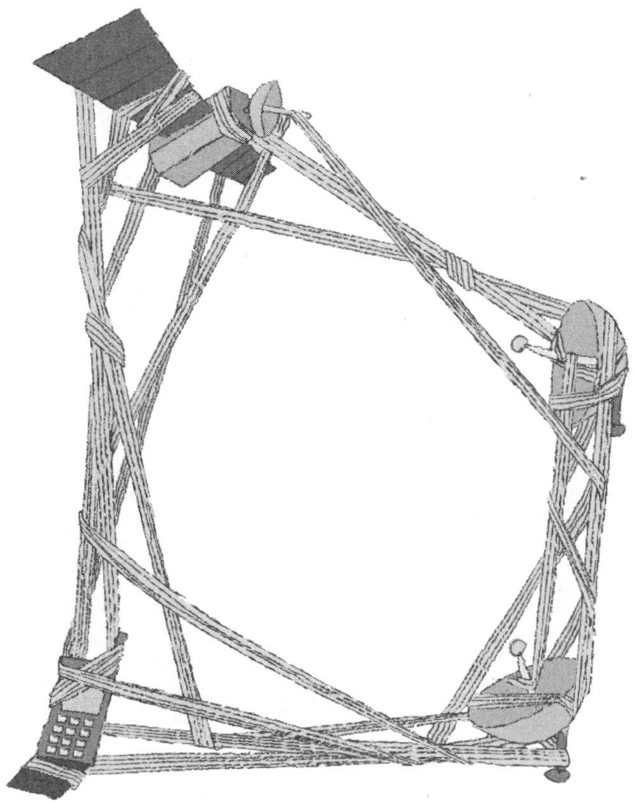

제8장 OSI 7 계층

OSI 7 계층에 대한 세부적인 내용을 살펴보기 전에 먼저 OSI(Open System Interconnection)에 대한 개념부터 이해해 보도록 하자. OSI에 포함되어 있는 오픈 시스템(Open System)은 무엇을 말하는 것일까 오픈 시스템이란 통신하고자 하는 두 시스템에 설치되어 있는 OS(Operation System)가 서로 다르다는 것을 의미한다. 오픈 시스템의 반대 의미는 당연히 클로즈 시스템(Close System)으로서 통신하고자 하는 두 시스템에 설치되어 있는 OS가 서로 같은 것을 의미한다. 따라서 OSI의 의미는 OS가 서로 같은 시스템은 물론이고 OS가 서로 다른 시스템사이에서도 필요한 데이터를 정확하게 송신하고 수신할 수 있도록 두 시스템을 상호 연결시켜주는 것을 말한다.

8.1 개요

OSI 7 계층은 ISO가 1977년에 정의한 국제통신 표준규약으로서 사용자의 통신 편리성과 정확성을 제공하기 위해서 통신의 접속에서부터 통신의 완료까지의 과정을 정의하고 있다. 이러한 과정은 7 계층 즉 물리계층(physical layer), 데이터링크계층(data link layer), 네트워크계층(network layer), 전송계층(transport layer), 세션계층(session layer), 표현계층(presentation layer), 응용계층(application layer)에 의하여 수행되어진다. 7 계층에는 각각의 통신 특성에 맞는 기능과 개념들이 정의되어져 있다.

우리는 일반적으로 세부적인 통신 프로토콜을 학습하기에 앞서 OSI 7 계층을 통해서 통신에 필요한 프로토콜에 대한 개념과 기능을 이해하고자 한다.

컴퓨터 네트워크 분야에서 표준화 문제에 대한 논의를 할 때 가장 중요한 부분을 차지하는 OSI 7 계층은 사용자가 통신을 실행하는 경우 데이터가 어떠한 경로와 어떠한 통신 방식으로 송수신되는 지를 개념적으로 쉽게 보여주는 네트워크 참조 모델이다. 이러한 개념을 이해함으로써 앞으로 우리가 다루게 될 네트워크 장비인 스위치, 라우터, 리피터, 네트워크 카드 등에 대한 개념을 더 잘 이해할 수 있는 계기가 될 것이다.

1960년대에 P.Baran이 패킷(packet)의 개념을 처음으로 발표한 이래, IBM에서 2 계층 전송제어방식인 BSC 프로토콜을 개발했다. 1972년에는 IBM에서 동기방식의 SDLC/SNA(System Network Architecture) 프로토콜을 개발했다. 그 후, Digital Equipment사는 DNA(DECnet)를, 히타치는 HNA, FNA, Novell은 Netware(IPX/SPX), XEROX는 XNS를 자신들의 회사에 맞는 네트워크 프로토콜을 개발했다. 그러나 당시 자신들의 제품을 팔고 거기에 맞는 프로토콜을 개발했지만, 시간이 지나고 이 기종 시스템들을 서로 연결할 필요성이 급증하게 되었다. 그러나 서로 다른 언어로 말하듯이 각 회사들의 독자적인 네트워크 프로토콜이 문제가 되었다. 따라서 국제 표준화 기구 중 하나인 ISO(International Organization for Standardization)가 표준화를 진행했다. 그 후 1973년 HDLC(High-level Data Link Control)프로토콜이 만들어졌는데, 이 HDLC 프로토콜을 바탕으로 약간씩 변형되어 LAP-B(X.25의 2계층 프로토콜), LAP-D(ISDN의 2계층 프로토콜), LAP-F(F/R의 2계층 프로토콜), LLC/MAC(LAN의 2계층 프로토콜)등이 만들어졌다. 1960년대 후반에 DOD에 의해서 연구되기 시작한 이래, 1969년 UCLA, UCSB, SRI, UTAH의 4개 노드에서 시작한 ARPANET(Advanced Research Projects Agent Network)을 모태로 1975년에 TCP/IP가 탄생되었다. 1977년 OSI에서는 네트워크 체계의 표준화를 위해서 OSI(Open System Interconnection) 참조모델을 만들었다.

8.2 OSI 7 계층 기능과 특성

OSI 참조모델은 7계층으로 이루어졌는데 각 계층에서의 역할만을 포괄적으로 정의해 놓았을 뿐, 각 계층의 프로토콜이나 인터페이스 사양은 결정하지 않았다. 그러나 각 계층은 투명성을 부여하기 위해 명확히 분리되어 있다. 다시 말하면, 프로토콜이란 각 계층별로 정해지는 것이고, 사람과 개가 서로 대화할 수 없듯이 같은 계층끼리 통신 약속을 해야 하는 것이며, 인터페이스는 각 계층을 연결하는 방법이라고 생각하면 쉽게 이해할 수 있을 것이다. 다음 표는 OSI 참조모델의 구조와 각 계층의 기능이 간략히 설명되어 있다.

개방형 시스템 상호접속(OSI : Open System Interconnection) 모델은 7개의 계층으로 이루어진 표준이다. 여기서 개방형이란 같은 종류의 시스템끼리만 통신이 가능했던 종래와는 달리 여러 가지의 조건에 구애받지 않고 서로 다른 시스템끼리도 연결하여 통신이 가능하도록 하는 것을 말한다. 이러한 OSI 모델의 목적은 다음 5가지로 집약된다.

① 시스템 간의 통신을 위한 표준 제공
② 시스템 간의 통신을 방해하는 기술적인 문제점 제거
③ 시스템 간의 정보 교환을 하기 위한 상호접속점을 정의
④ 제품들 간의 번거로운 변환 없이 통신을 할 수 있도록 선택사항을 줄임
⑤ 표준이 모든 요구를 만족시키지 못할 경우, 다른 방법을 사용하는데 대한 이유를

제공

OSI 7계층 구조는 최하위 계층부터 물리계층(physical layer), 데이터 링크 계층(data link layer), 네트워크 계층(network layer), 전송 계층(transport layer), 세션 계층(session layer), 표현 계층(presentation layer), 응용 계층(application layer)으로 구성되어 있다.

다음 표 8.1은 OSI 7 계층의 계층별 기능을 간단히 나타낸 것이다. 일반적으로 계층 1에서 계층 4까지는 통신망에 가까운 서비스를 제공하므로 하위 계층이라 하고, 계층 5에서 계층 7까지는 응용에 가까운 서비스를 제공하므로 상위 계층이라 한다.

표 8.1 OSI 7 계층의 기능

계층번호	계층이름	기능
1	물리 계층	데이터를 전송로에 싣는 기능과 그 반대 기능 물리적 회선을 통한 데이터 스트림(data stream)의 송수신 기능 제공
2	데이터 링크 계층	전송 오류 및 흐름을 제어하는 기능 인접한 터미널간의 신뢰성 있는 통신을 보장
3	네트워크 계층	경로를 선택하고 중계하는 기능 네트워크를 거쳐 원하는 목적지까지의 연결성 제공
4	전송 계층	통신 경로 및 통신망의 품질을 관리하는 기능 통신 양단간에 신뢰성 있는 통신을 보장
5	세션 계층	통신 방법 및 동기를 맞추는 기능 통신 당사자간의 대화 제어 기능을 제공
6	표현 계층	코드(ASCII, EBCDIC) 변환 및 데이터 압축 기능 응용계층의 데이터 표현 형태와 구조에 관한 일치를 제공
7	응용 계층	응용 프로세스간의 정보 교환(전자우편, 파일전송 등) 사용자에게 실제 통신 응용서비스를 제공

8.2.1 물리 계층

물리 계층(Physical Layer)은 시스템 간에 물리적 링크를 작동시키거나 유지하며 전기, 기계, 절차 그리고 기능적 측면의 문제들을 정의한다.

OSI 7계층에서 최하위 계층으로서 상위계층인 데이터 링크 계층으로부터 전송된 데이터인 비트 열을 물리적인 전송매체를 통하여 다른 시스템으로 전송하는 서비스를 수행한다. 이러한 물리계층의 대표적 기능은 송신 터미널과 수신 터미널 간의 시간에 대한 동기화를 맞추어 주는 것과 데이터링크 계층과 물리적인 전송 매체 사이의 인터페이스를 제공해 주는 것이다. 물리 계층의 전송 방식은 반 이중 또는 전 이중 방식을 선택할 수 있고, 전송 모드는 동기 또는 비 동기 모드로 수행될 수 있다.

물리계층에 관계되는 프로토콜은 DTE/DCE 인터페이스로 규정되며, 전화와 음성 대역의 아날로그 전화 회선용으로 V 시리즈가 있으며 패킷 교환과 회선 교환 방식의 공중 데이터 망을 사용하기 위한 X 시리즈가 있다. DTE/DCE 인터페이스의 대표적인 규격에는 CCITT의 V.24, V.28, X.21 등과 EIA의 RS-232C, RS-442, RS-449 등이 있다.

8.2.2 데이터 링크 계층

데이터 링크 계층(Data Link Layer)은 물리적 링크를 통한 신뢰성 있는 데이터 전송을 제공한다. 이 계층은 물리적 어드레싱(addressing), 네트워크 토폴로지, 회선 사용 규칙, 오류 검출, 프레임 전달 그리고 흐름 제어 등에 관계한다.

데이터링크 계층은 시스템 간에 접속되어 있는 물리적인 링크를 통하여 신뢰성 있는 정보를 전송하는 기능을 제공한다. 일반적으로 전송 과정에서 데이터 오류가 발생할 수가 있는데 데이터 링크 계층은 이러한 오류를 검출하여 복구시킴으로서 신뢰성 있는 데이터 송수신을 보장해 주며, 흐름 제어를 수행함으로서 링크의 효율을 향상시킨다.

데이터 링크 계층은 다음 그림에서와 같이 상위계층에서 전달되는 데이터를 프레임으로 형성하여 이를 전송하고, 수신 측으로부터 해당 데이터 프레임에 대한 확인(ACK)을 받는 기능을 수행한다.

먼저, 송신 측 A에서 수신 측 B로 데이터 0을 전송한다. B에서 0을 받으면 오류가 없다고 판단하여 A로 ACK를 전송한다. 그리고 데이터 0을 계층 3으로 전달하게 된다. 그러나 수신 측 B에서 1을 받으면 오류라고 판단하여 송신 측 A로 NAK를 전송하면 A는 데이터를 재 전송하게 된다.

데이터 링크 프로토콜은 LAN의 LLC(Logical Link Control), X.25의 LAPB Link Access Procedure Balance), HDLC(High Level Data Control)이 있으며, 비트 위주의 링크 제어 방법은 HDLC 프로토콜이 있다.

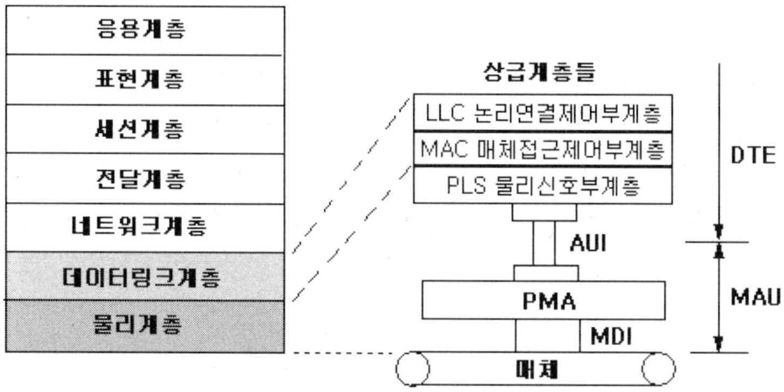

AU I = Attachment Unit Interface(부착 장치 인터페이스)
MAU = Medium Attachment Unit(매체 부착 장치)
MDI = Medium Dependent Interface(매체 종속 인터페이스)
PMA = Physical Medium Attachment(물리 매체 부착)

그림 8.1 데이터링크계층의 하위계층 모델

8.2.3 네트워크 계층

네트워크계층(Network Layer)은 다른 장소에 위치한 두 시스템 간에 연결성과 경로 선택을 제공한다. 라우팅(routing) 프로토콜이 서로 연결된 네트워크를 통한 최적 경로를 선택하며 네트워크 층의 프로토콜은 선택된 경로를 따라 정보를 보낸다.

네트워크 계층은 통신망에서 두 터미널 사이의 상위 계층인 전송계층의 개체들이 신뢰할 수 있는 데이터를 전송할 수 있도록 경로 선택 기능과 중계 기능을 수행한다.

네트워크 계층의 대표적 기능은 경로배정(routing), 과잉밀집제어(congestion control), IP(Internet Protocol)이 있다. 경로 배정은 경로배정 알고리즘을 이용하여 터미널은 주소가 붙은 패킷을 노드로 보내어 네트워크를 통해 보내는 기능을 수행하는 것을 말한다. 과잉밀집제어는 전송 량이 과잉 또는 밀집되는 것을 막기 위해 데이터의 양을 조절하는 기법을 말한다. 인터넷 프로토콜은 연결접속과 비 연결접속간의 링크로 연결된 경우, 이들을 상호 접속하는 기능을 수행하게 된다. 연결접속이란 두 터미널 사이에 데이터를 전송하기 전에 논리적 접속을 설정한 다음, 정해진 논리적 접속 순서에 맞게 순서대로 데이터를 전송하는 것이다. 대표적인 방식으로는 가상 회선 방식이 있다. 그리고 비 연결접속이란 두 터미널 사이에 논리적 접속을 설정하지 않고 각 노드의 상황에 맞추어 순서 없이 데이터를 전송하는 것을 말한다. 대표적인 방식으로는 데이터 그램 방식이 있다. 대표적인 네트워크 계층의 프로토콜에는 X.25가 있다.

8.2.4 전송 계층

응용계층, 표현계층, 그리고 세션 계층이 애플리케이션에 관련되어 있다면 하위의 네 계층은 데이터 전송에 관련되어 있다. 전송 계층(Transport Layer)은 데이터 전송 서비스를 제공하는 계층이다. 즉 인터넷상에서 얼마나 신뢰성 있는 데이터 전송이 이루어지는 가 등의 문제에 전달계층이 관련되어 있다. 신뢰성 있는 서비스를 제공하기 위해 전달계층은 가상 회로의 구축, 유지 및 종료, 전송 오류 검출 및 복구 그리고 정보 흐름 제어의 절차를 제공한다.

전송 계층은 통신을 하는 두 사용자의 종단 간(end-to-end)에 신뢰성 있는 데이터 전송을 보장해 준다. 경로선택이나 중계기능과 같은 통신설비와는 상관없이 데이터가 오류 없이 순서에 맞게 그리고 중복되거나 유실되는 일이 없도록 관리한다. 그리고 전송 계층과 세션 계층 사이의 인터페이스에서 전송 프로토콜은 멀티플렉싱(multiplelxing)과 디멀티플렉싱(demultiplexing) 기능을 수행한다.

전송 프로토콜은 하부의 네트워크 계층의 서비스에 따라 구현될 서비스가 결정된다. 다시 말해, 하부 계층의 서비스가 신뢰성이 있으면 전송 계층의 부담은 그 만큼 줄어들고, 반대로 그 서비스가 신뢰성이 없으면 전송 계층의 프로토콜의 구조는 복잡해진다. 따라서 ISO에서는 네트워크 계층의 서비스를 A형, B형, C형으로 분류하고 있다.

A형은 신뢰성이 있는 네트워크 서비스에 속하며, B형은 신뢰성은 있으나 고장이 많은 네트워크 서비스에 속한다. 그리고 C형은 신뢰할 수 없는 네트워크 서비스에 속한다. 따라서 전송 계층의 프로토콜은 위에서 분류된 3가지에 적합한 서비스를 제공하도록 프로토콜의 구조가 설계된다. ISO에서는 이와 같은 여러 형태의 네트워크 서비스와 관련하여 어떠한 네트워크 조건에도 대응할 수 있도록 5 클래스(class) 전송 프로토콜 를 규정하고 있다. 다음 그림 8.2에는 네트워크 전송 프로토콜 클래스 종류에 대해 표현하였다. 클래스 0에서 4로 갈수록 더 많은 양의 서비스 지원을 요구하게 되며, 전송계층 사이에 데이터의 송수신에 앞서 어떤 클래스의 기능을 사용할 것인가를 확인하는 과정이 이루어진다.

- ▶ 클래스 0 : 단순한 등급(;가장 신뢰할 수 있는 등급)
- ▶ 클래스 1 : 기본적인 에러회복 등급
- ▶ 클래스 2 : 멀티플렉싱 등급
- ▶ 클래스 3 : 에러회복과 멀티플렉싱 등급
- ▶ 클래스 4 : 에러검출과 회복 등급

그림 8.2 네트워크 전송 프로토콜 클래스 종류

8.2.5 세션 계층

세션 계층(Session Layer)은 애플리케이션 간에 세션을 구축하고 관리하며 종료시키는 역할을 하는 층이다. 세션 층은 표현 계층 사이의 대화를 동기 시키며 데이터 교환을 관리한다.

세션 계층은 사용자 위주의 연결 서비스를 제공하며, 세션 계층부터는 네트워크를 통한 연결 설정이나 데이터의 전송에 목적이 있는 것이 아니고 전송 데이터의 확인이나 사용자가 안전하게 대화를 하기 위한 서비스와 같은 부가적인 기능을 제공한다.

세션 계층의 대표적 기능은 세션 설정 및 유지 기능, 대화관리(dialogue management), 동기(synchronization)가 있다.

1) 세션 설정 및 유지(Session establishment and maintenance)

세션 계층이 제공하는 기본 서비스는 송수신 터미널 사이에 세션을 설정, 유지, 해제하는 것이다. 세션 연결 방법에는 일대일 연결과 일 대 이 연결이 있다. 일대일 연결은 하나의 세션(session) 개체에 하나의 전송(transport) 개체를 연결하는 것이며, 일 대 이 연결은 하나의 세션 개체에 두 개의 전송 개체를 연결하는 것으로 급송해야 할 데이터나 인터럽트 데이터를 쉽게 전송할 수 있다.

세션연결의 해제는 전송계층에 의한 연결해제와 세션 계층에 의한 연결해제 방법이 있으며, 일반적으로 후자가 더 안전한 해제 방법이다.

2) 대화 관리(Dialogue management)

세션 계층은 사용자들 사이의 상호 작용이나 대화 관리 기능을 수행한다. 일반적으로 대화는 3가지 방식 — 전 이중 방식, 반 이중 방식, 단 방향 방식으로 수행될 수 있다.

전 이중 방식이란 하나의 연결을 통하여 데이터가 동시에 양쪽으로 전달될 수 있는 방식이다. 반 이중 방식이란 전송에 대한 응답이 온 후에 다른 전송을 하는 방식이다. 이와 같은 전 이중 방식과 반 이중 방식 사이에 통신 연결을 관리해 주는 기법을 대화 관리라고 한다. 세션 연결이 설정될 때에 결정하는 사항중의 하나로 전이중방식과 반이중방식의 두 가지 중 어느 것을 사용할 것인가를 결정한다.

반 이중 방식일 경우에는 대화 관리를 위해 데이터 토큰(data token)을 사용한다. 토큰을 가진 쪽만이 데이터를 전송할 수 있으며, 토큰을 가진 쪽은 자신의 데이터를 모두 전송한 후에 토큰을 상대방에게 전달하게 된다. 토큰을 가지지 못한 쪽에서 데이터를 보내고자할 경우는 상대방에게 토큰을 요구할 수 있다.

3) 동기(Synchronization)

세션 계층은 두 세션 사이에 데이터 교환 도중에 서로 동기가 맞지 않을 경우 미리 정해 놓은 동기 점으로 되돌아가 동기를 맞출 수 있는 기능이 있다. 이것은 대화의 시작 및 끝을 분리시키기 위해 사용하며, 오류를 복구하기 위하여 사용한다. 동기 점의 사용 목적은 재동기시 다시 처리해야하는 양을 줄여주기 위한 것이다. 이와 같은 동기 점은 주동기점(major synchronization point)과 부동기점(minor synchronization point)이 있다. 주동기점은 데이터 스트림을 대화단위로 구분하여 주기 위해 사용된다. 주동기점과 주동기점 사이가 하나의 대화 단위가 되는 것이다. 따라서 각 대화 단위는 주동기점에 의해 구분된다. 하나의 대화 단위는 여러 개의 부동기점으로 구성된다.

재 동기를 수행할 경우 부동기점에서는 여러 개의 부동기점을 거슬러 갈 수 있으나, 주동기점을 지나 다른 주동기점으로는 되돌아갈 수 없다.

세션 사이의 일정한 일의 단위를 액티비티(activity)라고 하는데, 각 파일의 전송을 하나의 액티비티로 결정하는 것이 보통이다. 하나의 액티비티는 다른 액티비티와는 완전히 독립적으로 취급된다. 예를 들어, 3명의 사용자가 프린터를 공유한 상태에서 자신이 원하는 파일을 프린터로 출력하기 위하여 3명 모두가 화일을 전송한 경우, 이 3개의 화일은 각각 독립적인 하나의 액티비티가 되는 것이다.

8.2.6. 표현 계층(Presentation Layer)

표현 계층은 한 시스템의 애플리케이션에서 보낸 정보를 다른 시스템의 애플리케이션 층이 읽을 수 있도록 하는 층이다.

표현 계층은 데이터의 구문 다시 말해 표현형식에만 관계하여 상위 계층에서 작성된 데이터의 코드변환을 수행하고, 정보의 안정성을 높이기 위해 암호화나 압축을 수행한다. 이와 같은 표현 계층의 대표적 기능은 코드 변환(code conversion), 데이터 압축(data compression), 데이터 암호화(data encryption)가 있다.

코드 변환(Code conversion)이란 데이터를 전송하기에 적당한 형태로 인코딩(encoding)하고, 수신 측에서 요구하는 형태로 다시 디코딩(decoding)하는 기능 수행하는 것을 말한다. 예를 들어, 응용 계층에서 작성된 COMPUTER라고 하는 데이터를 다음 그림 8.3과 같이 컴퓨터가 인식할 수 있는 ASCII 코드를 변환하여 주는 기능이 송신 측 표현 계층에서 하는 대표적 기능 중에 하나이다. 수신 측 표현 계층에서는 반대의 기능을 수행한다.

	C	O	M	P	U	T	E	R
b_7	1	1	1	1	1	1	1	1
b_6	0	0	0	0	0	0	0	0
b_5	0	0	0	1	1	1	0	1
b_4	0	1	1	0	0	0	0	0
b_3	0	1	1	0	1	1	1	0
b_2	1	1	0	0	0	0	0	1
b_1	1	1	1	0	1	0	1	0

그림 8.3 코드 변환의 예

데이터 압축(data compression)이란 데이터를 전송하기에 앞서 데이터의 양을 축소하는 것으로서 비용을 절감할 수 있게 된다. 예를 들어, 10Kbps의 전송 속도를 가지는 전송로에서 100K 비트의 크기를 가지는 데이터를 10배 압축하여 10K 비트로 재구성한다면, 10초 동안에 전송해야 할 데이터를 1초에 전송할 수 있기 때문에 10배의 비용 절감의 효과를 가져 올 수 있다.

데이터 암호화(data encryption)를 수행함으로서 비밀을 보장해 줄 수 있으며, 타인에 의한 데이터가 변형을 막을 수 있다. 그것은 암호화된 데이터는 타인이 보더라도 그 내용을 알 수 없기 때문이다.

정보보안과 정보압축에 대한 상세한 내용은 11장과 12장에 상세하게 설명하기로 하자.

8.2.7. 응용 계층(Application Layer)

응용계층은 OSI 모델에서 유저와 가장 가까운 층이다. 이 계층은 OSI의 다른 어떤 계층에도 서비스를 제공하지 않는다는 점에서 다른 계층과 다르다. 이 계층에는 스프레드시트, 워드 프로세싱 등이 속한다.

응용 계층은 OSI 모델 중 최 상위 계층으로 사용자가 직접 접하게 되는 부분이다. 사용자는 응용계층 이하의 하위계층에 대해서 아무런 지식 없이 서비스 사용이 가능하며, 다른 계층과는 달리 많은 종류의 서비스를 제공한다. 송신 측과 수신 측 양쪽의 응용 계층 사이의 송수신되는 데이터 단위는 다음 그림과 같이 메시지(message) 형식이다.

응용 계층의 대표적 기능 이메일(E-mail)과 파일전송(file transfer)이 있다. 전자우편이란 개인용 컴퓨터에서 상대 개인용 컴퓨터로 직접 메시지를 송수신하는 기능으로 여러 상대에게 동시에 메시지를 송신할 수 있으며, 각 사용자는 자신의 단말기의 메일 박스를 통해 언제든지 메시지를 볼 수 있다. FTP(File Transfer Protocol)은 파일을 FTP 사용자의 명령 하에 한 시스템에서 다른 시스템으로 전송해 주는 기능을 말한다.

8.3 계층 별 과정 예시

우리가 일상생활에서 많이 사용하고 있는 이메일을 보내는 것을 예로 들어 OSI 7 계층의 계층 별 과정을 설명해 보기로 하자.

응용 계층은 당연히 사용자가 접하게 응용프로그램이 있는 계층이 된다. 물론 . 메일 프로그램에는 SMTP, POP, IMAP 등이 있는데 어떤 것이 되었든지 메일 프로그램이 없으면 메일을 보낼 수가 없다. 한편 우리가 가입해서 많이 사용하고 있는 네이버, 다음, 구글과 같은 웹에서 메일을 에뮬레이션을 해주지만 해당 시스템에는 메일을 송수신할 수 있는 프로그램이 반드시 존재해야 한다.

표현 계층은 말 그대로 쉽게 데이터를 표현하는 방법이라고 이해하면 된다. 텍스트 메시지라면 PC에서 사용되는 ASCII코드, 메인프레임에서 사용되는 EBCDIC등을 떠올리면 된다. 물론 다른 사람이 보지 못하게 암호화 과정을 통해서 데이터를 가공하기도 하고 그림 파일의 경우에는 JEPG, GIF 형태를 가질 수 도 있다. 사용자가 키보드를 통해 '너를 사랑한다.'라는 메시지를 작성하면 응용 계층에서 우리가 직접 알아보지는 못하지만 그 내용을 ASCII, EBCDIC 코드 등으로 변환하여 데이터가 생성되게 된다.

세션 계층은 위쪽 계층에서 만들어진 데이터를 보낼 준비를 하는 계층이라고 보면 된다. 표현 계층에서 만들어진 데이터를 네트워크를 통해 보낼 준비를 한다. 네트워크와 연결 상태를 다른 프로그램과 충돌하지 않도록 설정하고 제대로 작동하는지 점검하고, 해당 세션이 유지되는지 체크하는 기능을 한다. 당연한 말이지만 네트워크와 연결이 되어야 데이터를 보낼 수 있기 때문이다.

전송 계층은 상위 계층에서 생성된 데이터를 전송하기위해 적당한 크기의 정보단위인 세그먼트(Segment)를 생성하고 오류 제어 기능을 수행한다. 상위 계층에서 받은 데이터를 목적지까지 정확하게 도착할 수 있도록 관리하고 패킷의 손실이나 중복 또는 에러 없이 차례로 전송되는 것을 보장하는 제어 기능을 수행하게 된다. 여기에서 오류를 체크하기 위한 제어용 데이터를 추가하는데 주로 TCP 헤더, UDP 헤더를 사용하게 된다.

네트워크 계층은 이메일이 전송될 주소지를 지정하는 역할을 하는 데 주소 부여 방식에 따라 IP, IPX 방식 등이 있으나 이메일은 IP 방식을 사용한다. 일단 이메일을 발송하는 사람이 kkk@naver.com과 같은 이메일 주소로 보내면 3계층에 내려와서 naver.com에 대한 IP 테이블을 참조해서 네트워크에서 인식 가능한 IP주소를 부여하는 데 이 작업을 하는 장비를 라우터라고 한다. 한편 전송 계층에서 IP 헤더가 붙게 되는 데 이렇게 만들어지는 데이터를 패킷(packet)이라고 부르게 된다.

데이터 링크 계층은 네트워크 계층에서 만들어진 패킷에 네트워크에 연결된 물리적 주소를 부여하고 위에서 이루어진 주소 체계는 논리적 주소로 바뀔 수 있는 주소이다. 그러나 물리적 주소(MAC 주소)는 공장에서 출하될 당시부터 정해서 있는 주소로 IEEE에서 정해준 고유의 주소이며 상위 계층에서 받은 데이터에 물리적 주소 정보를 추가하한 데이터를 프레임(frame)이라 하며 데이터 링크 계층과 관련된 장비는 브리지(bridge)와 스위치가 있다.

물리 계층은 상위 계층에서 받은 프레임을 전기적 신호로 바꿔 전송을 하는 계층으로서 이렇게 전송되는 데이터를 비트(bit)라고 부르며 송신자가 작성한 이메일이 전기적신호로 바뀌어 수신자에게 보내지게 되는 것이다. 물리 계층에서 사용되는 장비로는 리피터(repeater), 케이블, 이더넷(ethernet) 카드 등이 있다.

이제 거꾸로 수신하는 과정을 보면 송신하는 과정의 역순으로 생각하면 된다. 물리 계층에서 발송자가 보낸 비트를 받아 데이터 링크 계층에서 비트 전송이 제대로 되었는지 확인하고 받은 비트에서 MAC 주소를 떼어내고 프레임으로 만들어 프레임에 있는 IP 정보로 네트워크 계층으로 전달하고 네트워크 계층에서 IP를 떼어낸 패킷이 생성되고 전송 계층에서 패킷이 제대로 수신되었는지 체크를 하고 이상이 없으면 TCP 헤더를 떼어서 상위 계층으로 전달을 하고 상위 계층에서는 전송되어진 세그먼트들을 모아서 정보를 송신자가 보낸 원래의 메시지로 복원을 하여 그 메시지를 응용 계층에서 응용프로그램을 통해 보게 되면 이메일 전송이 완료가 된다.

연 습 문 제

1. OSI 7 계층의 목적에 대해서 설명하시오.

2. OSI 7 계층 구조를 그리고 각 계층의 기능을 설명하시오.

3. 네트워크의 3가지 형태와 5 클래스 전송 프로토콜 간의 관계를 설명하시오.

4. 세션 계층의 대표적인 기능 3가지를 설명하시오.

5. 세션 계층에서 사용되는 주동기점과 부동기점에 대해서 설명하시오.

6. OSI에 대하 각각의 계층을 실제 예를 통해서 설명하시오.

제 9 장

다양한 프로토콜

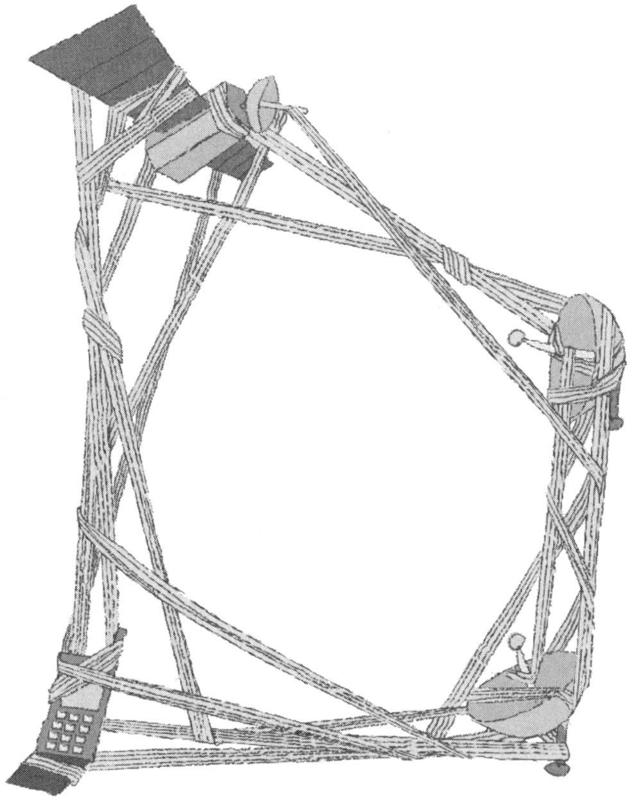

제9장 다양한 프로토콜

9.1 개념

대중들이 정보통신에 대해 전혀 관심이 없었을 때에도 프로토콜이란 단어가 가끔 신문기사에 등장한 적이 있었다. 대체로 외국의 국빈이 우리나라를 방문하였을 때 그 방문기사에 등장하던 프로토콜이란 단어는 국빈을 대접하는 의전 절차라는 의미로 쓰인다. 프로토콜이란 단어를 사전에서 찾으면 이전 장에서 설명한 바와 같이 외교상의 의례란 의미 외에도 의정서, 조약으로 설명이 되어있다. 아무튼 프로토콜이란 단어 속에는 어떤 경우이든지 간에 두 상대방이 있어 그 두 상대방간 합의된 약속이란 의미를 내포하고 있다. 국빈의 의전절차에도 피 방문자가 지켜야 할 도리뿐만 아니라 방문객이 이에 따라 취해야 하는 행동 절차도 같이 포함되어 있으므로, 프로토콜이란 방문자와 피 방문자 두 상대방의 행동양식에 대한 미리 정해진 약속으로 볼 수 있다.

통신에 등장하는 프로토콜은 어떤 의미를 지니고 있으며 왜 필요한가? 사실 통신에서 말하는 프로토콜은 엄밀히 말하면 통신 프로토콜이라고 앞에 통신을 반드시 붙여 말해야 한다. 그런데 어떤 사실을 얘기할 때 주제가 통신인 경우 우리는 통신을 생략하고 보통 프로토콜이라고만 말하게 되고, 이 경우 듣는 사람이나 말하는 사람 모두 프로토콜은 통신 프로토콜을 의미하게 되는 셈이다. 이제 프로토콜이 통신 프로토콜의 생략 형이라는 것은 분명해 졌다. 통신 프로토콜의 정의에는 앞에서 말한 프로토콜의 일반적인 개념이 그대로 들어있다. 통신이란 말에 이미 두 상대방이라는 개념이 배경에 놓여 있다. 상대방이 없는 통신이란 있을 수 없으므로, 통신 프로토콜 또한 당연히 정보를 송신하고 수신하는 두 상대방 사이의 약속이다. 약속은 약속인데 그럼 무슨 약속인가. 앞에서 말한 외교적인 프로토콜에서처럼 상대방을 예우하기 위한 약속이 아님은 분명하다. 통신은 공학이다. 따라서 필요한 것은 예의가 아니고 통신의 목적을 경제적으로 달성하기 위한 약속이다.

9.2 효율적인 관리

공학적인 의미의 통신의 목적은 한마디로 정확하고 신속한 정보의 전송이다. 공학에서는 정확성과 신속성만 의미를 갖는 것이 아니라 경제성 또한 중요한 의미를 갖는다. 따라서 통신 프로토콜은 두 통신하는 상대방 사이에 정확, 신속하고 효율적인 정보의 전송을 위한 여러 가지 약속의 집합이다. 다시 말하면 통신 프로토콜은 송신자가 이렇게 하면 수신자가 저렇게 하고, 수신자가 어떻게 하면 송신자가 거기에 따라 어떤 행동을 취해야 하는지 등을 사전에 약속해 둔 것이다. 이러한 사전 약속이 없다면 어떤 상황에서든지 정확하고 신속하게 정보를 효율적으로 전송해야 한다는 통신의 기본목적을 달성할 수 없다.

통신하는 상대방은 일반적으로 서로 원격지에 위치한다. 따라서 정보를 전송하기 위해서는 정보를 전기적인 혹은 광학적인 형태로 변환하고 그 변환된 신호가 통신채널을 통해 흐르게 될 때, 정상적인 신호의 흐름을 방해하는 여러 가지 현상이 존재하게 된다. 이러한 훼방 행위는 통칭하여 전송손상(transmission impairment)이라는 형태로 나타나게 되고 이는 신호의 변형을 가져오고 신호변형은 결국 정확한 정보의 전송을 방해한다. 즉, 신호의 전송 중에 에러가 발생하게 되고, 따라서 통신 프로토콜에서는 이러한 에러가 발생하였을 때 어떻게 에러의 발생사실을 알아내고 손실된 정보를 회복할 것인가에 대한 엄밀한 절차가 사전에 약속되어 있어야 한다. 그러한 약속이 프로토콜의 일부가 된다. 프로토콜이라는 약속의 집합 속에 이렇게 에러에 대응하기 위한 약속이 중요하기는 하나 그것이 프로토콜의 전부는 아니다. 정보를 정확히 그리고 효율적으로 전송하기 위해서는 동기(synchronization)라고 부르는 개념도 중요하다. 예를 들어 정보를 송수신하는 상대방이 서로 한 비트의 시간 길이를 서로 다르게 사용한다든지, 한 메시지의 시작 지점을 서로 다르게 인식하게 되면 순식간에 대량의 에러가 발생하기 때문에 이들에 대해서도 사전 약속이 필요하다. 또한 정보흐름의 양을 조절하는 흐름 제어(flow control) 방법도 역시 사전에 약속되어 프로토콜 속에 포함되어 있어야 한다. 흐름 제어란 정보의 송신 측에서 너무 빠르게 정보를 내 보내는 바람에 수신 측에서 이를 미처 소화하지 못함으로써 결과적으로 정보의 손실을 가져오는 사태를 막기 위한 방법을 말한다.

에러 제어, 동기, 흐름 제어 등에 관한 약속 이외에도 통신하는 상대방의 상호위치가 어디냐에 따라 여러 가지 약속이 추가로 필요하다. 그리고 효율적인 전송을 위해서도 여러 가지 기법이 있으므로 어떤 경우에 어떤 방법을 사용해야 하는가에 대해서도 사전에 약속하여 프로토콜에 포함시켜야 하며 최근에 관심이 높아지고 있는 정보의 안전성(security)을 위한 약속도 역시 여러 가지 방법이 있을 수 있으므로 사전에 프로토콜에 포함되어야 한다.

9.3 원리

지금까지 우리는 통신하는 두 상대방이란 표현을 사용하였는데 OSI(Open System Interconnection) 규약에서는 이를 실체(entity)라는 용어로 사용하고 있다. OSI에서는 통신하는 두 상대방이 컴퓨터 내부에서 돌아가는 프로그램인 경우가 대부분이다. 하지만 위에서 설명한 통신 프로토콜은 통신하는 두 상대방 즉 실체가 사람인 경우, 우리가 전화를 이용하여 음성 통신을 하는 것과 마찬가지로 그대로 적용되는 이야기이다. 이는 사람들이 전화기를 통해서 음성 정보를 주고받을 때에도 프로토콜이 필요하다는 뜻이며 사람이 다른 사람과 전화 할 때에도 전화선이라는 전송채널에서 에러가 발생하며, 사람에 따라서는 너무 빨리 말하는 사람이 있어 듣는 사람이 미처 이해하지 못하고 지나가는 경우가 있는데 사람들은 이 경우 그러한 상황에 자연스럽게 대처할 수 있는 능력을 태어났을 때부터 갖고 있다. 즉, 잡음 때문에 상대방의 단어를 놓쳤을 때에는 잘못 들었는데 다시 한번 말해 줄래"라든지 상대방의 말이 너무 빨라 의미를 소화하기 어려우면 "잠깐 좀 천천히 말해줄래"라고 하는데 이는 프로토콜 용어로는 각각 에러 제어와 흐름 제어에 해당된다.

위에서 말한 대로 사람들은 누구든지 프로토콜을 학습하지 않고도 잘 알 수 있으므로 굳이 사전에 프로토콜이라는 약속을 할 필요가 없을 뿐이다. 따라서 지금은 사람간의 통신에는 정보를 정확히 효율적으로 전송하기 위한 약속은 필요치 않고, 그 대신 예의바른 통신을 하기 위한 프로토콜은 많을수록 좋은 것이다. 반대로 지능이 전혀 없는 정보기기들은 돌발적인 상황에 대처할 능력이 전혀 없으므로 통신할 때 발생할 수 있는 모든 상황에 일일이 지시를 해 놓아 마치 지능을 갖는 것처럼 만들어 주어야 한다. 이렇게 통신하는 두 상대방은 정보의 정확하고 효율적인 전송을 위한 많은 약속들이 필요하나, 상대방끼리 예의를 차리기 위한 프로토콜은 전혀 필요치 않다.

통신하는 두 상대방은 틀림없이 모든 프로토콜이 요구되기는 하나 사람인 경우에는 그 프로토콜이 명문화되어 있지 않고 예의범절이 포함되어야 하며, 정보기기인 경우에는 그 프로토콜은 엄밀히 명문화되어야 하고 그 대신 예의범절에 관한 부분을 포함시킬 필요도 없고 포함되어서도 안 된다. 정보통신이 사람 사이의 통신과 다른 점은 지능이 없는 정보기기 사이의 통신이라는 점 이외에도 사람과 사람간의 통신이 일 대 일인 경우와는 달리 정보기기 사이의 통신은 일 대 다수, 혹은 다수 대 다수의 경우가 많으므로 프로토콜 또한 이러한 경우까지 대비해서 만들어져야 하므로 종류가 많고 복잡해질 수밖에 없다. 여기서 말하는 정보통신이라는 용어는 정보처리 및 모든 통신을 통칭하는 넓은 의미의 정보통신이 아니라 정보기기 사이의 통신을 의미한다. 정보기기는 물론 정보를 송신하고 수신할 수 있는 기기를 통칭하는 용어로서, 컴퓨터만을 의미하지 않는다. 예를 들어 팩시밀리도 정보기기이며, 공해를 측정하여 그 결과를 공해 감시 센터로 전송하는 공해 측정기나, 장마철에 한강의 수위나 유속을 홍수 통제 본부로 송신하는 수위 유속 측정기도 정보기기다. 따라서 이들 사이에도 모두 통신의 프로토콜이 필요하다. 더 나아가 현존하는 모든 통신 관련 정보기기는 어떠한 형태든 모두 프로토콜을 갖고 있다.

9.4 구성

여기서 중요한 의미를 갖는 프로토콜은 사용하는 범위가 넓고 표준화 되어 있어 전 세계 어디에 설치되어 있는 정보기기 간에도 정보의 상호교환을 가능하게 하는 그런 종류의 프로토콜로, 흔히 말하는 컴퓨터의 네트워크에서 사용되는 프로토콜이다.

실제로 말하면 OSI, TCP/IP(Transmission Control Protocol/Internet Protocol) 등의 프로토콜이며, 그밖에도 SNA(Simple Network Architecture), ONA(Open Network Architecture) 등 특정 컴퓨터 회사에서 만들어진 프로토콜 등도 있다. 좀 더 구체적으로 말하면 X.25나 HDLC(High level Data link control)등의 예를 들 수 있다.

프로토콜을 폭 넓게 이해하기 위해서는 계층화의 사고방식을 이해하지 않으면 안 된다. 컴퓨터 네트워크는 제작회사가 서로 다른 컴퓨터끼리 통신할 수 있도록 다양한 응용 프로그램과 터미널, 그리고 데이터 전송을 돕는 갖가지 통신장비 및 전송장비와 전송매체 등으로 구성되게 되었고, 이러한 환경에서 정확하고 효과적인 정보전송을 수행하기 위해서는 프로토콜 역시 복잡하고 다기능화 할 수밖에 없다. 따라서 이러한 프로토콜들의 효과적인 정리를 위해서 프로토콜 계층화의 사고방식이 도입되었다.

계층화의 개념은 구조화 프로그래밍(structured programming)의 경우와 흡사하다. 프로토콜의 각 계층은 구조화 프로그래밍의 모듈(module)과 같으며, 각 계층이 수직적으로 상하 관계를 갖는 것은 모듈들을 수직적으로 배치하여 모듈 사이의 접촉(interface)이 최소화 되도록 하는 개념과 흡사하다. 즉, 네트워크 프로토콜이 계층화되어 상위계층이 인접한 바로 아래 계층의 서비스를 받는 것은 마치 구조화 프로그래밍에서 메인 프로그램이 부 프로그램을 호출하여 서비스를 받는 것과 같으며, 이때 호출한 프로그램과 호출 당한 프로그램이 변수를 이용하여 필요한 정보를 주고받는 것과 같이 역시 상위 계층이 인접한 하위 계층의 서비스를 받을 때 필요한 정보를 변수의 형태로 주고받게 된다. 또한 구조화 프로그램에서 모듈 내부의 변경이 외부의 다른 모듈에게는 영향을 미치지 않는 것과 마찬가지로, 어떤 계층의 내부적인 변화는 다른 계층의 내부적인 변화에 전혀 영향을 받지 않으므로 계층화 되지 않았던 종래의 통신 프로토콜에서 기능의 일부 변경으로 프로토콜 전체를 다시 작성해야 하는 어려움을 극복할 수 있게 되었다.

계층화된 네트워크 프로토콜들을 총칭하여 네트워크 구조라고 부른다. 앞에서 말한 OSI나 SNA, TCP/IP 등의 프로토콜들은 상위 계층에서부터 하위계층까지 논리 정연한 구조를 갖는 프로토콜의 집합으로, 이들은 각각 현재 사용 중인 가장 대표적인 네트워크 구조인 셈이다. 가장 나중에 만들어진 네트워크 구조인 OSI는 국제표준기구인 ISO에서 만들어진 7계층을 갖는 네트워크 구조로서 가장 넓은 지지층을 확보하고 있으며, 모든 네트워크 교과서의 모델로 소개되고 있다. 가장 많은 프로토콜을 거느리고 있고 가장 다양한 기능을 갖고 있으며, 언젠가는 지구상의 모든 정보기기들이 이에 따르려는 계획을 갖고 있는 세계적인 표준이다. 물론 철저하게 계층화 된 구조를 갖고 있고, 많은 프로토콜이 개발되어 있으며 지금도 끊임없이 개발이 이루어지고 있어 앞으로도 계속 개발이 이루어 질 것이다. 그러나 모든 정보기기들이 이들을 채택할 때까지는 상당한 시간이 걸릴 것이다.

9.5 종류

컴퓨터 언어에서도 이론적으로 가장 좋은 언어가 반드시 가장 많은 사용자를 확보하지 못하는 것과 마찬가지로, 네트워크 프로토콜에서도 가장 이상적이고 논리적이며 다양한 기능까지 갖춘 OSI가 현재 시점에서는 가장 많은 사용자를 확보하지 못하고 있는 실정이다. 이는 OSI가 만들어진 것이 SNA(Systems Network Architecture)나 TCP/IP 보다 늦고, 실제 상품화가 늦어지고 이용자들이 비교 평가하여 값싸고 좋은 물건을 살 수 있을 만큼 OSI에 근거한 다양한 프로토콜 제품들이 시장에 풍부하지 못하기 때문이다. 이에 비해 TCP/IP 프로토콜 제품들은 매우 다양한 제조회사들이 관련 제품을 선보이고 있고 때문에 가장 널리 보급되어 있기 때문에 현재 시점에서 가장 큰 지지 세력을 확보하고 있는 셈이다. 이러한 경향은 최소한 5년에서 10년 이상 지속될 가능성이 있다. 특히 국내의 경우에는 워크터미널(workstation)과 유닉스(Unix), 그리고 인터넷의 보급과 함께 시작된 TCP/IP 프로토콜 제품들이 한 동안 큰 세력을 형성하며 상당기간 동안 그 자리를 지켜나갈 것으로 보인다. SNA는 그 동안 IBM 컴퓨터의 막강한 시장 점유율에 의해 널리 보급되었고, 아직도 IBM의 후광을 입고 있어 쉽게 사라지지 않을 것으로 보인다. 어떻게 보면 현재 네트워크 기술의 중심사상이 된 계층화의 개념을 비롯하여, 중요기술과 개념들이 상당 부분 IBM의 SNA로부터 출발했다고 봐도 무리는 아니다. 최근 IBM 자체의 시장점유율 하락에 따라 SNA에 근거한 프로토콜의 사용도 줄어들 것으로 생각할 수 있으나, 아직은 프로토콜을 공부할 때 SNA를 빼놓을 수 없다.

우리가 프로토콜을 분류할 때 상위계층 프로토콜과 하위계층 프로토콜로 구분하는데 여기서 상위계층 프로토콜은 통신의 이용자가 손쉽게 통신을 이용할 수 있도록 해주는 역할을 수행하는데 반하여, 하위계층은 실제 통신이 어떻게 효과적으로 정확하게 정보를 전송할 수 있게 하느냐에 관심이 있다. 어떻게 보면 통신의 최종 이용자에게 보이는 것은 상위계층 중에서도 가장 상위계층인 응용계층 (OSI인 경우 7 계층)뿐이고, 나머지 계층들은 응용계층이 운용되는데 필요한 각종 서비스를 제공하는데 불과하다.

전자우편, EDI(Electronic Data Interchange), 메시지 핸들링 시스템, FTAM(File Transfer Access and Management) 등은 모두 응용계층 프로토콜에 속한다. 따라서 네트워크의 단순한 이용자는 이러한 응용계층의 프로토콜 이용법만 공부하면 네트워크를 이용하여 원하는 정보전송을 행할 수 있으나, 네트워크의 설계 운용자들은 그 이하 계층의 프로토콜을 공부해야 한다.

한국적인 통신 프로토콜의 개발은 국제 표준과의 문제 때문에 의미 없는 일이지만 모든 프로토콜 제품을 돈을 주고 사와야 하는 현실을 생각할 때, 통신 소프트웨어에 많은 관심을 기울여야 함은 당연한 일이다. 다른 일반 응용 소프트웨어에 비해 통신 프로토콜 제품의 가격이 상대적으로 높고 따라서 국내 개발 자체가 더 높은 부가가치의 창출을 의미하기 때문이다.

9.6 PDU

프로토콜 이용자 정보를 실어 나르기 위해서는 PDU(Protocol Data Unit)를 사용한다. 즉, PDU는 물건을 운반할 때 상자 단위로 포장하여 운반하는 것과 같이 프로토콜이 정보의 운반을 위해서는 PDU라는 상자를 이용한다. 우리가 상자 단위로 물건을 포장하여 운반할 때 그 상자마다 물품의 내용이나 발송 처, 수신 처 등을 표기하는 것과 마찬가지로 PDU에도 이용자 정보뿐만 아니라 정보의 발신 처, 수신 처 등의 주소와 전송 등에 에러의 발생이 있었는지를 점검하기 위한 정보 그밖에 흐름 제어 등을 위한 정보 등이 같이 들어가게 된다.

계층화된 프로토콜에서는 계층마다 PDU 이름을 독특하게 붙여 사용하는 경우가 있다. 즉, 계층 2 PDU는 프레임으로 계층 3 PDU는 패킷으로 계층 4 PDU는 세그먼트 등으로 부르는 것이 일반적이다. 이러한 특별한 이름이 없는 경우에는 그냥 몇 계층의 PDU라고 부르게 된다. 그리고 세그먼트라는 PDU 이름은 TCP에서 사용하는 경우가 많다.

9.7 패킷 교환망의 프로토콜

패킷 교환망의 프로토콜은 계층적 프로토콜로서 물리 계층, 데이터링크 계층과 네트워크 계층으로 구성되어져 있다. 물리 계층은 데이터를 전송로에 싣기 위해서 신호로 바꾸어 주거나 신호를 전송로에서 내리기 위해서 데이터로 바꾸어 주는 역할을 하고 데이터링크 계층은 에러제어 및 흐름제어의 기능(하나의 링크 단위)을 하고 정보 프레임의 손실 및 비트 오류 검출과 복구 기능을 수행한다. 또한 네트워크 계층은 에러제어 및 흐름제어(다중화 된 논리 채널 단위) 기능을 수행하고 정보 프레임의 손실 및 재 전송 기능을 하며 호 설정 및 해제, 경로 설정, 다중화, 트래픽 제어 등을 수행한다. 그림 9.1에는 패킷 교환망의 프로토콜에 대해 간략하게 표현하였다.

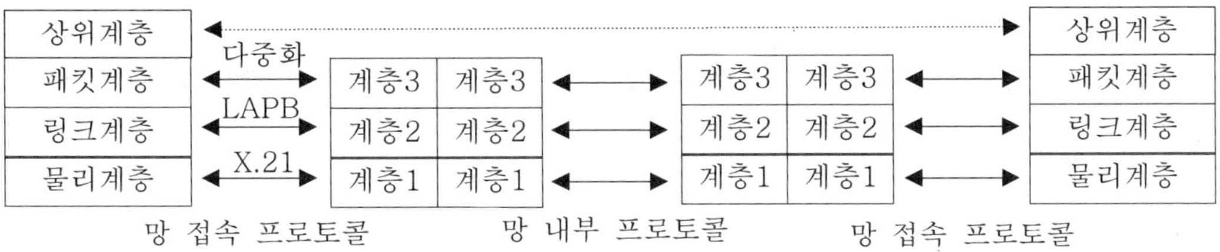

그림 9.1 패킷 교환망의 프로토콜

패킷 교환망의 프로토콜에는 다음과 같은 다양한 기능을 수행하는 프로토콜들이 있다.

① 패킷 형 단말기와 패킷 교환 노드 간의 인터페이스 : X.25
② X.25 패킷 교환 망간의 연동 : X.75
③ 비 패킷 단말기에 패킷 교환 서비스를 제공 : X.3, X.28, X.29

1) X.25 프로토콜

X.25 프로토콜의 계층별 기능은 다음과 같다.

① 물리 계층 : X.21, EIA(Electronics Industrial Association)-232
② 링크 계층 : 프레임으로 데이터를 전송함으로써 물리적 링크를 통한 신뢰성 있는 데이터 전송을 제공(에러 및 흐름제어) : LAPB(Link Access Procedure-Balanced)
③ 패킷 계층 : 가입자 사이의 연결 기능과 호 설정 및 해제, 다중화, 에러 및 흐름제어(가상회선단위) 기능을 한다. 흐름 제어는 슬라이딩 윈도우(sliding window) 방식을 사용하고 에러 제어는 Go-back-N ARQ(Automatic Repeat reQuest) 방식을 사용한다.

2) PAD

비 패킷 형 단말기의 패킷 교환 망과의 접속을 위해 X.25 프로토콜의 수행하며 한 번에 한 문자식 전송하는 문자를 PAD(Packet Assembler / De-assembler) 버퍼에 저장하고 X.25용 패킷으로 전환한다. 한편 패킷 교환 망을 통해 전송된 패킷에서 X.25 헤더를 제거/분해하며 한 문자씩 단말기에 전달하는 기능을 수행한다.

3) X.3

PAD의 매개변수와 동작을 정의하고 다양한 종류와 특성을 가진 단말기를 접속 기능 제공한다.

4) X.28

비 패킷 형 단말기와 PAD의 인터페이스를 수행하며 비 패킷 형 단말기가 PAD의 매개변수를 설정하고 변경하는 절차 제공하고 가상 회선 설정 및 해제 기능을 수행한다.

5) X.29

PAD와 원격 패킷형단말기와의 제어정보교환을 위한 프로토콜이다.

6) 패킷 구조

그림 9.2에는 패킷의 일반적인 구조에 대해 표현하였다.

8	7	6	5	4	3	2	1
Q	D	0	1	논리그룹번호			
논리채널번호							
P(R)			M	P(S)			0
사용자데이터							

8	7	6	5	4	3	2	1
Q	D	0	1	논리그룹번호			
논리채널번호							
P(R)			패킷 형			0	1

RR, RNR, REJ 용
Control packet

8	7	6	5	4	3	2	1
Q	D	0	1	논리그룹번호			
논리채널번호							
패킷 형						1	1
부가적인 정보							

그림 9.2 패킷의 일반적인 구조

(1) GFI(General Format Identifier)
일반 형식 식별 자 (첫 번째 octet의 비트 8-5)이다.

① Q (Qualifier) : 데이터 패킷에서 사용, 제어패킷 : Q=0
② D (Delivery Confirmation) : 데이터 패킷과 호 설정 및 해제 패킷의 지점 간 또는 종단간의 확인 절차의 구별 : D=0(DTE-DCE), D=1(DTE-DTE)
③ 순서번호 : 01(3 bit : modulo 8), 10(7 bit : modulo 128)

(2) VCI(Virtual Circuit Identifier)
가상 회선 식별자이며 첫 번째 octet의 비트 4-1 과 두 번째 octet (12 bit 사용)을 사용한다.

(3) PTI(Packet Type Identifier)
패킷 형 식별자이며 패킷의 종류를 식별한다.(0 : 데이터 패킷, 1 : 제어패킷)

① P(S), P(R) : 패킷의 송신 및 수신번호, 에러 및 흐름 제어 기능을 수행한다.
② M : more bit, 긴 메시지를 여러 개의 데이터 패킷으로 분리되고 마지막 데이터 패킷을 제외하고 M=1로 설정한다.

9.8 패킷 라디오망의 MAC 프로토콜

모든 방송통신망에서는 한 번에 단지 하나의 단말기만이 공유된 전송 매체를 통하여 패킷을 전송할 수 있도록 제어하는 액세스 제어(access control) 기술을 필요로 한다. 따라서 패킷 라디오 망과 같은 다중 액세스 망에서는 MAC 프로토콜이 필요하게 된다. 패킷 라디오 망에서 사용되는 주요한 매체 액세스 기법은 경쟁(contention) 기법이다. 경쟁 기법이란 중앙 통제가 없어 모든 단말기들이 공유된 전송 매체를 먼저 점유하여 패킷을 전송하기 위해서 경쟁하는 기법을 말한다. 패킷 라디오 망에서 사용되는 대표적인 경쟁 프로토콜의 종류에는 ALOHA(Additive Links Online Hawaii Area) 프로토콜, 슬롯(Slotted) ALOHA 프로토콜, CSMA(Carrier Sense Multiple Access) 프로토콜 등이 있다.

1) ALOHA 프로토콜

ALOHA 시스템은 1970년 하와이 대학 연구팀에 의해 개발된 최초의 경쟁 기법 패킷 라디오 망으로서 여러 섬에 분산되어 있는 사용자들에게 중앙 컴퓨터의 이용을 쉽고 값싸게 제공하기 위해 설계된 것이다.

ALOHA의 전송 기법은 다음과 같다. 첫 번째, 송신 단말기는 원하는 단말기로 패킷을 전송한다. 두 번째, 송신 단말기는 패킷을 전송한 다음 일정한 시간 동안 수신 단말기의 응답을 기다린다. 세 번째, 수신 단말기는 정확한 패킷을 받으면 ACK(acknowledgement)를 송신 단말기로 전송하고, 잡음이나 패킷간의 충돌(두 패킷이 서로 부딪혀 데이터가 파괴되는 현상)로 인해 정확하지 않은 패킷을 받으면 무시하고 응답을 하지 않는다. 네 번째, 송신 단말기는 수신 단말기로부터 ACK를 받으면 그 다음 패킷을 전송하지만, 일정한 시간이 지나도 응답이 오지 않으면 동일한 패킷을 재 전송한다. 동일한 패킷을 재전송한 다음에 또 응답이 없으면 전송을 포기한다.

이와 같이 ALOHA는 단순하다는 장점을 가지고 있으나, 부하가 증가할수록 충돌의 횟수가 늘어나기 때문에 채널의 최대 이용률은 18% 정도 밖에 안 된다는 단점을 가지고 있다.

2) 슬롯 ALOHA 프로토콜

슬롯(Slotted) ALOHA는 최대 이용률이 18%인 ALOHA를 개선한 프로토콜이다. 슬롯 ALOHA의 전송 기법은 ALOHA와 유사하지만, 채널을 시간 슬롯(slot)으로 나누어 각 단말기는 할당된 시간 슬롯의 경계에서만 패킷을 전송한다는 차이점을 가지고 있다. 따라서 이와 같은 방법으로 패킷의 충돌 횟수를 줄여 채널의 최대 이용률을 37%로 증가시켰다. ALOHA와 마찬가지로 슬롯 ALOHA도 이용률이 별로 좋지 않음을 알 수 있다.

3) CSMA 프로토콜

CSMA(Carrier Sense Multiple Access) 방식은 전송을 원하는 단말기가 패킷을 전송하기 전에 전송매체를 살펴서 사용 여부를 판단하여 전송을 시도하는 방식을 말한다.

CSMA 방식의 전송 기법은 다음과 같다. 첫 번째, 전송을 원하는 단말기는 패킷을 전송하기 전에 전송매체를 살핀다. 두 번째, 전송 매체를 다른 단말기가 사용하고 있으면 일정한 시간만큼 기다린 다음 다시 시도한다. 세 번째, 전송 매체가 사용 중이 아니면 전송을 시작한다. 그러나 이 때, 둘 이상의 단말기가 동시에 전송 매체를 살펴서 사용 중이 아니라고 판단하여 동시에 전송하면 충돌이 발생하게 된다. 네 번째, 송신 단말기는 얼마의 시간 동안 ACK를 받지 못하면 동일한 패킷을 재 전송한다.

CSMA를 사용했을 때의 최대 이용률은 ALOHA나 슬롯 ALOHA의 경우보다 훨씬 크다. 이 때 최대 이용률은 전자기파지연시간과 패킷의 길이에 따라 달라진다. 다시 말해, 패킷의 길이가 길고 전자기파지연시간이 짧을수록 이용률은 높아지게 된다.

9.9 로컬망의 MAC 프로토콜

로컬망의 대표적인 MAC 프로토콜에는 CSMA/CD(CSMA with Collision Detection), 토큰 링(token ring), 토큰 버스(token bus) 등이 있다.

1) CSMA/CD 프로토콜

CSMA/CD(CSMA with Collision Detection) 프로토콜은 버스/트리 구조를 가지는 로컬망의 MAC 프로토콜로 가장 많이 사용되는 방식이다. CSMA/CD 프로토콜은 이름에서도 알 수 있는 바와 CSMA 방식을 사용하되 데이터를 전송하는 동안 전송 매체를 계속 살펴서 충돌(collision)이 감지(detection)되면 전송을 중단하는 방식이다.

CSMA/CD의 동작 원리는 다음과 같다. 첫 번째, 전송 매체가 사용 중이 아니면 데이터를 전송하고 전송 매체가 다른 단말기에서 사용 중이면 전송을 마칠 때까지 대기한다. 두 번째, 데이터를 전송하는 동안 전송 매체를 계속 살펴보고 있다가 전송 도중에 충돌이 일어난 것을 감지하면, 모든 단말기에게 충돌이 일어났다는 것을 알리는 잼(jam) 신호를 보내고, 전송을 중단한다. 세 번째, 잼 신호를 보낸 다음 적당한 시간을 기다린 후에 다시 전송을 시도한다.

CSMA/CD의 동작 원리는 다음과 같다. 먼저 단말기 A가 t_0 시간에 전송을 시작한다. 이어서 t_1 시간에 단말기 A의 패킷이 단말기 C에 도착하기 전에 단말기 C가 전송을 시작한다. 단말기 C는 t_2 시간에 곧 충돌을 감지하여 전송을 중지하고, 잼 신호를 모든 단말기에게 전송한다. 따라서 단말기 A는 잼 신호를 감지하고 전송을 중단한다. 따라서 충돌 감지 시간은 두 단말기가 가장 멀리 떨어져 있는 최악의 경우 종점 간 지연시간의 2배가 걸리게 된다.

이와 같이 방식으로 동작하는 CSMA/CD는 채널의 이용률이 30% 이하로 비교적 낮을 때 최적의 상태로 동작한다. 그러나 로컬 망을 지속적으로 사용하는 환경에서는 다른 형식의 프로토콜이 더욱 효과적일 수 있다. 예를 들면, 채널 이용률이 높은 상황에서는 일반적으로 토큰 링 방식이 CSMA/CD 방식보다 우수하게 동작한다.

2) 토큰링 프로토콜

토큰링(token ring) 기법은 IEEE802 표준 위원회에서 표준화를 위해서 선택한 링 액세스 방법이다. 토큰링의 기법은 링 주위를 순회하는 작은 토큰 패킷을 사용하여 데이터를 전송하게 된다.

토큰링의 동작원리는 다음과 같다. 첫 번째, 프리 토큰(free token)이 링 주위를 순회한다. 여기서 프리 토큰이란 모든 단말기가 휴지(idle) 상태에 있을 때의 토큰 패킷을 말한다. 두 번째, 패킷을 전송하려는 단말기는 프리 토큰이 지나가기를 기다리다가 프리 토큰이 지나가면 잡는다. 세 번째, 프리 토큰을 잡은 단말기가 01111111 형태를 가지는 프리토큰의 비트 패턴을 01111110 형태의 비지(busy) 토큰으로 바꾸고, 비지 토큰에 연이어서 곧 바로 패킷을 전송한다. 이 때, 링 내에는 프리 토큰이 없으므로 전송을 원하는 다른 단말기는 대기해야 한다. 네 번째, 패킷 전송이 모두 끝난 다음 비지 토큰을 프리 토큰 형태의 비트 패턴으로 바꾸고 전송이 끝난 패킷을 제거한다. 일반적으로 패킷 제거는 패킷을 받은 수신(destination) 단말기에서 수행할 수도 있고 패킷을 전송한 송신(source) 단말기에서 수행할 수도 있으나, 후자가 더 좋은 방법이다. 그 이유는 송신 단말기가 수신 단말기의 ACK의 여부를 알 수 있기 때문이다.

3) 토큰버스 프로토콜

토큰 버스(token bus) 방식은 단말기들이 물리적으로는 버스/트리 구조를 갖고 논리적으로는 링 구조로 동작하게 된다. 이 때, 단말기들의 논리적인 순서가 정해지기 때문에 단말기들은 자신의 순서에 맞게 동작하게 된다.

토큰버스의 동작 원리는 다음과 같다. 첫 번째, 토큰링과 마찬가지로 전송을 원하는 단말기는 토큰을 잡는다. 두 번째, 토큰을 소유한 단말기는 일정한 시간 동안 전송 매체를 제어하면서 패킷을 전송한다. 세 번째, 토큰을 소유한 단말기가 패킷 전송을 모두 끝냈거나 일정한 시간이 지나면 토큰은 다음 순서의 단말기로 이동된다. 이와 같이 동작하는 토큰 버스는 토큰(token)이 어차피 모든 단말기를 다 지나가기 때문에 네트워크의 부하(load)가 작을 때는 성능이 떨어지고, 부하가 클 때는 성능이 좋아진다는 특징을 가지고 있다. 또한 토큰 버스 기법은 공정한 액세스가 이루어지므로 경쟁이 없다.

9.10 IEEE802.11 프로토콜 개요

현재 IEEE802.11에서 표준화된 프로토콜 구조로서, 물리 계층은 각각의 무선 통신 방식에 따라 별도의 세부 규격이 정하여 졌으며, MAC계층은 이러한 서로 다른 물리 계층에서 공통적으로 운용되는 하나의 규격으로 정하여 졌다. 98년부터는 하이퍼(Hiper) LAN과 같이 5.2GHz대역에서 10Mbps이상의 속도를 갖는 무선 LAN으로 논리 LLC(Logical Link Control) 계층 및 보안기능을 포함한 표준화작업이 시작되었다.

IEEE 802.11이 채택한 MAC은 DFWMAC(Distributed Foundation Wireless MAC)라 부른다. DFWMAC은 통신 범위 내에 있는 모든 단말기와 서로 직접 통신을 할 수 있는 애드 혹 구성과 액세스 포인트와 분배 시스템을 포함한 기반 구조의 무선 LAN 모두에 사용되는 것을 목적으로 하고 있다. DFWMAC은 비 동기 데이터 서비스와 동기 서비스를 모두 제공한다. 히든 터미널(hidden terminal) 문제를 해결하기 위하여 RTS/CTS(Request To Send/Clear To Send) 및 네트워크 AV(Allocation Vector)를 추가로 사용한다. 또한 이동 단말기의 전원 문제를 고려하여 전력 제어 기능을 갖추고 있다.

DFWMAC 조합 기능은 크게 DCF(Distributed Coordination Function) 기능과 PCF(Point Coordination Function) 기능으로 나뉜다. DCF 기능은 경쟁에 의해 무선 채널을 획득하도록 하는 기능으로 비 동기 데이터 통신용에 사용되며, PCF 기능은 시간제한을 받는 동기 데이터 전송용으로 폴링 기법을 사용한다. 즉, 제어 국이 있다.

연 습 문 제

1. 프로토콜의 효율적인 관리에 대해서 설명하시오.

2. 프로토콜의 원리에 대해서 설명하시오.

3. 프로토콜의 구성에 대해서 설명하시오.

4. 프로토콜의 종류에 대해서 설명하시오.

5. PDU에 대해 설명하시오.

6. 패킷 교환망의 프로토콜에 대해 설명하시오.

7. 패킷 라디오망의 MAC 프로토콜에 대해서 설명하시오.

8. 로컬망의 MAC 프로토콜에 대해 설명하시오.

9. IEEE802.11 프로토콜에 대해 설명하시오.

제 10 장

TCP/IP

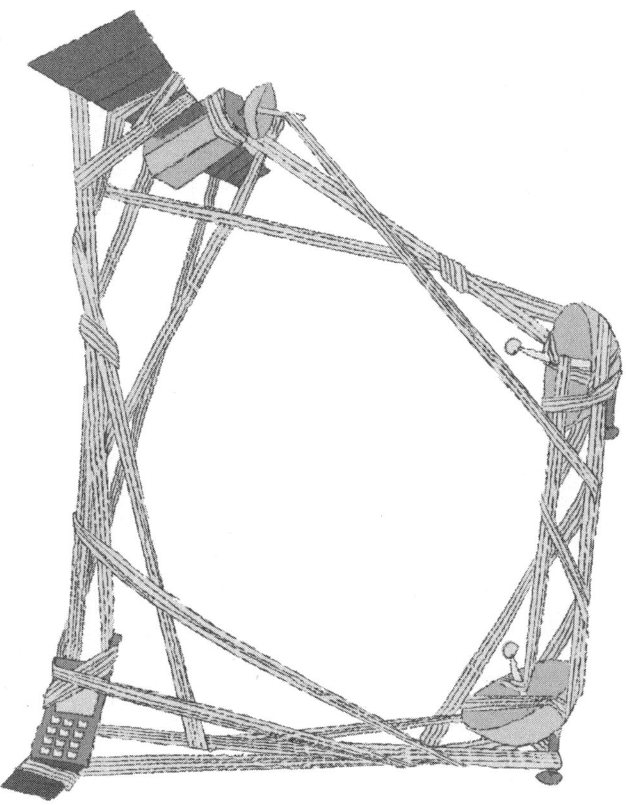

제10장 TCP/IP

TCP/IP(Transmission Control Protocol/Internet Protocol)는 문자 그대로의 의미로는 전송 제어 프로토콜과 인터넷 프로토콜을 의미한다. 실제로 TCP/IP는 TCP와 IP 즉 전송 제어 프로토콜과 인터넷 프로토콜의 조합으로 이루어져 있다.

TCP/IP란 네트워크 전송 프로토콜로서 OSI 참조 모델과 마찬가지로 오픈 시스템(open system) 즉 서로 다른 OS(Operation System)를 쓰는 컴퓨터 간에도 데이터를 정확하고 편리하게 전송할 수 있도록 하는 프로토콜로서 우리가 요즘 정보통신 분야에서 가장 많이 사용하고 활용하는 인터넷의 정보 전송을 위한 표준 프로토콜로 쓰이고 있다. TCP 즉 전송 제어 프로토콜은 송신 터미널이 수신 터미널에게 보내고자 하는 데이터를 전송하기 전에 일정 단위의 크기로 나누어서 다양한 기능을 부가하는 등의 부수적인 처리를 하는 것에 관한 프로토콜이다. 한편 IP 즉 인터넷 프로토콜은 TCP에서 다양한 기능을 부가하여 전 처리한 데이터를 송신 터미널과 수신 터미널 사이에서 직접 송수신하는 것에 관한 프로토콜이다.

이번 장에서는 TCP/IP의 계층 구조, 각 계층의 개념과 기능, 각 계층에서 사용되는 프로토콜과 서비스에 대해 알아보기로 하자.

10.1 개요

우리가 사용하는 모든 컴퓨터는 인터넷 망에 연결되어져 다른 컴퓨터들과 통신하고 또한 인터넷을 사용하기 위해서는 IETF(Internet Engineering Task Force)에서 제정한 프로토콜 즉 규약을 준수해야 하는 데 바로 이 규약이 인터넷 표준 프로토콜인 TCP/IP이다.

여기서 IETF는 이전에 살펴보았듯이 인터넷의 운영, 관리, 확장, 개발에 대해 의논하고 토의하여 표준화를 도출하는 단체로서 프로토콜에 대한 기본적인 사항과 확장적인 사항들에 대한 표준화에도 관여한다. IESG(Internet Engineering Steering Group)와 함께 인터넷에 대한 새로운 TCP/IP에 대한 표준화를 연구하는 단체이다. IETF에서 제정하는 인터넷 표준은 특별한 RFC(Request For Commend) 또는 RFC의 집합을 가리킨다. 표준 또는 표준의 일부가 되는 RFC는 인터넷 드래프트로 시작하며 뒤에 RFC 편집자를 거쳐 RFC로 받아들여져 출판된다. 뒤에 RFC는 Draft Standard라는 이름을 받고 마침내 표준이 된다. IESG을 통하여 대표되는 IETF만이 표준 트랙 RFC를 승인할 수 있다.

프로토콜이란 쉽게 말해 한 컴퓨터에서 다른 컴퓨터로 데이터를 정확하고 편리하게 위한 규약이다. TCP/IP에서 IP는 송신지와 수신지 주소를 가지고 있는 데이터 프레임의 헤더(header)를 참조해서 네트워크를 통해 데이터를 수신지에 전달한다. 그러나 이 과정에서 이전에 학습하였듯이 항상 정확하게 수신지에 데이터가 전송되어지는 것을 보장할 수 가 없다. 즉 다양한 원인 일반적으로 전송손상에 의해서 데이터가 잘못 전달되거나 파손될 수도 있고 또한 송신지에서 보내진 순서대로 데이터가 수신지에 수신되지 못할 수도 있다. 이러한 전송손상에 의한 에러를 방지하기 위해 다양한 전 처리를 수행하는 것이 TCP이다.

OSI의 7 계층 구조에 의하면 TCP는 계층 4에 그리고 IP는 계층 3에 해당되는 프로토콜의 이름이다. 그러나 보통 우리가 TCP/IP라고 말하면 이는 계층 3, 계층 4 프로토콜만 얘기하는 것이 아니라 TCP/IP 프로토콜 조합을 의미하는 경우가 대부분이므로 여기에는 OSI의 계층 5, 6, 7에 해당하는 여러 가지 응용 프로토콜과 계층 3, 계층 4에 있는 또 다른 프로토콜도 포함된다. 다시 말하면 오늘날 인터넷을 움직이는 통신 소프트웨어의 뼈대가 되는 모든 프로토콜을 말하며 이는 망 구조에 해당된다. 따라서 TCP/IP와 인터넷을 따로 떼어놓고 생각하는 것은 불가능하다.

따라서 인터넷에 대해 간단히 살펴보기로 하자. 인터넷은 전 세계의 수천 개 컴퓨터 네트워크들이 상호 통신할 수 있도록 구성된 것이다. 각각의 네트워크들은 TCP/IP(Transmission Control Protocol/Internet Protocol)를 통해서 정보를 교환한다. 최근 들어 우리의 생활에서 인터넷이라고 하는 말을 자주 접하게 되었다. 인터넷의 이용은 폭발적으로 증가하고 있으며, 특히 월드 와이드 웹(WWW)을 통한 정보 교환은 경이적인 속도로 증가하고 있다. 1994년 무렵부터 주목되었던 초고속 정보통신망이 정책적으로 구상되면서 전 세계적으로 불기 시작한 인터넷 붐은 우리나라에도 영향을 미쳐 94년 말 텍스트 인터넷으로 시작해 95년 초부터 웹으로 발전, 지금까지 이어져 오고 있다.

현재 인터넷에는 수백만 개의 도메인과 수천만 대 이상의 컴퓨터 단말기가 세계 130개국 이상에서 접속되어 수억 이상의 이용자를 가지고 있지만 하루가 다르게 증가하여 정확한 이용자수는 헤아릴 수 없을 정도로 많다. 이렇게 인터넷이 급속하게 퍼진 것은 대부분 웹 서비스의 활성화에 기인한다고 보는 게 일반적인 견해이다. GUI(Graphic User Interface)와 하이퍼텍스트(hypertext) 방식의 웹은 인터페이스가 단일화되고 인터넷의 여러 서비스가 통일되어 일반인들도 쉽게 인터넷에 접할 수 있게 만들어 주게 되었다.

인터넷은 정보와 자료 교환을 위하여 ARPA(Advanced Research Projects Agency)에 의해서 개발된 네트워크에 기원을 두고 있다. 1969년에 만들어진 ARPANET에서 관심 분야가 같은 그룹들 간에 정보를 교환할 수 있도록 원격 로그인(remote login), 파일 전송(file transfer), 전자 메일(electronic mail) 등의 네트워크 도구를 제공해 주었고 인터넷에서는 이러한 서비스가 기반이 되었다. ARPANET은 다른 네트워크가 개발되는 동안에 꾸준히 성장하였다. 그러나 ARPANET의 NCP 프로토콜로는 다른 네트워크의 다양한 특성들을 수용할 수 없었고 ARPANET의 설계자들은 점차 다른 네트워크와의 통신 수단을 위한 새로운 프로토콜의 필요성을 깨달았다. 그들이 개발한 새로운 구조를 ARPA 인터넷이라고 하고, 새로운 프로토콜을 TCP/IP 라고 부르게 되었다.

인터넷은 TCP/IP를 뼈대로 한 거대한 네트워크이며 서비스로 정의할 수 있다. 우선 TCP/IP의 등장 배경부터 살펴보기로 하자. 1960년대 후반과 1970년대 초의 네트워크는 각기 다른 네트워크에 속하는 사용자들이 자원을 공유하도록 지원하지 않았다. 네트워크 관리자들은 보안상의 문제로 사용자들이 자원에 마음대로 접근하는 것을 꺼려하였고 어떤 정보 시스템의 사용자가 자신의 사용 범위를 다른 네트워크로 확대하도록 하는 것이 매우 어려운 상태였다. 이러한 기간 동안 자원을 여러 사용자들이 공유하는 것이 좋다는 점을 점차 인식하게 되었다. 최종 사용자 응용 프로그램이 서로 상호 접속되기 위해서는 네트워크 관리자가 아닌 전자 우편이나 파일 전송과 같은 응용의 표준화가 뒤따라야 했다. TCP와 IP는 이러한 문제를 해결하기 위해서 개발되었다.

네트워크를 서로 접속하는 필요성은 이와 같이 자원의 공유측면과 정보의 교환 측면에서 긴히 필요하게 되었다. 이때, 네트워크간의 접속에 필요한 프로토콜이 필요한 것이다. 이 프로토콜로서 TCP/IP 프로토콜이 존재하며, 이 프로토콜을 사용하여 서로 접속된 네트워크를 인터넷이라 한다. 즉, 여러 개의 네트워크들이 서로 유기적으로 결합되어 있는 커다란 하나의 가상 네트워크를 인터넷이라고 하는 것이다. 따라서 인터넷에 가입한다는 의미는 이 커다란 네트워크에 접속함을 의미한다. 다시 말해 TCP/IP는 네트워크와 또 다른 네트워크간의 연결을 위해 만들어진 셈이고 오늘날 인터넷에서 그 역할을 다하고 있다.

10.2 TCP/IP 계층 구조와 프로토콜

TCP/IP는 OSI 모델을 직접 따르지 않는다. TCP/IP 계층은 응용 계층(application layer), 전달 계층(transport layer), 인터넷 계층(internet layer), 네트워크 계층(network layer)으로 구성된다.

그림 10.1에 TCP/IP와 OSI 7 계층을 서로 비교하였다. TCP/IP의 응용 계층은 OSI 모델의 응용 계층, 표현 계층과 세션 계층에 해당되며 TCP/IP의 전송 계층은 OSI 모델의 전송 계층에 해당되며 TCP/IP의 인터넷 계층은 OSI 모델의 네트워크 계층에 해

당되며 TCP/IP의 네트워크 계층은 OSI 모델의 데이터 링크 계층과 물리 계층에 해당된다.

TCP/IP 각 계층의 프로토콜과 서비스는 다음과 같다. 응용 계층(application layer)에서는 FTP(File Transfer Protocol), Telnet, HTTP(Hyper Text Transfer Protocol), DNS(Domain Name System), SMTP(Simple Mail Transfer Protocol), NFS(Network File System), TFTP(Trivial File Transfer Protocol), RPC(Remote Procedure Call), NTP(Network Time Protocol), SNMP(Simple Network Management Protocol), Ping(Packet InteNet Groper), Rlogin, Rsh, X 윈도우 시스템, kerberos, 전송 계층(transport layer)에서는 TCP(Transmission Control Protocol)와 UDP(User Datagram Protocol)에, 인터넷 계층(internet layer)에서는 IP(Internet Protocol), ICMP(Internet Control Message Protocol), ARP(Address Resolution Protocol), RARP(Reverse Address Resolution Protocol), 라우팅 프로토콜(routing protocol), 네트워크 접속 계층(network access layer)에서는 Ethernet과 FDDI(Fiber Distributed Data Interface), 토큰 링(token ring) 등이 있다. 이 후에 상세하게 살펴보기로 하자.

<table>
<tr><td>7 계층</td><td>응용</td><td rowspan="3">응용</td><td rowspan="3">FTP,Telnet, HTTP, DNS, SMTP, NFS, TFTP, RPC, NTP, SNMP, Ping, Rlogin, Rsh, X 윈도우 시스템, kerberos</td></tr>
<tr><td>6 계층</td><td>표현</td></tr>
<tr><td>5 계층</td><td>세션</td></tr>
<tr><td>4 계층</td><td>전송</td><td>전송</td><td>TCP, UDP</td></tr>
<tr><td>3 계층</td><td>네트워크</td><td>인터넷</td><td>IP, ICMP, ARP, RARP, 라우팅 프로토콜</td></tr>
<tr><td>2 계층</td><td>데이터 링크</td><td rowspan="2">네트워크 접속</td><td rowspan="2">Ethernet, FDDI, 토큰 링</td></tr>
<tr><td>1 계층</td><td>물리</td></tr>
<tr><td>계층번호</td><td>OSI 7 계층</td><td>TCP/IP</td><td>프로토콜과 서비스</td></tr>
</table>

그림 10.1 TCP/IP와 OSI 모델 비교

10.2.1 계층 구조

TCP/IP 계층은 앞에서 살펴보았듯이 응용 계층(application layer), 전송 계층(transport layer), 인터넷 계층(internet layer), 네트워크 접속 계층(network access layer)으로 구성된다. 이번 절에서는 계층의 기능과 개념에 대해 살펴보기로 하자.

1) 응용 계층

TCP/IP의 응용 계층은 OSI 7 계층의 응용 계층, 표현 계층과 세션 계층에 해당되며 이 계층은 네트워크를 실제로 사용하는 응용 프로그램 및 서비스 즉 FTP(File Transfer Protocol), Telnet, HTTP(Hyper Text Transfer Protocol), DNS(Domain Name System), SMTP(Simple Mail Transfer Protocol), NFS(Network File System), TFTP(Trivial File Transfer Protocol), RPC(Remote Procedure Call), NTP(Network Time Protocol), SNMP(Simple Network Management Protocol), Ping(Packet InteNet Groper), Rlogin, Rsh, X 윈도우 시스템, kerberos 등으로 이루어진다.

2) 전송 계층

이 계층의 역할은 도착하고자 하는 시스템까지 데이터를 전송하는 것이다. 전송 계층의 프로토콜에는 TCP와 UDT가 있다. TCP/IP에서는 시스템의 주소와 포트를 가지고 각 프로세스를 연결해서 통신을 하게 되며 OSI 모델의 전송 계층에 해당하는 부분은 TCP/IP의 TCP에 해당한다.

TCP는 패킷에 에러가 없고, 중복됨이 없이 보내어진 순서대로 상대편이 받을 수 있도록 신뢰성이 있는 데이터의 전송을 보장하는 프로토콜이다. TCP는 신뢰성이 있는 만큼 헤더에 각종 에러 코드에 대응할 수 있는 각종 정보를 가지고 있다.

3) 인터넷 계층

이 계층의 역할은 데이터 그램을 정의하고 데이터 그램을 라우팅시키는 일을 담당한다. 데이터를 정확히 보내는 역할을 하는 것으로 데이터 그램이란 IP 프로토콜에서 다루는 패킷 데이터를 말한다. 데이터 그램이 가지고 있는 자료는 보낸 주소(source address), 목적지 주소(destination address), 보내는 데이터, 몇 가지 제어 필드를 가지고 있다. OSI 모델에서는 네트워크 계층에 해당한다.

인터넷 계층에서의 프로토콜은 IP(Internet Protocol), ICMP(Internet Control Message Protocol), ARP(Address Resolution Protocol), RARP(Reverse Address Resolution Protocol), 라우팅 프로토콜(routing protocol) 등이 있다.

4) 네트워크 접속 계층

네트워크 접속 계층은 하드웨어에 관련된 기본적인 기능들을 제어하고 상위 계층인 인터넷 계층에 대한 표준 인터페이스를 제공한다. 실제로 네트워크 계층에 대해서는

TCP/CP 프로토콜에 따로 정의한 내용은 없고 IEEE에서 정해놓은 하드웨어 표준에 따른다.

네트워크 계층에서 사용하는 프로토콜과 서비스는 Ethernet과 FDDI(Fiber Distributed Data Interface), 토큰 링 (token ring) 등이 있다.

10.2.2 TCP/IP의 계층 프로토콜과 서비스

이전 절에서 언급한 TCP/IP의 계층 프로토콜과 서비스에 대해 알아보기로 하자.

1) 응용 계층의 프로토콜과 서비스

응용 계층의 프로토콜과 서비스는 다음과 같다. FTP(File Transfer Protocol), Telnet, HTTP(Hyper Text Transfer Protocol), DNS(Domain Name System), SMTP(Simple Mail Transfer Protocol), NFS(Network File System), TFTP(Trivial File Transfer Protocol), RPC(Remote Procedure Call), NTP(Network Time Protocol), SNMP(Simple Network Management Protocol), Ping(Packet InteNet Groper), Rlogin, Rsh, X 윈도우 시스템, kerberos 등이 있다.

(1) FTP

FTP(File Transfer Protocol)는 인터넷을 통하여 파일을 전송할 수 있도록 하는 간단한 프로토콜이다. 즉 사용자 편리성을 위한 파일 전송 서비스를 지원하는 프로토콜이다. 이러한 작업이 가능하기 위해서는 통신하고자 하는 두 시스템에 사용자 계정을 가지고 있어야 하며 시스템 운용자에 의해 특별한 설치 작업이 필요하다.

사용자가 접속하는 전 세계의 헤아릴 수 없는 컴퓨터에 자신의 계정을 모두 만든다는 것은 불가능하다. 따라서 Anonymous(익명의) FTP는 접속한 시스템에 자신의 이름이 없을 때를 해결할 수 있는 좋은 방법이다. 외부 사용자는 FTP로 연결하고 시스템에 들어가기 위해서 사용자의 아름으로 anonymous를 사용하고 비밀 번호로 자신의 전자메일 주소를 입력한다.

실제적인 파일을 전송받기 위해서는 get 명령, 전송하기 위해서는 put 명령이 사용된다. 일반적인 경우, 원격지의 파일을 전송받으면 현재 내가 접속하고 있는 호스트 파일 서버에 저장하게 된다. 그러나 인터넷 서버와 내가 현재 사용하고 있는 컴퓨터가 네트워크로 연결되어 있다면 직접 하드 디스크로 가져 올 수 있다. 접속한 호스트나 원격지의 호스트에서 사용 중인 컴퓨터로 파일을 가져오려면 먼저 FTP 접속 프로그램을 실행시킨 후에 사용해야 한다. 사용하고자 하는 파일을 찾은 후에는 get 명령을 실행시킨다. 여기서 주의할 점은 파일이 들어 있는 폴더까지 cd 명령을 이용하여 이동시킨 후 get 명령을 사용 할 때 반드시 파일과 확장 자를 모두 써 주어야 한다는 점이다.

표 10.1 FTP 명령어

open	사용법	open FTP 서버주소
	기능	새로운 FTP에 접속
close	사용법	close
	기능	현재 접속중인 FTP 서버와의 접속을 중지
quit	사용법	quit
	기능	FTP 프로그램을 종료
dir	사용법	dir
	기능	도스의 dir 명령과 같은 기능을 수행
get	사용법	get 파일이름
	기능	FTP 서버로부터 사용자 영역으로 파일을 가져옴
put	사용법	put 파일이름
	기능	사용자 영역에서 FTP 서버로 파일을 보냄
hash	사용법	hash
	기능	파일 전송 시 전송되는 양을 표시
ascii	사용법	ascll
	기능	텍스트 파일을 전송하기 위해 ASCII 모드로 전환
binary	사용법	binary 또는 bin
	기능	이진 파일을 전송하기 위해 BYNARY 모드로 전환
help	사용법	help (?)
	기능	도움말을 제공

(2) Telnet

Telnet 한마디로 말하면 원격 시스템 접속용 프로그램이라고 한다. 네트워크 사용자는 접속한 컴퓨터에 아무리 멀리 있을지라도 네트워크로 연결되어만 있으면 자신의 컴퓨터를 사용하는 것처럼 사용할 수 있다. 또한 동시에 여러 대를 접속해서 사용할 수도 있다. 접속한 컴퓨터 안에 있는 내용 검색은 물론 파일의 전송도 가능하다. 서비스를 공개하는 곳에 접속할 때는 문제가 없지만, 비공개 서비스에 접속하려면 그 호스트에 자신의 사용자 계정이 있어야 한다.

다음과 같이 Telnet 프로그램이 실행되면 telnet> 이라는 새로운 프롬프트가 나타나게 된다. Telnet 프로그램에서 접속을 할 때에 사용하는 명령은 open 이다. 예를 들어 여주대학에 접속하려면 다음과 같이 하면 된다.

telnet>open yit.ac.kr

표 10.2 텔넷 명령어

명령어	의미
open	원격 시스템으로 연결
close	연결을 종료
quit	연결을 끊고 Telnet을 종료
z	자신의 컴퓨터에서 명령이 수행되도록 Telnet을 일시적으로 정지
?	Telnet 명령에 대한 도움말을 출력

Telnet에서는 접속하는 방법 중에서 Telnet을 실행시키며 바로 접속을 할 수 있도록 다음과 같은 방법을 사용할 수 있다.

% telnet yit.ac.kr

(3) HTTP

HTTP(Hyper Text Transfer Protocol)는 우리가 많이 사용하는 인터넷에서 하이퍼텍스트(hypertext) 문서를 교환하기 위하여 사용되는 통신규약이다. 하이퍼텍스트(hypertext)의 사전적 의미는 전자적으로 축적된 방대한 정보를 컴퓨터로 검색하게 할 수 있는 기술을 말한다. 하이퍼텍스트란 관련 정보를 즉시 참조할 수 있는 비선형 문서로써 문자로만 이루어진 정보를 포함한다.

하이퍼텍스트는 노드(node)와 링크(link)로서 구성되며 노드는 지식베이스내의 모든 정보로써 계층적 구조로 구현되고, 링크는 개념적인 요소 간 연결선으로 라벨(label)이 붙어 있다. 하이퍼텍스트는 동적으로 움직이는 영상과 애니메이션(animation)이 가능하며 수정 및 배포가 용이하다. 또한 대용량 문서의 물리적 공간을 절약함으로써 자원을 효율적으로 사용할 수 있으며 동시성을 갖는다. 하이퍼텍스트는 문서 중간 중간에 특정 키워드를 두고 문자나 그림을 상호 유기적으로 결합하여 연결시킴으로써, 서로 다른 문서라 할지라도 하나의 문서인 것처럼 보이면서 참조하기 쉽도록 하는 방식을 의미한다.

http는 1989년 팀 버너스 리(Tim Berners Lee)에 의하여 처음 설계되어 인터넷을 통한 월드 와이드 웹(World-Wide Web) 기반에서 전 세계적인 정보공유를 이루는데 큰 역할을 하였다. http의 첫 번째 버전은 인터넷을 통하여 가공되지 않은 데이터를 전송하기 위한 단순한 프로토콜이었으나, 데이터에 대한 전송과 요구·응답에 대한 수정 등 가공된 정보를 포함하는 프로토콜로 개선되었다.

(4) DNS

DNS(Domain Name System)는 TCP/IP을 사용하는 네트워크에서 사용되는 도메인 이름 시스템이다. TCP/IP을 사용하는 네트워크에서는 도메인(domain)이라고 하는 논리적 그룹을 계층적으로 설정할 수 있고, 논리적 그룹 명칭인 도메인 이름(domain name)을 컴퓨터의 명칭 즉 호스트 이름(host name)의 일부에 포함시켜 이용하는 방법이 있다. 다시 말하자면 DNS는 도메인 이름 혹은 호스트 이름을 숫자로 된 IP 주소로 해석해 주는 기능을 수행한다.

접속하려고 하는 컴퓨터나 찾고 있는 어떤 자료에 어떻게 도달할 수 있는가 하는 것은 네트워크를 사용하는데 있어서 아주 중요하고 어려운 문제이다. 만약 어떤 사람이 집 주소를 물어본다면, 사람들은 아마도 번지, 시, 나라, 우편번호 등을 생각할 것이다. 마찬가지로, 컴퓨터 주소도 이와 비슷한 구조를 갖는다. 일반적인 형태는 다음과 같다.

사용자의 전자메일 주소 : user@somewhere.domain
컴퓨터 이름 : somewhere.domain

사용자 부분은 일반적으로 그 시스템의 사용자 계정 이름을 말하지만 이것은 반드시 그런 것은 아니다. somewhere.domain은 시스템의 이름이나 위치와 어떠한 기관에 이 컴퓨터가 있는지를 말해준다. 도메인의 마지막 부분은 대체로 아래 것들 중의 한 가지를 나타낸다.

표 10.3 다양한 도메인

이름	의미
com, co	일반적으로 회사나 상업적인 목적의 기관
edu, ac	교육기관
gov	정부기관
mil	군사기관
net	게이트웨이 시스템이나 네트워크를 관리하는 호스트
org	다른 도메인을 사용하기에 적합하지 않은 기관

각 나라는 또한 그들 고유의 가장 상위 레벨 도메인을 갖고 있다. 예를 들면, us 도메인은 각 50개 주를 모두 포함한다. 마찬가지로, 다른 나라들도 다음과 같이 가장 상

위레벨 도메인을 사용하고 있다. 즉, kr은 Korea, jp는 Japan, au는 Australia 그리고 ca는 Canada 등을 나타낸다.

기관의 도메인 이름에 대한 전문용어는 기관의 FQDN(Fully Qualified Domain Name)이라고 하며, 이것은 그 기관의 구조 또는 후원기관을 명확하게 나타내기 위해 정해진다. 따라서 보통의 도메인 이름의 뜻을 파악하는 것은 그다지 어려운 문제는 아니다.

IP(Internet Protocol)는 원격지의 어드레스를 지정한다. 네트워크는 여러 컴퓨터 사이에 정보를 교환하기 위해 통신을 하고 있기 때문에 네트워크상의 컴퓨터는 반드시 각자의 고유한 IP 어드레스를 가져야 한다. IP 어드레스는 32비트 2진수로 이루어지며, 8비트 단위로 잘라서 점(.)으로 구분해 10진수로 나타낸다.

11010010　01101001　00010000
↓
00100000

그러나 숫자로만 주소를 표현하면 외우기 어렵고 혼동하기도 쉬우므로 인터넷에서 주소를 나타낼 때는 이런 숫자를 쓰지 않고 보통 DNS(Domain Name System)라는 것을 이용해 문자로 표현한다. 쉽게 외우고 이해할 수 있는 문자로 인터넷 주소를 표기하는 게 사용자들에게 훨씬 편리하기 때문이다. 실제로 위의 IP 어드레스는 다음과 같이 DNS를 이용해 문자열 주소로 바꿀 수 있다. 이 때 문자열 주소를 도메인 이름(domain name)이라고 한다.

IP 어드레스 : 210.105.16.32
↓ DNS
도메인 이름 : www.yit.ac.kr

기능적으로는 IP 어드레스와 도메인 이름은 서로 같다. 네스케이프에서 사이트 주소를 입력할 때 IP 어드레스를 사용하든 도메인 이름을 사용하든 관계없다. 다만 도메인 이름을 사용하면 DNS(Domain Name Server)에 있는 IP 어드레스 데이터베이스를 참조하게 된다.

도메인 이름을 사용하는 또 다른 이점은 웹 사이트에서의 주소 관리가 간편하다는 것이다. 만약 웹 사이트의 링크를 전부 IP 어드레스로 하였다면 IP 어드레스가 바뀔 때마다 모든 링크를 다시 수정해야 한다. 그러나 링크에 도메인 이름을 사용하면 DNS에서 IP 어드레스만 수정하면 도메인 이름을 수정할 필요가 없다. 도메인 네임 서버의 관리는 DNS에서 알아서 하기 때문에 일반 사용자는 도메인 이름만 사용하면 된다.

(5) SMTP

SMTP(Simple Mail Transfer Protocol)는 인터넷에서 이메일을 보낼 때 이용하게 되는 표준 통신 규약을 말한다. SMTP와 관련된 프로토콜의 표준은 IETF의 STD(Software Test Description)와 RFC에서 정해진 것이다. 서버에서 서버로의 프로토콜이며 이외의 다른 여러 프로토콜은 메시지를 접속하기 위해서 사용한다. SMTP 동작은 연결 설정(connection setup), 메일 전송(mail transfer), 연결 해제(connection closing)라는 세 가지 단계로 이루어진다.

(6) NFS

NFS(Network File System)는 원격 호스트에 있는 파일이나 자원에 대한 사용을 허가하는 서비스를 제공한다. NFS는 선 마이크로시스템(Sun Microsystems)이라는 회사에 의해 처음으로 개발되었으며 현재 다양한 OS에서 사용되어지고 있다.

(7) TFTP

TFTP(Trivial File Transfer Protocol)는 로컬 호스트와 원격 호스트 사이에 양방향으로 데이터를 전송하는 기능을 제공한다. TFTP는 신뢰성 제어 기능을 가지고 있어서 두 호스트 사이에서의 데이터 전송 시 정확한 통신이 가능하게 한다.

(8) RPC

RPC(Remote Procedure Call)는 로컬 호스트에서 실행되는 절차(procedure)가 원격 호스트에서 실행되는 절차를 호출할 수 있는 기능을 제공해 준다. RPC 서비스는 통신 응용 프로그램을 구현하는 방법론을 제공하며 서로 다른 응용 요소들이 투명한 방식으로 통신할 수 있는 기능을 제공한다.

(9) NTP

NTP(Network Time Protocol)는 네트워크에 연결되어 있는 모든 터미널들의 시간과 날짜 등을 정확하게 맞추어 주는 기능을 제공한다. 현재에는 컴퓨터 시스템들의 정확한 시간 제공이 일반화 되었지만 실제로 정확한 시간을 제공하는 시스템은 간단하지가 않으며 상당히 복잡한 메커니즘이다. 따라서 네트워크 상의 모든 컴퓨터 시스템들의 정확한 시간 제공은 네트워크를 유지하는 데 상당히 중요한 부분이 된다.

(10) SNMP

SNMP(Simple Network Management Protocol)는 MIB(Management Information Base)를 통해 네트워크 관리 서비스를 제공한다. 매니저와 에이전트사이에 특정한 정보를 정확하게 주고받도록 하는 것이 네트워크 관리의 목적이다. 한편 관리 되어야 할 특정한 정보나 자원(Resource) 등을 객체(object)라 하는 데 이런 객체들을 모아놓은 집합체를 MIB라고 한다.

TCP/IP 환경의 인터넷 망 관리를 위해서 처음에는 ICMP(Internet Control Message Protocol)를 이용하여 각 터미널 간의 연결 상태 등을 파악했다. 우리가 주로 두 호스트 사이의 연결을 확인해 주는 기능으로 사용하는 ping이 ICMP를 이용한 것이다. 그러나 이는 단순하게 상대방 호스트가 작동하고 있는 지에 대한 정보나 응답 시간을 측정하는 등의 기능만을 제공하고 있다. 그러나 인터넷에 접속되는 호스트가 엄청나게 늘어나고 네트워크의 구성이 복잡해지면서 새로운 표준화된 프로토콜이 필요하게 되었다. 이에 따라 88년 초 IAB(Internet Architecture Board)에서는 표준화 작업을 시작했으며 이때까지 연구가 진행되어오던 HEMS(High-Level Entity Management System), SGMP(Simple Gateway Monitoring System), CMIP(Common Management Information Protocol), CMIS(Common Management Information Services) 중에서 SGMP를 발전시킨 SNMP를 표준으로 채택하기로 결정했다.

(11) Ping

Ping(Packet InteNet Groper)은 두 호스트 사이의 연결을 확인해 주는 기능을 제공한다. 인터넷을 사용하다 보면 접속하기를 원하는 원격 컴퓨터에 접속이 되지 않는 경우가 종종 있다. 이런 경우에 접속되지 않는 이유를 알아보기 위해 사용하는 명령어가 바로 ping 명령어이다. 이 명령어를 사용하면 원격 컴퓨터에서 메시지가 오는 데 이 메시지에는 원격 컴퓨터에 접속이 되지 않는 이유가 들어있다.

(12) Rlogin

Rlogin은 위에서 살펴본 Telnet과 유사한 서비스로 UNIX 계열 OS를 사용하는 시스템을 위해 제공된다. Rlogin은 로컬 호스트의 사용자가 원격 호스트를 사용하기를 원할 때 이용된다.

(13) Rsh

Rsh는 하나의 로컬 호스트에 있는 사용자가 또 다른 호스트에 있는 OS 기능을 호출하거나 응용 프로그램을 실행할 수 있도록 하는 원격 실행 서비스이다.

(14) X 윈도우 시스템

X 윈도우 시스템은 그래픽 디스플레이 상에 윈도우 시스템을 구현하느 분산형 그래픽 표현 서비스이다.

(15) kerberos

kerberos는 분산 컴퓨팅 환경에서 클라이언트(client) 요소와 서버 요소 사이의 상호 인증을 제공하는 시스템이다.

2) 전송 계층의 프로토콜과 서비스

전송 계층의 프로토콜과 서비스에는 TCP와 UDT가 있다.

(1) TCP

TCP(Transmission Control Protocol) 신뢰성 있는 경로를 설정하고 순차적인 데이터 전달 서비스를 제공하는 연결형 서비스(connection-oriented service) 프로토콜이다. 데이터를 전송하는 TCP는 메시지를 정해진 규격의 세그먼트(segment)로 분할하여 자신의 하위 계층인 네트워크 계층으로 전송하고 데이터를 수신하는 TCP는 수신된 세그먼트들을 원래의 메시지 형태로 조립하여 자신의 상위 계층인 응용 계층으로 전송한다.

(2) UDP

UDP(User Datagram Protocol)은 IP 데이터 그램 전달 서비스에 약간의 기능만 추가된 간단한 전송 프로토콜이다. UDP는 TCP에 비해 제공되는 기능이 아주 적고 비연결형 서비스(connectionless service)로서 일반적으로 높은 신뢰성을 요구하는 서비스가 아니라 전송되어진 데이터의 정확한 수신 여부를 확인하는 것이 불가능한 서비스이다.

3) 인터넷 계층의 프로토콜과 서비스

인터넷 계층에서의 프로토콜과 서비스에는 IP(Internet Protocol), ICMP(Internet

Control Message Protocol), ARP(Address Resolution Protocol), RARP(Reverse Address Resolution Protocol), 라우팅 프로토콜(routing protocol) 등이 있다.

(1) IP

IP(Internet Protocol)는 하나의 호스트에서 또 다른 호스트로 패킷을 전송하는 비 연결형 최선 노력 데이터 전달 서비스를 제공한다. IP는 단순히 패킷을 전송할 경로를 제공하며 흐름 제어(flow control) 기능이나 에러 제어(error control) 기능을 제공하지 않는다.

(2) ICMP

ICMP(Internet Control Message Protocol)는 IP 서비스를 이용하여 호스트들이 오류에 대한 보고를 할 수 있는 기능을 제공하는 프로토콜이다. 즉 다시 말하면 IP에서 발생할 수 있는 문제점 등을 해결하는 기능을 제공한다.

(3) ARP

ARP(Address Resolution Protocol)는 근원지 호스트가 목적지 호스트의 인터넷 주소(IP 주소)로부터 목적지 호스트의 물리적 하드웨어 주소를 결정하여 목적지 호스트로 직접 데이터를 전달할 수 있는 기능을 제공한다. 즉 인터넷 주소를 물리적 하드웨어 주소로 번역해 주는 기능을 한다.

(4) RARP

RARP(Reverse Address Resolution Protocol)는 인터넷 주소를 가지지 못한 호스트가 인터넷 주소를 가질 수 있도록 하는 기능을 제공한다.

(5) 라우팅 프로토콜

인터넷 망의 근본적인 목적은 송신 터미널에서 패킷을 받아서 최종 목적지인 수신 터미널로 전달하는 것이다. 한 개 이상의 경로가 가능하므로 최적 경로의 선택을 위해 라우팅 즉 경로 설정을 해야 한다. 경로 설정의 기준에는 일반적으로 성능 기준, 결정 시간, 결정 장소, 경로 설정 방법이 있다.

경로 설정은 일반적으로 어떤 성능 기준(performance criteria)에 근거하여 정해진다. 가장 간단한 성능 기준으로 최단 경로(shortest path)를 선택하는 것이다. 여기서 최단 경로란 송신 터미널에서 최종 수신 터미널까지 존재하는 많은 노드들 중에서, 최소의 노드들을 통하여 전송하는 것을 말한다. 이러한 최단 경로 기준을 일반화시킨 것이 최소비용경로(least-cost route)이다. 이 경우에는 각 링크에 비용이 주어지게 되고, 네트워크 상의 경로 중에서 최소 비용이 드는 경로를 선택하여 패킷을 전송하는 것이다.

결정 시간(decision time)은 네트워크의 패킷 처리 방식이 데이터 그램인지 또는 가상회선인지에 따라 다르게 된다. 패킷 처리 방식이 데이터 그램인 경우에 경로 설정 결정은 패킷마다 개별적으로 이루어지며 패킷 처리 방식이 가상회선인 경우 회선이 설립될 때 경로설정 결정이 이루진다.

경로 설정은 결정 장소(decision place)에 따라 다르다. 분산 경로 설정(distributed routing)인 경우에는 각 노드가 경로 설정을 결정하게 되고, 중앙 경로설정(centralized routing)은 중앙 노드에서 모든 각 노드의 경로 설정을 결정하게 된다.

경로 설정 방법은 일반적으로 비 적응(nonadaptive) 경로 설정 방법과 적응(adaptive) 경로 설정 방법의 두 가지 그룹으로 분류한다. 비적응 경로 설정 방법은 현재의 통신 량과 토폴로지에 상관없이 네트워크가 활성화될 때 바로 결정되는 방식으로 고정 경로설정(fixed routing), 플러딩(flooding) 방식이 여기에 속한다. 적응 경로 설정 방법은 일정기준 시간마다 통신 량과 토폴로지의 상황 변화를 감지하여 경로설정을 변경하는 방식으로 근원지 노드 경로 설정(source node routing), 분산 경로 설정(distributed routing), 집중 경로 설정(centralized routing) 방식이 여기에 속한다.

네트워크의 토폴로지를 고려하여 네트워크 상의 모든 근원지-목적지 노드 쌍에 대해서 하나의 경로씩을 미리 결정해 두는 가장 단순한 방식이다. 결정 장소가 집중형인 경우에는 중앙에 모든 노드들의 최적경로를 표시하는 경로설정 테이블을 갖게 되며, 표의 가능한 경로 중에서 최저비용 경로설정 방법을 사용하여 패킷을 전송하게 된다. 결정 장소가 분산형인 경우에는 각 노드가 자기의 경로설정 테이블을 갖게 되며, 이 경우도 가능한 경로 중에서 최저비용 경로 방법을 사용하여 매 패킷이 도착할 때마다 최적의 경로를 선택하여 전송하게 된다.

이와 같은 고정 경로 설정 방식은 단순하다는 장점을 가지고 있으나, 경로들은 고정적이어서 갱신되지 않으므로 유연성이 없다는 단점을 가지기 때문에 많이 사용되지 않고, 네트워크의 규모가 작은 경우에 가끔 사용되는 방식이다.

플러딩 방식은 통신 량이나 토폴로지에 대한 네트워크의 정보를 이용하지 않고 패킷을 전송하는 방식으로, 각 노드들에 들어오는 패킷은 그것이 들어온 링크를 제외한 모든 다른 링크로 복사하여 전송한다. 이러한 플러딩 방식을 사용하게 되면 근원지와 목적지 사이의 모든 가능한 경로를 시도하기 때문에 어떤 노드나 링크가 고장이 났더라도, 적어도 한 경로라도 존재하면 하나의 패킷은 목적지에 전송될 수 있게 된다. 따라서 높은 우선순위를 갖는 데이터를 보내는데 사용할 스 있다. 또한, 모든 경로가 시도되므로 목적지에 도착한 패킷의 복사판 중의 하나는 최소의 노드를 지나는 최단경로를 통해 전송되었을 것이다. 따라서, 가상회선의 경로 설립을 위해 쓰일 수 있다.

그러나, 이와 같은 플러딩 방식의 문제점은 한 근원지의 패킷이 노드를 통과할 때마다 복사판이 무한히 불어나게 된다는 것이다. 이를 방지하기 위해 일반적으로 각각의 노드들이 이미 재전송한 패킷의 식별 자, 예를 들면 근원지 노드와 순서번호를 기억해 중복된 복사판이 도착하면 버리는 방법이 있으며, 홉 카운트(hop count)를 사용하는 방법이 있다. 패킷의 헤더에 홉 카운트 필드를 설정하고 근원지 터미널에서 패킷을 네트워크로 전송할 때 허용할 수 있는 최대 홉 카운트를 설정한다. 그리고 각 노드가 패킷을 지나 보낼 때마다 이 카운트를 하나씩 감소시켜 0이 되면 제거시키는 것이다.

플러딩 방식은 네트워크의 정보를 이용하지 않고도 최적의 경로를 선택할 수 있다는 장점을 가지고 있으나, 지나치게 트래픽 부하가 커서 일반적으로 잘 사용되지 않는 방식이다. 대부분의 패킷 교환 망에서는 위에서 설명한 두 가지 종류의 비적응 경로 설정 방식보다는 설계는 복잡하지만 효율적인 적응 경로 설정을 많이 사용한다.

적응 경로 설정은 네트워크 내의 변화하는 조건에 적응하여 최적의 경로를 설정하는 방식이다. 이러한 적응 경로 설정 방식은 최적의 경로를 결정하기 위해서 네트워크의 상태 정보를 자신의 노드에서만 수집할 수도 있고, 이웃 노드에서 수집할 수도 있으며, 전체 노드들에서 수집할 수도 있다. 이와 같이 수집된 네트워크의 상태 정보를 이용해 경로 설정을 근원지 노드가 결정하느냐 각 노드가 결정하느냐 중앙 노드에서 결정하느냐에 따라 근원지 노드 형, 분산 형, 중앙 형으로 나누어진다.

근원지 노드 경로 설정(source node routing) 방식은 근원지 노드가 최종 목적지 노드까지의 경로를 설정하는 방식이며, 분산 경로 설정(distributed routing) 방식은 각 노드들이 네트워크의 상태 정보를 이용하여 그 다음 노드로 가기 위한 경로를 설정하게 된다. 집중 경로 설정(centralized routing) 방식은 중앙 노드에서 모든 경로를 설정하는 방식이다. 이러한 집중 경로 설정 방식은 중앙 노드에서 문제가 발생하면 네트워크 전체에 영향을 끼칠 수 있다. 따라서 설계가 복잡하지만 일반적으로 분산 경로 설정 방식이 많이 사용된다.

4) 네트워크 접속 계층의 프로토콜과 서비스

네트워크 계층에서 사용하는 프로토콜과 서비스는 Ethernet과 FDDI(Fiber Distributed Data Interface), 토큰 링(token ring) 등이 있다.

(1) Ethernet

Ethernet은 IEEE 802.3 표준을 따르며 CSMA/CD 통신망 접근방법을 이용한다. 전송속도는 10Mbps이며 통신 량이 가끔씩 폭주하는 통신망의 경우에 매우 적합한 선택이라 할 수 있다. 그러나 큰 통신망 부하에 대해서도 일정한 성능이 유지되어야 하는 경우에는 CSMA/CD 방식의 단점 때문에 Ethernet은 다른 LAN 구조만큼 효율적이지 않다.

Ethernet의 장점은 TCP/IP, IPX 등의 다른 프로토콜을 이용할 수 있다는 점과 미니컴퓨터와 고성능 워크스테이션 접근을 쉽게 구성할 수 있다는 점을 들 수 있다.

10Base-5, 10Base-2, 10Base-T, 10Base-F의 용어 중 '10'은 10Mbps 속도를 의미하며, Base는 베이스밴드(Baseband)를 말하며, '5', '2', 'T', 'F'는 전송 물리 매체(케이블)를 말한다. '5', '2' 는 동축케이블 방식이며 각각 500M, 200M의 거리를 의미하며, 전자는 Thick Ethernet, 후자는 Thin Ethernet으로 부른다. 'T'는 Twisted Pair 케이블을 'F'는 광파이버를 전송미디어로 사용하는 것을 의미한다. 그 종류에 대해 정리하면 다음 표 10.4와 같다.

표 10.4 Ethernet의 종류

	10BASE-2	10BASE-5	10BASE-T
Cable	Cable Thin	Thick Cable	UTP
Topology	BUS	BUS	STAR
HUB	불필요	불필요	필요
전송거리	168m	500m	100m
비고	10BASE2 와 10BASE5는 Coaxial Cable을 사용하므로 T-Connector, Terminator 등의 장비가 필요하다.		

(2) FDDI

FDDI(Fiber Distributed Data Interface)는 LAN에서 사용되는 가장 빠른 통신 방법이며 광 파이버를 사용하여 100Mbps 이상의 속도를 가진다. FDDI는 통상의 10Mbps Ethernet, 4 혹은 16 Mbps 토큰링 LAN에 비해 처리 대역이 10배 정도 더 크고 또한 LAN 거리를 최대 200km 링으로 구축할 수 있어 광대한 지역의 LAN과 고속 backbone LAN의 해결책으로 중요한 위치를 차지하고 있다.

FDDI는 미국의 ANSI(American National Standard Institute)에서 표준화된 LAN으로서, 광섬유를 물리적인 전송매체로 채택한 고속링 LAN이다. FDDI는 토큰링의 접속 방식을 기반으로 하며 IEEE 802.5의 토큰링 매체 액세스 제어 프로토콜을 기본으로 사용한다. 또한 FDDI는 100Mbps의 전송 속도를 제공하며, 이중(dual) 케이블 구조를 갖는 링 구조로 되어 있다. 이중 케이블은 다음 그림과 같이 각기 다른 방향으로 데이터를 전송하게 되는데, 하나의 링이 손상을 입었을 경우 다른 링을 백업(back-up)용으로 사용할 수 있도록 되어 있다.

최근에 광섬유를 이용한 FDDI에 대한 연구가 활발히 진행되고 있으며, FDDI는 다른 표준의 LAN들과 연결하는 기간망(backbone net재rk)으로서 이용되는 경우가 많다. 기간망으로 사용된 FDDI는 전송 거리 200Km 이내에서 최대 500개의 지선을 연결할 수 있으며 각 지선 사이의 최대 거리는 간격은 2Km로 제한하고 있다. FDDI의 종류에는 FDDI-I과 FDDI-II가 있는데, FDDI-I은 토큰링 방식에 의한 패킷 교환 모드만을 서비스하며, FDDI-II는 FDDI-I의 패킷 교환 서비스에 회선 교환 기능을 추가해 음성 등의 리얼타임(real time) 데이터 송수신의 서비스를 제공한다.

기간망 FDDI LAN은 링 구조를 가지고 있으며, 전송 매체로는 광섬유를 사용한 것이다. 그리고 지선 LAN은 토큰링, 토큰버스의 구조를 가지고 있으며 전송 매체로는 이중나선 케이블이나 동축 케이블을 사용한다.

(3) 토큰 링

토큰 링(token ring) 기법은 IEEE 802 표준 위원회에서 표준화를 위해서 선택한 링 액세스 방법이다. 토큰링의 기법은 링 주위를 순회하는 작은 토큰 패킷을 사용하여 데이터를 전송하게 된다.

토큰 링의 동작 원리는 다음과 같다. 첫 번째, 프리 토큰(free token)이 링 주위를 순회한다. 여기서 프리 토큰이란 모든 단말기가 휴지(idle) 상태에 있을 때의 토큰 패킷을 말한다. 두 번째, 패킷을 전송하려는 단말기는 프리 토큰이 지나가기를 기다리다가 프리 토큰이 지나가면 잡는다. 세 번째, 프리 토큰을 잡은 단말기가 01111111 형태를 가지는 프리토큰의 비트 패턴을 01111110 형태의 비지(busy) 토큰으로 바꾸고, 비지 토큰에 연이어서 곧 바로 패킷을 전송한다. 이 때, 링 내에는 프리 토큰이 없으므로 전송을 원하는 다른 단말기는 대기해야 한다. 네 번째, 패킷 전송이 모두 끝난 다음 비지 토큰을 프리 토큰 형태의 비트 패턴으로 바꾸고 전송이 끝난 패킷을 제거한다. 일반적으로 패킷 제거는 패킷을 받은 수신(destination) 단말기에서 수행할 수도 있고 패킷을 전송한 송신(source) 단말기에서 수행할 수도 있으나, 후자가 더 좋은 방법이다. 그 이유는 송신 단말기가 수신 단말기의 ACK의 여부를 알 수 있기 때문이다.

전송 속도는 4Mbps～16Mbps이다. 동축케이블, 광케이블 등을 전송매체로 사용하며 토큰 패싱(passing)을 미디어 접근 방식으로 하며 IEEE802.5 위원회에서 표준으로 규정했다. 토큰은 미리 결정된 비트들로서 노드가 케이블을 접근할 있도록 해준다. 항상 토큰을 획득한 단위에 의해 데이터의 전달이 가능하다.

연 습 문 제

1. TCP/IP의 개념에 대해서 설명하시오.

2. TCP/IP와 OSI 7 계층의 차이점에 대해서 설명하시오.

3. TCP/IP의 응용 계층에 대해서 설명하시오.

4. TCP/IP의 전송 계층에 대해서 설명하시오.

5. TCP/IP의 인터넷 계층에 대해서 설명하시오.

6. TCP/IP의 네트워크 접속 계층에 대해서 설명하시오.

7. TCP/IP의 응용 계층의 프로토콜과 서비스에 대해서 설명하시오.

8. TCP/IP의 전송 계층의 프로토콜과 서비스에 대해서 설명하시오.

9. TCP/IP의 인터넷 계층의 프로토콜과 서비스에 대해서 설명하시오.

10. TCP/IP의 네트워크 접속 계층의 프로토콜과 서비스에 대해서 설명하시오.

제 11 장

정보보안

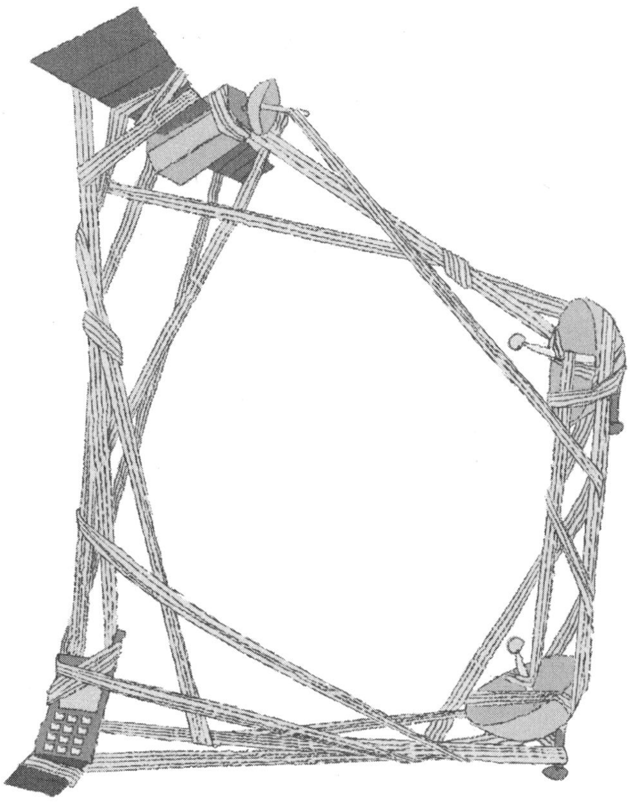

제11장 정보보안

정보통신의 중요한 목적은 이전에 학습했듯이 사용자들이 정보를 정확하고 신속하게 또한 편리하게 송수신하는 것이다. 이 번장에서는 정보를 어떻게 하면 정확하게 송수신할 수 있는지에 대해 학습하고자 한다.

정보를 정확하게 송수신하기 위해서는 다양하고 성능이 뛰어난 정보통신시스템들이 필요하며 또한 다양하고 체계화된 운영체제, 다양하고 우수한 통신 알고리즘이 필요하다. 무엇보다 요즘 정보통신 분야에서 정보보안에 대한 관심이 상당하다. 정보보안 개념, 정보보안시스템, 정보 암호화 등에 관에 구체적으로 학습해 보기로 하자.

11.1 정보보안시스템

11.1.1 개요

과거나 현재 그리고 미래에도 사회 및 산업 활동의 많은 부분은 정보 통신에 의존하고 있으며, 이 때의 필수적인 조건은 정보의 보호일 것이다. 이러한 정보의 보호는 여러 측면에서 생각할 수 있지만 우리가 보다 더 관심을 가지고 연구해야 할 분야는 정보가 실제의 통신 로를 경유하여 전송될 때, 다른 사용자들이 도청하여 해독하기 어렵게 만드는 정보의 여러 가지 암호화 기법이라 할 수 있다. 암호 학은 합법적인 인가자와 프로토콜의 허용된 가입자들만이 정보를 알아볼 수 있도록 변화시키는 여러 기법들과 이와 관련된 이론적인 측면을 다루는 수학, 전자계산학 등의 분야를 포함하는 학문 분야이다 전자 상거래 시대의 전자화폐, 전자 결제, 전자 입찰 등 수 많은 경제 활동에서부터 전자 투표, 인터넷, 인트라넷 등에 이르는 사회 활동 전반에 걸쳐 암호학의 범위는 굉장히 넓다.

이러한 암호 학의 분야는 DES(Data Encryption Standard), 스트림(stream) 암호 시스템, 공개키 암호 시스템과 디지털 서명, 해쉬(Hash) 함수, 암호화 프로토콜, 네트워크 보안 등의 이론적인 면과 실제적인 구축으로 전자상거래, 방화벽(firewall) 등이 다루어지고 있으며 암호 학은 통신 보안에서 가장 중요한 분야이며 컴퓨터 보안의 기초로써 그 중요성이 증가하고 있다.

11.1.2 정보보안의 특징

1) 정보보안 서비스의 특성

정보보안 서비스의 특성은 다음과 같은 6가지로 분류할 수 있다.

(1) 신뢰성(confidentiality)
컴퓨터 시스템의 정보 및 전송 정보가 인가 당사자만 읽을 수 있도록 통제할 필요성을 말한다.

(2) 인증(authentication)
메시지의 원본이 정확히 확인되고 그 정보가 거짓이 아님을 확인할 필요성을 말한다.

(3) 무 결성(integrity)
컴퓨터 시스템 및 전송 정보가 오직 인가 당사자에 의해서만 수정될 수 있도록 통제할 필요성을 말한다.

(4) 무인 봉쇄(non-reputation)
메시지의 송신자 모두 전송을 거부할 수 없게 할 필요성을 말한다.

(5) 액세스 제어(access control)
정보 시스템이 정보 자원의 접근을 통제할 필요성을 말한다.

(6) 가용성(Availability)
컴퓨터 시스템이 인가 당사자가 필요로 할 때 이용할 수 있게 해주는 필요성을 말한다.

2) 정보보안에 대한 공격

정보보안에 대한 공격은 다음과 같은 4가지로 분류된다.

(1) 방해(interruption)

시스템의 일부가 파괴되거나 사용할 수 없게 되는 경우로 가용성에 대한 공격을 말한다.

(2) 가로채기(interception)

비인가자들의 불법적인 접근에 대한 공격으로 네트워크 상에서 데이터를 가로채기 위한 도청과 파일 또는 프로그램의 불법 복사 등을 말한다.

(3) 불법수정(Modification)

비인가자들의 불법 접근에 의한 불법적인 변경을 포함한 네트워크 상에서 전송중인 메시지 내용의 수정을 말한다.

(4) 위조(Fabrication)

비인가자들의 시스템에 대한 위조물 삽입에 의한 인증에 대한 공격을 말한다.

11.1.3 암호화 방식의 종류

1) 관용 암호화 방식

관용 암호화 방식은 전통적인 암호화 방식으로서, 이 방식은 줄리어스 시저(Julius Caesar)에 의해 개발되어 처음으로 사용되었다. 시저 암호화 방법은 각 알파벳 문자를 두 문자 건너 세 번째 문자로 치환하는 방식이다. 이 외에도 많은 관용 암호화 방식이 사용되었는데 현재까지 가장 많이 사용되는 암호화 방식은 DES(Data Encryption Standard)이다.

DES는 1977년에 국제 표준 위원회에 의해서 채택되어졌으며, 64비트의 평문과 56비트의 키의 입력을 통해 64비트의 암호문을 만드는 알고리즘이다. DES 알고리즘은 64비트의 데이터를 64비트의 키(key)를 사용하여 암호화한다. 키는 암호호화와 그의 해독을 위하여 송·수신 국이 이용하는 임의로 선택한 비트(bit)나 캐릭터(character)들의 집합을 말한다. 만일 상대방이 알고리즘은 알고 있으나 키를 모르는 상태에서 해독하기 위해서는 엄청나게 많은 시간과 노력을 투자해야 한다. 다음 그림 11.1은 DES를 이용한 데이터의 암호화 및 복호화 과정을 나타낸 것이다.

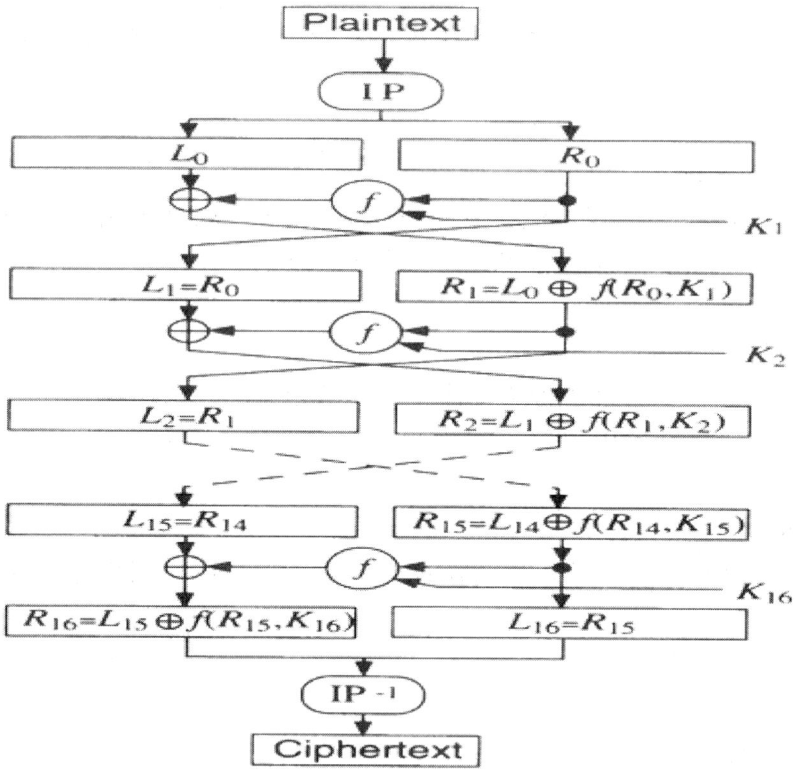

그림 11.1 DES 암호화 알고리즘

DES 알고리즘의 수행 과정은 다음과 같다.

(1) 평문(plain text)으로 구성된 전체 메시지를 64비트로 구성한다.

(2) 가장 먼저 구성된 64 비트를 두 개의 32비트 블록으로 분할한다. 이 때, 왼쪽 32비트를 L_1, 오른쪽 32비트를 R_1로 부른다.

(3) R_1의 32비트가 확장에 의해 48비트로 구성한다. 확장은 다음과 같이 미리 정해진 확장 표를 이용한다.

(4) 암호화를 위해 사용되는 64개의 키(key)를 압축 단계를 거쳐 48비트의 키로 생성한 다음 단계 (3)에서 확장된 48비트와 논리합(exclusive-OR) 연산을 수 행하여 다시 48비트의 결과를 얻는다.

(5) 48비트의 결과는 8개의 6비트 그룹으로 나누어지며, 6비트 중에서 4비트가 선택되어 32비트가 출력된다.

(6) 출력된 32비트는 각 비트마다 위치를 새로이 변화시킨다.

(7) 새로이 위치가 변화된 32비트는 단계 (2)에서 구성된 왼쪽 32비트(L_1) 블록과 논리합(exclusive-OR) 연산을 수행하여 새로운 32비트가 구성된다.

(8) 단계 (7)에서 구성된 32비트를 오른쪽에 위치시키고 단계 (2)에서 구성된 왼쪽 32비트(L_1)와 조합하여 전체 64비트로 구성된다.

(9) 단계 (1)에서 (8)까지의 과정을 16번 반복 처리된다.

(10) 16번 반복 처리된 결과 얻어진 오른쪽 32비트와 왼쪽 32비트의 위치를 서로 바꿈으로서 최종적인 DES 암호화 과정이 끝나게 된다.

한편, 복호화 과정은 이와 같은 암호화 과정의 역 과정으로 진행된다. 표 11.1에는 DES 암호화 알고리즘에 사용되는 확장 표를 표시하였다.

표 11.1 DES 암호화 알고리즘에 사용되는 확장 표

확장 비트	1	2	3	4	5	6	7	8	9	10	11	12
입력 비트	32	1	2	3	4	5	4	5	6	7	8	9
확장 비트	13	14	15	16	17	18	19	20	21	22	23	24
입력 비트	8	9	10	11	12	13	12	13	14	15	16	17
확장 비트	25	26	27	28	29	30	31	32	33	34	35	36
입력 비트	16	17	18	19	20	21	20	21	22	23	24	25
확장 비트	37	38	39	40	41	42	43	44	45	46	47	48
입력 비트	24	25	26	27	28	29	28	29	30	31	32	1

이 외에도 DES의 키의 길이가 작은 이유로 보완하여 나온 방식으로 DES를 두 번 취하는 3-DES가 있다. 그러나 DES와 같은 관용 암호화 방식은 암호화 과정과 복호화 과정에서 동일한 키를 사용하여야 한다. 따라서 관용 암호화 방식은 송신 측에서 생성한 암호화 키(key)를 수신자에게 제공해야 하기 때문에 키 분배의 보안성이 가장 큰 문제가 된다. 이러한 문제점을 해결하기 위해 제시된 암호화 방식이 공개키를 이용한 암호화 방식이다.

2) 공개키 암호화 방식

공개키 암호화(public key encryption) 방식은 관용 암호화 방식의 단점인 키 분배의 문제를 해결한 방법으로 관용 암호화 방식과는 다르게 두 개의 키를 사용한다. 다시 말해, 암호화키와 복호화키가 서로 다른 경우이다. 사용자들은 각각 한 쌍의 키를 갖는다. 하나는 공개키(public key)라 하며, 말 그대로 모두에게 공개한다. 다른 하나는

비밀 키(secret key or private key)라 하며, 사용자 자신만이 보관하고 다른 사람들에게는 절대로 공개하지 않는다. 공개키 암호화는 암호화할 때 수신자의 공개키를 사용하고, 해독 과정에서는 수신자의 비밀 키를 이용하게 된다. 다음 그림 14.2는 공개 키 암호화 방식을 나타낸 것이다.

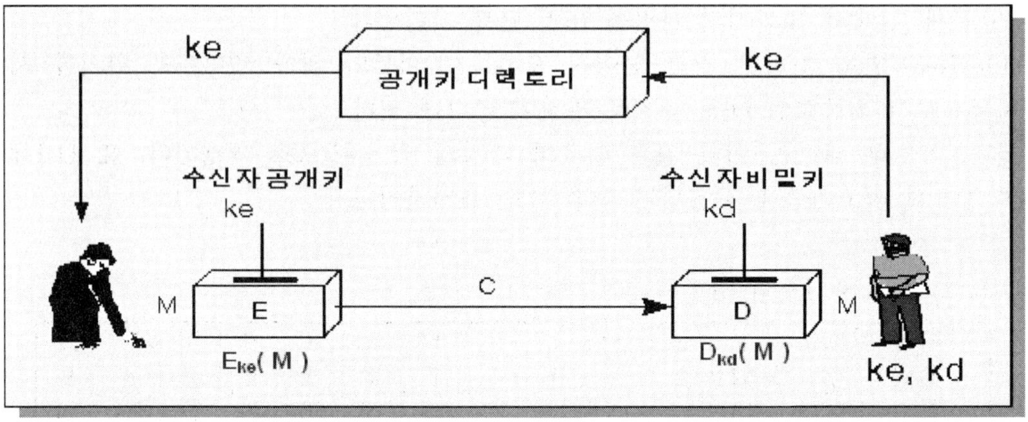

그림 11.2 공개키 암호화 알고리즘

그림 11.2에서 Ke는 공개 키, Kd는 비밀 키, M은 메시지(Message), C는 암호문(Ciphertext), E는 암호화(Encryption)이고 D는 복호화(Decryption)이다.

공개키 암호화 및 복호화 과정은 다음과 같이 진행된다.

(1) 먼저, 메시지의 암호화와 복호화에 사용될 한 쌍의 키를 송신 측과 수신 측에서 각각 생성한다. 위의 그림 11.2에서 보는 바와 같이 송신자 공용키(K_{sp})와 비밀 키(K_{ss})가 한 쌍을 이루며, 수신자 공개 키(K_{rp})와 비밀 키(K_{rs})가 또 다른 한 쌍을 이룬다. 공용키는 누구나 접근할 수 있는 공용키 디렉토리(directory)에 보관시키고, 비밀 키는 누구도 접근할 수 없는 비밀 키 디렉토리에 보관시킨다.

(2) 메시지를 전송하기 전에 송신자는 수신자의 공용키(K_{rp})를 사용하여 메시지를 암호화(E_{Krp}(M))시킨 다음 수신자에게 전송한다.

(3) 수신자는 전송되어온 암호화된 메시지(EM)를 자신의 비밀 키(K_{rs})를 이용하여 복호화((D_{Krs}(M))함으로서 원래의 메시지(M)로 복원한다. 이 때, 수신자의 비밀 키는 수신자만이 알고 있으므로 다른 어떤 자도 암호화된 메시지를 해독할 수 없다.

공개키 암호화 방식의 대표적인 알고리즘으로는 RSA(Rivest Shamir Adleman) 암호화 방식이 있다. RSA의 계산은 DES에 비해 대단히 복잡한 편이다. 소프트웨어적으로

만 시스템을 구현하여 실행할 때 DES에 비해 적어도 100배 이상의 실행시간이 소요되며 하드웨어 상에서 적절히 구현하여 실행할 때는 1,000배 이상의 시간이 소요되는 등 실행 속도에서 큰 차이가 있다. 따라서 언제쯤 빠른 실행속도를 가진 RSA 전용 실행 프로세서가 다양한 하드웨어 환경에서 개발되어 저렴한 가격으로 공급될 수 있느냐 하는 것이 RSA 암호화 기술의 보편적인 사용 여부를 결정하는 중요한 전제 조건이다

3) 디지털 서명

디지털 서명(digital signature)은 개인의 고유성을 주장하고 인정받기 위해 전자적 문서에 서명하는 방법으로 일반적인 서명과는 그 성격이 다르다.

(1) 디지털 서명의 일반적인 조건

디지털 서명의 일반적인 조건은 다음과 같다.

① 송신자 이 외에는 문서의 내용이나 서명이 변조나 삭제될 수 없어야 하며, 문서의 내용이 변경되면 서명도 변경되어야 한다.

② 수신자는 문서의 서명을 통하여 송신자를 확인한다.

③ 송신자와 수신자 사이에 분쟁이 발생할 경우에는 중재자나 심판자에 의해서 해결한다.

(2) 디지털 서명의 분류

디지털 서명은 암호화 방식에 따라서 메시지 복원 형 디지털 서명과 부가형 디지털 서명으로 분류된다. 메시지 복원 형 디지털 서명은 RSA와 같이 공개키로 암호화하고 비밀 키로 복호화하며, 서명의 검증 과정에서 원래의 메시지가 복원된다. 이와 같은 메시지 복원 형 디지털 서명의 장점은 별도의 디지털 서명 프로토콜이 필요 없다는 것이며, 단점은 일정한 크기의 블록으로 나누어 각각의 블록을 암호화하므로 많은 시간이 소요된다는 것이다. 부가형 디지털 서명은 임의의 길이의 메시지를 해쉬 함수(Hash function)를 이용하여 일정한 길이로 압축하고 그 해쉬 함수의 결과와 서명자의 비밀 키를 이용하여 디지털 서명을 생성하여 메시지와 덧붙여 보내는 방법을 말한다. 이러한 부가형 디지털 서명의 장점은 단 한 번의 서명 생성 과정만이 필요하다는 것이고, 단점은 전송 량의 증가한다는 것이다.

이 외에도 이산 대수 문제에 바탕을 둔 공개키 암호시스템과 디지털 서명 방식이 있고, ID에 의한 서명과 인증 방식이 있는데, 송신자의 ID를 이용하여 공개 자물쇠를

계산한 다음 이를 이용해 암호화하고, 수신자는 자신의 ID로써 비밀 열쇠를 계산하여 문서를 다시 복호화하는 방법으로 대두된 배경은 공개키 암호시스템에서도 다수의 가입자가 사용할 때 각 사용자들의 키를 생성하고 분배하고 보관하는 키 관리의 어려움이 발생하기 때문이다.

4) 전자 상거래와 전자 지불 시스템

전자 상거래를 위한 전자 지불 시스템은 겉으로 보기에는 동일한 것처럼 보이지만 내부적인 과정을 살펴보면 크게 두 가지로 구분해 볼 수 있다. 하나는 지불 브로커(payment broker) 시스템이고 또 하나는 전자 현금(electronic money) 시스템으로 구분할 수 있다.

지불 브로커(payment broker) 시스템은 독립적인 신용 구조를 가지고 있지 않고 신용카드나 은행의 계좌를 이용해 네트워크 상에서 지불을 하도록 연결시켜주는 구조로 되어있다. 이런 시스템은 신용카드를 이용한 거래의 관행이 자리 잡혀 있고 이의 응용이 용이하기 때문에 현재 많이 이용되고 있는 현실적인 전자 지불 시스템이다. 그러나 신용카드의 수수료 등이 매우 비싸며 비효율적이며 사용자들의 개인 정보의 비밀이 보장되지 않는다는 단점이 있다. 이 방식은 현재 임시적 방식이며 향후 사용이 줄어들 것으로 전망된다.

전자화폐(electronic cash)시스템은 이론적으로 그리고 실험적으로 많이 연구되고 있으며, 전자 지불 시스템이 지향하는 궁극적인 목표 시스템이다. 이는 선불카드/직불카드를 응용하거나 순수한 디지털 현금을 응용하는 시스템이다. 이들을 만들어 낼 수 있는 기술적인 준비는 상당히 진전되었지만, 현재 금융과 사회적 관습 그리고 통화량과 경제에 미치는 영향 등 사회 경제적인 관점에서는 아직 깊은 연구가 이루어지지는 않는 듯하다.

11.1.4 통신 정보 보안 시스템

정보 통신 기술의 급속한 발전과 전 세계 네트워크를 연결한 인터넷 망은 그 편리함과 신속성으로 인하여 상호 연결된 다양한 통신망 환경에서 다양한 형태의 정보 서비스가 이루어지고 있다. 유닉스(unix)로 대변되어지는 클라이언트/서버 환경은 점차 정보화 시대의 주역으로 떠오르고 있으며, 초고속 정보통신망의 구축은 이러한 인터넷 상의 서버들을 더욱 더 빠르게 엮어주고 있다. 이러한 편리함과 유익 성을 가진 인터넷은 현대인에게 필수 불가결한 존재가 되어 국내외의 많은 연구소, 대학기관, 기업,

정부 심지어 개인까지도 사용이 급증하게 되었다. 따라서 모든 개개인은 인터넷을 통하여 다양한 서비스를 받을 수 있을 뿐만 아니라 네트워크 상에서 언제, 어디서나, 누구와도 통신이 가능하게 되었다. 그러나 인터넷의 사용은 이러한 편리성과 함께 개개인은 물론 기업이나 국가에 이르기까지 중요 정보가 노출될 뿐만 아니라 시스템을 파괴하는 매우 위험하고 파괴적인 정보화의 역기능 결과를 초래하게 되었다. 최근 인터넷을 이용한 전자상거래와 기간 정보시스템 구축에 대한 논의가 활발해지면서 보안시스템의 중요성은 더욱 크게 부각되었고 개방된 네트워크인 인터넷을 기반으로 주요정보를 주고받기 위해서는 안심할 수 있는 정보보호 시스템이 무엇보다 선행되어야 한다는 것을 인지하게 되었다. 이러한 문제 인식은 기업과 연구소, 교육계의 주요 서비스 업무 시 인가 받지 않은 불법 사용자로 인한 정보시스템의 파괴, 개인 신상 비밀의 누설 및 유출, 각종 정보의 위·변조와 같은 심각한 위협으로부터 효율적인 정보보호 방법이 필요하게 되었다. 이에 특정한 자원에 접속하는 권한과 접속 시간 등을 강제로 규정할 수 있는 사용자 인증 기술이 커다란 논쟁이 되었다.

인증 과정은 크게「알고 있는 것」과「갖고 있는 것」등 두 가지를 통해 이루어지고 있는데 전자의 대표적인 예로는 패스워드를 들 수 있으며 후자는 카드 혹은 지문처럼 몸에 지니고 다니는 것을 이용하는 방법이 대표적이다. 이 밖에 공인기관으로부터 토큰을 발급 받는 것도 인증과정의 또 다른 방법으로 최근 인터넷에서 관심을 끄는 전자 인증은 신뢰성 있는 단체에서 거래 객체의 신분을 확인해준다는데 초점을 맞추고 있다. 서로 상대방의 신분을 확인할 수 있다면 얼마든지 믿고 거래할 수 있기 때문이다. 현재 이 분야에서는 미국 베리사인(Verisign), GTE, Entrust 등 수십 개의 기업들이 인증서비스를 제공하고 있다. 그러나 미국에서는 특허 등의 문제로 CA(Certification Authority) 관련 개발도구는 RSA사 만이 제공하고 있으며 국내에서는 이니테크가 이 분야 제품 개발에 나서고 있다.

1) 정보보호 대책

정보사회의 역기능적 부작용을 해결해야 한다는 사실이 각종 컴퓨터 범죄 관련 보도와 연구를 통하여 선결되어야 하는 당면과제로 인식되고 있다. 그러나 국내의 여러가지 제약 상황들로 인하여 정보화 역기능에 대해 효과적으로 대처하지 못하고 있다. 정보 사용자들이 전산망 자원의 순기능을 더욱 효율적으로 사용하기 위해서는 비밀성과 무 결성을 보장하면서 가용성을 최대화 할 수 있는 보안 통제 대책이 수립되어야 한다.

미래의 정보기술은 인터넷을 포함하여 네트워크의 확산, 정보고속도로 ,멀티미디어,

이 기종 컴퓨터의 접속 등을 이용한 상용 서비스를 제공하여줄 것이다. 정보보호가 해결되지 않는다면 개인의 프라이버시, 고객정보 및 자산의 보호 측면에서 많은 문제를 일으키게 된다. 따라서 정보보호는 앞으로도 지속적인 발전과 함께 정보사회의 중요한 요소로 자리 잡게 될 것이다. 전산망을 구성하는 정보시스템의 보안대책을 위한 구성요소로는 크게 세 가지로 나눠 볼 수 있다.

(1) 법적 · 제도적 보안 대책

정보시스템의 안정, 신뢰성을 확보하기 위해 기본사항에 대한 보호대책을 법제정 또는 사규, 규정 등의 차원에서 대응케 하기 위함이다. 여기에 관리적인 요인들도 함께 고려되어야 한다. 조직은 보안 정책 수립과 함께 운영보안, 사용자 지침서 등의 절차들이 작성되어 운영될 수 있도록 해야 한다.

(2) 인적 · 관리적 보안대책

인적 자원에 대한 보안대책은 보안대책 중에서도 매우 중요한 요소이다. 왜냐하면 정보시스템에 대한 보안대책들이 완벽하게 구축됐다 할지라도 시스템을 운영하는 운영자나 사용자들의 보안의식이 없다면 모래 위에 성이나 마찬가지이다. 컴퓨터 범죄의 80% 이상이 내부자의 소행으로 나타나 있는 것은 대부분의 보안사고가 인적자원 관리가 허술하거나 보안의식이 소홀한데서 발단된다고 볼 수 있다. 그러므로 내부의 운영자원이나 사용자에 대한 지속적인 보안 마인드 제고와 함께 보안 교육 프로그램을 통해 인적자원 관리에도 관심을 두어야 할 것이다.

보안요소의 관리적 대책은 정보시스템에 대한 접근 통제 및 재난에 대비한 비상계획의 수립을 통하여 물리적인 피해를 막는 대책이다. 전산실의 통제 및 출입인원에 대한 출입 관리 및 전산센터의 시설물 설치 및 관리, 천재지변이나 화재 등 자연 환경적인 장애요인 방지대책, 재난복구 계획, 출입관리 등이 관리대책에 포함된다.

(3) 기술적 보안 대책

이는 세부적으로 시스템을 구성하는 하드웨어와 소프트웨어, 데이터, 네트워크 대책으로 나눌 수 있다. 정보보호 제품을 이용하여 정보통신 시스템의 접근을 통제한다거나, 저장된 자료나 송수신 중인 자료를 은폐하는 암호 기술을 적용한다거나, 재난 복구를 대비하기 위한 백업 체제를 갖춘다거나 정보통신 시스템 자체에 보안성이 강화된 시스템 소프트웨어를 사용하는 등의 대책들이 여기에 속한다. 특히 기업 망 또는 국가기간전산망의 외부의 불법적인 사용을 막기 위해 방화벽(Firewall) 시스템에 준하는 정도의 기술적 보안대책도 고려해 볼 수 있다.

2) 정보보호 체계

정보보호 체계란 정보보호를 구성하는 요소와 이들 간의 관계로 표시할 수 있는 데 정보 시스템의 운용이 안전하도록 하기 위해 필요한 요소의 모임이다. 정보보호 체계에는 정보 보호 관리, 정보보호 산업, 정보보호 기술, 정보보호 기반의 네 가지 요소로 이루어진다.

(1) 정보보호 관리

정보보호 관리(security management)는 정보 시스템이 제공하는 정보와 서비스에 대한 적절한 수준의 비밀성, 무 결성, 가용성 등을 유지하는 과정을 말한다. 정보보호 관리 역시 관리의 하나이므로, 관리의 일반적인 주기를 따른다. 최고 경영자의 입장에서 조직 전체 수준이 달성해야 할 정보보호의 목표와 그 목표를 달성하기 위한 전략과 방침이 정해지면 정보 시스템의 자산에 대한 위협을 식별하고, 위협의 크기와 빈도를 측정하는 위험 분석을 시행한다. 적절한 위험 수준을 유지하기 위한 정보보호 대책을 마련하기 위한 정보보호 계획을 수립하고, 이에 따라 대책을 구현한다. 정보보호 기능이 무시되면 효과적인 정보보호 목표 달성이 어려우므로 사용자의 정보보호 인식 제고 및 교육이 중요하다. 보안관리의 마지막 활동인 보안 감사는 사후 관리적 측면을 강조한다.

(2) 정보보호 산업

정보보호 산업(security industry)은 어떤 조직이 정보보호 관리를 수행함에 있어 필요한 제품이나 서비스를 제공하는 역할을 담당한다. 정보 시스템의 운용에 있어 추가되는 관리적 측면에서의 정보보호는 외부 전문가의 전문 기술에 대한 컨설팅과 정보보호 제품 개발자로부터의 정보보호 제품에 의존하게 된다. 이는 마치 전산화가 되지 않은 사무 환경을 전산화시키기 위한 조직이 외부 전문가의 자문을 구하고, 컴퓨터나 통신 제품 판매자로부터 원하는 제품을 구매하는 것과 마찬가지이다. 정보보호 서비스에는 위험 분석/관리 서비스, 보안 인식 프로그램 서비스, 보안 감사 서비스, 비상 계획 및 재난 복구 서비스 등이 대표적이다. 현재 국내에는 생소한 서비스이나 선진국에서는 이미 성업 중인 정보보호 산업에 속한다. 선진국에서 생산 판매되는 정보보호 제품은 통신 및 네트워크 보안 제품, 암호화 제품, 재난 복구 제품, 물리적 보안 제품, 마이크로컴퓨터/터미널 보안 제품 등이 있다.

(3) 정보보안 제품

정보보호 기술(security technology)은 정보보호 제품을 만드는데 필요한 제품 기술, 정보보호 시스템 자체의 보안성을 강화하기 위한 시스템 보안 기술, 정보통신 시스템을 활용하여 제공되는 응용(전자 우편, 전자 상거래 등)의 보안을 위한 네트워크 응용 보안 기술로 구분할 수 있다. 기반 기술에는 정보보호 과정을 제공하기 위한 암호화(encipherment), 전자 서명(digital signature), 접근 제어(access control) 등이 대표적이다. 시스템 보안 기술에는 운영 체제(operating systems)이나 데이터베이스, 분산 시스템 등에 보안 기능을 강화하는 기술을 말한다. 네트워크 응용 보안 기술은 전자 메일, 텔넷, 인트라넷, 전자 상거래, WWW 등과 같은 네트워크 응용 각각에 맞는 보안 기능을 추가하는 기술이다.

(4) 정보보호 기반

정보보호 기반(security infrastructure)은 조직이나 개인이 정보통신 시스템을 안전하게 운용하기 위한 정부 차원에서 제공하는 요소이다. 정보통신 시스템의 오남용을 규제하기 위해 법률을 제·개정하고 범죄 행위를 처벌하는 활동, 정보보호 기술이나 기준을 표준화하는 활동, 정보보호 제품의 보안성을 평가하고 인증하여 필요에 따라 정보보호 제품을 구매할 수 있도록 하는 활동, 어떤 조직의 보안성 정도를 평가하는 인정 활동, 네트워크 상에서 발생하는 침해 사고를 적극적으로 대응하는 사고 대응 센터 운영, 네트워크 상에 안전한 메시지 전송을 위한 암호 체계 관리 센터 등이 정보보호 기반을 이루는 요소이다.

11.2 전자상거래시스템

11.2.1 개요

전자상거래라는 용어는 1989년 미국의 Lawrence Livermore National Laboratory에서 사용된 후 1993년에 미국 연방정부가 도입하면서 확산된 것으로 추정된다. 미국에서 본격적으로 인터넷 상점이 시작된 시기는 네스케이프(netscape) 브라우저가 도입되면서 인터넷이 비즈니스용도로 쓰이기 시작한 1995년 초가 된다.

전자상거래라는 용어에 대해서 아직까지 통일된 개념이 정립되어 있지는 않지만, 일반적으로 기업, 정부기관과 같은 독립된 조직간 혹은 조직과 개인 간에 다양한 전자적인 매체를 이용하여 상품이나 서비스를 교환하는 방식이라고 정의할 수 있다. 이렇듯 전자상거래는 편리성과 신속성은 물론 시간과 장소의 제약이 없고, 상호 거래자간의 국경의 제약이 없으므로 앞으로 다가올 21세기를 주도하는 산업이 될 것이다. 단, 현재의 인터넷이 전자상거래를 수용하기 위해서는 속도와 보안등 몇 가지 취약한 부분들에 대한 보강이 필요하다.

1970년 ARPANET(advanced research projects agency network)은 국방용으로 사용되기 위해 시작되었고, 소수의 연구소, 대학, 공공기관에서만 사용되었다. 그 후 ARPANET이 TCP/IP(Transmission Control Protocol/Internet Protocol) 기반하의 인터넷으로 개방되면서 가정과 대학, 기업, 연구소, 그리고 정부 연구기관 등 서로 연결되어있는 전 세계적 규모의 분산 시스템으로 발전하였고, 이로 인해 많은 사용자들이 네트워크를 통해 서로 정보를 공유하고 사용할 수 있게 되었다. 주로 정보검색에 사용되던 인터넷은 점차 제품에 대한 홍보나 판매 등 그 사용범위가 확대되었으며, 이러한 웹의 발달로 인터넷을 통한 정보의 전달이나 전자상거래 등 네트워크의 사용이 늘어나게 되었다.

특히, 전자상거래는 어느 누구에게나 개방되어 있는 네트워크에 가상점포를 설치하여, 상품구매, 서비스구매, 기차표나 항공권의 예매, 각종 공연예매, 각종 생활정보 등의 서비스를 제공하고, 그에 따른 대금지불은 신용카드나 전자화폐를 이용하여 대금결제가 이루어지도록 하고 있다. 하지만, 현재 쇼핑몰의 웹 사이트가 취약하여 그저 단순한 홍보를 위한 단계이며, 소비자를 유치하기 위한 다양한 기능 제공과 안정성이 부족한 상태이다.

안전한 전자상거래를 구현하기 위해서는 웹의 보안이 강화되어야 한다. 이렇듯 전자상거래의 신뢰성을 회복하기 위해서는 정보화 사회에 걸림돌이 되는 네트워크 위협요소를 해결해야 한다는 것이다. 현재 컴퓨터 네트워크에 대한 문제점은 네트워크상의 자료에 대한 보호문제와 네트워크 자체에 대한 보안문제라 할 수 있고, 이러한 보안과 암호화 부분들에 대한 관심이 집중되고 있다.

현재 상용 서비스 업체나 인트라넷에서 사용되는 아이디(ID)와 패스워드(password)를 통한 단순한 로그인(login) 방식에 공개키 방식의 암호화 알고리즘을 첨가함으로써 사용자에겐 안정성과 정당성을 부여하고, 서비스 업체나 서버 관리자에겐 불법 접속으로 인한 제3자의 데이터이용과 악용 등을 최소화하는 시스템들이 개발되었다. 전자상거래 시스템 해킹으로 인한 상거래 정보의 위・변조, 시스템 마비 및 개인정보 유출 등을 방지하기 위하여 공개키 방식의 암호알고리즘 RSA는 자바(Java)언어를 사용하여 구현하고, 웹 서버와 클라이언트사이의 안전한 통신채널을 제공하는 SSL을 사용하여 사용자 인증에 앞서 1차 적인 보안단계를 거치도록 설계하는 것이 일반화되었다. 이렇게 함으로써 시스템 외부에서의 공격자에게는 접근(access)을 제한시킬 수 있고, 시스템 내부에 있는 부당한 사용자로부터는 RSA의 특성으로 인해 전송되는 정보를 안전하게 지킬 수 있다.

11.2.2 전자상거래의 목적과 특징

전자상거래의 목적은 네트워크 상에서 제품의 홍보, 쇼핑, 구입, 결제 등의 활동을 실현 할 수 있는 환경을 제공하고, 경제활동의 실효성과 신속성을 제공하고자 하는 것이다.

이러한 전자상거래의 특징은 다음과 같다.

① open service : 불특정 다수를 대상.(개방성)
② one-to-one marketing : 일대일 마케팅이 가능.(양방향성)
③ multimedia : 문자, 음성, 동영상등 다양한 매체를 이용.(다양성)
④ borderless : 시간과 국경의 제한이 없다.(범세계적)

11.2.3 전자상거래의 거래 유형

전자상거래의 거래 유형은 경제주체간의 이해관계에 따라 다음의 네 가지로 구분할 수 있다.

1) 기업과 기업 (Business to Business)

기업간의 거래는 사설 망이나 부가가치 망을 통한 EDI에서 두드러지게 나타나는데, 주로 네트워크 상에서 기업간의 주문, 송장(invoice)을 받고 지불을 하는데 사용된다.

2) 기업과 개인 (Business to Consumer)

WWW(World Wide Web)의 발달로 급격히 늘어나고 있는 인터넷을 통한 쇼핑몰에서의 소규모의 거래를 말한다.

3) 기업과 정부 (Business to Administration)

정부가 조달내용을 공시하고, 기업이 인터넷을 통해 응답을 하는 형태이며, 아직은 초기단계지만 정부가 전자상거래의 중요성을 인식한다면 빠르게 성장할 것이다.

4) 개인과 정부 (Consumer to Administration)

아직 행해지고 있지 않지만 기업과 개인, 기업과 정부간의 거래가 활성화 된 후 정부가 생활보호지원금(welfare payment)이나 자진신고 세금 환불(self-assessed tax returns)등 전자적인 거래를 확장할 것이다.

11.2.4 전자상거래의 기본 절차

전자상거래의 기본 절차는 다음과 같다.

① 화폐발행 : 은행은 필요한 만큼의 액수를 전자화폐화 한 후 고객의 시스템으로 전송.

② 구매요구 : 인터넷에서 제공되는 서비스를 통하여 구매를 요청.

③ 지불요구 : 해당 상인은 원하는 상품의 정확한 가격 및 정보를 제공.

④ 지불 : 해당 액수만큼의 전자화폐를 상인에게 전송

⑤ 인증 및 입금/교환 : 상인은 받은 전자화폐의 유효성검사를 의뢰하고, 자신의 구좌로 입금/교환하기를 희망.

⑥ 입금/교환 확인 : 은행은 상인의 요구에 대한 결과를 확인.

⑦ 영수증/상품 : 상인은 고객에게 영수증을 발급하고 상품을 전달.

그림 11.3은 전자상거래의 가장 기본적인 절차를 보여준다.

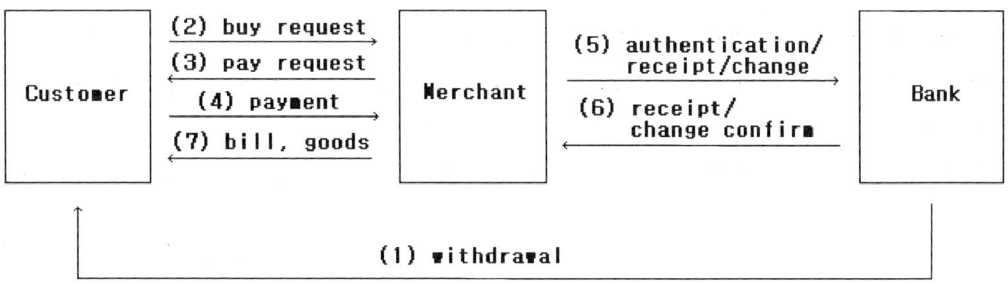

그림 11.3 전자상거래의 기본 절차

11.2.5 전자 지불 시스템

인터넷을 이용한 전자상거래가 급속히 확산되면서 초기에는 인터넷상에서 상품의 대금결제 수단으로 인터넷을 통하지 않고 수표의 발행이나 신용카드 등을 이용하여 결제하였다. 그러나 최근 기술의 발달로 인터넷을 통해 사용자에게 편리함과 신속한 서비스를 제공할 수 있는 전자지불이 등장하고 있다. 아직까지는 전자지불의 안전성이나 보안성 등 여러 가지 문제로 널리 사용되고 있지는 않지만 이에 대한 해결방법을 연구하고 있고, 점차 전자지불에 참여하는 업체들이 늘어가고 있다. 이같이 전자상거래에서 중요한 단계 중 한 가지는 상품의 주문 후에 일어나는 전자지불단계라고 할 수 있다. 이러한 전자지불의 기본구성은 그림 와 같이 고객, 상점, 은행사이에 발생하는 발행(withdrawal), 지불(payment), 예치(deposit)로 이루어진다.

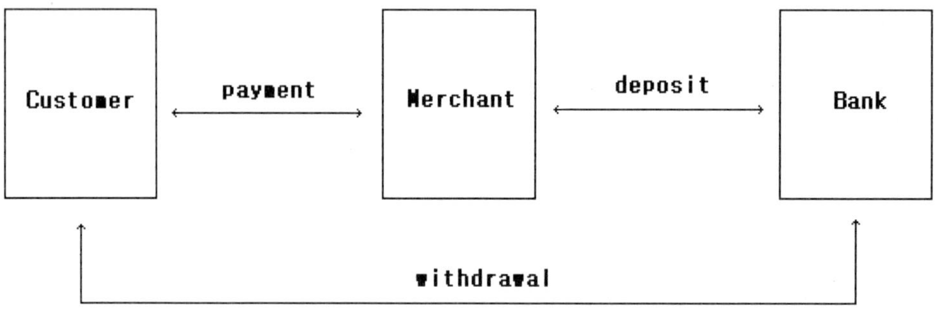

그림 11.4 전자 지불 구성도

1) 전자화폐

전자화폐(electronic cash)는 인터넷상에서 현금과 동일한 가치를 가지고 있어야 하며, 주로 소액거래에 사용된다. 그러나 매 사용 시 고객의 정보가 저장된다면 개인의 프라이버시가 침해될 수 있으므로 익명성을 보장해야 한다.

이와 같이 전자화폐 시스템에서 제공해야 하는 요구사항을 다음과 같이 요약할 수 있다.

① 안정성 : 전자화폐의 복사, 위조 등에 의한 이용이 불가능해야 함

② 익명성 : 은행 또는 상점의 결탁에 의해 고객의 구매 관련 내용에 대한 추적이 불가능

③ 이중사용 방지 : 한번 사용한 전자화폐의 이중사용을 방지해야 함

④ 양도성 : 타인에게 양도할 수 있어야 함

⑤ 휴대 성 : 현금의 특성과 같이 휴대가 가능해야 함

⑥ 분할이용 : 전자화폐를 세분화하여 사용할 수 있어야 함

네덜란드 디지캐쉬(DigiCash)사에서 개발한 소프트웨어로 인터넷을 통한 본격적인 전자 지불 시대를 주도한 최초의 시스템중 하나이다. 사용자는 클라이언트 소프트웨어를 이용하여 은행으로부터 이-캐쉬(E-Cash)를 인출해 자신의 컴퓨터에 저장하고, 이 이-캐쉬를 가지고 상점에서 상품을 구매하고 지불한다. 미국의 마크트웨인 은행에서 종이화폐와 교환도 하고 은행서비스도 받을 수 있다. 디지캐쉬사는 사용자의 익명성을 보장하기 위해 화폐를 발행한다. 하지만 사용된 화폐를 모두 기록해야 하므로 사용기간을 두고 있으며, 중앙 집중적인 계좌 관리로 인해 사용자 수에 제한을 두고 있다.

2) 신용카드 기반

신용카드(credit card)를 사용하는 지불 방식은 실세계의 지불 과정과 유사한 절차로 이루어지므로 트랜잭션 비용보다 거래금액이 크다. 하지만 전자상거래에서 이루어지는 거래는 소액거래가 많이 있으므로 트랜잭션 비용을 줄이는 것이 필수적이다.

11.2.6 웹 보안 위협 분석

1) 웹 보안 개요

웹은 기본적으로 클라이언트-서버 모델을 기본으로 하고 있다. 인터넷 이용자들은 보통 브라우저 또는 클라이언트라고 하는 응용(application)을 웹 서버에 연결함으로써 사용이 가능하게 된다.

인터넷은 원래 개방성에 근간을 두고 있으므로, 보안상의 문제는 어느 누구도 피할 수 없다. 웹은 이러한 인터넷에 기반을 두고 있으므로 보안의 측면에서 매우 취약하다. 웹에서 발생할 수 있는 보안 위협과 현재 대응방법 및 취약성을 보완하기 위해 웹 상에서 적용되고 있는 프로토콜에 대해 소개한다. 그림 11.5에는 웹의 개념에 대해서 설명하였다.

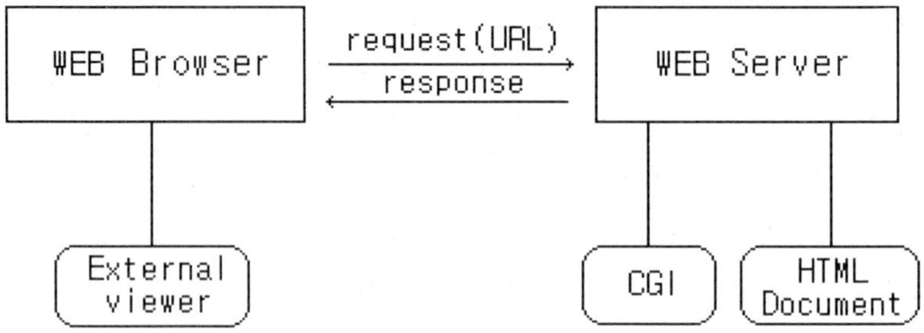

그림 11.5 웹의 개념

2) 웹 보안 위협과 대응책

웹상에서 전송되는 메시지에 대한 제 3자의 위협을 보면 수동적 공격(passive attack)과 능동적 공격(active attack)이 있다. 수동적 공격은 단지 도청(eavesdropping)이나, 트래픽 분석(traffic analysis) 등 메시지의 변형 없이 가해지는 공격이다. 능동적 공격은 변조(modification), 삽입(insertion), 삭제(delete), 재생 (replay) 공격 등 메시지의 변형과 조작을 가하는 공격이다. 그림 11.6에는 메시지 공격에 대해서 설명하였다.

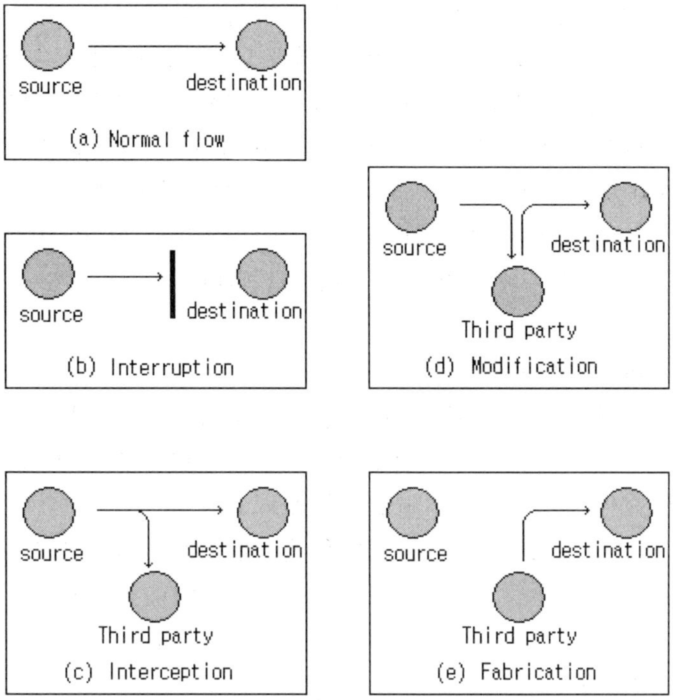

그림 11.6 메시지 공격

위와 같은 공격에 대응하여 제공되는 보안 서비스는 다음과 같다.

(1) 무 결성

클라이언트와 서버 외에 제 3자가 인터넷을 통해 전송되는 메시지를 가로채, 그 내용은 알 수 없더라도 메시지의 내용을 생성, 변경 삭제할 수 있다. 이렇듯 무 결성(integrity)은 메시지의 내용을 생성, 변경, 삭제 할 수 없도록 보호하는 기능을 한다. 여기서 쓰이는 방식은 해쉬 함수이다. 해쉬 함수는 길이의 제한을 받지 않는 스트링을 입력으로 받아 특정한 길이의 이진 값을 출력하는 함수이다. 얻어진 이진 값으로부터 원래의 스트링을 얻을 수 없으므로, 클라이언트는 메시지와 해쉬 함수를 통한 이진수 값을 함께 전송하고 서버는 클라이언트에서 전송된 원래의 메시지로부터 해쉬 함수를 통해 이진 값을 얻어내고 전송된 이진 값과 비교하여 메시지의 무 결성을 검증한다.

(2) 기밀성(confidentiality)

전송되는 메시지가 외부에 노출되어 단지 클라이언트와 서버 두 통신 당사자만이 알아야 하는 메시지를 제 3자가 알 수 있다. 대응방법으로는 메시지 또는 헤더를 암호화하는 방법이 있다. 이때, 공개키를 사용한다. 서버는 메시지를 세션(session) 키로 암호화하고 클라이언트의 공개키로 세션 키를 암호화한다. 클라이언트는 자신의 비밀 키로 복호화하여 세션 키를 생성하고, 그 세션 키를 사용하여 메시지를 복호화한다. 이렇게 하여 제 3자가 메시지를 가로채더라도 클라이언트의 비밀 키를 모르므로 세션 키를 생성할 수 없고, 따라서 메시지를 해독할 수 없다.

(3) 부인봉쇄(non-repudiation)

서버와 클라이언트사이에 발송된 메시지를 부인하거나, 전송하지 않은 메시지를 받았다고 주장할 수 있고, 또는 수신사실을 부인할 수 있다. 전자서명(digital signature)을 사용하면 메시지가 특정 클라이언트에게 보내졌을 때 나중에 서버는 발송사실을 부인할 수 없고, 클라이언트에서 발송되지 않은 메시지를 받았다고 주장 할 수도 없다.

(4) 인증(authentication)

서버와 클라이언트가 서로 통신을 하려고 할 때, 각각에 대해서 실제 통신하려던 서버와 클라이언트인지 확인해야 한다. 제 3자가 서버를 가장하여 잘못된 서비스를 제공한다면 클라이언트는 원하지 않던 잘못된 서비스를 받게 된다. 마찬가지로 어느 특정 클라이언트에게만 제공해줄 서비스가 있다면 정당한 클라이언트인지 확인해야한다. 전자서명을 사용하여 이를 해결한다.

(5) 접근제어(access control)

클라이언트에서 통신채널을 통한 서버자원의 무분별한 사용을 금지하기 위해 서버의 시스템이나 응용프로그램의 접근을 통제하거나 사용범위를 제한한다. 클라이언트는 먼저 해당 식별 자나 인증을 얻어 각각의 사용권한에 맞는 서비스를 사용한다.

(6) 가용성(availability)

웹에 대한 다양한 공격은 서버와 클라이언트사이의 사용에 손실을 가져오거나 감소를 가져온다. 가용성은 네트워크에 접속된 전체 시스템의 성능을 안정적으로 유지하는 한편 전체시스템의 시용 효율에는 이상이 없도록 하는 것이다. 이러한 가용성을 확보하기 위해서는 데이터의 주기적인 백업, 물리적인 위협으로부터의 보호, 중복성

(redundancy) 유지 등이 있다.

11.2.7 웹 보안 프로토콜

현재 웹을 이용하여 통신하는 서버와 클라이언트사이에서 각 레벨에 적용되는 보안 프로토콜들은 다음과 같다.

① Network Level : IPSec
② Transport Level : SSL(secure socket layer), TLS
③ Application Level : Kerberos, S/MIME, PGP, SET, S-HTTP

다음에서는 Transport Layer에서의 대표적 보안 프로토콜인 SSL(secure socket layer)에 대해 알아본다. 그림 11.7은 각 계층에서 적용되는 보안 프로토콜을 나타낸다.

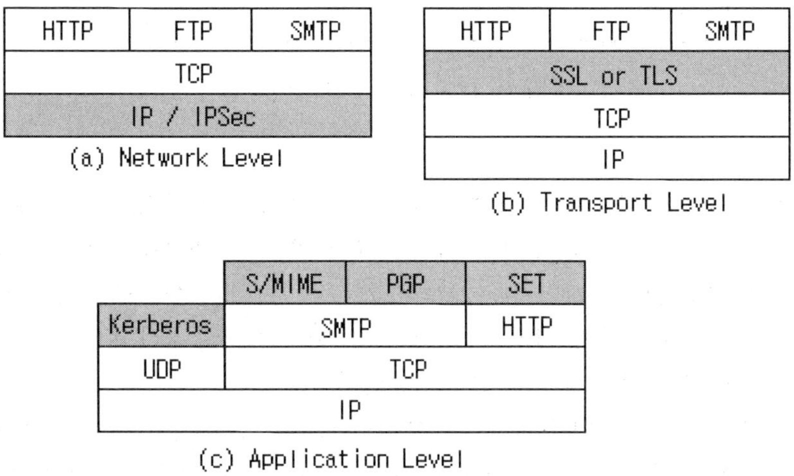

(a) Network Level
(b) Transport Level
(c) Application Level

그림 11.7 보안 프로토콜

1) SSL

SSL(secure socket layer)은 Netscape 사에서 인터넷 보안을 위하여 개발한 프로토콜이다. RSA와 X.509를 사용하여 데이터의 암호화, 서버 인증 기능, 데이터의 무결성(integrity) 그리고 선택적으로 클라이언트 인증 기능을 수행하며 응용 계층과 TCP/IP 계층의 사이에 위치한다. 응용 계층의 아래에 위치하기 때문에 각종 응용 계층 프로토콜(HTTP, TELNET, FTP 등)에서 사용이 가능하다.

그림 11.8과 같이 SSL은 TCP/IP 또는 그 밖의 전송계층(transport layer) 위에 하나의 계층을 따로 구현한 것으로, 통신하고자 하는 서버와 클라이언트사이에 소켓 루틴들을 사용하여 먼저 안전한 통신 채널을 확립한 다음 이 채널을 통해 암호화된 정보를 교환할 수 있도록 하고 있다.

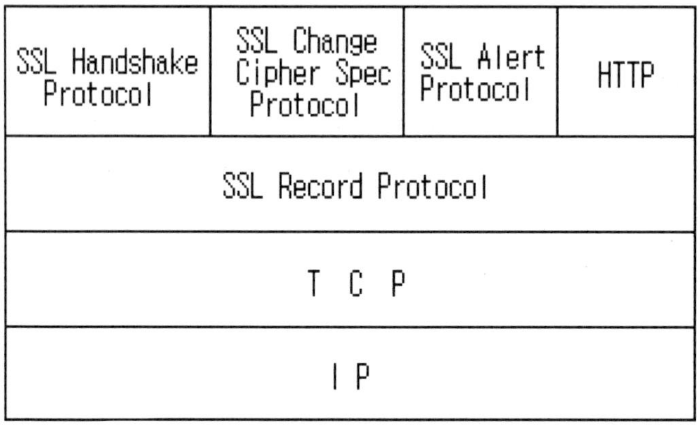

그림 11.8 SSL 프로토콜

SSL의 경우, TCP/IP 연결을 시작했을 때, 보안 응답 확인방식(handshake)을 사용하여 보안 등급을 협상한다. SSL을 사용하려면 URL에 HTTPS라는 액세스 방식을 사용해야 하는데 이 경우 포트(port) 443을 사용한다. 보통 HTTP에서는 포트 80을 사용하므로 이렇게 포트를 구분하여 사용하면 하나의 서버 호스트에서 보안 웹 서버와 보안 기능이 없는 웹 서버를 동시에 실행할 수 있다.

SSL프로토콜의 구성을 보면 SSL은 그 안에서 SSL Record protocol, SSL Handshake protocol, Change Cipher Spec protocol, Alert protocol로 나누어진다. SSL Record Layer에서는 암호화 처리를 위한 기본 단위들로 나누고 그것을 구분하는 것을 담당하고, SSL Handshake Layer는 암호화 방법이나 열쇠의 결정 및 협상을 담당한다.

2) SSL Record protocol

레코드 프로토콜은 여러 가지 상위 계층의 프로토콜들을 캡슐화 하기 위해 사용되는데 이것은 TCP 상위에 존재한다. DES(data encryption standard), RC4(Rivest cipher version four, Ron's code) 등과 같은 대칭키 암호화 알고리즘을 사용하여 두 통신 개체간의 비밀보장 서비스가 제공되며, 접속 과정에서 클라이언트와 서버 인증이 제공된다. 그림 11.9에는 SSL 레코드 프로토콜에 대해서 설명하였다.

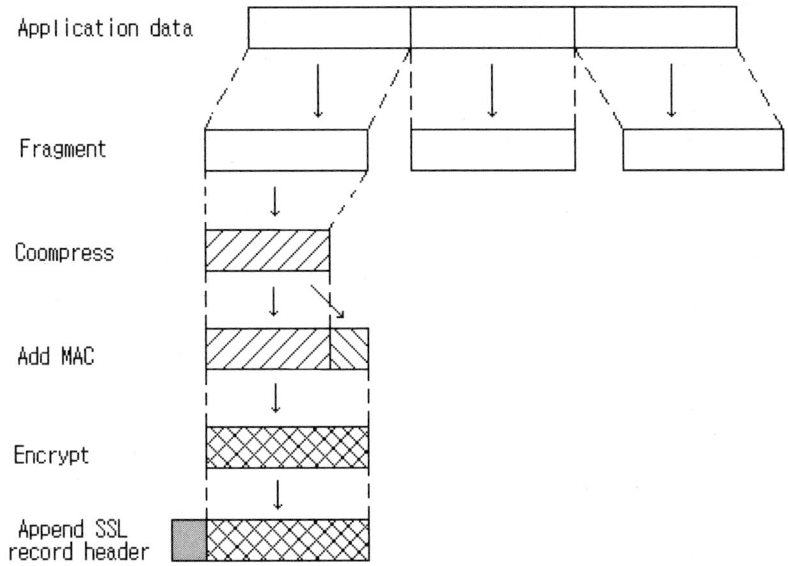

그림 11.9 SSL 레코드 프로토콜

3) SSL Handshake protocol

SSL이 서버와 클라이언트 사이에서 동작하기 위해서 필요한 사전작업 즉, 상호간 인증, 암호화방법, MAC 알고리즘, 암호 키 결정 등의 작업들이 Handshake protocol에서 수행된다. Handshake protocol은 클라이언트와 서버에 의해 교환되는 메시지로 구성된다.

다음은 Handshake protocol에서 수행되는 작업들을 4개의 단계별로 나눈 것이다.

(1) 1단계 - establish security capabilities

① Logical connection을 초기화하고, security capabilities를 설정한다.

② Client hello

최 상위 SSL version, 32-bit의 timestamp와 28byte의 random number로 구성된 32byte initial random number, session ID, ciphersuite, compression method등 5개의 파라미터가 포함된 client hello 메시지를 보내는 클라이언트에 의해서 교환이 초기화

된다.

(2) 2단계 - server authentication and key exchange

서버가 인증을 위해 자체의 certificate를 보냄으로 2번째 단계가 시작된다.

① Certificate 메시지

하나 또는 여러 개의 X.509 certificate로 구성되고, fixed DH의 키 교환 용도로 사용된다.

② Server key exchange 메시지

자체 certificate가 없거나, 단지 서명에만 사용되면 server key exchange 메시지가 보내지게 되고, fixed DH 파라미터를 가진 certificate를 보낼 때 이 메시지는 사용되지 않는다.

③ Certificate request 메시지

non-anonymous 서버는 클라이언트로부터 certificate를 요청하고, certificate type, certificate authorities등 2개의 파라미터를 포함한다.

④ Server done 메시지

파라미터를 가지지 않으며 server hello의 끝을 알리고 이 메시지 후에 클라이언트의 응답을 기다린다.

(3) 3단계 - client authentication and key exchange

① Certificate 메시지

서버의 certificate 요청이 있는 경우 보내고 적절한 certificate가 없으면 경고 메시지, no certificate를 대신 보낸다.

② Client key exchange 메시지

server key exchange에서 선택된 공개키 알고리즘에 의해 메시지가 결정된다.

③ Certificate verify 메시지

클라이언트 certificate의 확실한 증명을 제공하기 위해 보내진다.

(4) 4단계 - finish

secure connection의 setting을 완결하는 단계

① Change cipher spec 메시지

클라이언트가 change cipher spec 메시지를 보내고, pending cipherspec을 current cipherspec에 복사한다.

② Finished 메시지

key exchange와 인증이 완료되었음을 의미한다.

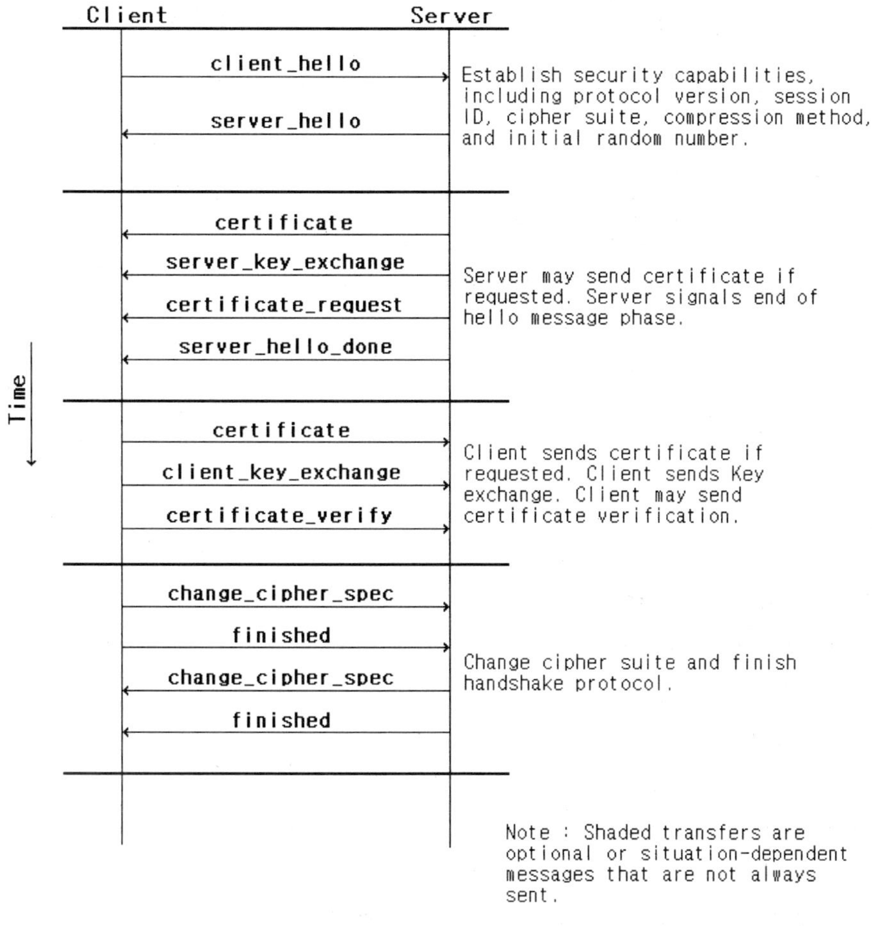

그림 11.10 Handshake 프로토콜 동작

4) SSL Change Cipher Spec protocol

서버와 클라이언트 상호간에 전송되는 프로토콜로서 앞으로의 데이터전송에 서로 협의된 cipher spec을 따르겠다는 것을 알려주는 역할을 한다. Change Cipher Spec protocol은 그림 11.11 (a)와 같이 값 1을 갖는 single 메시지로 구성되어있고, 이것은 현재의 연결에서 사용할 cipher suite를 갱신하기 위해 사용된다.

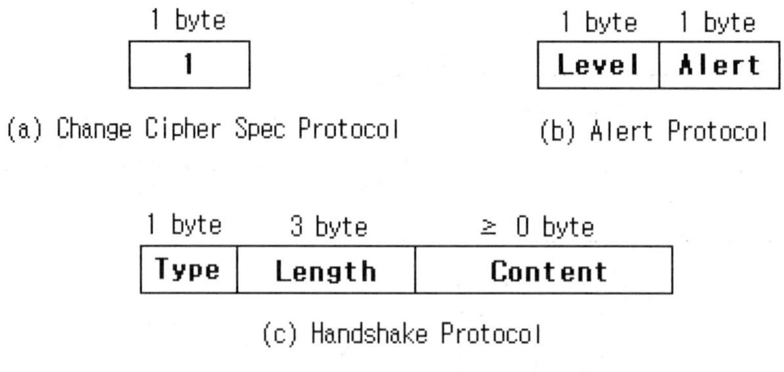

그림 11.11 SSL 프로토콜 구조

5) SSL Alert protocol

Alert protocol의 구성은 그림 11.11 (b)와 같다. 첫 번째 byte는 warning과 fatal의 두 가지 level을 가지는데, 만약 level이 fatal인 경우에는 즉시 연결을 종료하게 된다. 두 번째 byte는 alert을 나타내는 code값을 가진다.

다음은 Alert의 종류와 의미를 나타낸다. 처음 다섯 개의 종류는 항상 fatal을 가리킨다.

① unexpected_message : 부적절한 메시지를 받았을 때

② bad_record_mac : 잘못된 MAC을 받았을 때

③ decompression_failure : 잘못된 입력 값이 전달되었을 때

④ handshake_failure : security parameter등을 협상하지 못했을 때

⑤ illegal_parameter : handshake 메시지의 field가 범위 밖이거나, 다른 field와 조화를 이루지 못할 때

⑥ close_notify : 연결에 대해 더 이상의 메시지가 없을 때

⑦ no_certificate : certificate 요청에 대해 적당한 certificate가 사용되고 있지 않을 때

⑧ bad_certificate : 수신된 certificate가 변질되었을 때

⑨ unsupported_certificate : 수신된 certificate가 지원되지 않을 때

⑩ certificate_ revoke : 서명자에 의해 무효화 될 때

⑪ certificate_expired : certificate가 만기되었을 때

연 습 문 제

1. 정보보안의 목적에 대해서 설명하시오.

2. 정보보안 서비스의 특성에 대해서 설명하시오.

3. 정보보안에 대한 공격에 대해서 설명하시오.

4. 관용 암호화 방식에 대해서 설명하시오.

5. 공개키 암호화 방식에 대해서 설명하시오.

6. 디지털 서명에 대해서 설명하시오.

7. 전자 상거래에 대해서 설명하시오.

8. 전자 지불 시스템에 대해서 설명하시오.

9. 웹 보안의 개념에 대해서 설명하시오.

10. 웹 보안 프로토콜에 대해서 설명하시오.

제 12 장

정보압축

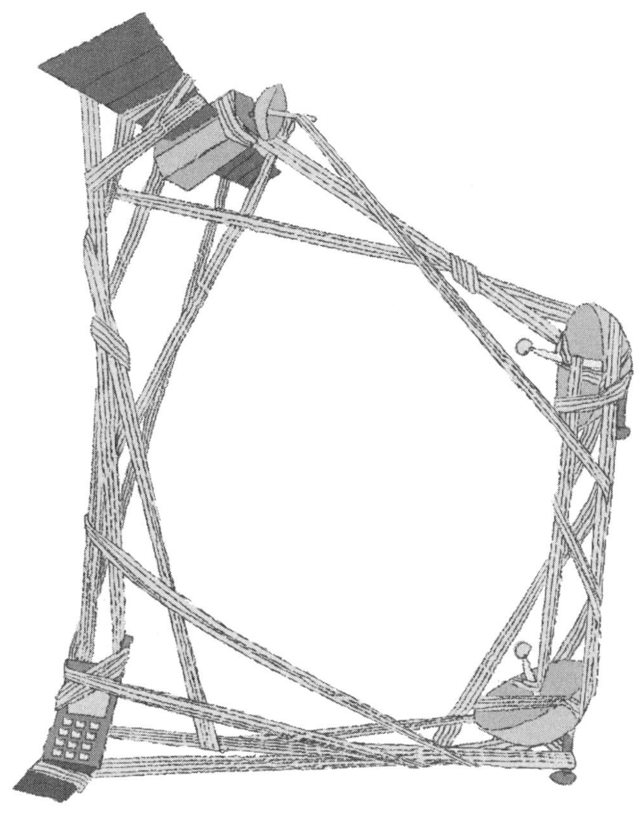

제12장 정보압축

정보통신의 중요한 목적은 이전에 학습했듯이 사용자들이 정보를 정확하고 신속하게 또한 편리하게 송수신하는 것이다. 이 번장에서는 정보를 어떻게 하면 정확하게 송수신할 수 있는지에 대해 학습하고자 한다.

사람들은 현 시대를 정보혁명, 정보화시대라고 이야기 한다. 정보고속도로가 가정까지 도달하여 고성능 PC에 연결되고 안방에서 대형 스크린과 하이파이 입체 음향을 갖는 고선명 TV를 통해 영화관에서의 감동을 그대로 느끼고, 화상전화를 통해 멀리 떨어져 있는 사람과 통화하며, 상품정보를 컴퓨터 화면을 통해 보면서 구매하고, 은행결제도 집에서 하며 원하는 TV 프로를 언제든 주문하여 볼 수 있고 , 나아가서 재택근무까지 가능해 졌다. 정보는 문자, 도형, 음성, 음향, 정지영상, 동영상 등 다양한 표현형식을 갖는다. 정보화 시대에는 이 정보들이 주로 영상과 음향을 중심으로 결합된 멀티미디어의 형태로 저장되거나 전송된다.

하드웨어에 해당하는 초고속정보통신망과 이를 활용하여 소프트웨어의 효과적인 구축이 국가 경쟁력을 좌우하게 될 것이다. 이에 따라 미국을 비롯한 세계 각국이 이 하드웨어와 소프트웨어를 포함하는 내용의 정보고속도로 건설을 위해 막대한 투자를 계획하고 있으며, 우리나라도 이를 완벽하게 완성할 예정이다. 정보혁명은 디지털 신호처리, 디지털 통신, 반도체, 컴퓨터 등의 기술발전에 힘입어 이미 시작되었다고 할 수 있다. 이와 관련하여 각종 정보의 표현이나 전송을 위한 국제 표준 규격들이 차례로 제정되고 있다.

특히 그 동안 가전부문에 속했던 영상과 음향을 통신 및 컴퓨터와 결합하여 새로운 미디어로 탄생시킨 멀티미디어 기술이 멀티미디어 PC, 주문형 비디오(VOD : Video On Demand), 고선명 TV(HDTV : High Definition TV), 대화형 TV, 디지털 방송(지상, 위성, 케이블, B-ISDN 등의 채널), 비디오 CD, 디지털 비디오 디스크(DVD) 등 여러 가지 상품의 형태로 소비자들에게 선보이면서, 관련 핵심기술인 국제 표준 MPEG(Moving Picture Experts Group)에 대한 관심도 새롭게 크게 고조되고 있다.

정보를 신속하게 송수신하기 위해서는 다양하고 성능이 뛰어난 정보통신시스템들이 필요하며 또한 다양하고 체계화된 운영체제, 다양하고 우수한 통신 알고리즘이 필요하다. 무엇보다 요즘 정보통신 분야에서 정보압축에 대한 관심이 상당하다. 정보압축 개념, 정보압축시스템, 다양한 정보 압축 알고리즘 즉 JPEG(Joint Photographic Experts Group), MPEG, wavelet, fractal 등에 관해서 구체적으로 학습해 보기로 하자.

12.1 JPEG

JPEG은 정보압축 분야의 정지영상 압축 알고리즘 중에서 가장 널리 사용되고 있으며 세계적 표준화 작업이 완료되었다. JPEG의 부호화와 복호화 알고리즘에 대해 알아보기로 하자.

12.1.1 개요

컴퓨터와 통신, 방송 등이 결합, 통합된 다중미디어 환경이 다양하게 발전하여 정보통신 분야의 꽃이라 할 수 있는 멀티미디어 시대가 열렸다. 멀티미디어를 지원해주는 핵심 요소 기술로는 디지털 화와 더불어 디지털 영상 압축 기술이 있다. 정보통신의 급격한 발달과 함께 컴퓨터에서 취급하는 데이터의 형태도 다양하게 되어 종래의 텍스트 중심의 데이터로부터 음성 및 영상 데이터까지 포함하는 멀티미디어의 시대를 맞이하게 되었다. 멀티미디어 중에서 영상 데이터는 인간의 시각효과를 이용할 수 있기 때문에 텍스트 데이터 부호화와는 다른 양상을 보이게 되고 또한, 압축효과가 매우 크기 때문에 널리 응용되고 있다.

영상 데이터의 부호화는 주로 완전복원을 전제로 하지 않는 손실 부호화(loss coding)가 활발하게 연구되어 JPEG(Joint Photographic Experts Group)와 같은 국제 표준화 규격을 완성하게 되었다. 한편, 하드카피 통신에 대표되는 팩시밀리 등을 위한 부호화는 흑백의 이진 영상을 대상으로 하여 완전복원을 전제로 하는 무 손실 부호화(lossless coding) 기법이 적용되어 오고 있다. 최근에는 흑백의 이진 영상뿐만이 아니라 한정 계조 영상 및 칼라 영상까지도 팩시밀리에서 취급함에 따라 다중 레벨 영상(multi-level image)의 무 손실 부호화의 필요성이 크게 증대하고 있다. 따라서 JPEG과 JBIG(Joint Bi-level Image Experts Group)을 중심으로 활발히 연구, 개발되고 있으나 시스템의 구성이 복잡하고 고가라서 그 실현이 용이하지 않기 때문에 개인용 컴퓨터에서 일반 사용자가 손쉽게 응용할 수 없는 실정이다.

영상 신호는 고부가의 정보임에도 불구하고 많은 데이터 양으로 인하여 실시간 전송 실현에 상당한 한계를 가지고 있다. 이러한 실시간 전송을 위한 데이터 압축 방식은 예측 부호화, 변환 부호화 및 이들을 결합한 하이브리드(hibrid) 부호화 등이 있다. 이들 부호화중에서 변환 부호화는 데이터 압축률이 높아 화상 전화 및 비디오 회의를 위한 CCITT(the International Telegraph and Consultative Committee)의 권고안으로 채택되었다.

특히 고속변환을 갖는 DCT(Discrete Cosine Transform)를 이용한 변환 부호화는 에너지 집중성이 높아 변환 부호화의 대표적인 방법으로 칩의 개발과 더불어 실용화 단계에 있다. 일반적으로 DCT를 이용한 변환 부호화는 자연 영상을 1.0[bpp] 정도의 부호화 율에서 채널 에러가 없는 경우에는 원 영상에 가까운 재생영상을 얻을 수 있다. 정지영상 압축의 표준인 JPEG과 동영상 압축의 표준인 MPEG(Moving Picture Experts Group)에서 사용하는 DCT와 양자화는 영상을 주파수 영역에서 해석하여 처리한다. JPEG과 MPEG에서 주로 사용되는 압축 기법은 변환부호화 방식과 예측부호화 방식, 엔트로피 부호화 방식 등이 있다. 영상압축은 영상들이 갖는 공간적, 시간적 중복성을 제거하거나 변환시키고 거기에 통계적 특성을 적용함으로써 영상을 표현하는 데이터 량을 줄이는 방법이다. 공간적 중복성이란 한 영상에서 인접한 픽셀들은 서로 비슷한 값을 가지고 있다는 것을 말하고, 시간적 중복성이란 대부분의 동영상이 1초에 수십 장의 영상을 보내어 움직임을 보여 주고 있으므로 역시 시간적으로 연속적인 두 영상은 비슷하다는 것을 의미한다.

영상에 대한 공간상의 중복성을 제거하는 방법으로는 원래의 신호를 여러 개의 블록으로 분할한 후 각각을 블록 변환하여 변환계수를 구한 뒤, 각 계수들을 양자화하여 부호화 효율을 증가시키는 변환부호화 방법, 영상의 통계적 특성 및 인간의 시각적 특성을 고려하여 유한 개수의 동일 차원 코드벡터로 이루어진 코드 북에서 한 코드벡터를 찾아서 근사시키는 벡터양자화 방법, QMF(Quadrature Mirror Filter) 뱅크를 사용하여 대상 신호의 주파수 대역을 N개의 부 밴드(subband) 신호로 분리한 후, 각 subband의 신호를 그 주파수 영역에서 인간의 시각 특성에 적합한 PCM(Pulse Code Modulation) 또는 DPCM(Differential PCM) 등을 적용하여 대역압축을 하는 대역분할 부호화 방법, 심벌의 확률적 분포에 따라 발생빈도가 높은 심벌(symbol)은 적은 비트를 할당하고 발생빈도가 낮은 심벌에 대해서는 많은 비트를 할당함으로써 전체적으로 비트 발생 율을 최소화하는 엔트로피 부호화 방법 등이 있다.

변환 부호화, 벡터양자화, 대역분할 부호화, 엔트로피 부호화가 영상에 대한 공간상의 중복 성을 제거하는 데 이용되는 압축 방식인 반면에 예측 부호화 방식은 영상에 대한 시간적인 중복 성을 제거하는 압축 방식이다. 단순히 같은 공간상 위치의 화소를 비교하여 차 신호를 구하고, 차 신호를 양자화한 후 전송하는 단순 DPCM 방식이 일찍부터 영상의 시간상의 중복 성을 제거하는 부호화 기법으로 사용되어져 왔다. 그러나 이러한 단순 DPCM은 움직임이 많은 동영상 부호화시에는 예측오차의 증가에 따라 예측성능이 떨어지기 때문에 움직임이 많은 동영상을 낮은 비트 율로 감축할 때의 예측방법으로 이용하기에는 부적절하다. 이러한 문제점을 보완하면서 예측성능을 향상시키기 위하여 이웃한 영상간의 물체의 움직임을 검출한 후 보상해줌으로써 예측성능을 크게 향상시킨 움직임 보상 예측 부호화 방식이 널리 사용되고 있다. 움직임 보상 예측 부호화 방식의 대표적인 방법으로서 블록 움직임 벡터를 가지는 블록 정합 알고리즘이 사용되고 있다.

1974년은 오늘날 멀티미디어 혁명을 가능케 한 기념비적인 발명이 있던 해이다. 미 텍사스대학의 라오 교수를 비롯한 3명의 연구진이 DCT(Discrete Cosine Transform)라는 새로운 직교변환에 관한 논문을 IEEE 학술지에 발표했던 것이다. 이 DCT는 특히 영상의 압축에 탁월한 성능을 갖는 것으로 오늘날 멀티미디어 관련 국제표준인 H.261, JPEG, MPEG의 핵심요소로 자리 잡고 있다.

문자, 도형, 일반 데이터 등을 무 손실 압축하면 완전 복구가 가능하지만 압축률은 평균적으로 2대1 정도이다. 반면 영상 음성 음향 등의 데이터를 인간의 눈과 귀가 거의 느끼지 못할 정도로 작은 손실을 허용하면서 압축하면 10 대1 이상의 압축률을 쉽게 얻을 수 있다. 동영상의 경우 화면 간 중복성과 화면 내 화소 간 중복성이 많아 시각 특성을 잘 활용하면 MPEG 영상 압축에서 볼 수 있듯이 30대1 이상의 압축을 쉽게 얻을 수 있다. 정지영상은 화면 내 화소의 중복성만이 있고, 한 화면이므로 화면 간 중복성은 없어 JPEG에서 보듯이 MPEG 보다는 다소 압축률이 낮다. 영상이 중복성이 높은 3차원(동영상) 혹은 2차원(정지영상) 데이터여서 압축도 크게 되는데 비해 음성과 음향은 중복성이 상대적으로 떨어지는 1차원 데이터여서 압축률도 영상에 비해 크게 떨어진다.

영상데이터를 효과적으로 압축하기 위한 목적으로 가장 널리 쓰이는 손실부호화 기법은 변환부호화이다. 이 방식의 기본구조는 공간적으로 높은 상관도를 가지면서 배열되어있는 데이터를 직교변환에 의하여 저주파 성분으로부터 고주파 성분에 이르기까지 여러 주파수 성분으로 나누어 성분별로 달리 양자화 하는 것이다. 이때 각 주파수 성분 간에는 상관도가 거의 없어지고 신호의 에너지가 저주파 쪽에 집중된다. 단순 PCM에 비해 같은 비트 율에서 얻는 변환부호화의 이득은 각 주파수 성분의 분산치의 산술평균과 기하평균의 비와 같다. 즉 저주파 쪽으로 에너지의 집중이 심화될수록 압축효율이 높다. 현재 여러 국제표준에 핵심기술로 자리 잡고 있는 DCT는 8×8크기의 화소를 하나의 블록으로 묶어 변환의 단위로 삼고 있다. 블록의 크기를 키울수록 압축효율은 높아지나 변환의 구현이 훨씬 어려워진다. 실험적으로 8×8이 성능과 구현의 용이성 간 타협점으로 선택되었다. DCT 변환계수의 양자화는 스칼라 양자화와 벡터 양자화가 가능하다. 벡터 양자화는 보통 계수 간 상관도가 높을 때 효과적이고 대신 스칼라 양자화보다는 복잡도가 높다. DCT 계수들끼리는 이미 상관도가 거의 없어 현재 국제표준 에서는 스칼라 양자화를 채택하고 있다. 또 스칼라 양자화도 다시 구현이 용이한 선형과 특성이 좋은 비선형 기법으로 나뉘는데 양자화 된 계수가 다시 엔트로피 부호화를 거치면 두 기법 간 성능의 차가 작아진다.

현재 국제표준에서는 엔트로피 부호화가 뒤따르고 있어 H.261, JPEG, MPEG-1에서는 선형 기법만을 사용하였다. 그러나 MPEG-2에서는 약간의 성능개선을 위해 비선형 기법도 함께 채택했다. 또한 양자화 된 DCT 계수들의 통계적 특성을 이용한 무 손실 압축을 위해 현재 국제표준에서는 런 랭스 부호화와 허프만 부호화를 결합하여 사용하고 있다. 영상의 압축은 이렇게 DCT, 양자화, 런 랭스 부호화, 허프만 부호화, 움직임보상 DPCM 등 많은 기술이 결합되어 이루어지고 있다.

JPEG 압축방식은 크게 무 손실 모드와 손실 모드로 나눌 수 있다. 무 손실 모드는 의료 영상 등과 같이 원화에 전혀 손상을 주어서는 안 되는 응용분야 에 쓰이고, 손실 모드는 시각적으로 못 느낄 정도의 손실을 허용하면서 압축률을 높이는 많은 응용분야에 채택된다. 무 손실 모드는 부호화하고자 하는 화소를 인접한 이전 화소들로부터 공간적으로 예측하여 그 예측오차를 통계적 빈도에 따라 허프만 부호화하고 있다. 손실 모드는 압축률을 높이기 위하여 손실부호화와 무 손실 부호화를 결합하고 있다. 화면을 블록 단위로 나누어 블록별로 DCT를 행하여 에너지를 저주파계수에 집중시킨 후 양자화 한다. 이때 인간의 눈이 고주파 성분의 양자화 잡음을 덜 느끼는 점을 이용하여 고주파 계수일수록 양자화 스텝을 크게 한다. 따라서 고주파 DCT 계수들은 크기도 작은데 양자화 스텝도 커서대부분 0이 된다. 손실 모드는 기본방식과 확장방식으로 나뉜다.

기본방식은 양자화 된 DCT 계수들을 더욱 압축하기 위해 런 랭스 부호화와 허프만 부호화를 쓰고 있다. 즉 DC로부터 출발하여 지그재그 주사를 하면서 0이 몇 개 반복되고 0이 아닌 값이 나오는지를 런 레벨의 형태로 나타낸다. 이 심벌들은 발생 확률이 각각 다르므로 2차원 허프만 부호를 써서 더욱 압축하고 있다. 이때 각 블록의 평균값에 해당하는 DC는 화질에 크게 영향을 주므로 보다 충실히 표현할 필요가 있다. 따라서 DC는 AC 계수들에 비해 보다 세밀히 양자화하고, 양자화 된 결과에 대해 이전 블록과의 차이를 취해 허프만 부호화한다. 확장방식은 양자화 된 DCT 계수들을 보다 더 효율적으로 압축하기 위해 산술 부호화를 사용한다. 허프만 부호에 비해 약간 효율은 높으나 그만큼 더 복잡 하고 확장방식은 또 한 화면을 점진적으로 부호화하여 수신 측에서 점진적으로 선명해지는 화면을 선택적으로 재생할 수 있도록 하는 기능도 포함하고 있다.

컴퓨터에 있어서 현재 여러 가지의 영상데이터 저장포맷과 압축방식이 사용되고 있다. 널리 쓰이는 GIF나 TIFF 포맷 등은 무 손실 압축기법에 기초하고 있다. 이들보다 월등히 뛰어난 압축률과 응용범위를 갖는 JPEG는 최근 PC에 적극적으로 도입되기 시작하여 .jpg라는 확장 자를 갖는 파일을 출력시킨다.

12.1.2 JPEG 시스템

1) 부호화기와 복호화기

부호화기는 그림 12.1에 나타난 것과 같이 구성되어 있다. 먼저 입력 영상은 8*8크기의 블록들로 나뉘어 지며, FDCT(Forward Discrete Cosine Transform), 양자화(quantization), 지그재그 스캔(zig-zag scan), 허프만 부호화(Huffman coding) 과정을 거쳐서 압축하게 된다. 복호화기는 그림 12.2과 같이 부호화기의 반대 과정으로 구성되어 압축된 데이터를 읽어 들여서 허프만 복호화(Huffman decoding), 역 지그재그 스캔, 역양자화, IDCT(Inverse DCT) 과정을 거치면 복원 영상이 만들어진다. 물론 이때도 8*8 크기의 블록 단위로 수행된다.

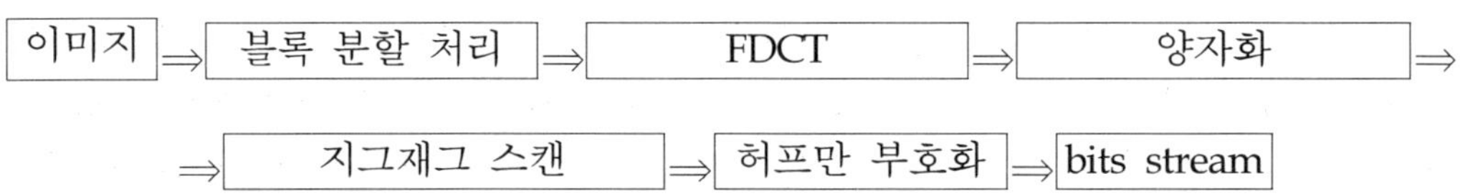

그림 12.1 JPEG 부호화기

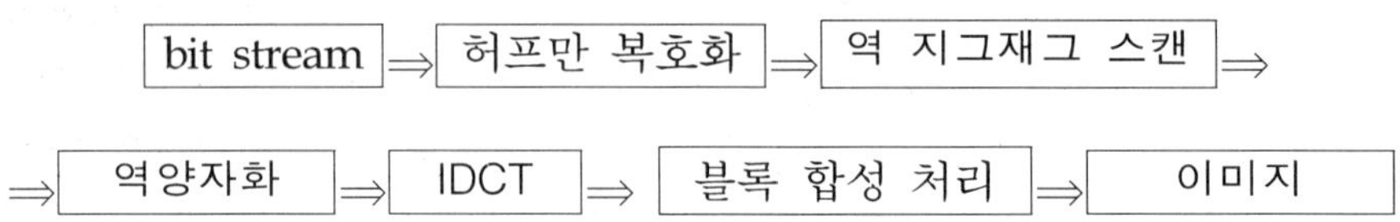

그림 12.2 JPEG 복호화기

그림 12.1와 그림 12.2에서 영상 크기는 일반적으로 256*256이고 블록 크기는 8*8이다.

2) FDCT와 IDCT

DCT는 영상압축의 성능을 떨어뜨리는 고주파 성분의 발생을 억제하는 특징을 가지고 있다. 압축부호화기의 입력으로서 8*8의 64화소 샘플들이 하나의 블록으로 모아지고 얻어진 8*8 블록들은 FDCT에 의해 변환된다. 반면에 복호화기에서는 8*8 복원 영상 블록을 얻기 위해 IDCT가 계산된다.

영상에 적용하는 일반적인 2차원 FDCT(Forward DCT)의 수학적 모델은 다음 공식으로 나타낸다.

$$F(u,v)=\frac{4C(u)C(v)}{N^2}\sum_{x=0}^{N-1}\sum_{y=0}^{N-1}f(x,y)\cos\left[\frac{(2x+1)u\pi}{2N}\right]\cos\left[\frac{(2y+1)v\pi}{2N}\right]$$

N*N은 블록 크기

u, v = 0, 1, 2, ... N-1

$C(w)$는 $w=0$인 경우에만 $\frac{1}{\sqrt{2}}$ 이고 나머지는 0이다.

영상에 적용하는 일반적인 2차원 IDCT(Inverse DCT)의 수학적 모델은 다음 공식으로 나타낸다.

$$f(x,y)=\sum_{u=0}^{N-1}\sum_{u=0}^{N-1}C(u)C(v)F(u,v)\cos\left[\frac{(2x+1)u\pi}{2N}\right]\cos\left[\frac{(2y+1)v\pi}{2N}\right]$$

N*N은 블록 크기

x, y = 0, 1, 2, ... N-1

$C(w)$는 $w=0$인 경우에만 $\frac{1}{\sqrt{2}}$ 이고 나머지는 0이다.

각 8*8 블록은 2개의 공간차원의 함수인 64화소 이산신호이다. DCT는 이러한 이산신호를 입력으로 취하여 64개의 신호로 분리하여 출력한다. DCT 계수는 입력신호의 주파수 성분을 64개의 2차원 공간 주파수 성분으로 나타낸다. 따라서 DCT 계수들은 64화소 입력영상에 따라 결정되는 독특한 주파수 성분의 표현이라고 볼 수 있다. x=0, y=0일 때의 DCT 계수는 양 차원으로 0 주파수를 나타내기 때문에 "DC 계수"라하고 나머지 63개의 계수들은 "AC계수"라 부른다. 그런데 영상신호들은 보통 급격히 변화하지 않으므로 대부분의 에너지가 저주파수 성분에 모이게 된다. 이것이 변환 부호화를 영상압축에 이용하는 이유이다. 그러나 DCT 자체로서는 영상압축효과를 얻는 것이 아니고 단지 원 영상 블록의 표현방법을 공간 영역에서 주파수 영역으로 바꾸었고, 결과적으로 신호에너지를 제한된 몇 개의 DCT계수에 집중시키게 되었다는 것이다. 한편, 복호화기에서 IDCT는 FDCT의 역으로 한다. 즉, 64개 DCT 계수를 취하여 역변환함으로써 64개의 공간영역 화소들은 재현한다.

3) 양자화와 역양자화

DCT의 출력인 64개의 계수들은 64개의 값을 갖는 양자화 테이블(quantization

table)에 의해서 각각 동일한 양자화를 거치게 된다. 일반적으로 사용하는 양자화 테이블은 그림 12.3과 같다.

16	11	10	16	24	40	51	61
12	12	14	19	26	58	60	55
14	13	16	24	40	57	69	56
14	17	22	29	51	87	80	62
18	22	37	56	68	109	103	77
24	35	55	64	81	104	113	92
49	64	78	87	103	121	120	101
72	92	95	98	112	100	103	99

그림 12.3 양자화 테이블

구체적으로 테이블의 값들은 정수로서 범위는 1에서 255까지인데 각각의 DCT 계수들에 대한 양자화 스텝크기를 나타낸다. 양자화과정을 거치는 목적은 실질적인 압축효과를 얻고자 함인데 구현하려고 하는 영상품질에 맞는 정확도의 DCT 계수를 결과로서 갖게 된다. DCT 압축알고리즘의 주요 손실은 양자화 과정에 있다. 이것은 DCT 계수의 양자화가 양자화 스텝 크기로 나눈 후에 가장 가까운 정수를 치환함으로써 이루어지기 때문이다. 양자화테이블을 살펴보면 오른쪽 아래로 갈수록 더 큰 값을 가지는 것을 볼 수 있다. 이것은 정보가 대부분 저주파수 영역에 집중되어 있기 때문이다. 즉 픽셀들 간의 차가 적은 저주파 영역은 강조하고 화소간의 변화가 많은 고주파 영역은 다소 무시해도 좋다는 것을 의미한다. DCT계수 F(u,v)는 양자화 된 계수 $F^Q(u,v)$와의 관계는 다음과 같다.

$$F^Q(u,v) = \text{Nearest Integer } [F(u,v)/Q(u,v)]$$

식에서의 Q(u,v)는 그림 14.의 양자화 테이블의 각각의 양자화 계수를 나타낸다. 역양자화는 지금까지 과정의 역이므로 다음과 같이 나타낸다.

$$F(u,v) = FQ(u,v)*Q(u,v)$$

Q(u,v)의 값이 크면 클수록 양자화 된 DCT 계수들의 크기가 작아지므로 압축률은 증가함을 쉽게 알 수가 있는데 문제는 시각적으로 영상화질의 저하를 느끼지 않는 범위에서 압축률을 결정해야 하는 것이다.

4) 지그재그 스캔과 역 지그재그 스캔

양자화한 후에 DC 계수는 63개의 AC계수와 분리되어 독립적으로 처리된다. DC계수는 한 블록 내의 64개 화소들의 평균값이므로 일반적으로 인접블록의 DC 값들과 큰 상관관계가 있어서 서로간의 차이를 부호화하는 것이 더 효율적이다. 또한 나머지 63개의 AC계수들은 그림 2.4에서와 같이 지그재그로 재배열된다. 이렇게 함으로써 저주파수 영역에 분포한 0이 아닌 AC계수들을 주파수 크기대로 함께 모이게 하여 허프만 부호화를 통해 압축률을 증가시킨다. 역 지그재그 스캔은 복호화시에 지그재그 스캔과 동일한 방법으로 수행되어진다.

그림 12.4에는 기존의 방식에서 사용하는 지그재그 스캔을 나타내었다.

0	1	5	6	14	15	27	28
2	4	7	13	16	26	29	42
3	8	12	17	25	30	41	43
9	11	18	24	31	40	44	53
10	19	23	32	39	45	52	54
20	22	33	38	46	51	55	60
21	34	37	47	50	56	59	61
35	36	48	49	57	58	62	63

그림 12.4 지그재그 스캔

5) 허프만 부호화와 허프만 복호화

DCT 압축 알고리즘에서 부호화 과정의 마지막 단계는 허프만 부호화인데, 이 과정을 통해서 추가로 압축효과를 얻는다. 양자화 된 DCT 계수들의 통계적인 특성을 부호화에 이용하여 자주 나타나는 계수 값들에 대해서는 짧은 코드워드를 부여하고, 드물게 나타나는 계수 값들에 대해서는 긴 코드워드를 부여함으로써 계수들을 표현하는데 필요한 평균 데이터 량을 감축하는 것이다. 허프만 복호화는 부호화된 코드워드로부터 양자화 된 DCT계수를 만들어 내는 과정을 말한다.

멀티미디어의 주요 내용물인 영상, 음성, 음향 등의 데이터를 시청각 특성을 활용하여 압축하면 수 십분의 일 이상의 압축률을 얻을 수 있다. 이 높은 압축률은 손실부호화 혹은 손실부호화와 무 손실 부호화의 결합에 의하여 얻어진다. 무 손실 부호화는 압축률이 낮으나, 복호에 의해 원래 데이터가 완전히 재생되어야 하는 분야에 쓰인다. 문자, 도형, 컴퓨터의 일반 데이터 등은 무 손실 부호화를 행하며 영상, 음성, 음향 등의 데이터도 필요한 경우 무 손실 압축을 한다. 무 손실 부호화 방식으로는 DPCM, 런 랭스 부호화, 엔트로피 부호화 등이 있다. 이 세 가지는 특성이 다르므로 부호화하고자 하는 데이터의 성질에 따라 알맞게 선택해야한다. PCM 데이터에 대한차동 부호기로서의 DPCM은 PCM 입력 치와 과거 PCM 값들에 기초한 PCM 예측치 와의 차를 취하는 무 손실 부호화로서, 이 DPCM만으로는 데이터의 압축이 얻어지지 않고 통계적 특성만이 변하므로 대개의 경우 다른 종류의 데이터 압축과 결합된다. DPCM에 깔린 철학은 결국 예측 가능한 성분은 복호기 측에서 자동으로 재생하고 예측 불가능한 성분만을 부호화하여 보내주자는 것이므로, 과거의 값들로부터 현재의 값을 보다 근접하게 예측할 수 있을 때 데이터 압축률도 높아진다. 런 랭스 부호화는 팩시밀리처럼 데이터에 특히 "0"이 많이 발생하는 경우, 혹은 만화영화나 악보처럼 한색이나 음이 긴 구간동안 지속될 때 쓰인다. 이런 경우 값 하나하나를 일일이 표현하는 것보다 어느 값이 얼마나 지속되는지 런 랭스로 표현하는 편이 효율적이다.

따라서 같은 값이 오래 지속 될수록 데이터 압축률도 높아진다. 엔트로피 부호화의 기본 원리는 데이터 심벌들의 통계적 발생 빈도에 따라 각각의 심벌이나 연속된 심벌을 적절한 길이의 부호로 표현하는 것이다. 데이터 심벌들의 발생확률에 따라 엔트로피라고 불리는 심벌 당 평균 정보량이 결정되는데, 엔트로피 부호화의 목표는 심벌 당 평균 부호 길이가 엔트로피에 가까이 가도록 하는 것이다.

엔트로피 부호화에는 허프만 부호화, 산술 부호화, LZW(Lempel Ziv Welch) 부호화가 있다. 허프만 부호화는 고정길이 부호를 가변길이 부호로 바꾸는 것으로서, 자주 발생하는 심벌에는 짧은 부호를, 드물게 발생하는 심벌에는 긴 부호를 할당하여 평균 부호 길이를 원래 심벌의 고정길이보다 짧게 하는 것이다. 한 예로 영문 텍스트의 경우 압축하지 않은 원문은 보통 ASCII 부호로 표현되므로 글자 당 7비트를 차지하는데, 이를 허프만 부호화하면 자주 발생하는 문자들은 예를 들어 3비트로, 드물게 발생하는 특수 기호들은 10비트 이상으로 부호화되어 심벌 당 평균 4비트 정도로 압축할 수 있다. 산술부호화는 여러 심벌들을 묶은 가변길이 심벌 열을 고정길이 부호로 표현하는 방법인데, 심벌열의 발생확률이 거의 일정하게 유지되도록 묶는다. LZW 부호화는 여러 심벌을 묶은 가변길이 심벌 열을 가변길이 부호로 표현하는 방법이다. 허프만 부호화와 산술 부호화가 심벌들의 통계를 미리 구하여 이에 따른 부호 책을 설계한 후 이를 이용하여 각 심벌을 부호화하는 2단계 방식인데 비해 LZW 부호화는 부호화를 해가면서 새로 나오는 심벌 열을 사전 식으로 부호 책에 기억시켜 다음 심벌의 부호화에 이용하는 방식이다. 무 손실 압축의 멀티미디어에의 응용을 살펴보자. 팩시밀리는 흑백의 문서를 주사하면서 이진 데이터열도 바꾼 후, 수평방향으로는 런 랭스 부호화와 허프만 부호화를, 수직방향으로는 DPCM 개념을 적용하고 있다.

JPEG 정지영상 압축표준에서는 화소 간에는 DPCM을, 양자화 된 변환계수에 대해서는 런 랭스 부호와 허프만 부호를 적용하고 있다. JPEG 확장 시스템은 산술부호화를 써서 허프만 부호보다 효율을 높였으나 복잡성과 특허 문제로 외면당하고 오히려 기본 시스템이 널리 쓰이고 있다.

12.1.3 JPEG PROGRAM

1) 일반화된 JPEG 프로그램

```
// BaseImage.cpp: implementation of the CBaseImage class.
#include "stdafx.h"
#include "BaseImage.h"
#ifdef _DEBUG
#undef THIS_FILE
static char THIS_FILE[]=__FILE__;
#define new DEBUG_NEW
#endif
// Construction/Destruction

CBaseImage::CBaseImage()
{
	m_pDib=NULL;
	lpLogPalette=NULL;
```

```
        cPalette=NULL;
        pBitmapInfo=NULL;
        tDib=NULL;
        m_pBitmap=NULL;
        m_pJpg=NULL;
}

CBaseImage::~CBaseImage()
{
        if(tDib)
                delete tDib;
        else
        {
                if(m_pDib)
                        delete m_pDib;
                if(pBitmapInfo)
                        delete pBitmapInfo;
        }
        if(lpLogPalette)
                delete lpLogPalette;
        if(cPalette)
                delete cPalette;
        if(m_pJpg)
                delete m_pJpg;
}

//size 크기의 영상을 colornum의 색으로 배경을 backcolor로 만든다.
BOOL CBaseImage::Create(SIZE size, int colornum,COLORREF backcolor)
{
        int r,g,b,i;
        if(!SetBmpInfo(size,colornum))
                return FALSE;
        if(colornum)
```

```
		if(!CreatePalette(FALSE))
			return FALSE;
	if(m_pDib)
		delete m_pDib;
	m_pDib= new char [pBitmapInfo->bmiHeader.biSizeImage];
	switch(m_nColor)
	{
	case 0:
			for(i=0;i<(int)pBitmapInfo->bmiHeader.biSizeImage;)
			{
				b=GetBValue(backcolor);
				m_pDib[i]=b;i++;
				g=GetGValue(backcolor);
				m_pDib[i]=g;i++;
				r=GetRValue(backcolor);
				m_pDib[i]=r;i++;
			}
			break;
	case 256:
			i=FindColorInPalette(backcolor);
			if(i<0)i=0;
			r=(BYTE)i;
			memset(m_pDib,r,pBitmapInfo->bmiHeader.biSizeImage);
			break;
	case 16:
			i=FindColorInPalette(backcolor);
			if(i<0)i=0;
			r=i;r=r<<4;g=r>>4;b=r | g;
			memset(m_pDib,b,pBitmapInfo->bmiHeader.biSizeImage);
			break;
	case 1:
			memset(m_pDib,0,pBitmapInfo->bmiHeader.biSizeImage);
			break;
```

```
        }
        return TRUE;
}

//filename으로 bmp를 로드한다.
BOOL CBaseImage::LoadBmp(LPCSTR filename)
{
        strcpy(m_strFileName,filename);
        HANDLE fd=CreateFile(m_strFileName,GENERIC_READ,
        0,NULL,OPEN_EXISTING,FILE_ATTRIBUTE_NORMAL,NULL);
        if(fd<0)
                return FALSE;
        DWORD size,len;
        if(!ReadFile(fd,(LPSTR)&bmpHeader,sizeof(bmpHeader),&len,NULL))
                return FALSE;

        //화일이 bmp 일경우에는 화일 처음에 "BM"이라고 설정해있음
        if (bmpHeader.bfType != DIB_HEADER_MARKER)
                return FALSE;
        size=bmpHeader.bfSize-sizeof(bmpHeader);
        tDib= new char[size];
        if(!ReadFile(fd,tDib,size,&len,NULL))
                return FALSE;
        if(len !=size)
                return FALSE;
        CloseHandle(fd);
        pBitmapInfo=(LPBITMAPINFO)tDib;
        switch(pBitmapInfo->bmiHeader.biBitCount)
        {
        case 24:
                        m_nColor=0;
                        break;
        case 8:
```

```
                    m_nColor=256;
                    break;
        case 4:
                    m_nColor=16;
                    break;
        case 1:
                    m_nColor=2;
                    break;
        }
        m_pDib=(tDib + *(LPDWORD)tDib + (m_nColor * sizeof(RGBQUAD)));

        if(m_nColor)
        if(!CreatePalette(TRUE))
                return FALSE;
        return TRUE;
}

//bmp 파일을 저장한다.
BOOL CBaseImage::SaveImage(LPCSTR file)
{
        DWORD size,len;
        if(file)
                strcpy(m_strFileName,file);
        bmpHeader.bfType=DIB_HEADER_MARKER;
        if(!m_nColor)
        bmpHeader.bfOffBits=sizeof(BITMAPFILEHEADER)+
                        sizeof(BITMAPINFOHEADER);
        else
          bmpHeader.bfOffBits=sizeof(BITMAPFILEHEADER)+
              sizeof(BITMAPINFOHEADER)+((m_nColor) * sizeof(RGBQUAD));
          bmpHeader.bfSize=sizeof(bmpHeader)+
              ((m_nColor-1)*sizeof(RGBQUAD))
```

```
+sizeof(BITMAPINFO)+pBitmapInfo->bmiHeader.biSizeImage;
        bmpHeader.bfReserved1=0;
        bmpHeader.bfReserved2=0;
        HANDLE fd=CreateFile(m_strFileName,GENERIC_READ|GENERIC_WRITE,

0,NULL,CREATE_ALWAYS,FILE_ATTRIBUTE_NORMAL,NULL);
        if(!WriteFile(fd,(LPSTR)&bmpHeader,sizeof(bmpHeader),&len,NULL))
                return FALSE;
        size=((m_nColor-1) * sizeof(RGBQUAD))+sizeof(BITMAPINFO);
        if(!WriteFile(fd,pBitmapInfo,size,&len,NULL))
                return FALSE;
        if(!WriteFile(fd,m_pDib,pBitmapInfo->bmiHeader.biSizeImage,&len,NULL))
                return FALSE;

        CloseHandle(fd);
        return TRUE;
}

//이미지의 크기를 안다.
SIZE CBaseImage::GetSize()
{
        SIZE size;
        size.cx=pBitmapInfo->bmiHeader.biWidth;
        size.cy=pBitmapInfo->bmiHeader.biHeight;
        return size;
}

//화면에 이미지를 출력한다.
BOOL  CBaseImage::PaintImage(int x, int y, HDC hDC)
{
        HPALETTE hPal=NULL;
        HPALETTE hOldPal=NULL;
        if (m_pDib == NULL)
```

```
            return FALSE;
    if (cPalette != NULL)
    {
            hPal = (HPALETTE) cPalette->m_hObject;
            hOldPal = ::SelectPalette(hDC, hPal, TRUE);
        RealizePalette(hDC);
    }
    else
    {
            if(SetSystemPalette(hDC))
                RealizePalette(hDC);
    }
    ::SetStretchBltMode(hDC, COLORONCOLOR);
    if (hOldPal != NULL)
    {
            ::SelectPalette(hDC, hOldPal, TRUE);
    }
    return TRUE;
}

//szBitmapInfo에 값을 설정하는 함수
//버전업: 16칼라 2칼라 각각 가로 4와 8보다 작은 이미지 설정안됨
BOOL CBaseImage::SetBmpInfo(SIZE size, int colornum)
{
    if(!AllocBmpInfo(colornum))
            return FALSE;
    //bmiHeader의 구조체 크기 설정
    pBitmapInfo->bmiHeader.biSize=sizeof(BITMAPINFOHEADER);
    //이미지 가로크기
    pBitmapInfo->bmiHeader.biWidth=size.cx;
    // 세로크기
    pBitmapInfo->bmiHeader.biHeight=size.cy;
    //비트플렌은 1
```

```
pBitmapInfo->bmiHeader.biPlanes=1;
switch(colornum)
{
case 0:
        pBitmapInfo->bmiHeader.biBitCount=24;
        //가로길이 4배수 나머지 값 얻기
        m_ndumy=(size.cx*3)%4;
        ((4-m_ndumy)==4)?m_ndumy=0:m_ndumy=4-m_ndumy;
pBitmapInfo->bmiHeader.biSizeImage=((size.cx*3)+m_ndumy)*size.cy;
        m_nColor=0;
        break;
case 256:
        pBitmapInfo->bmiHeader.biBitCount=8;
        //가로길이 4배수 나머지 값 얻기
        m_ndumy=(size.cx)%4;
        ((4-m_ndumy)==4)?m_ndumy=0:m_ndumy=4-m_ndumy;
    pBitmapInfo->bmiHeader.biSizeImage=(size.cx+m_ndumy)*size.cy;
        m_nColor=256;
        break;
case 16:
        pBitmapInfo->bmiHeader.biBitCount=4;
        //가로길이 4배수 나머지 값 얻기
        //가로크기가 1이면 에러
        if(size.cx<2)
            return FALSE;
        m_ndumy=(size.cx/2)%4;
        ((4-m_ndumy)==4)?m_ndumy=0:m_ndumy=4-m_ndumy;
pBitmapInfo->bmiHeader.biSizeImage=((size.cx/2)+m_ndumy)*size.cy;
        m_nColor=16;
        break;
case 2:
        pBitmapInfo->bmiHeader.biBitCount=1;
        //가로길이 4배수 나머지 값 얻기
```

```
                    if(size.cy<8)
                            return FALSE;
                    m_ndumy=(size.cx/8)%4;
                    ((4-m_ndumy)==4)?m_ndumy=0:m_ndumy=4-m_ndumy;

pBitmapInfo->bmiHeader.biSizeImage=((size.cx/8)+m_ndumy)*size.cy;
                    m_nColor=2;
                    break;
        default:
                    return FALSE;
        }
        pBitmapInfo->bmiHeader.biCompression=BI_RGB;
        //차후에 기록할 예정
        pBitmapInfo->bmiHeader.biXPelsPerMeter=0;
        pBitmapInfo->bmiHeader.biYPelsPerMeter=0;
        pBitmapInfo->bmiHeader.biClrUsed =0;
        pBitmapInfo->bmiHeader.biClrImportant =0;
        return TRUE;
}

//pBitmapInfo를 메모리에 설정하는 함수
BOOL CBaseImage::AllocBmpInfo(int colornum)
{
        int size;
        if(pBitmapInfo)
                delete pBitmapInfo;
        size=sizeof(BITMAPINFO)+(sizeof(RGBQUAD)*colornum);
        pBitmapInfo =(LPBITMAPINFO) new char[size];
        if(pBitmapInfo==NULL)
                return FALSE;
        return TRUE;
}
```

```
//CreatePalette mode가 1이면 pBitmapInfo에서 그렇지 않으면 만듦
BOOL CBaseImage::CreatePalette(BOOL mode)
{
	int r,g,b;
	if(cPalette)
		delete cPalette;
	if(lpLogPalette)
		delete lpLogPalette;
	cPalette=NULL;
	lpLogPalette=NULL;
	lpLogPalette=(LPLOGPALETTE)	new	char[sizeof(LOGPALETTE)	+
sizeof(PALETTEENTRY)*m_nColor];
	cPalette=new CPalette;
	if(lpLogPalette == NULL|| cPalette==NULL)
		return FALSE;
	lpLogPalette->palVersion=PALVERSION;
	lpLogPalette->palNumEntries=m_nColor;
	if(mode)
	{
		for(int i=0;i<m_nColor;i++)
		{
	lpLogPalette->palPalEntry[i].peRed=pBitmapInfo->bmiColors[i].rgbRed;
	lpLogPalette->palPalEntry[i].peGreen=pBitmapInfo->bmiColors[i].rgbGreen;
	lpLogPalette->palPalEntry[i].peBlue=pBitmapInfo->bmiColors[i].rgbBlue;
		}
	}
	else
	{
		int i=0;
		for(r=0;r<256;r+=51)
			for(g=0;g<256;g+=51)
				for(b=0;b<256;b+=51)
				{
```

```
                        lpLogPalette->palPalEntry[i].peRed=r;
                        pBitmapInfo->bmiColors[i].rgbRed=r;
                        lpLogPalette->palPalEntry[i].peGreen=g;
                        pBitmapInfo->bmiColors[i].rgbGreen=g;
                        lpLogPalette->palPalEntry[i].peBlue=b;
                        pBitmapInfo->bmiColors[i].rgbBlue=b;
                        i++;
                        if(i>m_nColor)
                                return TRUE;
                        }
        }
        cPalette->CreatePalette(lpLogPalette);
        return TRUE;
}

//팔레트 안에서 fi 의 색이 있는가를 찾는다.
int CBaseImage::FindColorInPalette(COLORREF fi)
{
        for(int i=0;i<m_nColor;i++)
        {
                if( (lpLogPalette->palPalEntry[i].peRed == GetRValue(fi)) &&
                        (lpLogPalette->palPalEntry[i].peGreen    ==    GetGValue(fi))
        &&      (lpLogPalette->palPalEntry[i].peBlue == GetBValue(fi)) )
                        return i;
        }
        return -1;
}

//윈도우에 설정되어있는 팔레트를 사용한다.
BOOL CBaseImage::SetSystemPalette(HDC hDC)
{
        if(m_nColor == 0) return FALSE;
        //현재 트루칼라모드이면 설정안함
```

```
        if(!(::GetDeviceCaps(hDC, RASTERCAPS) & RC_PALETTE)) return FALSE;
        //현재 모드가 몇칼라 모드이며 팔레트엔트리가 몇개인지 확인
        int nSysColors = ::GetDeviceCaps(hDC, NUMCOLORS);
        int nPalEntries = ::GetDeviceCaps(hDC, SIZEPALETTE);
        if(nPalEntries ==0)
                return FALSE;
        int nEntries = (nPalEntries == 0) ? nSysColors : nPalEntries;
        LPLOGPALETTE pLogPal = (LPLOGPALETTE) new char[2 * sizeof(WORD)
+
                nEntries * sizeof(PALETTEENTRY)];
        pLogPal->palVersion = 0x300;
        pLogPal->palNumEntries = nEntries;
        //시스템 팔레트를 얻고
        ::GetSystemPaletteEntries(hDC, 0, nEntries,
                (LPPALETTEENTRY) ((LPBYTE) pLogPal + 2 * sizeof(WORD)));
    HPALETTE m_hPalette;
        //시스템 팔레트를 설정한다.
        m_hPalette = ::CreatePalette(pLogPal);
        SelectPalette(hDC, m_hPalette, TRUE);
        delete pLogPal;
        return TRUE;
}

void CBaseImage::MakeBitmap()
{
        if(m_pBitmap)
                delete m_pBitmap;
        m_pBitmap=new CBitmap;
        CDC memDC;
        CDC ScreenDC;
        m_pBitmap= new CBitmap;
        ScreenDC.CreateDC("DISPLAY", NULL, NULL, NULL);
        memDC.CreateCompatibleDC(&ScreenDC);
```

```
    m_pBitmap->CreateCompatibleBitmap(&ScreenDC,GetSize().cx,GetSize().cy);
        memDC.SelectObject(m_pBitmap);
        //스크린 DC의 화면을 메모리 DC에 설정한다.
        PaintImage(0,0,memDC.m_hDC);
}

BOOL CBaseImage::LoadJpg(LPCSTR file)
{
        m_pJpg=new CJpeg;
        m_pJpg->LoadJPG((LPSTR)file);
        SIZE size;
        size.cx=m_pJpg->GetWidth();
        size.cy=m_pJpg->GetHeight();
        Create(size, 0,RGB(0,0,0));
        int Width = (size.cx * 3 + 3)/4*4;
        memcpy(m_pDib, m_pJpg->m_pData, Width * size.cy);
        delete m_pJpg;
        m_pJpg=NULL;
        return TRUE;
}

void CBaseImage::FlipY()
{
        int N = 3;
        int RealWidth = (GetSize().cx * N + 3)/4*4;
        int Height = GetSize().cy;
        int i;
        BYTE *pLine = new BYTE[RealWidth * Height];
        for(i=0; i<Height/2; i++)
        {
                memcpy(pLine, &m_pDib[i * RealWidth], RealWidth);
                memcpy(&m_pDib[i * RealWidth], &m_pDib[(Height - 1 - i) *
RealWidth], RealWidth);
```

```
                memcpy(&m_pDib[(Height - 1 - i) * RealWidth], pLine,
RealWidth);
        }
        delete [] pLine;
}

BOOL CBaseImage::SaveJpg(LPCSTR file)
{
        m_pJpg=new CJpeg;
        FlipY();
        m_pJpg->SaveJPG((LPSTR)file,GetSize().cx,GetSize().cy,(BYTE *)m_pDib);
        FlipY();
        delete m_pJpg;
        m_pJpg=NULL;
        return TRUE;
}

/*
 * The main program.
 */
int
main (int argc, char **argv)
{
  struct jpeg_compress_struct cinfo;
  struct jpeg_error_mgr jerr;
#ifdef PROGRESS_REPORT
  struct cdjpeg_progress_mgr progress;
#endif
  int file_index;
  cjpeg_source_ptr src_mgr;
  FILE * input_file;
  FILE * output_file;
  JDIMENSION num_scanlines;
```

```
  /* On Mac, fetch a command line. */
#ifdef USE_CCOMMAND
  argc = ccommand(&argv);
#endif
  progname = argv[0];
  if (progname == NULL || progname[0] == 0)
    progname = "cjpeg";            /* in case C library doesn't provide it */
  /* Initialize the JPEG compression object with default error handling. */
  cinfo.err = jpeg_std_error(&jerr);
  jpeg_create_compress(&cinfo);
  /* Add some application-specific error messages (from cderror.h) */
  jerr.addon_message_table = cdjpeg_message_table;
  jerr.first_addon_message = JMSG_FIRSTADDONCODE;
  jerr.last_addon_message = JMSG_LASTADDONCODE;
  /* Now safe to enable signal catcher. */
#ifdef NEED_SIGNAL_CATCHER
  enable_signal_catcher((j_common_ptr) &cinfo);
#endif
  /* Initialize JPEG parameters.
   * Much of this may be overridden later.
   * In particular, we don't yet know the input file's color space,
   * but we need to provide some value for jpeg_set_defaults() to work.
   */
  cinfo.in_color_space = JCS_RGB; /* arbitrary guess */
  jpeg_set_defaults(&cinfo);
  /* Scan command line to find file names.
   * It is convenient to use just one switch-parsing routine, but the switch
   * values read here are ignored; we will rescan the switches after opening
   * the input file.
   */
  file_index = parse_switches(&cinfo, argc, argv, 0, FALSE);
#ifdef TWO_FILE_COMMANDLINE
```

```
  /* Must have either -outfile switch or explicit output file name */
  if (outfilename == NULL) {
    if (file_index != argc-2) {
      fprintf(stderr, "%s: must name one input and one output file\n",
              progname);
      usage();
    }
    outfilename = argv[file_index+1];
  } else {
    if (file_index != argc-1) {
      fprintf(stderr, "%s: must name one input and one output file\n",
              progname);
      usage();
    }
  }
#else
  /* Unix style: expect zero or one file name */
  if (file_index < argc-1) {
    fprintf(stderr, "%s: only one input file\n", progname);
    usage();
  }
#endif /* TWO_FILE_COMMANDLINE */

  /* Open the input file. */
  if (file_index < argc) {
    if ((input_file = fopen(argv[file_index], READ_BINARY)) == NULL) {
      fprintf(stderr, "%s: can't open %s\n", progname, argv[file_index]);
      exit(EXIT_FAILURE);
    }
  } else {
    /* default input file is stdin */
    input_file = read_stdin();
  }
```

```
  /* Open the output file. */
  if (outfilename != NULL) {
    if ((output_file = fopen(outfilename, WRITE_BINARY)) == NULL) {
      fprintf(stderr, "%s: can't open %s\n", progname, outfilename);
      exit(EXIT_FAILURE);
    }
  } else {
    /* default output file is stdout */
    output_file = write_stdout();
  }

#ifdef PROGRESS_REPORT
  start_progress_monitor((j_common_ptr) &cinfo, &progress);
#endif
  /* Figure out the input file format, and set up to read it. */
  src_mgr = select_file_type(&cinfo, input_file);
  src_mgr->input_file = input_file;
  /* Read the input file header to obtain file size & colorspace. */
  (*src_mgr->start_input) (&cinfo, src_mgr);
  /* Now that we know input colorspace, fix colorspace-dependent defaults */
  jpeg_default_colorspace(&cinfo);
  /* Adjust default compression parameters by re-parsing the options */
  file_index = parse_switches(&cinfo, argc, argv, 0, TRUE);
  /* Specify data destination for compression */
  jpeg_stdio_dest(&cinfo, output_file);
  /* Start compressor */
  jpeg_start_compress(&cinfo, TRUE);
  /* Process data */
  while (cinfo.next_scanline < cinfo.image_height) {
    num_scanlines = (*src_mgr->get_pixel_rows) (&cinfo, src_mgr);
    (void) jpeg_write_scanlines(&cinfo, src_mgr->buffer, num_scanlines);
  }
```

```
  /* Finish compression and release memory */
  (*src_mgr->finish_input) (&cinfo, src_mgr);
  jpeg_finish_compress(&cinfo);
  jpeg_destroy_compress(&cinfo);
  /* Close files, if we opened them */
  if (input_file != stdin)
    fclose(input_file);
  if (output_file != stdout)
    fclose(output_file);
#ifdef PROGRESS_REPORT
  end_progress_monitor((j_common_ptr) &cinfo);
#endif
  /* All done. */
  exit(jerr.num_warnings ? EXIT_WARNING : EXIT_SUCCESS);
  return 0;                    /* suppress no-return-value warnings */
}
```

2) 부호화와 복호화 속도 향상 JPEG 프로그램

```
#include <stdio.h>
#include <math.h>
#include <video.h>
#include <video256.h>
#include <stdlib.h>
#include <time.h>
double C(short x);
double round(double x);
void zig0(unsigned int z,unsigned int s);
void zig1(unsigned int z,unsigned int s);
void zig2(unsigned int z,unsigned int s);
void zig3(unsigned int z,unsigned int s);
void zig4(unsigned int z,unsigned int s);
void zig5(unsigned int z,unsigned int s);
```

```
void zig6(unsigned int z,unsigned int s);
void zig7(unsigned int z,unsigned int s);
void zig8(unsigned int z,unsigned int s);
void zig9(unsigned int z,unsigned int s);
void zig10(unsigned int z,unsigned int s);
void zig11(unsigned int z,unsigned int s);
void zig12(unsigned int z,unsigned int s);
void zig13(unsigned int z,unsigned int s);
void zig14(unsigned int z,unsigned int s);
double kki[8][8];
double kko[16][11];
double dct[8][8];
double quant[8][8];
double iquant[8][8];
double dquant[8][8];
clock_t start, end;
short qtable[8][8]={ { 16,  11,  10,  16,  24,  40,  51,  61},
                     { 12,  12,  14,  19,  26,  58,  60,  55},
                     { 14,  13,  16,  24,  40,  57,  69,  56},
                     { 14,  17,  22,  29,  51,  87,  80,  62},
                     { 18,  22,  37,  56,  68, 109, 103,  77},
                     { 24,  35,  55,  64,  81, 104, 113,  92},
                     { 49,  64,  78,  87, 103, 121, 120, 101},
                     { 72,  92,  95,  98, 112, 100, 103,  99} };
double dc_co[12]={2, 4, 6, 6, 7, 8, 10, 12, 14, 16, 18, 19};
double ac_co[16][11]={{ 0, 3, 4, 6, 8,10,13,15,18,25,26},
                      { 0, 5, 7,10,13,16,22,23,24,25,26},
                      { 0, 6,10,13,16,21,22,23,24,25,26},
                      { 0, 7,11,15,20,21,22,23,24,25,26},
                      { 0, 7,12,17,20,21,22,23,24,25,26},
                      { 0, 8,13,19,20,21,22,23,24,25,26},
                      { 0, 8,18,19,20,21,22,23,24,25,26},
                      { 0, 9,14,19,20,21,22,23,24,25,26},
```

```
                    { 0,10,17,19,20,21,22,23,24,25,26},
                    { 0,10,18,19,20,21,22,23,24,25,26},
                    { 0,10,18,19,20,21,22,23,24,25,26},
                    { 0,11,18,19,20,21,22,23,24,25,26},
                    { 0,11,18,19,20,21,22,23,24,25,26},
                    { 0,12,18,19,20,21,22,23,24,25,26},
                    { 0,17,18,19,20,21,22,23,24,25,26},
                    { 0,17,18,19,20,21,22,23,24,25,26}};
unsigned int u,v,s,z;
void main(argc, argv)
int argc;
char *argv[];
{
    FILE *fp1, *fp3;
    unsigned char huge *pic1, *pic3;
    unsigned int x, y, i, j, a, b, k, t, r=0;
    unsigned int
        d0=0,d1=0,d2=0,d3=0,d4=0,d5=0,d6=0,d7=0,
        d8=0,d9=0,d10=0,d11=0,d12=0,d13=0,d14=0,
        d15=0,d16=0,d17=0,d18=0,d19=0,d20=0,d21=0,
        d22=0,d23=0,d24=0,d25=0,d26=0,d27=0,d28=0,
        d29=0,d30=0,d31=0,d32=0,d33=0,d34=0,d35=0,
        d36=0,d37=0,d38=0,d39=0,d40=0,d41=0,d42=0,
        d43=0,d44=0,d45=0,d46=0,d47=0,d48=0,d49=0,
        d50=0,d51=0,d52=0,d53=0,d54=0,d55=0,d56=0,
        d57=0,d58=0,d59=0,d60=0,d61=0,d62=0,d63=0;
    double  p=0, q=0;
    unsigned long ky;
    double sum, num, g=128, h;
    if(argc != 3) {
      printf("\n\tUsage : %s INPUT_FILE OUTPUT_FILE\n",argv[0]);
      exit(1);
    }
```

```
if( ( (pic1=farcalloc(256L,256L)) == NULL ) ||
( (pic3=farcalloc(256L,256L)) == NULL )) {
    printf("\n\tPicture can not allocate memory.\n");
    exit(1);
}
if( ( (fp1=fopen(argv[1],"rb"))==NULL ) ||
        ( (fp3=fopen(argv[2],"wb"))==NULL ) ) {
    printf("\n\tFile can not open.\n");
    exit(1);
}
fread(pic1, 256, 256, fp1);
fclose(fp1);
k = 0;
start=clock();
for(i=0; i<256; i+=8) {
    for(j=0; j<256; j+=8) {
    z=0;
    s=0;
        for(u=0; u<1; u++) {
          for(v=7; v>=0; v--) {
                sum=0.;
           for(a=0,y=i; y<i+8; a++,y++) {
                  ky=y*256;
             for(b=0,x=j;x<j+8;b++,x++) {
                sum += (*(pic1+ky+x)-128) * cos((2*a+1)*u*(M_PI/16.))
                 * cos((2*b+1)*v*(M_PI/16.));
                      }
                    }
        dct[u][v] = (0.25)*C(u)*C(v)*sum;
                    quant[u][v] = round( dct[u][v]/qtable[u][v] );
        if(quant[u][v]!=0){
          s=v;
          break;
```

```
        }
        if(v==0) break;
                    dquant[u][v] = quant[u][v]*qtable[u][v];
                }
            }
    for(v=0; v<1; v++) {
                for(u=7; u>=0; u--) {
                    sum=0.;
                    for(a=0,y=i; y<i+8; a++,y++) {
                        ky=y*256;
                        for(b=0,x=j;x<j+8;b++,x++) {
                            sum        +=          (*(pic1+ky+x)-128)*
cos((2*a+1)*u*(M_PI/16.)) * cos((2*b+1)*v*(M_PI/16.));
                        }
                    }
        dct[u][v] = (0.25)*C(u)*C(v)*sum;
                //  printf("%6.1f  ",dct[u][v]);
                    quant[u][v] = round( dct[u][v]/qtable[u][v] );
        if(quant[u][v]!=0){
          z=u;
          break;
        }
      //  printf("\t%3d\n",z);
        if(u==0) break;
                    dquant[u][v] = quant[u][v]*qtable[u][v];
                }
     /* if(quant[u][v]==0){
          z=u;
          break;
        }
                printf("\t%3d\n",z);*/
            }
    if(z==0 && s==0) d0++;
```

```
if(z==0 && s==1) d1++;
if(z==0 && s==2) d2++;
if(z==0 && s==3) d3++;
if(z==0 && s==4) d4++;
if(z==0 && s==5) d5++;
if(z==0 && s==6) d6++;
if(z==0 && s==7) d7++;
if(z==1 && s==0) d8++;
if(z==1 && s==1) d9++;
if(z==1 && s==2) d10++;
if(z==1 && s==3) d11++;
if(z==1 && s==4) d12++;
if(z==1 && s==5) d13++;
if(z==1 && s==6) d14++;
if(z==1 && s==7) d15++;
if(z==2 && s==0) d16++;
if(z==2 && s==1) d17++;
if(z==2 && s==2) d18++;
if(z==2 && s==3) d19++;
if(z==2 && s==4) d20++;
if(z==2 && s==5) d21++;
if(z==2 && s==6) d22++;
if(z==2 && s==7) d23++;
if(z==3 && s==0) d24++;
if(z==3 && s==1) d25++;
if(z==3 && s==2) d26++;
if(z==3 && s==3) d27++;
if(z==3 && s==4) d28++;
if(z==3 && s==5) d29++;
if(z==3 && s==6) d30++;
if(z==3 && s==7) d31++;
if(z==4 && s==0) d32++;
if(z==4 && s==1) d33++;
```

```
if(z==4 && s==2) d34++;
if(z==4 && s==3) d35++;
if(z==4 && s==4) d36++;
if(z==4 && s==5) d37++;
if(z==4 && s==6) d38++;
if(z==4 && s==7) d39++;
if(z==5 && s==0) d40++;
if(z==5 && s==1) d41++;
if(z==5 && s==2) d42++;
if(z==5 && s==3) d43++;
if(z==5 && s==4) d44++;
if(z==5 && s==5) d45++;
if(z==5 && s==6) d46++;
if(z==5 && s==7) d47++;
if(z==6 && s==0) d48++;
if(z==6 && s==1) d49++;
if(z==6 && s==2) d50++;
if(z==6 && s==3) d51++;
if(z==6 && s==4) d52++;
if(z==6 && s==5) d53++;
if(z==6 && s==6) d54++;
if(z==6 && s==7) d55++;
if(z==7 && s==0) d56++;
if(z==7 && s==1) d57++;
if(z==7 && s==2) d58++;
if(z==7 && s==3) d59++;
if(z==7 && s==4) d60++;
if(z==7 && s==5) d61++;
if(z==7 && s==6) d62++;
if(z==7 && s==7) d63++;
for(u=0; u<z+1; u++) {
                for(v=0; v<s+1; v++) {
                        sum=0.;
```

```
                    for(a=0,y=i; y<i+8; a++,y++) {
                        ky=y*256;
                        for(b=0,x=j;x<j+8;b++,x++) {
                                    sum      +=      (*(pic1+ky+x)-128)      *
cos((2*a+1)*u*(M_PI/16.))
                                                                             *
cos((2*b+1)*v*(M_PI/16.));
                        }
                    }
            dct[u][v] = (0.25)*C(u)*C(v)*sum;
                    quant[u][v] = round( dct[u][v]/qtable[u][v]);
                    dquant[u][v] =quant[u][v]*qtable[u][v];
        }
            }
        for(u=z+1; u<8; u++) {
                for(v=s+1; v<8; v++) {
                    quant[u][v] = 0;
                    dquant[u][v] = 0;
                }
            }
        for(u=0; u<z+1; u++) {
                for(v=s+1; v<8; v++) {
                    quant[u][v] = 0;
                    dquant[u][v] = 0;
                }
            }
        for(u=z+1; u<8; u++) {
                for(v=0; v<s+1; v++) {
                    quant[u][v] = 0;
                    dquant[u][v] = 0;
                }
            }
        if((z+s)==0){
```

```
  zig0(z,s);
}
if((z+s)==1){
  zig1(z,s);
}
if((z+s)==2){
  zig2(z,s);
}
if((z+s)==3){
  zig3(z,s);
}
if((z+s)==4){
  zig4(z,s);
}
if((z+s)==5){
  zig5(z,s);
}
if((z+s)==6){
  zig6(z,s);
}
if((z+s)==7){
  zig7(z,s);
}
if((z+s)==8){
  zig8(z,s);
}
if((z+s)==9){
  zig9(z,s);
}
if((z+s)==10){
  zig10(z,s);
}
if((z+s)==11){
```

```
  zig11(z,s);
}
if((z+s)==12){
  zig12(z,s);
}
if((z+s)==13){
  zig13(z,s);
}
if((z+s)==14){
  zig14(z,s);
}

for(u=0; u<z+1; u++) {
              for(v=0; v<s+1; v++) {
      if(u==0 && v==0) {
        h=quant[u][v]-g;
        if(h<0) h=-h;
        if(h==0){
         kki[u][v]=dc_co[0];
        }
        else if(h<2){
         kki[u][v]=dc_co[1];
        }
        else if(h<4){
         kki[u][v]=dc_co[2];
        }
        else if(h<8){
         kki[u][v]=dc_co[3];
        }
        else if(h<16){
         kki[u][v]=dc_co[4];
        }
        else if(h<32){
```

```
    kki[u][v]=dc_co[5];
   }
   else  if(h<64){
    kki[u][v]=dc_co[6];
   }
   else  if(h<128){
    kki[u][v]=dc_co[7];
   }
   else  if(h<256){
    kki[u][v]=dc_co[8];
   }
   else  if(h<512){
    kki[u][v]=dc_co[9];
   }
   else  if(h<1024){
    kki[u][v]=dc_co[10];
   }
   else  if(h<2048){
    kki[u][v]=dc_co[11];
   }
   p=p+kki[u][v];
   g=quant[0][0];
 }
 else {
        if(quant[u][v]<0)  quant[u][v]=-quant[u][v];
     /*  if(u==z  &&  v==s){
          r=0;
          t=0;
        }*/
        if(r==16){
          r=0;
        }
        if(quant[u][v]==0){
```

```
  r++;
}
else if(quant[u][v]==1){
  t=1;
  kko[r][t]=ac_co[r][t];
  q=q+kko[r][t];
  r=0;
  t=0;
}
else if(quant[u][v]<4){
 t=2;
 kko[r][t]=ac_co[r][t];
 q=q+kko[r][t];
  r=0;
  t=0;
}
else if(quant[u][v]<8){
 t=3;
 kko[r][t]=ac_co[r][t];
 q=q+kko[r][t];
  r=0;
  t=0;
}
else if(quant[u][v]<16){
 t=4;
 kko[r][t]=ac_co[r][t];
 q=q+kko[r][t];
  r=0;
  t=0;
}
else if(quant[u][v]<32){
 t=5;
 kko[r][t]=ac_co[r][t];
```

```
 q=q+kko[r][t];
  r=0;
  t=0;
}
else if(quant[u][v]<64){
 t=6;
 kko[r][t]=ac_co[r][t];
 q=q+kko[r][t];
  r=0;
  t=0;
}
else if(quant[u][v]<128){
 t=7;
 kko[r][t]=ac_co[r][t];
 q=q+kko[r][t];
  r=0;
  t=0;
}
else if(quant[u][v]<256){
 t=8;
 kko[r][t]=ac_co[r][t];
 q=q+kko[r][t];
  r=0;
  t=0;
}
else if(quant[u][v]<512){
 t=9;
 kko[r][t]=ac_co[r][t];
 q=q+kko[r][t];
  r=0;
  t=0;
}
else if(quant[u][v]<1024){
```

```
                        t=10;
                        kko[r][t]=ac_co[r][t];
                        q=q+kko[r][t];
                         r=0;
                         t=0;
                       }
                  }
             }
        }
        r=0;
        t=0;

                for(a=0, y=i; y<i+8; a++, y++) {
                        ky=y*256;
                        for(b=0, x=j; x<j+8; b++, x++) {
                                sum=0.;
                                for(u=0; u<z+1; u++) {
                                    for(v=0; v<s+1; v++) {
                                                                                  sum              +=
C(u)*C(v)*dquant[u][v]*cos((2*a+1)*u*(M_PI/16.))
                                                                                                   *
cos((2*b+1)*v*(M_PI/16.));
                                    }
                                }
                                num = ( 128.5 + (0.25*sum) );
                                if(num<0)
                                    *(pic3+ky+x) = (unsigned char) 0;
              else if ( num > 255)
                 *(pic3+ky+x)= (unsigned char) 255;
                                else
                                    *(pic3+ky+x) = (unsigned char) num;
                        }
                }
```

```
        }
        printf("\n\n\tCounting %3d\n", k);
        k+=8;
    }
end=clock();
printf("\n\t\tTime : %f", (end-start)/CLK_TCK);
printf("\n\t\tBit Per Pixel : %6.5f  ",(p+q+6144)/65536);
printf("\n\t\tCompression Ratio : %6.4f ",(65536*8)/(p+q+6144));
printf("\n\t%4u %4u %4u %4u %4u %4u %4u %4u\n", d0, d1, d2, d3, d4, d5,
d6, d7);
printf("\n\t%4u    %4u    %4u    %4u    %4u    %4u    %4u    %4u\n",    d8,
d9,d10,d11,d12,d13,d14,d15);
printf("\n\t%4u        %4u        %4u        %4u        %4u        %4u        %4u
%4u\n",d16,d17,d18,d19,d20,d21,d22,d23);
printf("\n\t%4u        %4u        %4u        %4u        %4u        %4u        %4u
%4u\n",d24,d25,d26,d27,d28,d29,d30,d31);
printf("\n\t%4u        %4u        %4u        %4u        %4u        %4u        %4u
%4u\n",d32,d33,d34,d35,d36,d37,d38,d39);
printf("\n\t%4u        %4u        %4u        %4u        %4u        %4u        %4u
%4u\n",d40,d41,d42,d43,d44,d45,d46,d47);
printf("\n\t%4u        %4u        %4u        %4u        %4u        %4u        %4u
%4u\n",d48,d49,d50,d51,d52,d53,d54,d55);
printf("\n\t%4u        %4u        %4u        %4u        %4u        %4u        %4u
%4u\n",d56,d57,d58,d59,d60,d61,d62,d63);

d64=d0+d1+d2+d3+d4+d5+d6+d7+d8+d9+d10+d11+d12+d13+d14+d15+d16+d17+d18+d
19+d20+d21+d22+d23+d24+d25+d26+d27+d28+d29+d30+d31+d32+d33+d34+d35+d36+d
37+d38+d39+d40+d41+d42+d43+d44+d45+d46+d47+d48+d49+d50+d51+d52+d53+d54+d
55+d56+d57+d58+d59+d60+d61+d62+d63;
printf("TOTAL : %4u",d64);
fwrite(pic3, 256, 256, fp3);
    fclose(fp3);
    farfree(pic1);
```

```
    farfree(pic3);
}
/* ------------------------------------------------------------ */
double C(short x)
{
        if (x==0) return(1./sqrt(2.));
        else return(1);
}
/* ------------------------------------------------------------ */
double round(double x)
{
        if(x>0.) return((int) (x+0.5));
        else return((int) (x-0.5));
}
void zig0(unsigned int z, unsigned int s)
{
      for(u=0;u<z;u++){
        for(v=0;v<s;v++){
            iquant[u][v]=quant[u][v];
        }
      }
          quant[0][0]=iquant[0][0];
}
void zig1(unsigned int z, unsigned int s)
{
      if(z==0 && s==1){
        for(u=0;u<z;u++){
            for(v=0;v<s;v++){
               iquant[u][v]=quant[u][v];
            }
        }
            quant[0][0]=iquant[0][0];
            quant[0][1]=iquant[0][1];
```

```
        }
        else if(z==1 && s==0){
          for(u=0;u<z;u++){
              for(v=0;v<s;v++){
                  iquant[u][v]=quant[u][v];
              }
          }
              quant[0][0]=iquant[0][0];
              quant[0][1]=iquant[1][0];
        }
}
void zig2(unsigned int z, unsigned int s)
{
        if(z==0 && s==2){
          for(u=0;u<z;u++){
              for(v=0;v<s;v++){
                  iquant[u][v]=quant[u][v];
              }
          }
              quant[0][0]=iquant[0][0];
              quant[0][1]=iquant[0][1];
              quant[0][2]=iquant[0][2];
        }
        else if(z==1 && s==1){
          for(u=0;u<z;u++){
              for(v=0;v<s;v++){
                  iquant[u][v]=quant[u][v];
              }
          }
              quant[0][0]=iquant[0][0];
              quant[0][1]=iquant[0][1];
              quant[0][2]=iquant[1][0];
              quant[0][3]=iquant[1][1];
```

```
        }
        else if(z==2 && s==0){
          for(u=0;u<z;u++){
              for(v=0;v<s;v++){
                  iquant[u][v]=quant[u][v];
              }
          }
              quant[0][0]=iquant[0][0];
              quant[0][1]=iquant[1][0];
              quant[0][2]=iquant[2][0];
        }
}
void zig3(unsigned int z, unsigned int s)
{
        if(z==0 && s==3){
          for(u=0;u<z;u++){
            for(v=0;v<s;v++){
                iquant[u][v]=quant[u][v];
            }
          }
              quant[0][0]=iquant[0][0];
              quant[0][1]=iquant[0][1];
              quant[0][2]=iquant[0][2];
              quant[0][3]=iquant[0][3];
        }
        else if(z==1 && s==2){
          for(u=0;u<z;u++){
            for(v=0;v<s;v++){
                iquant[u][v]=quant[u][v];
            }
          }
            quant[0][0]=iquant[0][0];
              quant[0][1]=iquant[0][1];
```

```
            quant[0][2]=iquant[1][0];
            quant[0][3]=iquant[1][1];
            quant[0][4]=iquant[0][2];
            quant[0][5]=iquant[1][2];
      }
      else if(z==2 && s==1){
        for(u=0;u<z;u++){
            for(v=0;v<s;v++){
                iquant[u][v]=quant[u][v];
            }
        }
            quant[0][0]=iquant[0][0];
            quant[0][1]=iquant[0][1];
            quant[0][2]=iquant[1][0];
            quant[0][3]=iquant[2][0];
            quant[0][4]=iquant[1][1];
            quant[0][5]=iquant[2][1];
      }
      else if(z==3 && s==0){
        for(u=0;u<z;u++){
            for(v=0;v<s;v++){
                iquant[u][v]=quant[u][v];
            }
        }
            quant[0][0]=iquant[0][0];
            quant[0][1]=iquant[1][0];
            quant[0][2]=iquant[2][0];
            quant[0][3]=iquant[3][0];
      }
}
void zig4(unsigned int z, unsigned int s)
{
      if(z==0 && s==4){
```

```
    for(u=0;u<z;u++){
        for(v=0;v<s;v++){
            iquant[u][v]=quant[u][v];
        }
    }
        quant[0][0]=iquant[0][0];
        quant[0][1]=iquant[0][1];
        quant[0][2]=iquant[0][2];
        quant[0][3]=iquant[0][3];
        quant[0][4]=iquant[0][4];
}
else if(z==1 && s==3){
    for(u=0;u<z;u++){
        for(v=0;v<s;v++){
            iquant[u][v]=quant[u][v];
        }
    }
        quant[0][0]=iquant[0][0];
        quant[0][1]=iquant[0][1];
        quant[0][2]=iquant[1][0];
        quant[0][3]=iquant[1][1];
        quant[0][4]=iquant[0][2];
        quant[0][5]=iquant[0][3];
        quant[0][6]=iquant[1][2];
        quant[0][7]=iquant[1][3];
}
else if(z==2 && s==2){
    for(u=0;u<z;u++){
        for(v=0;v<s;v++){
            iquant[u][v]=quant[u][v];
        }
    }
        quant[0][0]=iquant[0][0];
```

```
        quant[0][1]=iquant[0][1];
        quant[0][2]=iquant[1][0];
        quant[0][3]=iquant[2][0];
        quant[0][4]=iquant[1][1];
        quant[0][5]=iquant[0][2];
        quant[0][7]=iquant[1][2];
        quant[1][0]=iquant[2][1];
        quant[1][1]=iquant[2][2];
}
else if(z==3 && s==1){
    for(u=0;u<z;u++){
        for(v=0;v<s;v++){
            iquant[u][v]=quant[u][v];
        }
    }
        quant[0][0]=iquant[0][0];
        quant[0][1]=iquant[0][1];
        quant[0][2]=iquant[1][0];
        quant[0][3]=iquant[2][0];
        quant[0][4]=iquant[1][1];
        quant[0][5]=iquant[2][1];
        quant[0][6]=iquant[3][0];
        quant[0][7]=iquant[3][1];
}
else if(z==4 && s==0){
    for(u=0;u<z;u++){
        for(v=0;v<s;v++){
            iquant[u][v]=quant[u][v];
        }
    }
        quant[0][0]=iquant[0][0];
        quant[0][1]=iquant[1][0];
        quant[0][2]=iquant[2][0];
```

```
            quant[0][3]=iquant[3][0];
            quant[0][4]=iquant[4][0];
        }
}
void zig5(unsigned int z, unsigned int s)
{
        if(z==0 && s==5){
          for(u=0;u<z;u++){
            for(v=0;v<s;v++){
                iquant[u][v]=quant[u][v];
            }
          }
            quant[0][0]=iquant[0][0];
            quant[0][1]=iquant[0][1];
            quant[0][2]=iquant[0][2];
            quant[0][3]=iquant[0][3];
            quant[0][4]=iquant[0][4];
            quant[0][5]=iquant[0][5];
        }
        else if(z==1 && s==4){
          for(u=0;u<z;u++){
            for(v=0;v<s;v++){
                iquant[u][v]=quant[u][v];
            }
          }
            quant[0][0]=iquant[0][0];
            quant[0][1]=iquant[0][1];
            quant[0][2]=iquant[1][0];
            quant[0][3]=iquant[1][1];
            quant[0][4]=iquant[0][2];
            quant[0][5]=iquant[0][3];
            quant[0][6]=iquant[1][2];
            quant[0][7]=iquant[1][3];
```

```
        quant[1][0]=iquant[0][4];
        quant[1][1]=iquant[1][4];
  }
  else if(z==2 && s==3){
    for(u=0;u<z;u++){
        for(v=0;v<s;v++){
            iquant[u][v]=quant[u][v];
        }
    }
        quant[0][0]=iquant[0][0];
        quant[0][1]=iquant[0][1];
        quant[0][2]=iquant[1][0];
        quant[0][3]=iquant[2][0];
        quant[0][4]=iquant[1][1];
        quant[0][5]=iquant[0][2];
        quant[0][7]=iquant[0][3];
        quant[1][0]=iquant[1][2];
        quant[1][1]=iquant[2][1];
        quant[1][2]=iquant[2][2];
        quant[1][3]=iquant[1][3];
        quant[1][4]=iquant[2][3];
  }
  else if(z==3 && s==2){
    for(u=0;u<z;u++){
        for(v=0;v<s;v++){
            iquant[u][v]=quant[u][v];
        }
    }
        quant[0][0]=iquant[0][0];
        quant[0][1]=iquant[0][1];
        quant[0][2]=iquant[1][0];
        quant[0][3]=iquant[2][0];
        quant[0][4]=iquant[1][1];
```

```
        quant[0][5]=iquant[0][2];
        quant[0][6]=iquant[1][2];
        quant[0][7]=iquant[2][1];
        quant[1][0]=iquant[3][0];
        quant[1][1]=iquant[3][1];
        quant[1][2]=iquant[2][2];
        quant[1][3]=iquant[3][2];
}
else if(z==4 && s==1){
  for(u=0;u<z;u++){
        for(v=0;v<s;v++){
            iquant[u][v]=quant[u][v];
        }
  }
        quant[0][0]=iquant[0][0];
        quant[0][1]=iquant[0][1];
        quant[0][2]=iquant[1][0];
        quant[0][3]=iquant[2][0];
        quant[0][4]=iquant[1][1];
        quant[0][5]=iquant[2][1];
        quant[0][6]=iquant[3][0];
        quant[0][7]=iquant[4][0];
        quant[1][0]=iquant[3][1];
        quant[1][1]=iquant[4][1];
}
else if(z==5 && s==0){
  for(u=0;u<z;u++){
        for(v=0;v<s;v++){
            iquant[u][v]=quant[u][v];
        }
  }
        quant[0][0]=iquant[0][0];
        quant[0][1]=iquant[1][0];
```

```
            quant[0][2]=iquant[2][0];
            quant[0][3]=iquant[3][0];
            quant[0][4]=iquant[4][0];
            quant[0][5]=iquant[5][0];
        }
}
void zig6(unsigned int z, unsigned int s)
{
        if(z==0 && s==6){
          for(u=0;u<z;u++){
              for(v=0;v<s;v++){
                  iquant[u][v]=quant[u][v];
              }
          }
              quant[0][0]=iquant[0][0];
              quant[0][1]=iquant[0][1];
              quant[0][2]=iquant[0][2];
              quant[0][3]=iquant[0][3];
              quant[0][4]=iquant[0][4];
              quant[0][5]=iquant[0][5];
              quant[0][6]=iquant[0][6];
        }
        else if(z==1 && s==5){
          for(u=0;u<z;u++){
              for(v=0;v<s;v++){
                  iquant[u][v]=quant[u][v];
              }
          }
              quant[0][0]=iquant[0][0];
              quant[0][1]=iquant[0][1];
              quant[0][2]=iquant[1][0];
              quant[0][3]=iquant[1][1];
              quant[0][4]=iquant[0][2];
```

```
        quant[0][5]=iquant[0][3];
        quant[0][6]=iquant[1][2];
        quant[0][7]=iquant[1][3];
        quant[1][0]=iquant[0][4];
        quant[1][1]=iquant[0][5];
        quant[1][2]=iquant[1][4];
        quant[1][3]=iquant[1][5];
}
else if(z==2 && s==4){
   for(u=0;u<z;u++){
        for(v=0;v<s;v++){
             iquant[u][v]=quant[u][v];
        }
   }
        quant[0][0]=iquant[0][0];
        quant[0][1]=iquant[0][1];
        quant[0][2]=iquant[1][0];
        quant[0][3]=iquant[2][0];
        quant[0][4]=iquant[1][1];
        quant[0][5]=iquant[0][2];
        quant[0][7]=iquant[0][3];
        quant[1][0]=iquant[1][2];
        quant[1][1]=iquant[2][1];
        quant[1][2]=iquant[2][2];
        quant[1][3]=iquant[1][3];
        quant[1][4]=iquant[0][4];
        quant[1][5]=iquant[1][4];
        quant[1][6]=iquant[2][3];
        quant[1][7]=iquant[2][4];
}
else if(z==3 && s==3){
   for(u=0;u<z;u++){
        for(v=0;v<s;v++){
```

```
            iquant[u][v]=quant[u][v];
        }
    }
        quant[0][0]=iquant[0][0];
        quant[0][1]=iquant[0][1];
        quant[0][2]=iquant[1][0];
        quant[0][3]=iquant[2][0];
        quant[0][4]=iquant[1][1];
        quant[0][5]=iquant[0][2];
        quant[0][6]=iquant[0][3];
        quant[0][7]=iquant[1][2];
        quant[1][0]=iquant[2][1];
        quant[1][1]=iquant[3][0];
        quant[1][2]=iquant[3][1];
        quant[1][3]=iquant[2][2];
        quant[1][4]=iquant[1][3];
        quant[1][5]=iquant[2][3];
        quant[1][6]=iquant[3][2];
        quant[1][7]=iquant[3][3];
}
else if(z==4 && s==2){
    for(u=0;u<z;u++){
        for(v=0;v<s;v++){
            iquant[u][v]=quant[u][v];
        }
    }
        quant[0][0]=iquant[0][0];
        quant[0][1]=iquant[0][1];
        quant[0][2]=iquant[1][0];
        quant[0][3]=iquant[2][0];
        quant[0][4]=iquant[1][1];
        quant[0][5]=iquant[0][2];
        quant[0][6]=iquant[1][2];
```

```
        quant[0][7]=iquant[2][1];
        quant[1][0]=iquant[3][0];
        quant[1][1]=iquant[4][0];
        quant[1][2]=iquant[3][1];
        quant[1][3]=iquant[2][2];
        quant[1][4]=iquant[3][2];
        quant[1][5]=iquant[4][1];
        quant[1][6]=iquant[4][2];
}
else if(z==5 && s==1){
    for(u=0;u<z;u++){
        for(v=0;v<s;v++){
            iquant[u][v]=quant[u][v];
        }
    }
        quant[0][0]=iquant[0][0];
        quant[0][1]=iquant[0][1];
        quant[0][2]=iquant[1][0];
        quant[0][3]=iquant[2][0];
        quant[0][4]=iquant[1][1];
        quant[0][5]=iquant[2][1];
        quant[0][6]=iquant[3][0];
        quant[0][7]=iquant[4][0];
        quant[1][0]=iquant[3][1];
        quant[1][1]=iquant[3][2];
        quant[1][2]=iquant[5][0];
        quant[1][3]=iquant[5][1];
}
else if(z==6 && s==0){
    for(u=0;u<z;u++){
        for(v=0;v<s;v++){
            iquant[u][v]=quant[u][v];
        }
```

```
        }
            quant[0][0]=iquant[0][0];
            quant[0][1]=iquant[1][0];
            quant[0][2]=iquant[2][0];
            quant[0][3]=iquant[3][0];
            quant[0][4]=iquant[4][0];
            quant[0][5]=iquant[5][0];
            quant[0][6]=iquant[6][0];
    }
}
void zig7(unsigned int z, unsigned int s)
{
    if(z==0 && s==7){
      for(u=0;u<z;u++){
          for(v=0;v<s;v++){
              iquant[u][v]=quant[u][v];
          }
      }
          quant[0][0]=iquant[0][0];
          quant[0][1]=iquant[0][1];
          quant[0][2]=iquant[0][2];
          quant[0][3]=iquant[0][3];
          quant[0][4]=iquant[0][4];
          quant[0][5]=iquant[0][5];
          quant[0][6]=iquant[0][6];
          quant[0][7]=iquant[0][7];
    }
    else if(z==1 && s==6){
      for(u=0;u<z;u++){
          for(v=0;v<s;v++){
              iquant[u][v]=quant[u][v];
          }
      }
```

```
        quant[0][0]=iquant[0][0];
        quant[0][1]=iquant[0][1];
        quant[0][2]=iquant[1][0];
        quant[0][3]=iquant[1][1];
        quant[0][4]=iquant[0][2];
        quant[0][5]=iquant[0][3];
        quant[0][6]=iquant[1][2];
        quant[0][7]=iquant[1][3];
        quant[1][0]=iquant[0][4];
        quant[1][1]=iquant[0][5];
        quant[1][2]=iquant[1][4];
        quant[1][3]=iquant[1][5];
        quant[1][4]=iquant[0][6];
        quant[1][5]=iquant[1][6];
}
else if(z==2 && s==5){
    for(u=0;u<z;u++){
        for(v=0;v<s;v++){
            iquant[u][v]=quant[u][v];
        }
    }
        quant[0][0]=iquant[0][0];
        quant[0][1]=iquant[0][1];
        quant[0][2]=iquant[1][0];
        quant[0][3]=iquant[2][0];
        quant[0][4]=iquant[1][1];
        quant[0][5]=iquant[0][2];
        quant[0][7]=iquant[0][3];
        quant[1][0]=iquant[1][2];
        quant[1][1]=iquant[2][1];
        quant[1][2]=iquant[2][2];
        quant[1][3]=iquant[1][3];
        quant[1][4]=iquant[0][4];
```

```
        quant[1][5]=iquant[0][5];
        quant[1][6]=iquant[1][4];
        quant[1][7]=iquant[2][3];
        quant[2][0]=iquant[2][4];
        quant[2][1]=iquant[1][5];
        quant[2][2]=iquant[2][5];
}
else if(z==3 && s==4){
    for(u=0;u<z;u++){
        for(v=0;v<s;v++){
            iquant[u][v]=quant[u][v];
        }
    }
        quant[0][0]=iquant[0][0];
        quant[0][1]=iquant[0][1];
        quant[0][2]=iquant[1][0];
        quant[0][3]=iquant[2][0];
        quant[0][4]=iquant[1][1];
        quant[0][5]=iquant[0][2];
        quant[0][6]=iquant[0][3];
        quant[0][7]=iquant[1][2];
        quant[1][0]=iquant[2][1];
        quant[1][1]=iquant[3][0];
        quant[1][2]=iquant[3][1];
        quant[1][3]=iquant[2][2];
        quant[1][4]=iquant[1][3];
        quant[1][5]=iquant[0][4];
        quant[1][6]=iquant[1][4];
        quant[1][7]=iquant[2][3];
        quant[2][0]=iquant[3][2];
        quant[2][1]=iquant[3][3];
        quant[2][2]=iquant[2][4];
        quant[2][3]=iquant[3][4];
```

```
}
else if(z==4 && s==3){
  for(u=0;u<z;u++){
      for(v=0;v<s;v++){
          iquant[u][v]=quant[u][v];
      }
  }
      quant[0][0]=iquant[0][0];
      quant[0][1]=iquant[0][1];
      quant[0][2]=iquant[1][0];
      quant[0][3]=iquant[2][0];
      quant[0][4]=iquant[1][1];
      quant[0][5]=iquant[0][2];
      quant[0][6]=iquant[0][3];
      quant[0][7]=iquant[1][2];
      quant[1][0]=iquant[2][1];
      quant[1][1]=iquant[3][0];
      quant[1][2]=iquant[4][0];
      quant[1][3]=iquant[3][1];
      quant[1][4]=iquant[2][2];
      quant[1][5]=iquant[1][3];
      quant[1][6]=iquant[2][3];
      quant[1][7]=iquant[3][2];
      quant[2][0]=iquant[4][1];
      quant[2][1]=iquant[4][2];
      quant[2][2]=iquant[3][3];
      quant[2][3]=iquant[4][3];
}
else if(z==5 && s==2){
  for(u=0;u<z;u++){
      for(v=0;v<s;v++){
          iquant[u][v]=quant[u][v];
      }
```

```
    }
        quant[0][0]=iquant[0][0];
        quant[0][1]=iquant[0][1];
        quant[0][2]=iquant[1][0];
        quant[0][3]=iquant[2][0];
        quant[0][4]=iquant[1][1];
        quant[0][5]=iquant[0][2];
        quant[0][6]=iquant[1][2];
        quant[0][7]=iquant[2][1];
        quant[1][0]=iquant[3][0];
        quant[1][1]=iquant[4][0];
        quant[1][2]=iquant[3][1];
        quant[1][3]=iquant[2][2];
        quant[1][4]=iquant[3][2];
        quant[1][5]=iquant[4][1];
        quant[1][6]=iquant[5][0];
        quant[1][7]=iquant[5][1];
        quant[2][0]=iquant[4][2];
        quant[2][1]=iquant[5][2];
}
else if(z==6 && s==1){
    for(u=0;u<z;u++){
        for(v=0;v<s;v++){
            iquant[u][v]=quant[u][v];
        }
    }
        quant[0][0]=iquant[0][0];
        quant[0][1]=iquant[0][1];
        quant[0][2]=iquant[1][0];
        quant[0][3]=iquant[2][0];
        quant[0][4]=iquant[1][1];
        quant[0][5]=iquant[2][1];
        quant[0][6]=iquant[3][0];
```

```
            quant[0][7]=iquant[4][0];
            quant[0][0]=iquant[3][1];
            quant[1][1]=iquant[4][1];
            quant[1][2]=iquant[5][0];
            quant[1][3]=iquant[6][0];
            quant[1][4]=iquant[5][1];
            quant[1][5]=iquant[6][1];
    }
    else if(z==7 && s==0){
      for(u=0;u<z;u++){
            for(v=0;v<s;v++){
                iquant[u][v]=quant[u][v];
            }
      }
            quant[0][0]=iquant[0][0];
            quant[0][1]=iquant[1][0];
            quant[0][2]=iquant[2][0];
            quant[0][3]=iquant[3][0];
            quant[0][4]=iquant[4][0];
            quant[0][5]=iquant[5][0];
            quant[0][6]=iquant[6][0];
            quant[0][7]=iquant[7][0];
    }
}
void zig8(unsigned int z, unsigned int s)
{
    if(z==1 && s==7){
      for(u=0;u<z;u++){
            for(v=0;v<s;v++){
                iquant[u][v]=quant[u][v];
            }
      }
            quant[0][0]=iquant[0][0];
```

```
        quant[0][1]=iquant[0][1];
        quant[0][2]=iquant[1][0];
        quant[0][3]=iquant[1][1];
        quant[0][4]=iquant[0][2];
        quant[0][5]=iquant[0][3];
        quant[0][6]=iquant[1][2];
        quant[0][7]=iquant[1][3];
        quant[1][0]=iquant[0][4];
        quant[1][1]=iquant[0][5];
        quant[1][2]=iquant[1][4];
        quant[1][3]=iquant[1][5];
        quant[1][4]=iquant[0][6];
        quant[1][5]=iquant[0][7];
        quant[1][6]=iquant[1][6];
        quant[1][7]=iquant[1][7];
    }
    else if(z==2 && s==6){
      for(u=0;u<z;u++){
        for(v=0;v<s;v++){
            iquant[u][v]=quant[u][v];
        }
      }
        quant[0][0]=iquant[0][0];
        quant[0][1]=iquant[0][1];
        quant[0][2]=iquant[1][0];
        quant[0][3]=iquant[2][0];
        quant[0][4]=iquant[1][1];
        quant[0][5]=iquant[0][2];
        quant[0][7]=iquant[0][3];
        quant[1][0]=iquant[1][2];
        quant[1][1]=iquant[2][1];
        quant[1][2]=iquant[2][2];
        quant[1][3]=iquant[1][3];
```

```
        quant[1][4]=iquant[0][4];
        quant[1][5]=iquant[0][5];
        quant[1][6]=iquant[1][4];
        quant[1][7]=iquant[2][3];
        quant[2][0]=iquant[2][4];
        quant[2][1]=iquant[1][5];
        quant[2][2]=iquant[0][6];
        quant[2][3]=iquant[1][6];
        quant[2][4]=iquant[2][5];
        quant[2][5]=iquant[2][6];
}
else if(z==3 && s==5){
    for(u=0;u<z;u++){
        for(v=0;v<s;v++){
            iquant[u][v]=quant[u][v];
        }
    }
        quant[0][0]=iquant[0][0];
        quant[0][1]=iquant[0][1];
        quant[0][2]=iquant[1][0];
        quant[0][3]=iquant[2][0];
        quant[0][4]=iquant[1][1];
        quant[0][5]=iquant[0][2];
        quant[0][6]=iquant[0][3];
        quant[0][7]=iquant[1][2];
        quant[1][0]=iquant[2][1];
        quant[1][1]=iquant[3][0];
        quant[1][2]=iquant[3][1];
        quant[1][3]=iquant[2][2];
        quant[1][4]=iquant[1][3];
        quant[1][5]=iquant[0][4];
        quant[1][6]=iquant[0][5];
        quant[1][7]=iquant[1][4];
```

```
        quant[2][0]=iquant[2][3];
        quant[2][1]=iquant[3][2];
        quant[2][2]=iquant[3][3];
        quant[2][3]=iquant[2][4];
        quant[2][4]=iquant[1][5];
        quant[2][5]=iquant[2][5];
        quant[2][6]=iquant[3][4];
        quant[2][7]=iquant[3][5];
}
else if(z==4 && s==4){
   for(u=0;u<z;u++){
        for(v=0;v<s;v++){
            iquant[u][v]=quant[u][v];
        }
   }
        quant[0][0]=iquant[0][0];
        quant[0][1]=iquant[0][1];
        quant[0][2]=iquant[1][0];
        quant[0][3]=iquant[2][0];
        quant[0][4]=iquant[1][1];
        quant[0][5]=iquant[0][2];
        quant[0][6]=iquant[0][3];
        quant[0][7]=iquant[1][2];
        quant[1][0]=iquant[2][1];
        quant[1][1]=iquant[3][0];
        quant[1][2]=iquant[4][0];
        quant[1][3]=iquant[3][1];
        quant[1][4]=iquant[2][2];
        quant[1][5]=iquant[1][3];
        quant[1][6]=iquant[0][4];
        quant[1][7]=iquant[1][4];
        quant[2][0]=iquant[2][3];
        quant[2][1]=iquant[3][2];
```

```
        quant[2][2]=iquant[4][1];
        quant[2][3]=iquant[4][2];
        quant[2][4]=iquant[3][3];
        quant[2][5]=iquant[2][4];
        quant[2][6]=iquant[3][4];
        quant[2][7]=iquant[4][3];
        quant[3][0]=iquant[4][4];
}
else if(z==5 && s==3){
   for(u=0;u<z;u++){
        for(v=0;v<s;v++){
            iquant[u][v]=quant[u][v];
        }
   }
        quant[0][0]=iquant[0][0];
        quant[0][1]=iquant[0][1];
        quant[0][2]=iquant[1][0];
        quant[0][3]=iquant[2][0];
        quant[0][4]=iquant[1][1];
        quant[0][5]=iquant[0][2];
        quant[0][6]=iquant[0][3];
        quant[0][7]=iquant[1][2];
        quant[1][0]=iquant[2][1];
        quant[1][1]=iquant[3][0];
        quant[1][2]=iquant[4][0];
        quant[1][3]=iquant[3][1];
        quant[1][4]=iquant[2][2];
        quant[1][5]=iquant[1][3];
        quant[1][6]=iquant[2][3];
        quant[1][7]=iquant[3][2];
        quant[2][0]=iquant[4][1];
        quant[2][1]=iquant[5][0];
        quant[2][2]=iquant[5][1];
```

```
        quant[2][3]=iquant[4][2];
        quant[2][4]=iquant[3][3];
        quant[2][5]=iquant[4][3];
        quant[2][6]=iquant[5][2];
        quant[2][7]=iquant[5][3];
}
else if(z==6 && s==2){
    for(u=0;u<z;u++){
        for(v=0;v<s;v++){
            iquant[u][v]=quant[u][v];
        }
    }
        quant[0][0]=iquant[0][0];
        quant[0][1]=iquant[0][1];
        quant[0][2]=iquant[1][0];
        quant[0][3]=iquant[2][0];
        quant[0][4]=iquant[1][1];
        quant[0][5]=iquant[0][2];
        quant[0][6]=iquant[1][2];
        quant[0][7]=iquant[2][1];
        quant[0][0]=iquant[3][0];
        quant[1][1]=iquant[4][0];
        quant[1][2]=iquant[3][1];
        quant[1][3]=iquant[2][2];
        quant[1][4]=iquant[3][2];
        quant[1][5]=iquant[4][1];
        quant[1][6]=iquant[5][0];
        quant[1][7]=iquant[6][0];
        quant[2][0]=iquant[5][1];
        quant[2][1]=iquant[4][2];
        quant[2][2]=iquant[5][2];
        quant[2][3]=iquant[6][1];
        quant[2][4]=iquant[6][2];
```

```
        }
        else if(z==7 && s==1){
          for(u=0;u<z;u++){
              for(v=0;v<s;v++){
                  iquant[u][v]=quant[u][v];
              }
          }
              quant[0][0]=iquant[0][0];
              quant[0][1]=iquant[0][1];
              quant[0][2]=iquant[1][0];
              quant[0][3]=iquant[2][0];
              quant[0][4]=iquant[1][1];
              quant[0][5]=iquant[2][1];
              quant[0][6]=iquant[3][0];
              quant[0][7]=iquant[4][0];
              quant[1][0]=iquant[3][1];
              quant[1][1]=iquant[4][1];
              quant[1][2]=iquant[5][0];
              quant[1][3]=iquant[6][0];
              quant[1][4]=iquant[5][1];
              quant[1][5]=iquant[6][1];
              quant[1][6]=iquant[7][0];
              quant[1][7]=iquant[7][1];
        }
}
void zig9(unsigned int z, unsigned int s)
{
        if(z==2 && s==7){
          for(u=0;u<z;u++){
              for(v=0;v<s;v++){
                  iquant[u][v]=quant[u][v];
              }
          }
```

```
        quant[0][0]=iquant[0][0];
        quant[0][1]=iquant[0][1];
        quant[0][2]=iquant[1][0];
        quant[0][3]=iquant[2][0];
        quant[0][4]=iquant[1][1];
        quant[0][5]=iquant[0][2];
        quant[0][7]=iquant[0][3];
        quant[1][0]=iquant[1][2];
        quant[1][1]=iquant[2][1];
        quant[1][2]=iquant[2][2];
        quant[1][3]=iquant[1][3];
        quant[1][4]=iquant[0][4];
        quant[1][5]=iquant[0][5];
        quant[1][6]=iquant[1][4];
        quant[1][7]=iquant[2][3];
        quant[2][0]=iquant[2][4];
        quant[2][1]=iquant[1][5];
        quant[2][2]=iquant[0][6];
        quant[2][3]=iquant[0][7];
        quant[2][4]=iquant[1][6];
        quant[2][5]=iquant[2][5];
        quant[2][6]=iquant[2][6];
        quant[2][7]=iquant[1][7];
        quant[3][0]=iquant[2][7];
}
else if(z==3 && s==6){
  for(u=0;u<z;u++){
      for(v=0;v<s;v++){
          iquant[u][v]=quant[u][v];
      }
  }
      quant[0][0]=iquant[0][0];
      quant[0][1]=iquant[0][1];
```

```
        quant[0][2]=iquant[1][0];
        quant[0][3]=iquant[2][0];
        quant[0][4]=iquant[1][1];
        quant[0][5]=iquant[0][2];
        quant[0][6]=iquant[0][3];
        quant[0][7]=iquant[1][2];
        quant[1][0]=iquant[2][1];
        quant[1][1]=iquant[3][0];
        quant[1][2]=iquant[3][1];
        quant[1][3]=iquant[2][2];
        quant[1][4]=iquant[1][3];
        quant[1][5]=iquant[0][4];
        quant[1][6]=iquant[0][5];
        quant[1][7]=iquant[1][4];
        quant[2][0]=iquant[2][3];
        quant[2][1]=iquant[3][2];
        quant[2][2]=iquant[3][3];
        quant[2][3]=iquant[2][4];
        quant[2][4]=iquant[1][5];
        quant[2][5]=iquant[0][6];
        quant[2][6]=iquant[1][6];
        quant[2][7]=iquant[2][5];
        quant[3][0]=iquant[3][4];
        quant[3][1]=iquant[3][5];
        quant[3][2]=iquant[2][6];
        quant[3][3]=iquant[3][6];
}
else if(z==4 && s==5){
   for(u=0;u<z;u++){
        for(v=0;v<s;v++){
            iquant[u][v]=quant[u][v];
        }
   }
```

```
        quant[0][0]=iquant[0][0];
        quant[0][1]=iquant[0][1];
        quant[0][2]=iquant[1][0];
        quant[0][3]=iquant[2][0];
        quant[0][4]=iquant[1][1];
        quant[0][5]=iquant[0][2];
        quant[0][6]=iquant[0][3];
        quant[0][7]=iquant[1][2];
        quant[1][0]=iquant[2][1];
        quant[1][1]=iquant[3][0];
        quant[1][2]=iquant[4][0];
        quant[1][3]=iquant[3][1];
        quant[1][4]=iquant[2][2];
        quant[1][5]=iquant[1][3];
        quant[1][6]=iquant[0][4];
        quant[1][7]=iquant[0][5];
        quant[2][0]=iquant[1][4];
        quant[2][1]=iquant[2][3];
        quant[2][2]=iquant[3][2];
        quant[2][3]=iquant[4][1];
        quant[2][4]=iquant[4][2];
        quant[2][5]=iquant[3][3];
        quant[2][6]=iquant[2][4];
        quant[2][7]=iquant[1][5];
        quant[3][0]=iquant[2][5];
        quant[3][1]=iquant[3][4];
        quant[3][2]=iquant[4][3];
        quant[3][3]=iquant[4][4];
        quant[3][4]=iquant[3][5];
        quant[3][5]=iquant[4][5];
}
else if(z==5 && s==4){
  for(u=0;u<z;u++){
```

```
        for(v=0;v<s;v++){
            iquant[u][v]=quant[u][v];
        }
    }
        quant[0][0]=iquant[0][0];
        quant[0][1]=iquant[0][1];
        quant[0][2]=iquant[1][0];
        quant[0][3]=iquant[2][0];
        quant[0][4]=iquant[1][1];
        quant[0][5]=iquant[0][2];
        quant[0][6]=iquant[0][3];
        quant[0][7]=iquant[1][2];
        quant[1][0]=iquant[2][1];
        quant[1][1]=iquant[3][0];
        quant[1][2]=iquant[4][0];
        quant[1][3]=iquant[3][1];
        quant[1][4]=iquant[2][2];
        quant[1][5]=iquant[1][3];
        quant[1][6]=iquant[0][4];
        quant[1][7]=iquant[1][4];
        quant[2][0]=iquant[2][3];
        quant[2][1]=iquant[3][2];
        quant[2][2]=iquant[4][1];
        quant[2][3]=iquant[5][0];
        quant[2][4]=iquant[5][1];
        quant[2][5]=iquant[4][2];
        quant[2][6]=iquant[3][3];
        quant[2][7]=iquant[2][4];
        quant[3][0]=iquant[3][4];
        quant[3][1]=iquant[4][3];
        quant[3][2]=iquant[5][2];
        quant[3][3]=iquant[5][3];
        quant[3][4]=iquant[4][4];
```

```
        quant[3][5]=iquant[5][4];
    }
    else if(z==6 && s==3){
      for(u=0;u<z;u++){
        for(v=0;v<s;v++){
            iquant[u][v]=quant[u][v];
        }
      }
        quant[0][0]=iquant[0][0];
        quant[0][1]=iquant[0][1];
        quant[0][2]=iquant[1][0];
        quant[0][3]=iquant[2][0];
        quant[0][4]=iquant[1][1];
        quant[0][5]=iquant[0][2];
        quant[0][6]=iquant[1][2];
        quant[0][7]=iquant[2][1];
        quant[0][0]=iquant[3][0];
        quant[1][1]=iquant[4][0];
        quant[1][2]=iquant[3][1];
        quant[1][3]=iquant[2][2];
        quant[1][4]=iquant[1][3];
        quant[1][5]=iquant[2][3];
        quant[1][6]=iquant[3][2];
        quant[1][7]=iquant[4][1];
        quant[2][0]=iquant[5][0];
        quant[2][1]=iquant[6][0];
        quant[2][2]=iquant[5][1];
        quant[2][3]=iquant[4][2];
        quant[2][4]=iquant[3][3];
        quant[2][5]=iquant[4][3];
        quant[2][6]=iquant[5][2];
        quant[2][7]=iquant[6][1];
        quant[3][0]=iquant[6][2];
```

```
        quant[3][1]=iquant[5][3];
        quant[3][2]=iquant[6][2];
        quant[3][3]=iquant[6][3];
}
else if(z==7 && s==2){
  for(u=0;u<z;u++){
        for(v=0;v<s;v++){
            iquant[u][v]=quant[u][v];
        }
  }
        quant[0][0]=iquant[0][0];
        quant[0][1]=iquant[0][1];
        quant[0][2]=iquant[1][0];
        quant[0][3]=iquant[2][0];
        quant[0][4]=iquant[1][1];
        quant[0][5]=iquant[0][2];
        quant[0][6]=iquant[1][2];
        quant[0][7]=iquant[2][1];
        quant[1][0]=iquant[3][0];
        quant[1][1]=iquant[4][0];
        quant[1][2]=iquant[3][1];
        quant[1][3]=iquant[2][2];
        quant[1][4]=iquant[3][2];
        quant[1][5]=iquant[4][1];
        quant[1][6]=iquant[5][0];
        quant[1][7]=iquant[6][0];
        quant[2][0]=iquant[5][1];
        quant[2][1]=iquant[4][2];
        quant[2][2]=iquant[5][2];
        quant[2][3]=iquant[6][1];
        quant[2][4]=iquant[7][0];
        quant[2][5]=iquant[7][1];
        quant[2][6]=iquant[6][2];
```

```
            quant[2][7]=iquant[7][2];
        }
}
void zig10(unsigned int z, unsigned int s)
{
        if(z==3 && s==7){
          for(u=0;u<z;u++){
            for(v=0;v<s;v++){
              iquant[u][v]=quant[u][v];
            }
          }
            quant[0][0]=iquant[0][0];
            quant[0][1]=iquant[0][1];
            quant[0][2]=iquant[1][0];
            quant[0][3]=iquant[2][0];
            quant[0][4]=iquant[1][1];
            quant[0][5]=iquant[0][2];
            quant[0][6]=iquant[0][3];
            quant[0][7]=iquant[1][2];
            quant[1][0]=iquant[2][1];
            quant[1][1]=iquant[3][0];
            quant[1][2]=iquant[3][1];
            quant[1][3]=iquant[2][2];
            quant[1][4]=iquant[1][3];
            quant[1][5]=iquant[0][4];
            quant[1][6]=iquant[0][5];
            quant[1][7]=iquant[1][4];
            quant[2][0]=iquant[2][3];
            quant[2][1]=iquant[3][2];
            quant[2][2]=iquant[3][3];
            quant[2][3]=iquant[2][4];
            quant[2][4]=iquant[1][5];
            quant[2][5]=iquant[0][6];
```

```
            quant[2][6]=iquant[0][7];
            quant[2][7]=iquant[1][6];
            quant[3][0]=iquant[2][5];
            quant[3][1]=iquant[3][4];
            quant[3][2]=iquant[3][5];
            quant[3][3]=iquant[2][6];
            quant[3][4]=iquant[1][7];
            quant[3][5]=iquant[2][7];
            quant[3][6]=iquant[3][6];
            quant[3][7]=iquant[3][7];
    }
    else if(z==4 && s==6){
       for(u=0;u<z;u++){
            for(v=0;v<s;v++){
                 iquant[u][v]=quant[u][v];
            }
       }
            quant[0][0]=iquant[0][0];
            quant[0][1]=iquant[0][1];
            quant[0][2]=iquant[1][0];
            quant[0][3]=iquant[2][0];
            quant[0][4]=iquant[1][1];
            quant[0][5]=iquant[0][2];
            quant[0][6]=iquant[0][3];
            quant[0][7]=iquant[1][2];
            quant[1][0]=iquant[2][1];
            quant[1][1]=iquant[3][0];
            quant[1][2]=iquant[4][0];
            quant[1][3]=iquant[3][1];
            quant[1][4]=iquant[2][2];
            quant[1][5]=iquant[1][3];
            quant[1][6]=iquant[0][4];
            quant[1][7]=iquant[0][5];
```

```
        quant[2][0]=iquant[1][4];
        quant[2][1]=iquant[2][3];
        quant[2][2]=iquant[3][2];
        quant[2][3]=iquant[4][1];
        quant[2][4]=iquant[4][2];
        quant[2][5]=iquant[3][3];
        quant[2][6]=iquant[2][4];
        quant[2][7]=iquant[1][5];
        quant[3][0]=iquant[0][6];
        quant[3][1]=iquant[1][6];
        quant[3][2]=iquant[2][5];
        quant[3][3]=iquant[3][4];
        quant[3][4]=iquant[4][3];
        quant[3][5]=iquant[4][4];
        quant[3][6]=iquant[3][5];
        quant[3][7]=iquant[2][6];
        quant[4][0]=iquant[3][6];
        quant[4][1]=iquant[4][5];
        quant[4][2]=iquant[4][6];
}
else if(z==5 && s==5){
    for(u=0;u<z;u++){
        for(v=0;v<s;v++){
            iquant[u][v]=quant[u][v];
        }
    }
        quant[0][0]=iquant[0][0];
        quant[0][1]=iquant[0][1];
        quant[0][2]=iquant[1][0];
        quant[0][3]=iquant[2][0];
        quant[0][4]=iquant[1][1];
        quant[0][5]=iquant[0][2];
        quant[0][6]=iquant[0][3];
```

```
        quant[0][7]=iquant[1][2];
        quant[1][0]=iquant[2][1];
        quant[1][1]=iquant[3][0];
        quant[1][2]=iquant[4][0];
        quant[1][3]=iquant[3][1];
        quant[1][4]=iquant[2][2];
        quant[1][5]=iquant[1][3];
        quant[1][6]=iquant[0][4];
        quant[1][7]=iquant[0][5];
        quant[2][0]=iquant[1][4];
        quant[2][1]=iquant[2][3];
        quant[2][2]=iquant[3][2];
        quant[2][3]=iquant[4][1];
        quant[2][4]=iquant[5][0];
        quant[2][5]=iquant[5][1];
        quant[2][6]=iquant[4][2];
        quant[2][7]=iquant[3][3];
        quant[3][0]=iquant[2][4];
        quant[3][1]=iquant[1][5];
        quant[3][2]=iquant[2][5];
        quant[3][3]=iquant[3][4];
        quant[3][4]=iquant[4][3];
        quant[3][5]=iquant[5][2];
        quant[3][6]=iquant[5][3];
        quant[3][7]=iquant[4][4];
        quant[4][0]=iquant[3][5];
        quant[4][1]=iquant[4][5];
        quant[4][2]=iquant[5][4];
        quant[4][3]=iquant[5][5];
}
else if(z==6 && s==4){
   for(u=0;u<z;u++){
        for(v=0;v<s;v++){
```

```
        iquant[u][v]=quant[u][v];
      }
    }
      quant[0][0]=iquant[0][0];
      quant[0][1]=iquant[0][1];
      quant[0][2]=iquant[1][0];
      quant[0][3]=iquant[2][0];
      quant[0][4]=iquant[1][1];
      quant[0][5]=iquant[0][2];
      quant[0][6]=iquant[0][3];
      quant[0][7]=iquant[1][2];
      quant[0][0]=iquant[2][1];
      quant[1][1]=iquant[3][0];
      quant[1][2]=iquant[4][0];
      quant[1][3]=iquant[3][1];
      quant[1][4]=iquant[2][2];
      quant[1][5]=iquant[1][3];
      quant[1][6]=iquant[0][4];
      quant[1][7]=iquant[1][4];
      quant[2][0]=iquant[2][3];
      quant[2][1]=iquant[3][2];
      quant[2][2]=iquant[4][1];
      quant[2][3]=iquant[5][0];
      quant[2][4]=iquant[6][0];
      quant[2][5]=iquant[5][1];
      quant[2][6]=iquant[4][2];
      quant[2][7]=iquant[3][3];
      quant[3][0]=iquant[2][4];
      quant[3][1]=iquant[3][4];
      quant[3][2]=iquant[4][3];
      quant[3][3]=iquant[5][2];
      quant[2][4]=iquant[6][1];
      quant[2][5]=iquant[6][2];
```

```
        quant[2][6]=iquant[5][3];
        quant[3][7]=iquant[4][4];
        quant[4][0]=iquant[5][4];
        quant[4][1]=iquant[6][3];
        quant[4][2]=iquant[6][4];
}
else if(z==7 && s==3){
   for(u=0;u<z;u++){
        for(v=0;v<s;v++){
            iquant[u][v]=quant[u][v];
        }
   }
        quant[0][0]=iquant[0][0];
        quant[0][1]=iquant[0][1];
        quant[0][2]=iquant[1][0];
        quant[0][3]=iquant[2][0];
        quant[0][4]=iquant[1][1];
        quant[0][5]=iquant[0][2];
        quant[0][6]=iquant[0][3];
        quant[0][7]=iquant[1][2];
        quant[1][0]=iquant[2][1];
        quant[1][1]=iquant[3][0];
        quant[1][2]=iquant[4][0];
        quant[1][3]=iquant[3][1];
        quant[1][4]=iquant[2][2];
        quant[1][5]=iquant[1][3];
        quant[1][6]=iquant[2][3];
        quant[1][7]=iquant[3][2];
        quant[2][0]=iquant[4][1];
        quant[2][1]=iquant[5][0];
        quant[2][2]=iquant[6][0];
        quant[2][3]=iquant[5][1];
        quant[2][4]=iquant[4][2];
```

```
            quant[2][5]=iquant[3][3];
            quant[2][6]=iquant[4][3];
            quant[2][7]=iquant[5][2];
            quant[3][0]=iquant[6][1];
            quant[3][1]=iquant[7][0];
            quant[3][2]=iquant[7][1];
            quant[3][3]=iquant[6][2];
            quant[3][4]=iquant[5][3];
            quant[3][5]=iquant[6][3];
            quant[3][6]=iquant[7][2];
            quant[3][7]=iquant[7][3];
    }
}
void zig11(unsigned int z, unsigned int s)
{
    if(z==4 && s==7){
      for(u=0;u<z;u++){
            for(v=0;v<s;v++){
                iquant[u][v]=quant[u][v];
            }
      }
            quant[0][0]=iquant[0][0];
            quant[0][1]=iquant[0][1];
            quant[0][2]=iquant[1][0];
            quant[0][3]=iquant[2][0];
            quant[0][4]=iquant[1][1];
            quant[0][5]=iquant[0][2];
            quant[0][6]=iquant[0][3];
            quant[0][7]=iquant[1][2];
            quant[1][0]=iquant[2][1];
            quant[1][1]=iquant[3][0];
            quant[1][2]=iquant[4][0];
            quant[1][3]=iquant[3][1];
```

```
        quant[1][4]=iquant[2][2];
        quant[1][5]=iquant[1][3];
        quant[1][6]=iquant[0][4];
        quant[1][7]=iquant[0][5];
        quant[2][0]=iquant[1][4];
        quant[2][1]=iquant[2][3];
        quant[2][2]=iquant[3][2];
        quant[2][3]=iquant[4][1];
        quant[2][4]=iquant[4][2];
        quant[2][5]=iquant[3][3];
        quant[2][6]=iquant[2][4];
        quant[2][7]=iquant[1][5];
        quant[3][0]=iquant[0][6];
        quant[3][1]=iquant[0][7];
        quant[3][2]=iquant[1][6];
        quant[3][3]=iquant[2][5];
        quant[3][4]=iquant[3][4];
        quant[3][5]=iquant[4][3];
        quant[3][6]=iquant[4][4];
        quant[3][7]=iquant[3][5];
        quant[4][0]=iquant[2][6];
        quant[4][1]=iquant[1][7];
        quant[4][2]=iquant[2][7];
        quant[4][3]=iquant[3][6];
        quant[4][4]=iquant[4][5];
        quant[4][5]=iquant[4][6];
        quant[4][6]=iquant[3][7];
        quant[4][7]=iquant[4][7];
}
else if(z==5 && s==6){
   for(u=0;u<z;u++){
        for(v=0;v<s;v++){
             iquant[u][v]=quant[u][v];
```

```
        }
    }
        quant[0][0]=iquant[0][0];
        quant[0][1]=iquant[0][1];
        quant[0][2]=iquant[1][0];
        quant[0][3]=iquant[2][0];
        quant[0][4]=iquant[1][1];
        quant[0][5]=iquant[0][2];
        quant[0][6]=iquant[0][3];
        quant[0][7]=iquant[1][2];
        quant[1][0]=iquant[2][1];
        quant[1][1]=iquant[3][0];
        quant[1][2]=iquant[4][0];
        quant[1][3]=iquant[3][1];
        quant[1][4]=iquant[2][2];
        quant[1][5]=iquant[1][3];
        quant[1][6]=iquant[0][4];
        quant[1][7]=iquant[0][5];
        quant[2][0]=iquant[1][4];
        quant[2][1]=iquant[2][3];
        quant[2][2]=iquant[3][2];
        quant[2][3]=iquant[4][1];
        quant[2][4]=iquant[5][0];
        quant[2][5]=iquant[5][1];
        quant[2][6]=iquant[4][2];
        quant[2][7]=iquant[3][3];
        quant[3][0]=iquant[2][4];
        quant[3][1]=iquant[1][5];
        quant[3][2]=iquant[0][6];
        quant[3][3]=iquant[1][6];
        quant[3][4]=iquant[2][5];
        quant[3][5]=iquant[3][4];
        quant[3][6]=iquant[4][3];
```

```
        quant[3][7]=iquant[5][2];
        quant[4][0]=iquant[5][3];
        quant[4][1]=iquant[4][4];
        quant[4][2]=iquant[3][5];
        quant[4][3]=iquant[2][6];
        quant[4][4]=iquant[3][6];
        quant[4][5]=iquant[4][5];
        quant[4][6]=iquant[5][4];
        quant[4][7]=iquant[5][5];
        quant[5][0]=iquant[4][6];
        quant[5][1]=iquant[5][6];
}
else if(z==6 && s==5){
    for(u=0;u<z;u++){
        for(v=0;v<s;v++){
            iquant[u][v]=quant[u][v];
        }
    }
        quant[0][0]=iquant[0][0];
        quant[0][1]=iquant[0][1];
        quant[0][2]=iquant[1][0];
        quant[0][3]=iquant[2][0];
        quant[0][4]=iquant[1][1];
        quant[0][5]=iquant[0][2];
        quant[0][6]=iquant[0][3];
        quant[0][7]=iquant[1][2];
        quant[0][0]=iquant[2][1];
        quant[1][1]=iquant[3][0];
        quant[1][2]=iquant[4][0];
        quant[1][3]=iquant[3][1];
        quant[1][4]=iquant[2][2];
        quant[1][5]=iquant[1][3];
        quant[1][6]=iquant[0][4];
```

```
            quant[1][7]=iquant[0][5];
            quant[2][0]=iquant[1][4];
            quant[2][1]=iquant[2][3];
            quant[2][2]=iquant[3][2];
            quant[2][3]=iquant[4][1];
            quant[2][4]=iquant[5][0];
            quant[2][5]=iquant[6][0];
            quant[2][6]=iquant[5][1];
            quant[2][7]=iquant[4][2];
            quant[3][0]=iquant[3][3];
            quant[3][1]=iquant[2][4];
            quant[3][2]=iquant[1][5];
            quant[3][3]=iquant[2][5];
            quant[2][4]=iquant[3][4];
            quant[2][5]=iquant[4][3];
            quant[2][6]=iquant[5][2];
            quant[3][7]=iquant[6][1];
            quant[4][0]=iquant[6][2];
            quant[4][1]=iquant[5][3];
            quant[4][2]=iquant[4][4];
            quant[4][3]=iquant[3][5];
            quant[4][4]=iquant[4][5];
            quant[4][5]=iquant[5][4];
            quant[4][6]=iquant[6][3];
            quant[4][7]=iquant[6][4];
            quant[5][0]=iquant[5][5];
            quant[5][1]=iquant[6][5];
    }
    else if(z==7 && s==4){
      for(u=0;u<z;u++){
            for(v=0;v<s;v++){
                iquant[u][v]=quant[u][v];
            }
```

```
}
    quant[0][0]=iquant[0][0];
    quant[0][1]=iquant[0][1];
    quant[0][2]=iquant[1][0];
    quant[0][3]=iquant[2][0];
    quant[0][4]=iquant[1][1];
    quant[0][5]=iquant[0][2];
    quant[0][6]=iquant[0][3];
    quant[0][7]=iquant[1][2];
    quant[1][0]=iquant[2][1];
    quant[1][1]=iquant[3][0];
    quant[1][2]=iquant[4][0];
    quant[1][3]=iquant[3][1];
    quant[1][4]=iquant[2][2];
    quant[1][5]=iquant[1][3];
    quant[1][6]=iquant[0][4];
    quant[1][7]=iquant[1][4];
    quant[2][0]=iquant[2][3];
    quant[2][1]=iquant[3][2];
    quant[2][2]=iquant[4][1];
    quant[2][3]=iquant[5][0];
    quant[2][4]=iquant[6][0];
    quant[2][5]=iquant[5][1];
    quant[2][6]=iquant[4][2];
    quant[2][7]=iquant[3][3];
    quant[3][0]=iquant[2][4];
    quant[3][1]=iquant[3][4];
    quant[3][2]=iquant[4][3];
    quant[3][3]=iquant[5][2];
    quant[3][4]=iquant[6][1];
    quant[3][5]=iquant[7][0];
    quant[3][6]=iquant[7][1];
    quant[3][7]=iquant[6][2];
```

```
            quant[4][0]=iquant[5][3];
            quant[4][1]=iquant[4][4];
            quant[4][2]=iquant[5][4];
            quant[4][3]=iquant[6][3];
            quant[4][4]=iquant[7][2];
            quant[4][5]=iquant[7][3];
            quant[4][6]=iquant[6][4];
            quant[4][7]=iquant[7][4];
        }
}
void zig12(unsigned int z, unsigned int s)
{
        if(z==5 && s==7){
          for(u=0;u<8;u++){
            for(v=0;v<8;v++){
                iquant[u][v]=quant[u][v];
            }
          }
            quant[0][0]=iquant[0][0];
            quant[0][1]=iquant[0][1];
            quant[0][2]=iquant[1][0];
            quant[0][3]=iquant[2][0];
            quant[0][4]=iquant[1][1];
            quant[0][5]=iquant[0][2];
            quant[0][6]=iquant[0][3];
            quant[0][7]=iquant[1][2];
            quant[1][0]=iquant[2][1];
            quant[1][1]=iquant[3][0];
            quant[1][2]=iquant[4][0];
            quant[1][3]=iquant[3][1];
            quant[1][4]=iquant[2][2];
            quant[1][5]=iquant[1][3];
            quant[1][6]=iquant[0][4];
```

```
quant[1][7]=iquant[0][5];
quant[2][0]=iquant[1][4];
quant[2][1]=iquant[2][3];
quant[2][2]=iquant[3][2];
quant[2][3]=iquant[4][1];
quant[2][4]=iquant[5][0];
quant[2][5]=iquant[5][1];
quant[2][6]=iquant[4][2];
quant[2][7]=iquant[3][3];
quant[3][0]=iquant[2][4];
quant[3][1]=iquant[1][5];
quant[3][2]=iquant[0][6];
quant[3][3]=iquant[0][7];
quant[3][4]=iquant[1][6];
quant[3][5]=iquant[2][5];
quant[3][6]=iquant[3][4];
quant[3][7]=iquant[4][3];
quant[4][0]=iquant[5][2];
quant[4][1]=iquant[5][3];
quant[4][2]=iquant[4][4];
quant[4][3]=iquant[3][5];
quant[4][4]=iquant[2][6];
quant[4][5]=iquant[1][7];
quant[4][6]=iquant[2][7];
quant[4][7]=iquant[3][6];
quant[5][0]=iquant[4][5];
quant[5][1]=iquant[5][4];
quant[5][2]=iquant[5][5];
quant[5][3]=iquant[4][6];
quant[5][4]=iquant[3][7];
quant[5][5]=iquant[4][7];
quant[5][6]=iquant[5][6];
quant[5][7]=iquant[5][7];
```

```
}
else if(z==6 && s==6){
  for(u=0;u<z;u++){
      for(v=0;v<s;v++){
          iquant[u][v]=quant[u][v];
      }
  }
      quant[0][0]=iquant[0][0];
      quant[0][1]=iquant[0][1];
      quant[0][2]=iquant[1][0];
      quant[0][3]=iquant[2][0];
      quant[0][4]=iquant[1][1];
      quant[0][5]=iquant[0][2];
      quant[0][6]=iquant[0][3];
      quant[0][7]=iquant[1][2];
      quant[0][0]=iquant[2][1];
      quant[1][1]=iquant[3][0];
      quant[1][2]=iquant[4][0];
      quant[1][3]=iquant[3][1];
      quant[1][4]=iquant[2][2];
      quant[1][5]=iquant[1][3];
      quant[1][6]=iquant[0][4];
      quant[1][7]=iquant[0][5];
      quant[2][0]=iquant[1][4];
      quant[2][1]=iquant[2][3];
      quant[2][2]=iquant[3][2];
      quant[2][3]=iquant[4][1];
      quant[2][4]=iquant[5][0];
      quant[2][5]=iquant[6][0];
      quant[2][6]=iquant[5][1];
      quant[2][7]=iquant[4][2];
      quant[3][0]=iquant[3][3];
      quant[3][1]=iquant[2][4];
```

```
        quant[3][2]=iquant[1][5];
        quant[3][3]=iquant[0][6];
        quant[2][4]=iquant[1][6];
        quant[2][5]=iquant[2][5];
        quant[2][6]=iquant[3][4];
        quant[3][7]=iquant[4][3];
        quant[4][0]=iquant[5][2];
        quant[4][1]=iquant[6][1];
        quant[4][2]=iquant[6][2];
        quant[4][3]=iquant[5][3];
        quant[4][4]=iquant[4][4];
        quant[4][5]=iquant[3][5];
        quant[4][6]=iquant[2][6];
        quant[4][7]=iquant[3][6];
        quant[5][0]=iquant[4][5];
        quant[5][1]=iquant[5][4];
        quant[4][3]=iquant[6][3];
        quant[4][4]=iquant[6][4];
        quant[4][5]=iquant[5][5];
        quant[4][6]=iquant[4][6];
        quant[4][7]=iquant[5][6];
        quant[5][0]=iquant[6][5];
        quant[5][1]=iquant[6][6];
}
else if(z==7 && s==5){
  for(u=0;u<z;u++){
        for(v=0;v<s;v++){
            iquant[u][v]=quant[u][v];
        }
  }
        quant[0][0]=iquant[0][0];
        quant[0][1]=iquant[0][1];
        quant[0][2]=iquant[1][0];
```

```
quant[0][3]=iquant[2][0];
quant[0][4]=iquant[1][1];
quant[0][5]=iquant[0][2];
quant[0][6]=iquant[0][3];
quant[0][7]=iquant[1][2];
quant[1][0]=iquant[2][1];
quant[1][1]=iquant[3][0];
quant[1][2]=iquant[4][0];
quant[1][3]=iquant[3][1];
quant[1][4]=iquant[2][2];
quant[1][5]=iquant[1][3];
quant[1][6]=iquant[0][4];
quant[1][7]=iquant[0][5];
quant[2][0]=iquant[1][4];
quant[2][1]=iquant[2][3];
quant[2][2]=iquant[3][2];
quant[2][3]=iquant[4][1];
quant[2][4]=iquant[5][0];
quant[2][5]=iquant[6][0];
quant[2][6]=iquant[5][1];
quant[2][7]=iquant[4][2];
quant[3][0]=iquant[3][3];
quant[3][1]=iquant[2][4];
quant[3][2]=iquant[1][5];
quant[3][3]=iquant[2][5];
quant[3][4]=iquant[3][4];
quant[3][5]=iquant[4][3];
quant[3][6]=iquant[5][2];
quant[3][7]=iquant[6][1];
quant[4][0]=iquant[7][0];
quant[4][1]=iquant[7][1];
quant[4][2]=iquant[6][2];
quant[4][3]=iquant[5][3];
```

```
            quant[4][4]=iquant[4][4];
            quant[4][5]=iquant[3][5];
            quant[4][6]=iquant[4][5];
            quant[4][7]=iquant[5][4];
            quant[5][0]=iquant[6][3];
            quant[5][1]=iquant[7][2];
            quant[5][2]=iquant[7][3];
            quant[5][3]=iquant[6][4];
            quant[5][4]=iquant[5][5];
            quant[5][5]=iquant[6][5];
            quant[5][6]=iquant[7][4];
            quant[5][7]=iquant[7][5];
      }
}
void zig13(unsigned int z, unsigned int s)
{
      if(z==6 && s==7){
        for(u=0;u<z;u++){
            for(v=0;v<s;v++){
                iquant[u][v]=quant[u][v];
            }
        }
            quant[0][0]=iquant[0][0];
            quant[0][1]=iquant[0][1];
            quant[0][2]=iquant[1][0];
            quant[0][3]=iquant[2][0];
            quant[0][4]=iquant[1][1];
            quant[0][5]=iquant[0][2];
            quant[0][6]=iquant[0][3];
            quant[0][7]=iquant[1][2];
            quant[0][0]=iquant[2][1];
            quant[1][1]=iquant[3][0];
            quant[1][2]=iquant[4][0];
```

```
quant[1][3]=iquant[3][1];
quant[1][4]=iquant[2][2];
quant[1][5]=iquant[1][3];
quant[1][6]=iquant[0][4];
quant[1][7]=iquant[0][5];
quant[2][0]=iquant[1][4];
quant[2][1]=iquant[2][3];
quant[2][2]=iquant[3][2];
quant[2][3]=iquant[4][1];
quant[2][4]=iquant[5][0];
quant[2][5]=iquant[6][0];
quant[2][6]=iquant[5][1];
quant[2][7]=iquant[4][2];
quant[3][0]=iquant[3][3];
quant[3][1]=iquant[2][4];
quant[3][2]=iquant[1][5];
quant[3][3]=iquant[0][6];
quant[2][4]=iquant[0][7];
quant[2][5]=iquant[1][6];
quant[2][6]=iquant[2][5];
quant[3][7]=iquant[3][4];
quant[4][0]=iquant[4][3];
quant[4][1]=iquant[5][2];
quant[4][2]=iquant[6][1];
quant[4][3]=iquant[6][2];
quant[4][4]=iquant[5][3];
quant[4][5]=iquant[4][4];
quant[4][6]=iquant[3][5];
quant[4][7]=iquant[2][6];
quant[5][0]=iquant[1][7];
quant[5][1]=iquant[2][7];
quant[4][3]=iquant[3][6];
quant[4][4]=iquant[4][5];
```

```
        quant[4][5]=iquant[5][4];
        quant[4][6]=iquant[6][3];
        quant[4][7]=iquant[6][4];
        quant[5][0]=iquant[5][5];
        quant[5][1]=iquant[4][6];
        quant[4][3]=iquant[3][7];
        quant[4][4]=iquant[4][7];
        quant[4][5]=iquant[5][6];
        quant[4][6]=iquant[6][5];
        quant[4][7]=iquant[6][6];
        quant[5][0]=iquant[5][7];
        quant[5][1]=iquant[6][7];
}
else if(z==7 && s==6){
    for(u=0;u<z;u++){
        for(v=0;v<s;v++){
            iquant[u][v]=quant[u][v];
        }
    }
        quant[0][0]=iquant[0][0];
        quant[0][1]=iquant[0][1];
        quant[0][2]=iquant[1][0];
        quant[0][3]=iquant[2][0];
        quant[0][4]=iquant[1][1];
        quant[0][5]=iquant[0][2];
        quant[0][6]=iquant[0][3];
        quant[0][7]=iquant[1][2];
        quant[1][0]=iquant[2][1];
        quant[1][1]=iquant[3][0];
        quant[1][2]=iquant[4][0];
        quant[1][3]=iquant[3][1];
        quant[1][4]=iquant[2][2];
        quant[1][5]=iquant[1][3];
```

```
quant[1][6]=iquant[0][4];
quant[1][7]=iquant[0][5];
quant[2][0]=iquant[1][4];
quant[2][1]=iquant[2][3];
quant[2][2]=iquant[3][2];
quant[2][3]=iquant[4][1];
quant[2][4]=iquant[5][0];
quant[2][5]=iquant[6][0];
quant[2][6]=iquant[5][1];
quant[2][7]=iquant[4][2];
quant[3][0]=iquant[3][3];
quant[3][1]=iquant[2][4];
quant[3][2]=iquant[1][5];
quant[3][3]=iquant[0][6];
quant[3][4]=iquant[1][6];
quant[3][5]=iquant[2][5];
quant[3][6]=iquant[3][4];
quant[3][7]=iquant[4][3];
quant[4][0]=iquant[5][2];
quant[4][1]=iquant[6][1];
quant[4][2]=iquant[7][0];
quant[4][3]=iquant[7][1];
quant[4][4]=iquant[6][2];
quant[4][5]=iquant[5][3];
quant[4][6]=iquant[4][4];
quant[4][7]=iquant[3][5];
quant[5][0]=iquant[2][6];
quant[5][1]=iquant[3][6];
quant[5][2]=iquant[4][5];
quant[5][3]=iquant[5][4];
quant[5][4]=iquant[6][3];
quant[5][5]=iquant[7][2];
quant[5][6]=iquant[7][3];
```

```
            quant[5][7]=iquant[6][4];
            quant[6][0]=iquant[5][5];
            quant[6][1]=iquant[4][6];
            quant[6][2]=iquant[5][6];
            quant[6][3]=iquant[6][5];
            quant[6][4]=iquant[7][4];
            quant[6][5]=iquant[7][5];
            quant[6][6]=iquant[6][6];
            quant[6][7]=iquant[7][6];
      }
}
void zig14(unsigned int z, unsigned int s)
{
      for(u=0;u<z;u++){
                  for(v=0;v<s;v++){
                      iquant[u][v]=quant[u][v];
                  }
            }
            quant[0][0]=iquant[0][0];
            quant[0][1]=iquant[0][1];
            quant[0][2]=iquant[1][0];
            quant[0][3]=iquant[2][0];
            quant[0][4]=iquant[1][1];
            quant[0][5]=iquant[0][2];
            quant[0][6]=iquant[0][3];
            quant[0][7]=iquant[1][2];
            quant[1][0]=iquant[2][1];
            quant[1][1]=iquant[3][0];
            quant[1][2]=iquant[4][0];
            quant[1][3]=iquant[3][1];
            quant[1][4]=iquant[2][2];
            quant[1][5]=iquant[1][3];
            quant[1][6]=iquant[0][4];
```

```
quant[1][7]=iquant[0][5];
quant[2][0]=iquant[1][4];
quant[2][1]=iquant[2][3];
quant[2][2]=iquant[3][2];
quant[2][3]=iquant[4][1];
quant[2][4]=iquant[5][0];
quant[2][5]=iquant[6][0];
quant[2][6]=iquant[5][1];
quant[2][7]=iquant[4][2];
quant[3][0]=iquant[3][3];
quant[3][1]=iquant[2][4];
quant[3][2]=iquant[1][5];
quant[3][3]=iquant[0][6];
quant[3][4]=iquant[0][7];
quant[3][5]=iquant[1][6];
quant[3][6]=iquant[2][5];
quant[3][7]=iquant[3][4];
quant[4][0]=iquant[4][3];
quant[4][1]=iquant[5][2];
quant[4][2]=iquant[6][1];
quant[4][3]=iquant[7][0];
quant[4][4]=iquant[7][1];
quant[4][5]=iquant[6][2];
quant[4][6]=iquant[5][3];
quant[4][7]=iquant[4][4];
quant[5][0]=iquant[3][5];
quant[5][1]=iquant[2][6];
quant[5][2]=iquant[1][7];
quant[5][3]=iquant[2][7];
quant[5][4]=iquant[3][6];
quant[5][5]=iquant[4][5];
quant[5][6]=iquant[5][4];
quant[5][7]=iquant[6][3];
```

```
        quant[6][0]=iquant[7][2];
        quant[6][1]=iquant[7][3];
        quant[6][2]=iquant[6][4];
        quant[6][3]=iquant[5][5];
        quant[6][4]=iquant[4][6];
        quant[6][5]=iquant[3][7];
        quant[6][6]=iquant[4][7];
        quant[6][7]=iquant[5][6];
        quant[7][0]=iquant[6][5];
        quant[7][1]=iquant[7][4];
        quant[7][2]=iquant[7][5];
        quant[7][3]=iquant[6][6];
        quant[7][4]=iquant[5][7];
        quant[7][5]=iquant[6][7];
        quant[7][6]=iquant[7][6];
        quant[7][7]=iquant[7][7];
}
```

12.2 MPEG

MPEG(Moving Picture Experts Group)은 정보압축 분야의 동영상 압축 알고리즘 중에서 가장 널리 사용되고 있으며 세계적 표준화 작업이 완료되었다. MPEG의 부호화와 복호화 알고리즘에 대해 알아보기로 하자.

12.2.1 개요

동 영상을 압축할 수 있는 기법들은 필요한 방대한 양의 데이터를 효율적이면서도 신뢰성 있는 데이터로서 제공할 수 있게 하였다. 따라서 통신, 멀티미디어, 방송 분야 등에서의 새로운 시청각적 응용들이 디지털 비디오 코딩 기법을 기반으로 가능하게 되었다.

1980년대 초반에 오디오와 비디오 표준화를 위한 세계적으로 다양한 연구와 노력들이 CCITT(Consultative Committee for International telegraph and telephone), CCIR(Consultative Committee for International Radio), ISO(International

Organization for Standardization)에서 오랜 시간 동안 논의되고 연구되었으며 그러한 노력의 결과 마침내 1988년에 MPEG이 설립되었다.

MPEG은 ISO와 IEC(International Electrotechnical Commission)가 정보표현의 표준화를 위하여 구성한 공동위원회 산하의 표준화 그룹의 별칭으로 동 영상과 음향의 압축에 관한 표준을 제정하여 왔다. 표준화 그룹에서는 먼저 멀티미디어 PC의 필수품인 CD-ROM과 같은 디지털 저장매체의 동영상과 음향을 최대 1.5Mbps로 압축하고 저장하기 위한 목적으로 MPEG 1을 완성하였다.

MPEG 1에 이어 디지털 TV 방송이나 HDTV, 대화형 TV, DVD 등 보다 높은 화질과 음질을 필요로 하는 응용 분야를 고려하고 보다 높은 비트 율에서 영상과 음향을 압축하기 위한 목적으로 MPEG 1을 확장 개선한 것이 MPEG 2이다. 다음 목표는 객체 지향 멀티미디어 통신을 위한 차세대 압축방식으로 MPEG 1, 2와는 커다란 차이가 있는 이른바 MPEG 4이다. 또한 MPEG 이전에 제정된 관련 국제 표준으로서는 ISDN을 이용하여 영상 전화나 영상 회의를 하기 위한 목적의 H.261, 컴퓨터나 전자카메라 등에 응용되는 정지화상의 압축을 위한 JPEG 등이 있는데, 이들의 기술적 내용의 상당 부분이 MPEG 1, 2에 반영되었다.

기술적인 면에서 MPEG 2에는 많은 영상 및 음향의 압축 기술이 포함되었으며 이 과정에서 구현 가능성을 함께 감안하여 현재의 디지털 기술로 구현이 어려운 알고리즘들은 성능의 우수함에도 불구하고 탈락되었다. 반면 1998년에 표준화가 끝난 MPEG 4는 MPEG 2를 포함한 이제까지의 표준과는 달리 단일 표준이 아니고 여러 알고리즘이 공존하면서 응용 분야에 따라 선택되어 쓰이도록 되어 있어 많은 새로운 방식이 MPEG 4에 포함되어졌다.

12.2.2 디지털 기술과 압축 기술

오늘날 우리에게 상당한 편리함과 새로운 경험을 제공하는 정보통신 세상을 가능하게 한 기술은 디지털 기술을 빼놓고는 이야기 할 수 없을 것이다. 세계적인 기업으로 성공한 삼성전자의 힘에서 가장 중요한 부분을 차지하는 것도 반도체를 필두도 하는 디지털 기술이다. 진공관, 트랜지스터, IC, LSI, VLSI, ULSI로 발전해 온 반도체 기술을 바탕으로 하는 디지털 기술은 컴퓨터나 통신망 등에 일찍부터 응용되어 왔고, 가정에서는 음향 분야를 필두로 점차 음성 및 영상 등에까지 파급되고 있다. 멀티미디어는 주로 영상과 음향을 중심으로 문자, 도형, 음성 등의 정보가 다양한 형태로 결합된 멀티미디어 형태로 나타나며 디지털 기술은 그 기반이라고 할 수 있다. 디지털 기술은 모든 신호를 0과 1의 조합으로 표현하여 처리하는데 아날로그 기술에 비해 여러 가지 장점을 갖는다. 우선 아날로그 기술과 비교하여 채널 잡음이나 매체 손상의 경우에도 에러 정정 기법에 의해 원 신호를 재생할 수 있다.

신호처리 관점에서 살펴보면 기존의 아날로그 데이터를 디지털화 함에 따라 용량이 크게 늘어나지만, 데이터 압축과 암호화를 비롯한 다양하고 효과적인 디지털 신호처리 기법을 활용할 수 있게 되었다. 또한 메모리나 마이크로프로세서 등 디지털 IC들이 고성능화 되고 가격이 낮아지고 있어 디지털 기술의 실용화를 촉진시키고 있다.

멀티미디어는 영상과 음향을 중심으로 문자, 도형, 음성 등의 정보를 디지털 기술에 의해 압축하여 결합한 것이다. 각각의 아날로그 정보를 단순히 PCM(Pulse Code Modulation)에 의해 디지털로 표현하면 데이터 량이 방대해진다. 전화 음성은 64Kbps, CD는 1.5Mbps, NTSC 컬러 TV의 복합 영상신호는 114.5Mbps이다.

멀티미디어의 실현에 열쇠가 되는 것은 바로 이렇게 많이 발생하는 각종 데이터를 어떻게 압축하는가에 달려 있다. 세계 각국은 영상, 음성 등의 정보 유형에 따른 효율적인 데이터 압축방식의 개발을 위하여 치열한 경쟁을 벌이면서 또 한편으로는 국제표준 데이터 압축 방식의 제정을 위하여 ISO나 ITU 등을 통해 공동의 노력을 기울여 왔다.

컴퓨터를 사용하는 사람들이 간혹 부딪히는 문제 중 하나는 디스크 용량이 부족해 더 이상의 파일을 만들 수 없는 경우다. 요즘의 디스크들은 전체적으로 예전에 비하면 실로 경이적인 대용량을 갖추고 있다. 그러나 그만큼 OS를 비롯한 응용 소프트웨어들이 크기가 커지고 종류도 많아졌으며 사용자 자신이 만드는 파일도 많아져, 항상 디스크 용량의 부족을 느끼게 된다.

이상의 두 문제를 동시에 해결하는 방법으로 디스크를 절약하고 전송시간을 줄이기 위해 쓰이는 방법이 바로 파일 압축이다. PKZIP, ARJ, LHA 등은 PC에서 널리 쓰이고 있는 파일 압축용 프로그램들이다. 이러한 압축 프로그램은 평균적으로 파일 크기를 약 50%정도 줄이는데, 복원하면 원래의 파일을 완전하게 재생한다. 따라서 무 손실 압축이라고 불린다. 멀티미디어의 핵심기술은 영상, 음향, 음성, 문자, 도형, 일반 데이터 등의 정보를 각 정보의 특성에 따라 압축하는 일이다. 압축하지 않을 경우 데이터양이 과다하여 전송이나 저장에 많은 어려움이 따른다. 영상, 음향, 음성 등 인간이 시청각 기관으로 느끼는 정보는 눈이나 귀가 거의 느낄 수 없을 정도의 에러를 허용하여 압축률을 높일 수 있다. 이러한 방식으로 압축한 정보는 복원 시 원래의 값과는 약간의 차이가 있으나 눈이나 귀에 느껴지지만 않는다면 문제될 것이 없다. 이러한 소위 손실 부호화를 통해 MPEG에 있어서 영상은 30분의 1 이상, 음향과 음성은 6분의1 이상의 압축률을 얻을 수 있다. 반면 문자, 도형, 일반 데이터, 컴퓨터 파일 같이 손실을 허용할 수 없는 경우에는 압축률이 2분의 1 정도로 원래 값을 완전히 복원할 수 있는 소위 무 손실 압축을 적용한다.

MPEG은 전체를 하나로 보면 손실부호화이지만 그 구성 요소를 살펴보면 손실 부호화와 무 손실 부호화가 결합되어 있다. 즉 먼저 손실 부호화에 의해 압축률을 높인 뒤 부호화에 의해 압축률을 더욱 끌어올리고 있다. 데이터 압축은 데이터에 존재하는 중복성 즉 시간적 중복성(time redundancy)과 공간적 중복성(space redundancy)을 없애는 과정이다. 따라서 하나의 압축 기법이 아니라 여러 효과적인 압축방법들을 복합적으로 이용하는 하이브리드(hybrid) 방식을 사용하는 경우가 효과적이다. 영상 데이터의 시간적 중복성과 공간적 중복성에 대해 간단하게 살펴보자. 우선 초당 25장 혹은 30장의 화면이 발생할 때 이웃하는 두 장의 화면은 매우 비슷하다. 정지한 경우 완전히 같고 움직임이 있더라도 그 부분을 제외하면 배경은 같은데 이것이 화면과 화면사이에 존재하는 시간적 중복성이다. 또 한 화면 내에서도 이웃하는 화소끼리는 그 값들이 매우 비슷한데 이것이 화소와 화소 사이에 존재하는 공간적 중복성이다. 시간적 중복성과 공간적 중복성을 없애기 위해 손실부호화를 이용하고 있는데 보다 구체적으로 움직임 보상 DPCM, DCT, 양자화가 있다. 한편 양자화 된 움직임보상 DCT 계수들은 통계적으로 어떤 값들은 자주 나오고 어떤 값들은 희박하게 나타난다. 이것이 앞서 파일 압축의 경우에도 해당되는 통계적 중복성이다. 이것을 없애기 위해서는 무 손실 부호화를 이용하는데 MPEG에서 사용하는 허프만 부호화(Huffman coding)와 파일 압축 시 사용하는 LZW(Lempel Ziv Welch) 알고리즘이 있다.

12.2.3 소스 포맷(source format)

이번 절에서는 소스 포맷의 표현과 소스 포맷과 CCIR 601과의 변환에 대해 표현해 보자.

1) 소스 입력 포맷(S.I.F. : source input format)

S.I.F.는 코드화 된 비디오 Y, Cb, Cr 요소로 구성되어져 있다. 모의 실험된 알고리즘은 동 영상을 위해 2가지 소스 입력 포맷을 사용한다. 차이는 라인 수, 프레임 율과 픽셀 양상 율이다. 하나는 프레임과 60[Hz] 당 525라인이고 다른 하나는 프레임과 50[Hz]당 625라인이다.

S.I.F. -525와 S.I.F -625의 파라미터는 다음 표 12.1과 같다.

표 12.1 S.I.F. -525와 S.I.F -625의 파라미터

item	S.I.F. 525/S.I.F. 625
Number of active lines Luminance(Y) Chrominance(Cb, Cr)	240/288 120/144
Mumber of active pixels per line Luminance(Y) Chrominance(Cb, Cr)	360 180
Frame rate(Hz)	30/25
Frame aspect ratio(hor : ver)	4:3

2) Definition of the Significant Pel(pixel) Area

중요한 픽셀 영역은 그림 12.5에서 음영 영역으로 정의된다. 중요한 픽셀 영역만 부호화된다.

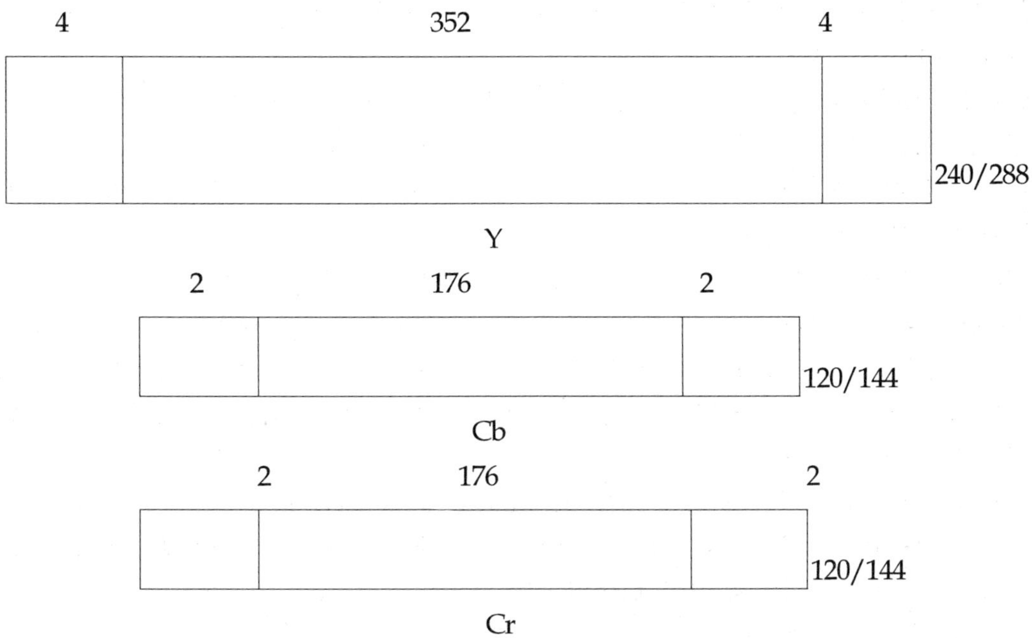

그림 12.5 중요한 픽셀 영역

3) CCIR 601 포맷을 S.I.F.으로 전환

CCIR 601 포맷은 홀수 필드를 샘플링하고 그림 12.6의 decimation filter를 사용하여 부합되는 S.I.F로 변환되어진다. decimation filter 계수는 그림 12.6에 표현되어져 있다.

-29	0	88	138	88	0	-29

//256

그림 12.6 decimation filter 계수

영상을 압축하는 방법은 다양하다. 비디오의 프레임 크기를 줄이는 것도 하나의 손쉬운 방법이다. 320x240의 이미지는 640x480 이미지와 비교할 때 픽셀의 수는 4분의 1에 불과하다. 비디오의 프레임 레이트를 줄이는 것도 하나의 방법이다. 초당 15프레임의 비디오는 초당 30프레임의 비디오와 비교할 때 데이터의 크기는 반이 된다. 하지만 TV에 풀 화면의 자연스러운 움직임으로 표시하고자 한다면 이러한 단순한 방법에 의한 압축으로는 불가능하다. 다른 방식으로 압축의 문제를 접근해야 한다.

인간의 눈이 칼라의 변화보다는 이미지의 밝기의 변화에 민감하다는 것은 다 아는 사실이다. 대부분의 비디오 압축 방법은 이러한 인간 감각의 특성을 이용한다. 즉 칼라에 관한 정보를 줄여 압축하는 방법을 사용하는 것이다. 이러한 방식의 압축에서 칼라 정보에 대한 압축의 정도가 너무 심하지만 않는다면, 일반적으로 화질의 변화를 알기가 쉽지 않다. 사실 방송국에서 사용하는 최고 화질의 비 압축 비디오조차 약간의 원본 칼라 정보가 빠져있다.

비디오의 각각의 프레임을 개별적으로 압축하는 것을 인트라 프레임 압축이라고 한다. 하지만 몇몇의 비디오 압축 시스템은 인터 프레임 방식을 사용한다. 인터 프레임 방식의 압축은 특정 프레임 주위의 프레임은 매우 유사하다는 사실을 이용한 압축방식이다. 즉 전체의 프레임을 저장하지 않고 특정프레임과 프레임간의 차이만을 저장하는 것이다.

비디오의 압축과 복원은 소위 CODEC(compression & decompression)에 의해 이루어지는데 하드웨어 코덱과 소프트웨어 코덱의 두 가지 종류가 있다. 코덱은 미리 정해진 압축 율을 가지고 있어 일정한 데이터 레이트를 갖는 것도 있고, 콘텐츠의 양에 따라 각 프레임을 다른 비율로 압축하여 시간에 따라 데이터 레이트가 변하는 것도 있다. 화질을 선택하여 데이터 레이트를 바꿀 수 있는 코덱도 있는데, 이러한 코덱은 비디오 편집에 유용하다. 예를 들어 많은 양의 비디오를 캡쳐하여 편집하고자 할 때, 처음에는 낮은 화질로 캡쳐하여 대략적인 편집을 한 후, 그 다음에 원하는 만큼의 고화질로 다시 캡쳐하면 처음부터 많은 양의 비디오를 고화질로 캡쳐하기 위해 대용량 저장 장치를 써야하는 부담을 없앨 수 있다.

인간의 시각은 초당 16장 이상의 화면이 보이면 연속적인 자연의 영상처럼 느낀다. 즉 동영상에 있어서는 초당 16장이 정보를 보존하면서 신호를 표본화하기 위한 최소의 표본화 주파수인 셈이다. 이를 감안하여 영화는 초당 24장의 속도로, TV는 초당 25장 혹은 30장의 속도로 자연의 영상을 촬영하고 있다. 영화가 하나하나의 화면을 순간적으로 필름에 담아 저장하여 화면단위로 일시에 스크린에 비추는 형식인데 비해 TV는 기본적으로 전자기파를 통해 영상을 전송해야 하므로 매 화면을 다시 수백 개의 주사선으로 주사하여 촬영 및 전송하고 브라운관에서도 주사에 의해 영상을 나타낸다.

미국 일본 한국 등에서 채택하고 있는 NTSC 컬러 TV 방식에서는 화면 당 525라인의 주사선에 초당 30장을, 유럽 등지에서 채택하고 있는 PAL이나 SECAM 방식에서는 625라인에 초당 25장을 전송하고 있다. 또한 TV에 있어서는 제한된 주사선을 이용하여 보다 효과적으로 동영상을 나타내기 위해 한 화면(프레임)을 다시 짝수 번째 주사선으로 이루어진 짝수 필드와 홀수 번째 주사선으로 이루어진 홀수 필드로 나누어 교대로 전송하는 소위 격행(interlaced) 주사방법을 사용하고 있다. 따라서 초당 NTSC는 60 필드, PAL이나 SECAM은 50 필드가 되어 스포츠 화면과 같이 움직임이 많은 경우에도 잘 따라가도록 하고 있다.

오늘날 MPEG이나 H.261 등에까지 널리 쓰이고 있는 블록별 움직임 추정 및 보상 방법이다. 즉 화면을 일정한 크기의 단위로 나누어 단위마다 앞 화면의 어느 곳으로부터 움직여 왔는지 움직임 벡터를 구하고 이를 이용하여 움직임 보상을 한다. 현 매크로 블록과 움직임 보상에 의해 얻어진 이전화면의 매크로 블록 간 차이만을 부호화함으로써 데이터 량을 크게 줄일 수 있다. 수신 측에서 영상재생에 쓸 수 있도록 움직임 벡터도 전송해야 하는데 이때 DPCM과 허프만 부호를 이용한 무 손실 압축이 이용된다. 이 움직임 보상압축기법에 의해 MPEG 등 동영상 압축기술의 효율이 JPEG 등의 정지영상 압축 기술보다 크게 높아지게 되는 것이다.

12.2.4 H.261

ITU-T에 의해 만들어진 국제표준인 H.261은 ISDN을 이용한 영상전화 및 영상회의를 위한 동영상 압축방식이다. 이는 정지영상 압축에 관한 국제표준인 JPEG와 더불어 오늘날 멀티미디어 혁명의 중심이 되고 있는 국제표준인 MPEG 1과 2의 모태라고 할 수 있다.

전화와 팩시밀리를 수용하는 기간통신망이라 할 수 있는 전화망, 기업간 통신에 주로 사용되는 텔렉스 망, 데이터 통신을 위한 디지털 통신망 회선교환 및 패킷교환 포함) 등 복잡하게 얽혀 있는 개별적 통신망을 통합하고자 등장한 것이 ISDN이다. ISDN은 지난 80년대에 ITU-T의 I계열로 국제표준이 마련되면서 몇몇 나라에서 실용화되기 시작하였다.

ISDN에서 규정하고 있는 채널에는 음성 및 팩스 등 기본 정보전송을 위한 B 채널 64Kbps 동영상 및 고속데이터 전송을 위한 H 채널 그리고 여러 가지 제어신호용의 D 채널 등 세 종류가 있다. 실제 사용 시에는 이 세 채널을 적절히 조합하여 기본접속 혹은 1차군 접속의 형태를 취한다. 가정에 연결되는 기본접속은 현재의 전화선과 같이 2선식 나선형 동선을 이용하고 있고, 두개의 B 채널과 하나의 D 채널(16Kbps)을 시분할 다중화 하여 (2B+D) 총 144Kbps의 데이터 전송속도를 갖는다. 이 ISDN을 이용한 서비스의 일환으로 나온 것 중 하나가 현재의 전화선을 이용한 G3 팩스를 고속, 고해상도로 개선한 G4 팩스이고 또 하나가 얼굴영상과 음성을 함께 전송하는 영상전화이다. 이때 음성은 G.711(64Kbps PCM) 혹은 G.728(16Kbps LD-CELP)에 의해 부호화하고 얼굴영상은 H.261에 의해 부호화한 후 이들을 H.221에 의해 다중화 하고 망 인터페이스를 부가하면 ISDN영상전화 단말기인 H.320이 된다. 이때 ISDN 기본접속이 제공하는 비트속도가 144Kbps 밖에 되지 않아 음성과 제어용으로 사용하는 비트를 빼고 남은, 즉 영상에 사용할 수 있는 비트는 매우 부족하다. 따라서 초당 보낼 수 있는 화면수와 화질에 제약이 많다. 이것은 영상전화의 성격이 음성을 통한 정보전달이 주이고 영상은 보조기능이라는 점을 감안한 것이다. 사무실 업무용의 ISDN 접속은 가정의 기본 접속보다 전송속도가 훨씬 높은 1차군 접속일 때가 많다. ISDN 1차군 접속은 북미와 일본에서는 1536Kbps, 유럽에서는 2048Kbps로 B, H, D 등 세 종류의 채널을 여러 방법으로 조합하여 사용할 수 있다. 이 높은 전송 률을 활용하는 방안중 하나가 바로 영상회의이다. 영상회의는 멀리 떨어져 있는 다자간에 시간과 경비를 절약하면서 회의를 하고자 할 때 유력한 수단이다.

보통 여러 사람이 큰 화면을 통해 서로를 보면서 회의를 하기 때문에 두 사람이 작은 액정화면을 보며 대화하는 영상전화에 비해 화질과 음질이 훨씬 좋아야 한다. 따라서 음성 코덱은 AM 방송에 가까운 음질을 제공하는 G.722(64Kbps 이하, SB-ADPCM 방식)를 사용하며, 영상 코덱은 영상전화와 마찬가지로 H.261을 사용하는데 단지 사용가능한 비트가 훨씬 많다. 즉H.261은 p×64Kbps의 영상 전화 및 영상회의를 위한 동영상 압축표준으로 ISDN 기본접속 및 1차군 접속을 감안한 것이므로 p는 1~30의 값을 취하는데 보통 영상전화는 p값이 1~2, 영상회의는 6 이상이다.

영상전화의 카메라와 모니터도 경제성으로 인해 기존 TV와 호환성이 있는 것을 사용하므로 서로 다른 나라간의 직접적인 영상통신이 불가능하다. 따라서 H.261에서는 두 시스템간의 변환을 위해 CIF(Common Intermediate Format)라 는 공통 양식을 만들어 코덱의 영상 입출력 포맷으로 사용한다. CIF 포맷은 방송용의 1/4크기를 취해 288×360의 화면구성에 초당 30장의 순행주사로 이루어진다. 또 이의 1/4 크기인 QCIF(Quarter CIF)가 쓰이기도 한다.

카메라 출력은 전 처리를 거쳐 CIF로 변환된 후 H.261 부호기에 인가되며, H.261복호기에 의해 재생된 CIF 화면은 후처리를 거쳐 정상적 TV 신호로 바뀐 후 모니터에 표시된다. 화면 내 압축을 위해서는 블록(8×8화소) 단위의 DCT를 행하여 블록의 에너지를 저주파 성분에 집중시킨 후 양자화 된다. 양자화는 시스템을 간단하게 하기 위해 균일 양자화기를 사용한다. 이때 인간의 시각 특성이 고주파 성분의 양자화 잡음을 상대적으로 덜 느끼는 점을 이용하여, DCT 계수가 고주파일수록 양자화 스텝을 크게 한다. 따라서 고주파 성분은 크기도 작은데 양자화 스텝도 커서 대부분이 0이 된다. 화면 간 상관성을 이용하여 압축률을 높이기 위해서는 화면을 매크로 블록(4개의 휘도블록과 두개의 색 블록)단위로 나누어 각 매크로 블록마다 이전 화면의 어느 위치에서 움직여 왔는지를 나타내는 움직임 벡터를 구한다. 움직임 추정방법으로는 이전화면의 각 화소 위치마다 현 매크로 블록과의 에러를 구하여 이것이 최소가 되는 위치를 찾는 블록 정합 알고리듬이 널리 쓰인다. H.261에서는 화소단위로 움직임 벡터를 찾는데 비해 보다 고화질이 요구되는 MPEG에서는 픽셀 단위로 찾는다. 움직임 벡터는 화면 재구성을 위해 수신 측에 전송되어야 하는데, 비트를 절약하기 위해 벡터 간에 DPCM을 행하고 그 결과를 허프만 부호화하고 있다. 양자화 된 DCT 계수는 0이 많은데 화면 내 부호화의 경우에 비해 화면 간 부호화된 블록은 더욱 그러하다. 이를 효율적으로 압축하기 위해 런랭스(run lengh) 부호화를 쓰고 있다.

12.2.5 MPEG 1

MPEG 1은 CD 등의 디지털 저장매체에 동 영상과 음향을 1.5Mbps 이내로 압축하기 위한 국제표준이다. 이미 CD에 채택되어 사용되어지고 있다. CD는 94년 대화 형 기능을 강화시킨 버전 2.0이 나왔다. 93년에 만들어진 레벨 2 규격을 바탕으로 애니메이션 수준의 영상 과 음향을 제공하여 폭발적 성장을 기록했던 멀티미디어 PC가 최근 MPEG 1 카드를 장착하여 자연스런 동화를 재생함으로써 CD에 담긴 영화를 PC를 통해서도 즐길 수 있게 되었다. MPEG 안에는 효율적 작업을 위해 여러 소그룹을 두었다. MPEG 표준화는 제안된 압축 알고리듬 중 어느 하나를 선택하는 것이 아니다. 각각의 제안방식이 그 나름의 장점을 가질 수 있는 점을 감안하여 좋은 요소들을 하나하나 흡수하여 알고리듬을 진화시키고 있다. 이 방법은 H.261에서 Reference Model을 설정하여 8차까지 개정해가면서 성공적으로 표준화를 이끌었던 것을 거울삼아 택한 것으로 MPEG 1에서는 이 기준을 시뮬레이션 모델이라 한다. MPEG 1 비디오의 경우 30여개의 제안들이 융합되어 결국 JPEG의 정지영상 압축기법과 H.261의 압축기법을 합성 개선한 하이브리드 방식이 되었다. 이와 관련된 시뮬레이션 모델은 3차까지 개정된 끝에 비로소 위원회의 표준안이 완성되었다. MPEG 1 시스템은 압축된 비디오와 오디오의 패킷화, 다중화, 동기화 등을 위한 데이터 포맷에 관한 규정으로 데이터의 다양한 다중화가 가능한 것을 비롯하여 전송 저장 처리 등에 있어 여러 가지 이점을 갖는다. MPEG 1은 비디오 CD, 차세대 멀티미디어 PC 뿐만 아니라 전화선을 이용한 주문 형 비디오인 VDT(Video Dialtone)에도 이용되고 있다. 1.5Mbps 전송속도에서 MPEG 1로 영상과 음향을 압축한 후 ADSL(Asymmetric Digital Subscriber Line) 기술에 의해 데이터를 기존 전화선으로 전송한다. MPEG 1은 또한 뒤를 잇는 훨씬 더 다양한 기능에 효율적인 방식인 MPEG 2에의 징검다리 역할을 함으로써 멀티미디어 시대를 앞당기는 역할을 하였다고 평가할 수 있다.

MPEG 1은 CD-ROM 등의 디지털 저장매체에 동영상과 음향을 1.5Mbps 이내로 압축하여 저장하기 위한 국제표준이다. MPEG 1의 동영상 압축방식은 JPEG의 화면 내 부호화 기법과 H.261의 화면 간 부호화 기법을 결합하여 개선한 것이다.

H.261로부터 MPEG 1로의 진화과정을 살펴보면 다음과 같다. H.261은 영상 전화 및 영상 회의를 위한 동영상 압축표준이다. 영상 전화기의 경우 보통 카메라가 고정되어 있고 그 앞에서 화자가 화면에 나타나는 상대 얼굴을 보며 대화한다. 이 때의 영상은 고정된 배경과 약간의 얼굴 움직임으로 특징 지워진다. 따라서 장면전환이 없이 이웃하는 화면 간 상관도가 매우 높고 화면 간 부호화가 매우 효율적이다. H.261에서 첫 화면은 모든 매크로 블록을 화면 내 부호화하고(I 화면) 그 이후의 화면은 앞 화면으로부터 순방향 예측 부호화하여(P 화면) 압축효율을 높이고 있다. 즉 화면의 구성은 IPPP의 형태가 된다. P 화면은 각 매크로 블록 마다 움직임 추정 및 보상을 한 후 화면 내 부호화 중 보다 압축이 많이 되는 것을 선택한다. 한편 움직임 보상 예측 부호화에 있어서는 한번 에러가 발생하면 그것이 이후 계속 전파되어 화면이 원상 복구되지 않는다. 이를 극복하기 위하여 H.261 에서는 각각의 매크로 블록이 최소한 한 번씩 강제로 인트라 모드로 부호화되도록 규정하고 있다. MPEG 1이 대상으로 하는 화면은 H.261에서처럼 사람의 얼굴로 제한되지 않는 영화나 TV에서 보는 일반적인 영상이다.

따라서 움직임이 보다 많고 장면 전환도 수시로 발생한다. 또 음성을 통한 의사 전달이 주 목적인 H.261 기반영상전화와 달리 MPEG의 응용분야는 화질이 중요시되는 엔터테인먼트가 주를 이루고 있다. 이를 고려하면 에러의 전자기파를 제한하고 화면 복구를 빠르게 하여야 한다. 또한 랜덤 액세스(random access) 기능이 있어 영상 시퀀스의 임의의 화면으로부터 재생이 가능하여야 한다. 위 조건들을 충실히 만족하려면 화면 하나하나를 화면 내 부호화하여야 한다. 그 한 예가 방송국 스튜디오에서 부분적으로 사용되고 있는 Motion JPEG(M-JPEG)인데 각 화면을 JPEG로 부호화하여 화면 단위의 편집이 가능하고 에러가 다음 화면으로 전파되지 않는다. 그러나 M-JPEG는 화면 간 상관도를 이용하지 않아 압축효율이 떨어진다. MPEG 1은 H.261과 M-JPEG의 중간형태를 취하여 화면 내 부호화되는 소위 I화면 은 일정한 주기로 위치시키고 그 사이의 화면들은 예측부호화하고 있다. I 화면은 에러 발생시나 전원을 켰을 때의 화면 복구와 랜덤 액세스의 기본 단위 가 된다. I화면의 부호화는 자연히 JPEG와 매우 흡사하게 된다.

MPEG1의 예측부호화 화면은 크게 두 종류로 나뉜다. 하나는 H.261에서 본 바와 같은 P 화면으로 이전의 I 혹은 P 화면으로부터 움직임보상 예측부호화를 행한다. 또 하나는 MPEG1에 새로이 도입된 획기적 개념인 소위 B 화면으로 전후의 가장 가까운 I 혹은 P 화면으로부터 양방향으로 움직임 보상예측을 행하여 오차를 부호화한다. 따라서 화면의 구성은 B 화면이 2개씩 들어가고 I 화면 이 9 화면에 한번씩 들어가는 경우 IBBPBBPBB IBB-의 형태가 된다. P 화면과 B 화면은 움직임 보상 DPCM+DCT+양자화+런랭스 부호화+허프만 부호화의 결합으로 이루어진다.

다만 움직임 보상에 있어서 P 화면은 순방향, B 화면은 양방향으로 이루어지는 점이 다르다. 여기서 B 화면은 움직임 벡터의 양이 2배(순방향과 역방향)가 되지만 오차가 P 화면에 비해 크게 줄어 압축효율이 높아진다. 반면 B 화면 앞뒤의 I 혹은 P 화면이 차례로 부호화된 후 B 화면이 부호화되므로 화면의 전송순서와 표시순서 가 바뀐다. 따라서 부호화/복호화에 여러 화면분의 지연이 불가피하고 화면 저장용 메모리 양이 크게 늘어난다. 예를 들어 현행 TV의 디지털 방송에 있어서 B 화면이 없으면 8Mb의 메모리가 필요하나 B 화면이 있을 경우 16Mb가 필요하다. B 화면은 화질 향상에 크게 기여하기 때문에 결국 화질과 시스템의 복잡도간 절충이 필요한데 최근에는 반도체 기술의 발전으로 구현시의 가격부담 이 적어져 많은 시스템에서 B화면을 넣어 사용하고 있다. MPEG 1은 1.5Mbps의 낮은 전송 률에 기초하고 있어 MPEG 1에 기초한 비디오 CD의 화질은 현행 방송보다 다소 떨어진다.

MPEG 1은 디지털 축적 미디어(DSM : Digital Storage Media)에 1.5Mbps 이내로 동영상과 음향을 압축하여 다중화 하는 방법에 관한 국제표준이다. MPEG 1 표준의 위와 같은 공식명칭으로 인해 발생할 수 있는 혼란을 해소하기 위해 다음과 같이 그 의미를 보다 분명히 하기로 하자. 이렇게 함으로써 각종 응용분야에 있어서 MPEG 1의 효용성도 보다 명확해질 것이다. 디지털 축적 미디어라 함은 CD-ROM 뿐만 아니라 DAT(Digital Audio Tape)도 있고, 비트 율에 있어서도 채널당 약 8Mbps를 쓰는 디지털 방송의 경우처럼 1.5Mbps 보다 훨씬 높은 비트 율을 사용하는 시스템도 많다. MPEG 1 규격만을 놓고 볼 때는 응용에 이렇다할 제약이 없어, 디지털 방송을 포함한 여러 가지 멀티미디어 응용 분야에 몇 가지의 파라미터만을 변화시킨 채로 사용할 수 있다. 실제로 미국의 디지털 위성방송 시스템은 초기에 비디오 와 오디오 모두 MPEG 1을 사용하여 압축했었다. 다만 이러한 응용에 있어서 염두에 두어야 할 사실이 있다. 즉 MPEG 1의 탄생배경이 CD-ROM에 동화상과 음향을 기록, 재생하는 것이었기 때문에, MPEG 1 압축 알고리듬은 CD-ROM의 데이터 재생속도인 1.5Mbps 이내를 목표로 하여 최적화가 이루어졌다. 또한 MPEG 1 시스템의 데이터 포맷도 CD-ROM에 단일 프로그램을 넣는 것을 고려했기 때문에 에러 정정이나 디지털 방송과 같은 복수 프로그램의 경우에 대한 고려가 덜 되어 있다. MPEG 1의 채택은 컴퓨터 업계와 게임기 업계에도 확산되고 있다. 컴퓨터업계에서는 일찍이 멀티미디어의 구현에 앞장서 91년에 레벨 1, 93년에 레벨 2의 멀티미디어 PC(MPC) 규격을 내놓은 바 있다. 2배속 CD-ROM에 기초한 레벨2는 올해 레벨 3이 나오면서 그 자리를 물려주고 있다.

MPC 레벨 3은 75MHz 펜티엄 이상의 CPU와 4배속 CD-ROM, 그리고 무엇보다도 MPEG1 복호기를 장착하도록 규정하고 있다. 또 이와는 별도로 CPU의 성능이 향상되면서 소프트웨어에 의한 MPEG 1 복호기 구현이 늘고 있고, 아예 VGA카드에 MPEG 1 복호기능을 통합해 넣은 시스템도 나타나고 있다. 게임기 업체에서도 최근 게임기에 CD-ROM을 결합하는 경향이 두드러지고 있다. 더욱이 게임기를 게임 CD와 비디오 CD를 포함한 모든 종류의 CD를 재생할 수 있는 종합 엔터테인먼트 기기인 멀티 플레이어로 탈바꿈시키고 있다. 컴퓨터나 게임은 화질에 대한 요구가 일반 TV와는 다르다. 즉 컴퓨터는 TV에 비해 작은 모니터 상에 화상이 디스플레이 되고 게임은 특성상 자연화보다 시공간적 해상도가 떨어져도 좋다. MPEG 1은 이러한 정도의 응용에는 충분한 화질과 음질을 MPEG 2보다 훨씬 값싸게 구현할 수 있어 MPEG 2의 등장에도 불구하고 상당기간 사용될 것으로 보인다. 물론 TV방송의 디지털화 등에서는 화질에 대한 요구조건이 더 강화되므로 앞으로 본 연재에서 다룰 MPEG 2를 채택하는 것이 일반적이다.

MPEG 1은 CD-ROM에의 응용을 위해 1.5Mbps에서 동영상과 음향을 압축하여 다중화하는 방법에 관한 국제표준이다. 이중 음향압축을 다루는 MPEG 1 오디오는 모노 하이파이 스테레오 또는 2개 국어 음향을 약 6대1 안팎으로 압축하는 방식이다. 기존 FM 스테레오 방송, CD의 하이파이 스테레오 오디오 컬러 TV의 음성다중 등을 감안하면 MPEG 1 오디오의 위와 같은 세 가지 모드는 많은 응용분야에서의 오디오 요구조건을 수용하고 있음을 알 수 있다.

MPEG 1 오디오는 효과적 압축을 위해 인간의 청각 특성 두 가지를 잘 활용한다. 그 첫째는 단일 음에 대한 특성으로 가청 주파수인 20Hz~20KHz 대역에서 각주파수 성분마다 다른 귀의 감도를 곡선으로 나타낸다. 즉 귀에 들리기 위한최소크기 임계 치를 음압으로 나타낸 것으로 1KHz 부근이 가장 낮아 귀에 가장 잘 들리고 20Hz의 저주파나 20KHz의 고주파 쪽은 매우 높아진다. 두 번째의 청각 특성은 복합성분간의 상호작용에 관한 것이다. 즉 어떤 주파 수 성분이 큰 값으로 존재하면 그 주변에 언덕모양의 소위 마스킹 커브를 만들어 이 임계 치 이하의 신호는 귀에 들리지 않고 그 이상의 큰 신호만이 들리게 된다. 위 두 가지 특성을 결합하면 음향의 스펙트럼을 분석하여 각 주파수에 있어서 귀에 들리지 않는 범위인 마스킹 값을 구할 수 있다. 각 주파수 성분의 양자화 잡음이 이 임계 치 이내가 되어 들리지 않도록 하면 그만큼 비트를 절약할 수 있다. 이것이 손실이 있음에도 불구하고 원음과의 차이가 거의 느껴지지 않는 MPEG 1 오디오 압축의 근본 원리이다. MPEG 1 오디오에서는 DCT를 이용하는 비디오와 달리 소위 서브밴드 부호화를 이용한다. 입력신호를 우선 32개의 균일한 폭을 갖는 대역통과필터로 구성된 필터뱅크를 통과시켜 저주파에서부터 고주파에 이르기까지 성분별로 나눈다. 또 한편에서는 보다 세밀한 푸리에 스펙트럼 분석을 통해 마스킹 임계 치를 구하고 이에 따라 32개의 각 대역에서의 양자화잡음 허용범위를 결정한다. 비트 율이 정해지면 오버헤드를 뺀 가용 비트수가 구해지므로 이를 32개의대역에 할당하여 대역별로 양자화를 행한다. 이때 비트를 많이 필요로 하는、 즉 양자화 잡음을 적게 해야 하는 곳부터 비트를 차례로 한 비트씩 할당한다. 이렇게 하면 전체 비트의 한도 내에서 각 대역들이 필요한 만큼 비트를 할당받게 된다. 한 비트 증가할 때마다 그 대역의 양자화잡음의 크기가 반으로 줄어 약 6kt씩 신호 대 잡음비가 개선된다. 각 대역마다 이렇게 할당된 비트수와 신호의 진폭에 관한 정보인 스케일인자 그리고 양자화 된 표본 값을 구하여 이들을 정해진 포맷에 따라 보내게 된다. MPEG 1 오디오의 압축방식은 최근 발매가 시작된 DCC(Digital Compact Cassette)에도 이용되고 있다. 대부분의 MPEG 1 오디오 응용분야와 달리 DCC는 부호기와 복호기가 함께 들어가므로 부호기를 쉽게 구현할 수 있도록 하기 위해DCC에서는 청각특성을 MPEG 1 오디오보다 훨씬 단순화하여 사용하고 있다.

12.2.6 MPEG 2

H261은 ISDN을 이용한 화상전화 및 화상회의를 위한 화상압축 국제표준이고, MPEG1은 CD 등 디지털 축적 미디어에 1.5Mbps 이내로 동영상과 음향을 압축하여 다중화하는 국제표준이다. 이렇게 디지털 화상압축 기술은 1990년께까지는 통신미디어

와 축적 미디어로 한정되어 왔다. MPEG 2는 MPEG 1의 표준화 작업이 일단락된 1990년 9월 미국 산타클라라 회의에서 논의가 시작되었다.

MPEG 1의 대상은 주로 약 1.5Mpbs의 비디오 CD로 제한되어 있는데, 화질이 VHS 수준에 머무르고 한 장에 74분밖에 기록되지 않아 더욱 높은 비트 율에서 고화질을 실현하는 표준이 요구되었기 때문이다. 초기의 MPEG 2의 목표는 5~10Mbps 정도에서 현행 TV품질을 실현하는 것이었다. 우선 MPEG 2를 완성한 다음 그 후속 작업으로 HDTV(High Definition Television)품질을 실현하기 위한 MPEG 3를 표준화하기로 합의되어 있었다. MPEG 2의 표준화도 H261이나 MPEG 1과 같이 경쟁과 협력의 단계로 나누어져 시행되었다. MPEG-2의 경쟁과 협력의 분기점이 된 것은 1990년 11월 일본 도쿄 부근의 구리하마에서 열렸던 MPEG 회의였다. JVC의 연구소에서 각 참여기관이 제안한 알고리즘으로부터 얻어진 화상에 대한 화질평가가 시행된 것이다. MPEG 1 때와 비교해 제안기관 수가 16에서 32로 두 배가 되었고 방송에의 응용이 주였던 만큼 방송 분야의 연구기관들이 참여하기 시작하였다. 이 평가 이후 테스트 모델이라 불리는 참조 모델을 기반으로 본격적으로 상호 협력에 의한 표준화가 진행되었다.

이 무렵 MPEG 2의 표준화에 결정적 영향을 준 사건이 일어났다. ATV(Advanced Television)의 개발을 추진하던 FCC에 의한 표준화 작업이 그것이었다. ATV는 당초 1987년부터 일본의 고선명 TV인 하이비전에 대항해 미국의 독자적 차세대 방송방식을 결정하기 위해 시작된 국가 프로젝트였다. GA(Grand Alliance)는 결국 MPEG 2에 준거한 방식으로 통일안을 내어 93년 10월 승인되었다. 이렇게 해서 MPEG 2는 미국의 차세대 TV 방송방식으로 정식 채택된 것이다. 유럽에서도 이와 비슷한 움직임이 일어났다. 아날로그인 HD-MAC 방식에 기초한 EUREKA95 프로젝트는 중지되고 93년 10월 DVB(Digital Video Broadcasting)프로젝트가 EU 가맹국을 중심으로 새로이 출발하였다. 이 프로젝트는 MPEG 2를 기본으로 한 차세대 TV 방식의 사양을 정하여 CATV, 위성방송, 지상방송 등을 디지털화하기 위한 토대를 만들고 있다. 미국의 CATV 프로젝트의 진전에 보조를 맞추어 MPEG 2는 훗날 HDTV 표준을 위한 MPEG 3를 따로 만들 시간이 없음을 감안하여 MPEG 3를 흡수하여 HDTV 품질까지를 그 표준화 대상으로 하기로 결정했다. 이와 같이 MPEG 2의 표준화가 진척되어 수렴 단계에 들어서 드디어 TM0(Test Model 0), TM1, TM2로 개량이 거듭되고 드디어 93년 11월 서울 회의에서 HDTV까지를 포함하는 방식으로 CD(Committee Draft)가 완성되어 표준화작업의 기술적 사항이 거의 완결되었다. 방송품질의 실현을 목표로 표준화작업이 추진되어 최근 표준화가 끝난 MPEG 2는 뛰어난 성능과 유연성에 따라 디지털 위성방송, ATV, DVD, VOD 등 많은 분야에서 채용이 결정되어 멀티미디어 혁명을 주도하는 원동력이 되고 있다.

MPEG 2 비디오는 MPEG 1 비디오를 포함하고 있어 순방향 호환성이 유지된다. MPEG 1 비디오가 CD 등 디지털 축적 매체에 1.15Mbps의 저 비트 율로 동 영상을 저장하는데 반해, MPEG 2 비디오는 보다 고 비트율의 방송, 통신, 축적 미디어에서 고화질의 동화상을 전송하거나 저장하는데 사용된다. 응용분야가 다양해진 만큼 충족시켜야 할 요구조건도 많아졌다. 세계 유수의 기업들이 이러한 조건을 만족시키기 위한 MPEG 2 비디오 알고리즘을 제안하여 91년 9월 최종적으로 30개의 방식이 일본의 JVC 연구소에서 평가를 받았다. 그중 20개는 MPEG1과 마찬가지로 DCT에 기초한 방식이었고, 5개는 서브밴드 부호화 방식이었으며, 나머지 5개는 wavelet 변환을 이용한 방식이었다. 평가 결과 여전히 DCT에 기반을 둔 방식들이 다소 우세하였고 MPEG 1 비디오와의 호환성도 고려하여, 결국 MPEG2 비디오의 표준화의 방향도 DCT를 기반으로 하는 방식으로 결정되었다. MPEG 2 비디오는 일종의 범용 압축 알고리즘으로, MPEG 1 비디오를 크게 확장 발전시키면서 많은 도구들을 마련하여 응용분야에 따라 이들을 적절히 선택 사용하도록 하고 있다. 압축효율의 향상을 위해 MPEG 2 비디오는 MPEG 1 비디오의 각 요소들을 재검토하여 조금씩 개선함으로써 전체적으로 상당한 향상을 가져오고 있다. 즉 필드단위의 처리, 움직임 보상 방식, 양자화, DCT 계수의 주사방식, 가변 부호화 등 많은 부분들이 개선되었다. MPEG 2 비디오의 범위는 매우 넓지만 응용분야마다 그중 특정 해상도에 특정 기능까지 만을 사용한다. 따라서 부호기와 복호기를 제작할 때의 편의를 위해MPEG 2 비디오를 해상도와 기능에 따라 몇 가지로 분류하고 있다. 우선 화면의 해상도는 4개의 레벨로 분류된다.

MPEG 2 비디오에서는 컴퓨터에서 채택되고 있는 순차주사만을 대상으로 하는 MPEG 1 비디오와는 달리, TV에서 사용되고 있는 비월주사 방식의 동화에 대해서도 많은 고려를 하고 있다. 즉 한 화면(프레임)을 두 필드(짝수 번째 주사선으로 이루어진 필드와 홀수 번째 주사선으로 이루어진 필드)로 나누어 필드구조로 부호화할 수도 있고, 프레임 구조로 부호화할 수도 있다. 움직임이 많은 장면은 한 프레임의 두 필드 간에도 큰 차이가 나므로 필드구조로 부호화하는 것이 효과적이고, 정지화에 가까울수록 두 필드 간에 상관도가 높아 프레임 구조로 부호화하는 것이 유리하다. 또 프레임 구조의 부호화에 있어서도 각 매크로 블록(16×16화소 단위)별로 필드단위의 처리가 가능하도록 하여 화면내의 부분적 움직임을 용이하게 처리할 수 있게 하고 있다. 이와 함께 많은 요소가 결합되어 MPEG 2 비디오는 MPEG 1 비디오보다도 월등한 동화 압축 능력을 가지게 된다.

MPEG 2 비디오는 높은 압축률을 얻기 위해 MPEG 1 비디오의 여러 요소들을 조금씩 개선하고 있다. 이전에 언급한 바와 같이 비월 주사인 TV 영상신호의 효율적 압축을 위하여 프레임구조와 필드구조를 모두 수용하였다. 프레임구조의 경우에도 움직임 보상 예측은 각 매크로 블록(16×16)마다 프레임 단위 혹은 필드단위로 선택적으로 수행할 수 있다. MPEG 2에 새로이 채택된 움직임 추정 보상방법으로서 듀얼 프라임(Dual Prime)이 있다. 이것은 필드단위의 움직임 보상을 하되 이에 따라 많아지는 움직임 벡터의 양을 효과적으로 줄이는 방식이다. 이 방식은 B 프레임을 생략하여 부호화에 따른 지연시간과 복잡 도를 줄이고자 할 때의 보완수단으로서 여전히 좋은 화질을 유지하는데 기여한다. DCT에 있어서는 프레임구조에서도 매크로 블록단위로 프레임 모드와 필드 모드 중 데이터발생량이 적은 것을 선택할 수 있다. 따라서 움직임이 많은 경우와 적은 경우 모두 효과적으로 처리할 수 있다. 단 필드구조에서는 필드 DCT 하나만이 쓰인다. DCT계수의 양자화에 있어서 MPEG 1에서는 계수의 크기에 관계없이 양자화 스텝이 일정한 선형 양자화가 사용되고 있다. 반면 MPEG 2에서는 계수 값이 적을수록 양자화 스텝이 작아 세밀하게 양자화 하는 비선형 양자화가 함께 사용된다. 비선형방식은 복잡 도는 증가하지만 평균 양자화잡음을 줄여 양자화기의 성능향상을 가져온다. 양자화 된 DCT 계수의 가변 부호화를 위한 주사에 있어서 MPEG 1에서는 지그재그 주사만을 사용하였다. 그러나 MPEG 2에서는 대체주사(Alternate Scan) 방법이 추가로 사용되는데 이 두가지중 하나를 화면단위로 선택하여 사용한다. 대체주사는 DCT의 수직방향 고주파성분을 상대적으로 일찍 주사하여 특히 움직임이 큰 비월주사 화상에 뛰어난 효과를 보인다. 주사된 DCT 계수의 가변 부호화(VLC : Variable Length Coding)를 위해 MPEG 1에서는 하나의 2차원 VLC 테이블만이 사용되었다. 이에 비해 MPEG 2에서는 화면 내 부호화를 위한 테이블을 추가로 사용할 수 있도록 하였다. 화면 내 부 호화는 화면 간 부호화에 비해 DCT 계수 값들이 훨씬 커 통계적 특성이 다르므로 이를 반영한 별도의 테이블이 필요했던 것이다. 이 VLC를 사용함으로써 화면 내 부호화시의 데이터 발생량을 크게 줄일 수 있다.

MPEG 2 비디오의 고품질화에 대응하여 MPEG 2 오디오도 다채널 고품질화를 목표로 표준화가 진행되었다. 그리하여 MPEG 2 오디오는 1994년 11월에 IS(International Standard, 국제규격) 13818-3으로 승인되어 표준화가 완결되었다. MPEG 2 오디오는 MPEG 1 오디오를 바탕으로 하여 압축효율을 높이기 위한 몇 가지 새로운 기법들이 도입되고 있다. MPEG 1 오디오와 비교할 때 MPEG2 오디오에는 특히 다음과 같은 특징들이 포함되어 있다. 우선 멀티 채널화 되었다는 점이다.

5.1 채널의 MPEG 2 오디오가 MPEG 1 오디오 수신기 에서는 스테레오로 재생된다. 예를 들어 무궁화호 위성을 이용한 디지털 방송의 경우 MPEG 2를 표준으로 하고 있는데, MPEG 1 오디오 복호기를 장착하는 보급형 모델도 MPEG 2 비트 열을 받아 스테레오 음향을 재생한다. 이는 컬러 TV 방송이 흑백 TV에서도 흑백으로나마 수신되고 FM 스테레오 방송이 모노 수신기에서 모노로나마 수신되는 것과 같은 개념이다.

오디오에 있어서 이 역방향 호환성은 비디오에 있어서의 MPEG 2 비디오 수신기가 MPEG 1 비디오 비트 열을 수신할 수 있는 순방향 호환성과 대비된다. 보다 엄밀하게는 오디오에 있어서는 MPEG 2 오디오 복호기를 설계할 때 MPEG 1 오디오 비트 열을 복호할 수 있도록 설계하는 것이 일반적이므로 사실상 양방 향 호환성이 모두 유지된다.

12.2.7 MPEG4

현재까지의 표준인 JPEG, H.261, MPEG 1, MPEG 2가 모두 DCT, 양자화, 움직임보상 DPCM, 허프만 부호화 등에 기반을 둔 표준이라면 MPEG 4는 주로 멀티미디어 통신용 압축 표준이다. (본래 HDTV용 표준으로 계획되었던 MPEG 3는 MPEG 2에 흡수 통합되었다.) 이미 현재의 표준이 많은 응용분야를 수용하고 있음을 고려해 초기의 MPEG 4는 단순히 공중전화망을 이용한 영상전화 정도를 목표로 하는 저전송률 부호화에 초점을 맞추었다. 이후 MPEG 4는 점차 그 범위가 확대되고 기능도 늘어났는데 주요 응용분야는 TV나 영화 등의 AV데이터를 컴퓨터 환경처럼 대화형으로 액세스하거나 무선으로 통신하는 것 등이다. MPEG4의 기능을 크게 셋으로 나누면 객체지향 대화형, 고능률 압축, 범용 액세스 등이다.

객체 지향 대화형 기능은 멀티미디어(주로 AV) 데이터액세스에 있어서 화면이나 음향의 객체 요소들을 독립적으로 취급하면서 이들을 서로 링크에 의해 결합해 사용자가 화면이나 음향을 자유로이 구성할 수 있는 기능을 말한다. 예를 들어 화면에서 배경을 그대로 둔 채 주인공만을 교체하는 등의 처리가 이전까지는 프로덕션 단계에서만 가능했으나 MPEG 4에서는 사용자 단계에서 가능해진다. 고능률 압축에 있어서는 차세대 표준인 만큼 기존의 방식들보다는 개선된 압축률을 제공해야 한다. 또 범용 액세스에 있어서는 무선통신 환경 등을 고려해 채널에러가 많은 환경에서도 내성이 강하도록 해야 한다. 이러한 기능들을 모두 만족시키는 단일 알고리듬은 사실상 불가능하므로 MPEG 4에서는 많은 압축요소들을 표준에 메뉴형식으로 수용해 응용에 따라 선택해 사용하도록 하고 있다. 즉 압축에 필요한 도구들을 정하고 이 도구들을 결합해 여러 압축 알고리듬을 만들며 알고리듬 하나 이상을 서로 묶어 응용에 따라 선택하는 프로파일을 만든다. 이 도구와 알고리듬과 프로파일의 계층적 구조는 MSDL(MPEG4 Syntactic Description Language)이라는 언어를 새로 만들어 정의한다. 따라서 MPEG4 단말기간의 데이터 송수신은 우선 상대가 어떤 프로파일, 알고리즘, 도구의 복호기를 가지고 있는지 확인해 복호화가 가능한 모드로 교신하고 필요한 경우 복호에 필요한 프로그램을 먼저 다운로드한 후 내용물을 전송한다. 지난 MPEG4 주관적 화질 평가에서는 10Kbps~1Mbps 범위의 선택된 몇 가지 비트 율에서 단순화면으로부터 복잡한 화면에 이르기까지의 지정된 비디오 화면에 대해 기능별로 나누어 평가했다. 국내에서 제안한 비디오 압축 알고리듬들은 대체로 중위권의 화질을 보여주었는데 MPEG 2에 이르기까지 이렇다할 제안서를 내지 못하고 자료입수 및 동향파악에 그쳤던 것에 비하면 이번 MPEG 4에서의 적극적 활동은 괄목할만한 발전이라고 할 수 있다.

DVD는 최근 가장 주목받고 있는 차세대 멀티미디어 기기이다. DVD는 MPEG 2 표준에 따라 고화질, 고음질의 영화를 한 장의 작은 디스크에 담는다. CD가 1982년 처음 등장한 이래 CD의 저가, 대용량 특성을 활용하기 위한 많은 응용분야가 탄생했다. 비디오 CD는 제한된 재생속도(1.2Mbps)와 재생용량(74분 재생, 총 680MB) 때문에 VHS 테이프 수준의 화질밖에 되지 않고, 복잡한 화면에서는 소위 "블로킹 현상"으로 화질이 저하되며, 게다가 영화 한편을 담기 위해서는 두장의 CD가 필요해 그다지 큰 호응을 얻지 못했다. DVD는 비디오 CD보다 월등한 성능을 갖도록 한 차원 높은 기술을 사용하고 있다. ATV와 마찬가지로 영화를 충실히 재현하기 위해 16대9의 광폭 화면을 지원하고, 영화와 TV의 프레임 율을 모두 지원한다. 동화의 압축에는 MPEG 2를 채택하는데, 가변 비트 율을 사용하여 복잡한 화면에서 자연스럽게 비트가 많이 발생하도록 허용하므로, 비디오CD나 디지털방송과 같이 초당 비트 발생량을 강제로 일정하게 유지하는 시스템보다 화질이 향상된다. 다만 시스템의 제어가 다소 복잡해지는 것이 단점이다. 영상의 평균 비트 발생량은 3.5Mbps이며 음향 및 기타 데이터까지 합하면 약 4.7Mbps의 비트발생량을 갖는다.

H.324 화상전화기는 최근 표준화된 V.34모뎀(전화선용 모뎀으로는 초고속으로 전송속도는 28.8Kbps)을 통해 전화망에 접속되며, 동영상의 압축은 H.261을 상당부분 개선한 H.263을 이용하고 음성의 압축은 CELP 방식인 G723을 이용한다. H.263에 있어 H.261에 비해 개선된 부분을 정리하면 다음과 같다. 우선 각 매크로 블록의 움직임 벡터를 부호화하는데 있어서 이웃하는 매크로 블록의 움직임 벡터와 상관도가 높음을 감안해 세 벡터의 중간 값을 취하는 보다 효율적인 방법을 사용하고 있다. 이 방법으로 약 10%의 데이터 감축이 얻어진다. 또한 한 매크로 블록 내에서 움직임을 세분화하는 블록별 움직임 추정이 가능하다. DCT 변환계수의 효율적 양자화를 위해 양자화기를 개선해 약 3%의 데이터절약을 얻고, 또한 양자화 된 변환계수들의 가변 부호화는 H.261, JPEG, MPEG 1, MPEG 2의 2차원 부호를 개선해 화면 내, 화면 간 정보까지를 고려한 3차원부호를 사용한다. 여기서 약 5%정도의 데이터를 절약할 수 있다. 비트열의 구문(syntax) 에 있어서도 기존의 H.261보다 크게 단순화해 순수한 정보 비트이외의 오버헤드를 줄이고 있다. 이밖에 성능향상을 가져오지만 복잡하여 사용여부를 옵션으로 남겨둔 기술로 구문기반 적응산술부호화와 PB 프레임이 있다. 구문기반

적응산술 부호화는 복잡하기는 하지만 5~14%의 절약을 가져온다. PB 프레임은 다른 기법이 비트절약을 위한 기법인데 비해 비트를 약간 더 허용하면서 초당 프레임수를 배로 늘릴 수 있어 시각적으로 훨씬 더 안정되고 부드러운 동화상을 얻을 수 있다. 성능향상을 위해 기타 몇 가지 요소가 더 제안되었으나 복잡 도에 비해 성능향상이 뚜렷하지 않은 것들은 제외되었다. 이상의 여러 요소들을 가지고 있는 H.263 은 성능이 매우 뛰어난 알고리듬으로 최근의 MPEG4 화질 평가에서도 제안된 방식들의 성능을 평가하기 위한 기준 알고리듬으로 사용되었는데, 놀랍게도 제안된 방식들 대부분보다 H.263이 성능이 나은 것으로 판명되었다.

12.2.8 MPEG 프로그램 예제

```
// ac.cpp: implementation of the ac class.
#include "stdafx.h"
#include "MPEG4_ENC.h"
#ifdef _DEBUG
#undef THIS_FILE
static char THIS_FILE[]=__FILE__;
#define new DEBUG_NEW
#endif

// Construction/Destruction
#include "dataStruct.h"
#include "ac.h"
#include "bitpack.h"
#include "errorHandler.h"
#include "msg.h"
#define codeValueBits 16
#define peakValue (((long)1<<codeValueBits)-1)
#define firstQtr   (peakValue/4+1)
#define Half         (2*firstQtr)
#define thirdQtr   (3*firstQtr)
#define BYTETYPE          UChar
#define SHORTTYPE        UShort
```

```
#define MIN(a,b)   (((a)<(b)) ? (a) : (b))
#define STUFFING_CNT 22
#define MIXED            2

/* static function prototypes */
static Void mzte_output_bit(ac_encoder *,Int);
static Void mzte_bit_plus_follow(ac_encoder *,Int);
static Void mzte_update_model(ac_model *,ac_model *,Int);
static Int mzte_input_bit(ac_decoder *);
static Int zeroStrLen=0;

Void CVTCEncoder::mzte_output_bit(ac_encoder *ace,Int bit)
{
        register flag=0;
        ace->buffer *= 2;
        ace->buffer |= (bit)?0x01:0;
        (ace->bitsLeft)--;
        (ace->bitCount)++;
        if (!(ace->bitsLeft)) {
                if (!(ace->bitstream))
                        errorHandler("Failure to allocate space for array Bitstream
" \ "in ac_encoder structure");
                switch (flag=(ace->bitstreamLength>=MAX_BUFFER)) {
                        case 1:
                        write_to_bitstream(ace->bitstream,MAX_BUFFER<<3);
                                ace->bitstreamLength=0;
                                break;
                        default:
                                break;
                }
                ace->bitstream[(ace->bitstreamLength)++] = ace->buffer;
                ace->bitsLeft = 8;
        }
```

```
	/* Dealing with bit stuffing when 0's are encountered */
	zeroStrLen+=(!bit)?1:-zeroStrLen;
	if (zeroStrLen==STUFFING_CNT) {
		mzte_output_bit(ace,1);
		zeroStrLen=0;
	}
	return;
}

Void CVTCEncoder::mzte_bit_plus_follow(ac_encoder *ace,Int bit)
{
	register followBits;
	followBits = ace->followBits;
	mzte_output_bit(ace,bit);
	while (followBits) {
		mzte_output_bit(ace,!bit);
		--followBits;
	}
	ace->followBits = followBits;
	return;
}

Void CVTCEncoder::mzte_ac_encoder_init(ac_encoder *ace)
{
	ace->low = 0;
	ace->high = peakValue;
	ace->followBits = 0;
	ace->bitsLeft = 8;
	ace->buffer = 0;
	ace->bitCount = 0;
	ace->bitstreamLength = 0;
	ace->bitstream=(BYTETYPE *)malloc((MAX_BUFFER+10)*sizeof(BYTETYPE));
	if (ace->bitstream == NULL)
```

```
                errorHandler("can't allocate memory for ace->bitstream");
//      assert((ace->bitstream=(BYTETYPE
*)malloc((MAX_BUFFER+10)*sizeof(BYTETYPE))));
        zeroStrLen=0;
        /* always start arithmetic coding bitstream with a 1 bit. */
        emit_bits(1,1);
        return;
}

Int CVTCEncoder::mzte_ac_encoder_done(ac_encoder *ace)
{
        register bitCount,bitsLeft;
        register bitsToWrite,streamLength;
        register flag;
        ++(ace->followBits);
        flag = (ace->low >= firstQtr);
        mzte_bit_plus_follow(ace,flag);
        bitsLeft = ace->bitsLeft;
        bitCount = ace->bitCount;
        streamLength = ace->bitstreamLength;
        if (bitsLeft != 8) {
                ace->bitstream[streamLength++] = (ace->buffer << bitsLeft);
                if (!(ace->bitstream[streamLength-1]&(1<<bitsLeft))) {
                        ace->bitstream[streamLength-1] += (1<<bitsLeft)-1;
                        ++bitCount;
                }
        }
        bitsToWrite = (streamLength > MAX_BUFFER)?(MAX_BUFFER<<3):0;
        bitsToWrite += (bitCount % (MAX_BUFFER<<3));
        if ((bitsToWrite==0) && (streamLength==MAX_BUFFER))
                bitsToWrite=(MAX_BUFFER<<3);
        write_to_bitstream(ace->bitstream,bitsToWrite);
        if ((bitsLeft==8) && (!(ace->bitstream[streamLength-1]&1))) {
```

```
                /* stuffing bits to prevent start code emulation */
                emit_bits(1,1);
                ++bitCount;
        }
        ace->bitstreamLength=streamLength;
        ace->bitCount=bitCount;
        free(ace->bitstream);
        return(ace->bitCount);
}

Int CVTCEncoder::mzte_ac_encode_symbol(ac_encoder *ace, ac_model *acm, Int sym)
{
  register low,high;
  register long range;
  register bitCount;
  if (sym<0 || sym>=acm->nsym)
    errorHandler("Invalid symbol passed to mzte_ac_encode_symbol " \
                 "(sym=%d while nsym=%d)",
                 sym,acm->nsym);
  low = ace->low;
  high = ace->high;
  range = (long) (high - low) + 1;
  high=low+(range*(Int)acm->cfreq[sym])/(Int)acm->cfreq[0] - 1;
  low=low+(range*(Int)acm->cfreq[sym+1])/(Int)acm->cfreq[0];
  bitCount = ace->bitCount;
  while (1) {
    if (high < Half)  {
      mzte_bit_plus_follow(ace,0);
    }
    else if (low >= Half)  {
      mzte_bit_plus_follow(ace,1);
      low -= Half;
      high -= Half;
```

```
    }
    else if ((low >= firstQtr) && (high < thirdQtr)) {
      ++(ace->followBits);
      low -= firstQtr;
      high -= firstQtr;
    }
    else
      break;
    low = 2*low;
    high = 2*high + 1;
  }
  ace->low = low;
  ace->high = high;

  if (acm->adapt)
    mzte_update_model(acm,sym);

  return ace->bitCount - bitCount;
}

Int CVTCDecoder::mzte_input_bit(ac_decoder *acd)
{
        register t;
        if (!(acd->bitsLeft))
                acd->bitsLeft = 8;
        t = nextinputbit();
        --(acd->bitsLeft);
        ++(acd->bitCount);
        /* remove stuffing bits */
        zeroStrLen+=(!t)?1:-zeroStrLen;
        if(zeroStrLen==STUFFING_CNT) {
                if (!mzte_input_bit(acd))
                        errorHandler("Error in decoding stuffing bits " \
```

```
                    "(must be 1 after %d 0's)",STUFFING_CNT);
            zeroStrLen=0;
        }
        return(t);
}

Void CVTCDecoder::mzte_ac_decoder_init(ac_decoder *acd)
{
        register long i,value=0;

        /* remove first stuffing bit */
        if(!get_X_bits(1))
                errorHandler("Error in extracting the stuffing bit at the\n"\
                        "beginning of arithmetic decoding"\
                        "refer mzte_encoder_init in ac.c)");
        zeroStrLen=0;
        i = codeValueBits;
        do {
                value <<= 1;
                value += mzte_input_bit(acd);
        } while (--i);
        acd->value = value;
        acd->low = 0;
        acd->high = peakValue;
        acd->bitCount = 0;
        acd->bitsLeft = 0;
        return;
}

Void CVTCDecoder::mzte_ac_decoder_done(ac_decoder *acd)
{
        restore_arithmetic_offset(acd->bitsLeft);
        acd->bitCount += acd->bitsLeft;
```

```
        if ((acd->bitCount)%8)
                errorHandler("Did not get alignment in arithmetic decoding");
}

Int CVTCDecoder::mzte_ac_decode_symbol(ac_decoder *acd,ac_model *acm)
{
  register Int high,low,value;
  register long range;
  register cum;
  Int sym;
  Int modify=0;
  high=acd->high; low=acd->low; value=acd->value;
  range = (long)(high-low)+1;
  cum = (((long)(value-low)+1)*(Int)(acm->cfreq[0])-1)/range;
  for (sym=0; (Int)(acm->cfreq[sym+1])>cum; sym++)
  high = low + (range*(Int)(acm->cfreq[sym]))/(Int)(acm->cfreq[0])-1;
  low  = low + (range*(Int)(acm->cfreq[sym+1]))/(Int)(acm->cfreq[0]);
  modify = acm->adapt;
  while (1) {
    if (high < Half) {
    } else if (low >= Half) {
      value -= Half;
      low -= Half;
      high -= Half;
    }
    else if ((low >= firstQtr) && (high < thirdQtr))  {
      value -= firstQtr;
      low -= firstQtr;
      high -= firstQtr;
    }
    else
      break;
    low <<= 1;
```

```
    high = (high<<1)+1;
    value = (value<<1) + mzte_input_bit(acd);
  }
  acd->high = high;
  acd->low = low;
  acd->value = value;
  if (modify)
    mzte_update_model(acm,sym);
    return sym;
}

Void    CVTCCommon::mzte_ac_model_init(ac_model    *acm,Int    nsym,SHORTTYPE
*ifreq,Int adapt,
Int inc)
{
        register Int i;
        register UShort tmpFreq=0;
        acm->inc = inc;
        acm->nsym = nsym;
        acm->adapt = adapt;
  if ((acm->freq=(UShort *)malloc(nsym*sizeof(UShort)))==NULL)
    errorHandler("Can't allocate %d bytes for acm->freq in " \
                 "mzte_ac_model_init.",
                 nsym*sizeof(UShort));
  if  ((acm->cfreq=(UShort *) malloc((nsym+1)*sizeof(UShort)))==NULL)
    errorHandler("Can't allocate %d bytes for acm->cfreq in " \
                 "mzte_ac_model_init.",
                 (nsym+1)*sizeof(UShort));
        if (ifreq) {
                acm->cfreq[nsym] = 0;
                for (i=nsym-1; i>=0; i--) {
                        acm->freq[i] = ifreq[i];
                        acm->cfreq[i] = tmpFreq + ifreq[i];
```

```
                tmpFreq = acm->cfreq[i];
            }
            if (acm->cfreq[0] > acm->Max_frequency) {
                register Int cum=0;
                acm->cfreq[nsym] = 0;
                for (i=nsym-1; i>=0; i--)  {
                    acm->freq[i] = ((Int) ifreq[i] + 1)/2;
                    cum += (ifreq[i] + 1)/2;
                    acm->cfreq[i] = cum;
                }
            }
            if (acm->cfreq[0] > acm->Max_frequency)
                errorHandler("error in acm->cfreq[0]");
        }
        else {
            for (i=0; i < nsym; i++) {
                acm->freq[i] = 1;
                acm->cfreq[i] = nsym - i;
            }
            acm->cfreq[nsym] = 0;
        }
}

Void CVTCCommon::mzte_ac_model_done(ac_model *acm)
{
        acm->nsym = 0;
        free(acm->freq);
        acm->freq = NULL;
        free(acm->cfreq);
        acm->cfreq = NULL;
}

Void CVTCCommon::mzte_update_model(ac_model *acm,Int sym)
```

```
{
  register SHORTTYPE *freq,*cfreq;
  register i;
  register inc;
  freq = acm->freq;
  cfreq = acm->cfreq;
  /* scale freq count down */
  if (cfreq[0] == acm->Max_frequency) {
    register cum=0,nsym;
    nsym = acm->nsym;
    cfreq[nsym] = 0;
    for (i=nsym-1; i>=0; i--) {
      freq[i] = ((Int)freq[i] + 1)/2;
      cum += freq[i];
      cfreq[i] = cum;
    }
  }
  inc = acm->inc;
  freq[sym] += inc;
  for (i=sym; i>=0; i--)
    cfreq[i] += inc;
}

// ac.h: interface for the ac class.
#if !defined(AFX_AC_H__A9CC93D4_8AF1_4443_B5FF_CCC070552BFF__INCLUDED_)
#define AFX_AC_H__A9CC93D4_8AF1_4443_B5FF_CCC070552BFF__INCLUDED_
#if _MSC_VER > 1000
#pragma once
#endif // _MSC_VER > 1000
#ifndef AC_HEADER
#define AC_HEADER
#include "basic.h"
#define MAX_BUFFER 1024
```

```
typedef struct {
  FILE *fp;
  long low;
  long high;
  long followBits;
  Int buffer;
  Int bitsLeft;
  long bitCount;
  UChar *bitstream;
  long   bitstreamLength;
} ac_encoder;

typedef struct {
  FILE *fp;
  long value;
  long low;
  long high;
  Int buffer;
  Int bitsLeft;
  UChar *bitstream;
  long bitCount;
  long   bitstream_ptr;
  Int   dc_band;
} ac_decoder;

typedef struct {
  Int nsym;    /* the number of symbols in the symbol set to be encoded */
  Int adapt;  /* 0 => non-adaptive, !0 => adaptive */
  Int inc;
  /* for zeroth and mixed order models only */
  UShort *freq;
  UShort *cfreq;
  UShort Max_frequency;
```

```
} ac_model;

#endif
#endif                                                              //
!defined(AFX_AC_H__A9CC93D4_8AF1_4443_B5FF_CCC070552BFF__INCLUDED_)

// basic.cpp: implementation of the basic class.
#include "stdafx.h"
#include "MPEG4_ENC.h"
#ifdef _DEBUG
#undef THIS_FILE
static char THIS_FILE[]=__FILE__;
#define new DEBUG_NEW
#endif
// Construction/Destruction
#include "header.h"
#include "basic.h"
#include "string.h"
#include "stdlib.h"
#include "math.h"

CSite CSite::operator + (const CSite& st) const
{
        return CSite (x + st.x, y + st.y);
}

CSite CSite::operator - (const CSite& st) const
{
        return CSite (x - st.x, y - st.y);
}

CSite CSite::operator * (const CSite& st) const
{
```

```
        return CSite (x * st.x, y * st.y);
}

CSite CSite::operator * (Int scale) const
{
        return CSite (x * scale, y * scale);
}

CSite CSite::operator / (const CSite& st) const
{
        assert (st.x != 0 && st.y != 0);
        return CSite (x / st.x, y / st.y);
}

CSite CSite::operator / (Int scale) const
{
        assert (scale != 0);
        CoordI xNew = (x > 0) ? (Int) ((Double) (x / scale) + .5)
                              : (Int) ((Double) (x / scale) - .5);
        CoordI yNew = (y > 0) ? (Int) ((Double) (y / scale) + .5)
                              : (Int) ((Double) (y / scale) - .5);
        return CSite (xNew, yNew);
}

CSite CSite::operator % (const CSite& st) const
{
        return CSite (x % st.x, y % st.y);
}

Void CSite::operator = (const CSite& st)
{
        x = st.x;
        y = st.y;
```

```
}

CRct::CRct (const CSite& st1, const CSite& st2)
{
        left = min (st1.x, st2.x);
        right = max (st1.x, st2.x);
        top = min (st1.y, st2.y);
        bottom = max (st1.y, st2.y);
        width = right - left;
}

CRct::CRct (const CSite& st, Int radiusX, Int radiusY)
{
        left = st.x - radiusX;
        top = st.y - radiusY;
        right= st.x + radiusX + 1;
        bottom = st.y + radiusY + 1;
        width = 2 * radiusX + 1;
}

CRct::CRct (const CSiteD& stdLeftTop, const CSiteD& stdRightTop, const CSiteD&
stdLeftBottom, const CSiteD& stdRightBottom)
{
        left = min ((CoordI) floor (stdLeftTop.x), (CoordI) floor (stdRightTop.x));
        left = min (left, (CoordI) floor (stdLeftBottom.x));
        left = min (left, (CoordI) floor (stdRightBottom.x));
        top = min ((CoordI) floor (stdLeftTop.y), (CoordI) floor (stdRightTop.y));
        top = min (top, (CoordI) floor (stdLeftBottom.y));
        top = min (top, (CoordI) floor (stdRightBottom.y));
        right = max ((CoordI) ceil (stdLeftTop.x), (CoordI) floor (stdRightTop.x));
        right = max (right, (CoordI) ceil (stdLeftBottom.x));
        right = max (right, (CoordI) ceil (stdRightBottom.x));
        bottom = max ((CoordI) ceil (stdLeftTop.y), (CoordI) floor (stdRightTop.y));
```

```
        bottom = max (bottom, (CoordI) ceil (stdLeftBottom.y));
        bottom = max (bottom, (CoordI) ceil (stdRightBottom.y));
        width = right - left;
}

Void CRct::transpose ()
{
        Int wid = width;
        Int hei = height ();
        right = left + hei;
        bottom = top + wid;
        width = right - left;
}

Void CRct::rightRotate ()
{
        CSite st = center ();
        Int radiusY = width >> 1;
        Int radiusX = height () >> 1;
        left = st.x - radiusX;
        top = st.y - radiusY;
        right= st.x + radiusX + 1;
        bottom = st.y + radiusY + 1;
        width = right - left;
}

Void CRct::clip (const CRct& rc) // intersection operation
{
        if (empty ()) return;
        if (rc.empty ()) *this = rc;
        if (left < rc.left) left = rc.left;
        if (top < rc.top) top = rc.top;
        if (right > rc.right) right = rc.right;
```

```
        if (bottom > rc.bottom) bottom = rc.bottom;
        width = right - left;
}

Void CRct::include (const CRct& rc) // union operation
{
        if (empty ()) *this = rc;
        if (rc.empty ()) return;
        if (left > rc.left) left = rc.left;
        if (top > rc.top) top = rc.top;
        if (right < rc.right) right = rc.right;
        if (bottom < rc.bottom) bottom = rc.bottom;
        width = right - left;
}

Void CRct::include (const CSite& s)
{
        if (!valid ())
                *this = CRct (s);
        else {
                left = min (s.x, left);
                top  = min (s.y, top);
                right = max (s.x + 1, right);
                bottom = max (s.y + 1, bottom);
        }
        width = right - left;
}

Void CRct::operator = (const CRct& rc)
{
        left = rc.left;
        top = rc.top;
        right = rc.right;
```

```
        bottom = rc.bottom;
        width = rc.width;
}

Bool CRct::operator == (const CRct& rc) const
{
        return
                left == rc.left &&
                top == rc.top &&
                right == rc.right &&
                bottom == rc.bottom;
}

Bool CRct::operator <= (const CRct& rc) const
{
        return
                left >= rc.left &&
                top >= rc.top &&
                right <= rc.right &&
                bottom <= rc.bottom;
}

Bool CRct::operator >= (const CRct& rc) const
{
                left <= rc.left &&
                top <= rc.top &&
                right >= rc.right &&
                bottom >= rc.bottom;
}

CRct CRct::operator / (Int scale) const
{
        Int roundR = (right >= 0) ? scale - 1 : 1 - scale;
```

```
	Int roundB = (bottom >= 0) ? scale - 1 : 1 - scale;
	return CRct (left / scale, top / scale, (right + roundR) / scale, (bottom +
roundB) / scale);
}

CRct CRct::downSampleBy2 () const
{
	return CRct (left / 2, top / 2, right / 2, bottom / 2);
}

CRct CRct::upSampleBy2 () const
{
	return CRct (left * 2, top * 2, right * 2, bottom * 2);
}

CRct CRct::operator * (Int scale) const
{
	return CRct (left * scale, top * scale, right * scale, bottom * scale);
}

Void CMotionVector::operator = (const CMotionVector& mv)
{
	memcpy (this, &mv, sizeof (CMotionVector));
}

Void CMotionVector::operator = (const CVector& vctHalfPel)
{
	m_vctTrueHalfPel = vctHalfPel;
	computeMV ();
}

CMotionVector CMotionVector::operator + (const CMotionVector& mv)	const
{
```

```
        CVector vctHalfPel = trueMVHalfPel () + mv.trueMVHalfPel ();
        return CMotionVector (vctHalfPel);
}

CMotionVector CMotionVector::operator - (const CMotionVector& mv)        const
{
        CVector vctHalfPel = trueMVHalfPel () - mv.trueMVHalfPel ();
        return CMotionVector (vctHalfPel);
}

CMotionVector::CMotionVector (const CVector& vctHalfPel)
{
        m_vctTrueHalfPel = vctHalfPel;
        computeMV ();
}

Bool CMotionVector::isZero () const
{
        if (m_vctTrueHalfPel.x == 0 && m_vctTrueHalfPel.y == 0)
                return TRUE;
        else
                return FALSE;
}

Void CMotionVector::computeTrueMV ()
{
        m_vctTrueHalfPel.x = iMVX * 2 + iHalfX;
        m_vctTrueHalfPel.y = iMVY * 2 + iHalfY;
}

Void CMotionVector::computeMV ()
{
        iMVX = m_vctTrueHalfPel.x / 2;
```

```
        iMVY = m_vctTrueHalfPel.y / 2;
        iHalfX = m_vctTrueHalfPel.x - iMVX * 2;
        iHalfY = m_vctTrueHalfPel.y - iMVY * 2;
}

Void CMotionVector::setToZero (Void)
{
        memset (this, 0, sizeof (*this));
}
```

12.3 웨이브렛

12.3.1 개요

일상생활에서 대부분의 정보는 시각에 의해서 얻어지고 있기 때문에 영상정보를 교환할 수 있는 영상통신에 관한 연구가 오래전부터 활발하게 이루어져 왔다. 전화망을 이용한 비디오폰(video-phone)의 경우, 한 프레임(frame)은 가로 176, 세로 144화소(pixel)로 구성되며 초당 25프레임을 전송한다고 하면, 흑백(mono)영상은 하나의 화소를 나타내는데 8비트가 필요하게 되므로 약 5Mbps의 정보량을 갖게 되고, 컬러(color)영상은 24비트가 필요하게 되므로 약 15Mbps의 정보량을 갖게 된다. 일반적으로 음성데이터통신용에서 사용하는 전화망의 데이터 전송 율은 10Kbps이며, 흑백영상을 전송하는 경우는 500 대 1 정도의 압축률과 컬러영상을 전송하는 경우는 1500 대 1 정도의 높은 압축률을 필요로 하게 된다. 이와 같이, 영상정보의 데이터 량은 방대하기 때문에, 비디오폰의 경우뿐만이 아니라 영상정보를 다루는 모든 분야에 있어서 영상부호화 기법의 개발은 필수적이라 할 수 있다.

한편, 대용량의 영상정보를 효율적으로 부호화하면서 여러 응용분야의 요구조건을 충족하기 위한 방법은 JPEG(Joint Photographic Coding Experts Group), JPEG - 2000, MPEG(Moving Picture Experts Group) 1, MPEG 2, MPEG 4, H.261 및 H.263 등이 있다. 이들 중에서 JPEG, MPEG 1, MPEG 2, H.261 및 H.263은 영상부호화의 표준으로 제정되어 있으며, JPEG - 2000과 MPEG 4는 차세대 영상부호화방식으로 표준과 기술선점을 위한 연구가 각국에서 활발히 진행되고 있다. 그런데, 이들 대부분의 부호화 방식들은 영상을 4×4, 8×8 또는 16×16 크기의 블록으로 나눈 다음, 각각의 블록을 DCT(Discrete Cosine Transform)처리하여 독립적으로 부호화하기 때문에, 인접 블록간의 밝기의 연속성이 깨지는 블록화 현상(blocking effect)이 발생하여, 고압축을 할 경우에는 심각한 화질의 저하를 초래한다.

기존의 DCT(Discrete Cosine Transform) 알고리즘 이외의 주요 부호화 알고리즘으로는 프랙탈 부호화(fractal coding), 객체부호화(object coding) 및 웨이브렛 변환 부호화(wavelet transform coding) 알고리즘 등이 많은 분야에서 연구되고 있다. 프랙탈 부호화 알고리즘은 영상 내에 존재하는 자기유사성(self-similarity)을 이용하여 부호화하는 방식으로서, 기존의 DCT 기반의 영상부호화 알고리즘보다 효율적인 압축률은 얻을 수 있으나, 블록 단위로 부호화를 수행하기 때문에 블록화 현상이 현저하고, 부호화시간이 길기 때문에 실시간 압축에는 적용하기 곤란한 단점이 있다. 이 알고리즘은 영상이 갖고 있는 의미 있는 영역을 각각의 객체로 분할한 다음, 각 객체별로 부호화한다. 이러한 방법은 기존의 영상부호화 알고리즘보다 압축률과 영상의 화질 면에서는 효율적이지만, 영상을 객체화하는데 필요한 계산 량과 처리시간의 부담이 있는 단점이 있다. 웨이브렛 변환 부호화는 영상을 다중해상도(multi-resolution)로 분해하여, 저주파대역으로부터 고주파대역으로의 계층적 정보를 갖게 함으로써, 이를 이용하여 적절한 부호화를 수행할 수 있게 한다. 또, DCT와는 달리 블록변환기법이 필요 없기 때문에 블록화 현상을 제거할 수 있으며, 사람의 시각적 특성을 적절하게 반영하고 있기 때문에 영상을 효율적으로 압축할 수가 있다.

웨이브렛 변환(wavelet transform) 부호화 방법은, 주로 웨이브렛 변환 후 변환된 영상의 대역별 상관관계에 따른 중요도를 이용하여, 저주파대역에서는 화질을 보장하는 저 삭제 알고리즘을 적용하고, 고주파대역에서는 압축률을 보장하는 고 삭제 알고리즘을 적용하는 방식을 기본적인 알고리즘으로 사용하고 있다. 이러한 방법을 더 세분하면, 두 영상의 차이 값을 기반으로 웨이브렛 변환하여 압축하는 방법과, 웨이브렛 변환 후 저주파대역에서 기존의 움직임 예측과 움직임 보상알고리즘을 사용하여 압축하는 방법, 그리고 영상에 대해 의미 있는 영역을 객체화하여 압축하는 방법 등으로 나눌 수 있다.

그 첫 번째 알고리즘은 Hilton에 의하여 제안된 알고리즘이다. 두 영상프레임간의 순수한 차이 값만을 웨이브렛 변환하는 알고리즘이다. 화질을 충분히 보장할 수 있고, 빠른 수행속도를 장점으로 들 수 있으나, 압축률을 보장할 수 없는 단점이 있다. 두 번째 알고리즘은 Zhang에 의하여 제안된 알고리즘이다. 저주파대역과 고주파대역에서 계층적 움직임 추정기법을 사용한 것이다. 기존의 움직임 추정기법은 전 영역에 대해서 움직임 벡터를 찾는 방식인데, Zhang의 기법은 저주파대역내에서만 전 프레임과 현재 프레임 사이에 BMA(Block Matching Algorithm)을 적용하여 얻은 움직임 벡터를 이용하여 움직임을 보상하는 알고리즘이다. 압축률은 Hilton의 알고리즘보다 좋으나,

움직임 예측과 움직임 보상에 소요되는 시간과, 복원 시 원래의 화질을 보장할 수 없는 단점이 있다. 세 번째 알고리즘은 Servitto에 의하여 제안된 알고리즘이다. 움직임이 있는 영역을 객체화하기 위해서 전경과 배경을 각각 따로 부호화하는 방법이다. 그러나 이 알고리즘은 영상을 객체화하는 전 처리 과정에서 많은 연산 량과 시간이 소요되기 때문에, 실시간 처리의 동영상 부호화에는 사용하기 어렵다.

12.3.2 웨이브렛 변환 방식

1) 웨이브렛 변환의 개요

웨이브렛 변환은 모 웨이브렛(mother wavelet) $\psi(t)$를 스케일링(scaling)과 전이(translation)시켜 만든 웨이브렛 기저함수 $\psi_{ab}(t)$를 이용하여 얻어지는 함수들의 집합이다. 즉, 함수가 유한한 에너지를 가지고 진동(oscillate)하며, 0으로 빠르게 감쇄(decay)한다면 어떤 함수라도 모 웨이브렛 $\psi(t)$가 될 수 있다. 대부분의 자연적인 신호는 이러한 특성이 있다. 그림 12.7은 고전적인 웨이브렛의 한 예인 모렛(Morlet) 모 웨이브렛을 나타낸 것이다.

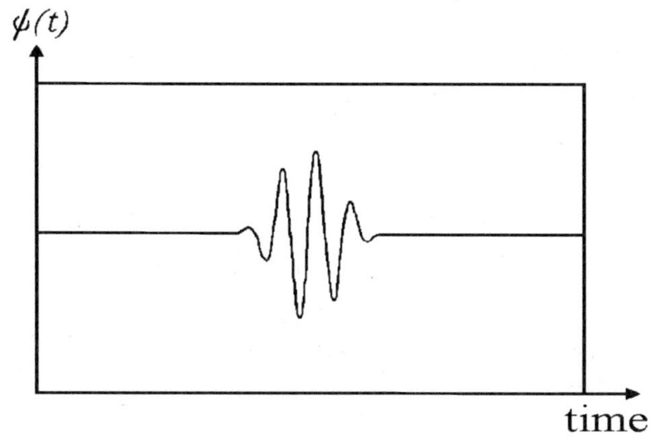

그림 12.7 모렛 모 웨이브렛

그림 12.7에서 보는 바와 같이 모렛 모 웨이브렛은 유한한 에너지를 가지고 진동하며, 빠르게 0으로 감쇄하는 것을 알 수 있다. 그러나 그림 12.8에 나타낸 것과 같은 웨이브렛은 모 웨이브렛이 될 수 없다.

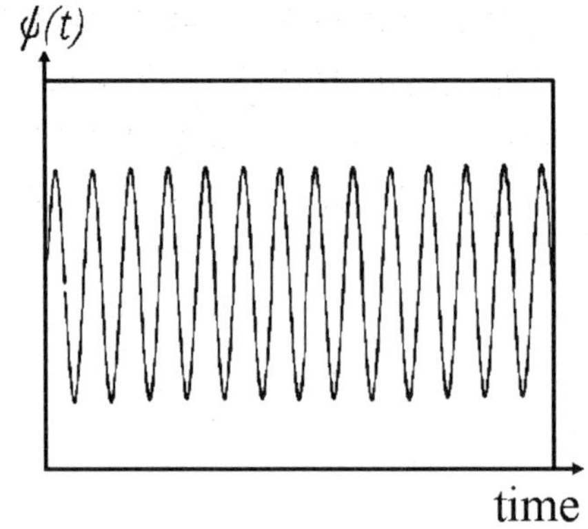

그림 12.8 모 웨이브렛이 될 수 없는 함수

이와 같은 특성을 가지는 모 웨이브렛을 스케일링 및 전이시켜 만든 웨이브렛 기저함수 $\psi_{ab}(t)$는 다음 식과 같이 표현된다.

$$\psi_{ab}(t) = \frac{1}{\sqrt{a}}\psi\left(\frac{t-b}{a}\right) \qquad a, b \in R \tag{12.1}$$

여기서 변수 a는 모 웨이브렛의 크기를 조정하는 스케일링 인자(scaling factor)를 나타내고, 변수 b는 모 웨이브렛의 위치를 조정하는 전이인자(translation factor)를 나타낸다. 두 변수는 모두 실수(R)의 원소이다. 그림 12.9는 식(12.1)의 웨이브렛 기저함수 $\psi_{ab}(t)$에서의 변수 a와 b의 역할을 나타낸 것이다.

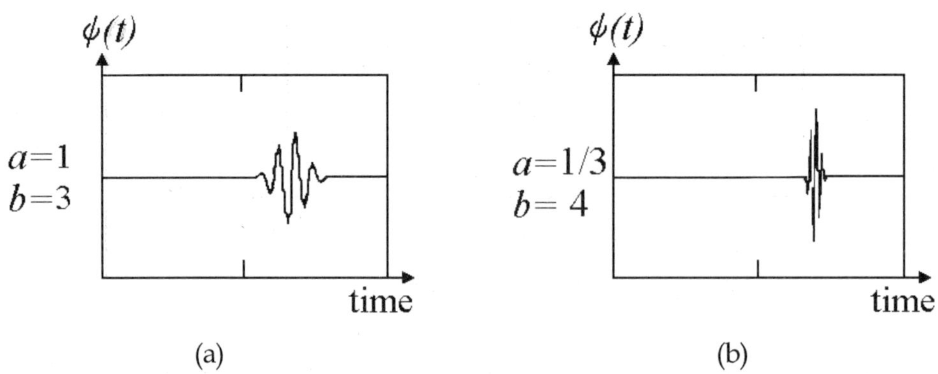

그림 12.9 웨이브렛 기저함수 $\psi_{ab}(t)$에서 변수 a와 b의 역할

예로서, 그림 12.9 (a)의 경우, 모 웨이브렛(그림 12.7)의 크기는 a=1이므로 변함이 없고, 위치는 b=3이므로 우측으로 3만큼 전이된 것이다.

이와 같은 특성을 가지는 웨이브렛 기저함수 $\Psi_{ab}(t)$를 이용하면, 임의의 신호 $x(t)$의 웨이브렛 변환은 다음 식(12-2)과 같다.

$$X(a, b) = \int_{-\infty}^{+\infty} \Psi_{ab}(t)\, x(t)\, dt \qquad (12.2)$$

여기서, 변수 a, b가 실수 ($a,b \in \mathrm{R}$ with $a \neq 0$) 일 때 연속(continuous) 웨이브렛 변환이라 하고, a, b가 정수($a = a_0^m$, $b = nb_0a_0^m$, with $m,n \in \mathrm{Z}$ and $a_0>1$, $b_0>0$)일 때 이산(discrete) 웨이브렛 변환이라고 한다.

식(12.2)에서 변수 b는 시간축 상에서의 전이를 나타내며, b를 변화시키면 웨이브렛 기저를 원하는 곳에 놓을 수 있다. 변수 a는 스케일링인자로서 웨이브렛 기저의 크기를 조정한다. a가 감소하면 웨이브렛의 시간 국부성은 낮아지고 주파수 국부성은 높아진다. 변수 a와 b를 x와 y축으로하는 2차원의 평면에 웨이브렛 변환 값을 계조도나 색깔로 나타낸 것을 스케일로그램(scalogram)이라고 하며, 시간-주파수 특성을 나타낸다. 그림 12.10은 전형적인 웨이브렛 기저의 3가지 형태와, 이를 기저로하여 웨이브렛 변환을 했을 때의 시간-주파수 스케일로그램을 나타낸 것이다.

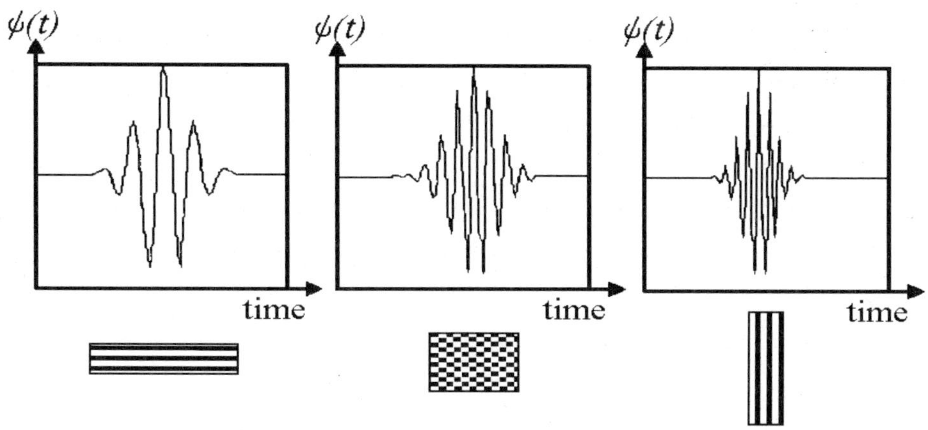

(a) 전형적인 웨이브렛 기저

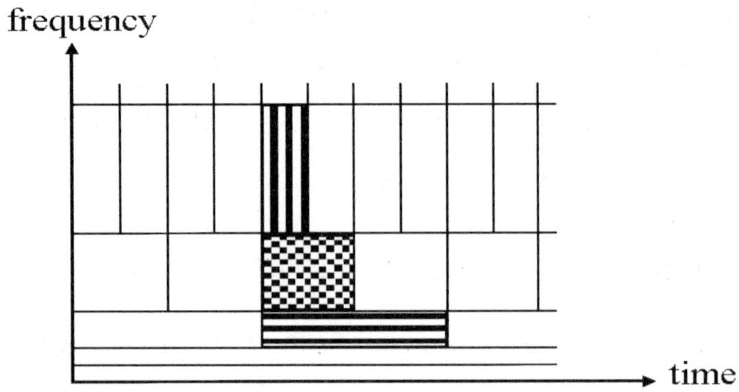

(b) 시간-주파수 평면의 범위

그림 12.10 웨이브렛 기저와 웨이브렛 변환의 시간-주파수 해상도

그림 12.10 (a)의 첫 번째 함수와 같이, 스케일링 인자 *a*가 크면, 그림 12.10 (b)에서와 같이 시간 축 상에서는 넓은 영역을 차지하게 되며 주파수 축에서는 좁은 영역을 차지한다. 반면에, 그림 12.10 (a)의 세 번째 함수와 같이, 스케일링 인자 *a*가 작으면, 시간 축 상에서는 좁은 영역에 놓이게 되며 주파수 축에서는 넓은 영역을 차지한다.

일반적으로 영상에서의 에지(edge)와 같이 계조도가 급격히 변화하여 높은 주파수를 갖는 신호들은 짧은 시간(공간)영역에 분포하고, 에지가 아닌 영역과 같이 계조도가 완만하게 변화하여 낮은 주파수를 갖는 신호들은 넓은 시간영역에 분포한다. 그러므로 웨이브렛 기저를 고주파대역에서는 세밀한 해상도를 가지게 하고, 저주파대역에서는 상대적으로 세밀하지 않은 시간 해상도를 가지게 할 경우, 넓은 저주파 성분에서, 갑자기 나타나는 짧은 고주파 성분이 섞인 신호의 경우에는 쉽게 처리할 수가 있다. 따라서 자연영상의 경우 화소의 값이 천천히 변해가며, 어느 순간 물체의 가장자리 부분에서 화소의 값이 급격하게 바뀌는 것을 생각하면, 웨이브렛 변환을 영상압축에 이용함으로써 윤곽을 뚜렷하게 살리면서도 압축이 최대한 가능함을 알 수 있다.

2) 이산 웨이브렛 변환과 신호의 다중해상도 분해

일반적으로 컴퓨터 비전(computer vision)분야에서는 영상을 그 특성에 맞도록 효과적으로 처리하기 위하여 여러 가지 해상도로 분석하게 되는데, 이 때 웨이브렛 변환을 적용할 수 있다. 마찬가지로, 영상부호화에서도 최종 사용자가 사람이기 때문에, 시각 시스템의 여러 특성을 이용하게 되는데, 그 중 중요한 특성이 다중해상도 또는 피라미드식의 영상처리이다.

신호의 다중해상도 표현은 신호 $x(t)$를 일련의 내포 부 공간(embedded subspace) 상으로 투영(projection)시키면 된다. 신호 $x(t)$의 다중해상도 표현 $X_m(t)$와 내포 부 공간들의 관계식은 다음과 같다.

$$V_m \subset V_{m-1}, \quad m \in Z \tag{12.3}$$

$$\bigcap_{m \in Z} V_m = \{0\}, \quad \bigcup_{m \in Z} V_m = L^2(R) \tag{12.4}$$

$$x(t) \in V_m \Leftrightarrow x(2t) \in V_{m-1} \tag{12.5}$$

$$X_m(t) = \sum_{n=Z} \langle x(t), \phi_{m,n}(t) \rangle \phi_{m,n}(t) \tag{12.6}$$

식(12.3)의 m은 정수의 원소이고, 상위 부 공간 V_{m-1}은 하위 부 공간 V_m을 포함한다는 의미이다. 식(12.4)는 모든 부 공간 V_m사이의 교집합은 공집합이고, 합집합은 $L^2(R)$이 된다는 의미이다. 그리고 식(12.5)는 신호 $x(t)$가 하위 부 공간 V_m의 원소이면 신호 $x(2t)$는 상위 부 공간 V_{m-1}의 원소가 된다는 의미이다. 또한, 식(12.6)의 신호 $x(t)$의 다중해상도 표현 $X_m(t)$는 신호 $x(t)$와 스케일링 함수 $\phi_{m,n}(t)$와의 내적(inner product)에 스케일링 함수 $\phi_{m,n}(t)$를 곱한 전체 합으로 표현할 수 있다.

그리고 부 공간 V_0의 정규 직교 기저 $\phi(t-n)$, $n \in Z$를 생성하는 스케일링 함수 $\phi(t)$가 존재한다. 이러한 각 내부 부공간의 기저들은 다음 식(12.7)과 같이, 스케일링 함수를 시간 전이 및 스케일링하면 된다.

$$\phi_{m,n}(t) = 2^{-m/2}\phi(2^{-m}t-n), \quad m,n \in Z \tag{12.7}$$

신호를 높은 해상도 공간 V_{m-1}에서 낮은 해상도 공간 V_m으로 근사시킬 때에는, 정보의 손실이 발생하는데, 이러한 신호를 잔여신호(residual signal)라고 하며, V_m의 직교 보충 부 공간(orthogonal complement subspace) W_m상에 존재하게 된다. 상하위 해상도 공간과 직교하는 공간 사이의 관계는 식(12.8)과 같고, 그림 2-6은 이상적인 저 대역 부 공간 V_m과 밴드대역 부 공간 W_m들의 스펙트럼을 나타낸 것이다.

$$V_{m-1} = V_m \oplus W_m, \quad V_m \perp W_m \tag{12.8}$$

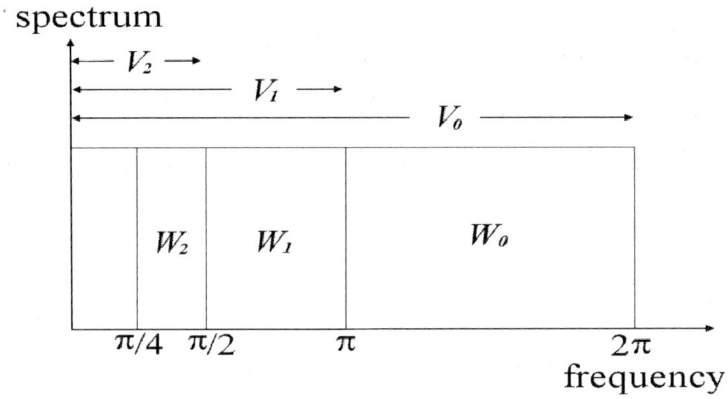

그림 12.11 이상적인 저 대역 부 공간 V_m과 밴드대역 부 공간 W_m의 스펙트럼

그리고, 부 공간 V_m의 스케일링 함수 $\phi(t)$와 유사하게 부 공간 W_m을 생성하는 모 웨이브렛 $\psi(t)$가 존재한다. 식(12.9)~(12.11)과 같이, 각 부 공간의 기저는 웨이브렛 $\psi(t)$를 시간 전이 및 스케일링함으로서 생성된다.

$$\psi_{m,n}(t) = 2^{-m/2}\psi(2^{-m}t-n), \quad m, n \in Z \tag{12.9}$$

$$x_{m-1}(t) = x_m(t) + r_m(t) \tag{12.10}$$

$$r_m(t) = \sum_n \langle x(t), \psi_{mn}(t) \rangle \psi_{mn}(t) \tag{12.11}$$

한편, 하나의 해상도 부공간은 더 낮은 해상도 부공간과 직교 보충 부 공간으로 표현이 가능하며, 반복 적용하면 보충 부공간만으로도 표현이 가능하다. 따라서 식(12.12)~(2.14)와 같이, 신호 $x(t)$는 W_m의 기저들로 표현할 수 있다.

$$V_m(t) = W_m \oplus W_{m-1} \oplus W_{m-2} \cdots \tag{12.12}$$

$$L^2(R) = \bigcup_m (\oplus W_m), \quad m \in Z \tag{12.13}$$

$$x(t) = \sum_{m,n} \langle x(t), \psi_{m,n}(t) \rangle \psi_{m,n}(t) \tag{12.14}$$

여기서, $\phi(t) \in V_m$ 이면 $\phi(2t) \in V_{m-1}$ 이 되므로, 다음 식(12.15)~(12.19)의 관계를 만족한다.

$$\phi(t) = \sqrt{2}\sum_n h(n)\phi(2t-n), \quad n \in Z \tag{12.15}$$

$$\psi(t) = \sqrt{2}\sum_n g(n)\psi(2t-n), \quad n \in Z \tag{12.16}$$

$$\sum_n h(n) = \sqrt{2} \tag{12.17}$$

$$g(n) = (-1)^n h(1-n) \tag{12.18}$$

$$\sum_n g(n) = 0 \tag{12.19}$$

신호 $x(t)$에 대해서 $C_{mn} = \langle x(t), \phi_{m,n}(t) \rangle$, $d_{mn} = \langle x(t), \phi_{m,n}(t) \rangle$일 때, 부공간 V_m, W_m과 $h(n)$, $g(n)$ 사이의 관계는 그림 12.12와 같이 2진 트리(binary tree) 구조를 형성한다.

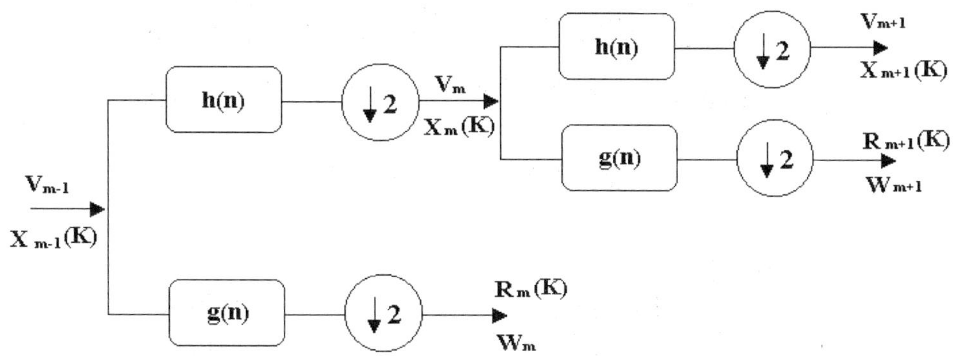

(a) 웨이브렛의 분해

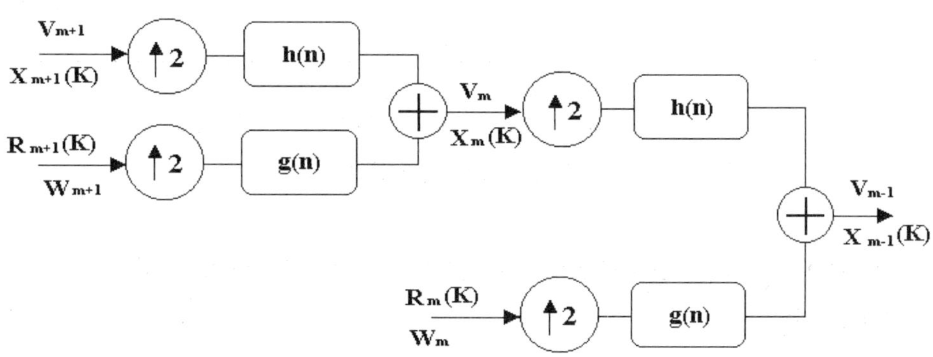

(b) 웨이브렛의 합성

그림 12.12 2진 트리구조의 웨이브렛 분해와 합성

3) 이산 웨이브렛 변환과 필터뱅크

입력 V_0를 이산신호 $x(n)$이라고 하면, $C_{m-1,n'}$ $C_{mn'}$ 및 d_{mn}의 관계는 완전복원필터에서의 분해 및 합성과 동일하다. 그림 12.13은 2채널(two channel) QMF(Quadrature Mirror Filters)의 기본구조와 분해필터의 특성을 나타낸 것이다.

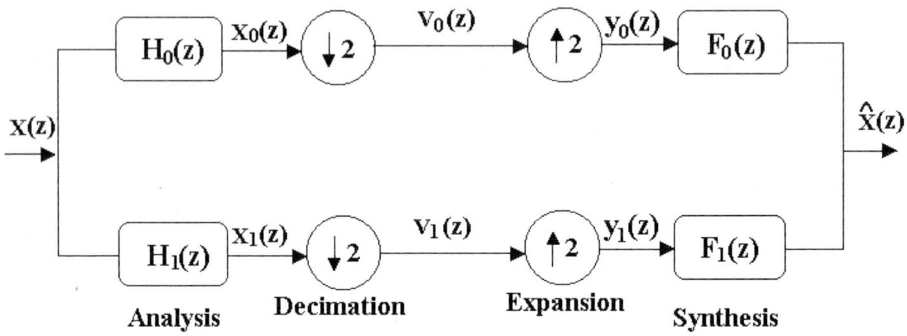

(a) 분해 및 합성의 블록도

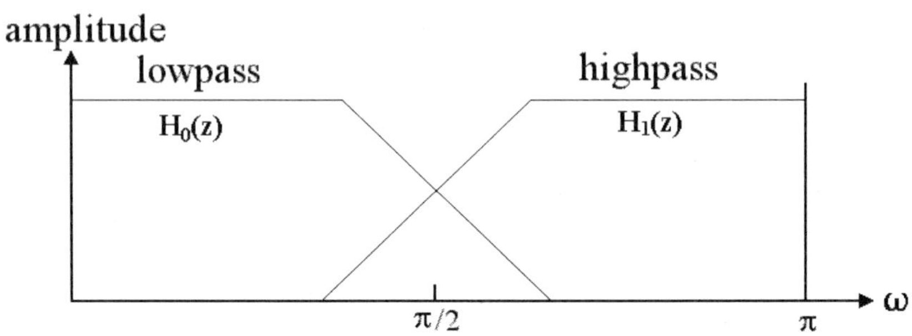

(b) 분해 및 합성 필터의 주파수 응답

그림 12.13 QMF의 기본구조

그림 12.13 (a)에서 입력신호를 $X(z)$라고 하면, 출력신호 $\hat{X}(z)$는 다음 식과 같이 표현할 수 있다.

$$\hat{X}(z) = \frac{1}{2}[H_0(z)F_0(z)+H_1(z)F_1(z)]X(z) + \frac{1}{2}[H_0(-z)F_0(z)+H_1(-z)F_1(z)]X(-z) \quad (12.20)$$

여기서, $\frac{1}{2}[H_0(z)F_0(z)+H_1(z)F_1(z)]=T(z)$ 및 $\frac{1}{2}[H_0(-z)F_0(z)+H_1(-z)F_1(z)]=S(z)$로 하여, 다시 정리하면 다음 식과 같다.

$$\tilde{X}(z) = T(z)X(z) + S(z)X(-z) \qquad (12.21)$$

여기서, $S(z)$는 신호왜곡의 원인이 되는 엘리어싱(aliasing : 위신호)을 발생시키는 전달함수이다. 따라서 $S(z)=0$으로 하여 엘리어싱을 제거시키고, $T(z)=Cz^{-n_0}$ (n_0:전이인자)의 형태가 되도록 설계하면 진폭왜곡(amplitude distortion)과 위상 왜곡(phase distortion)을 제거할 수 있다. 이 조건을 만족하는 출력 $\tilde{X}(z)$는 다음과 같이 된다.

$$\begin{aligned}\tilde{X}(z) &= Cz^{-n_0}X(z) \\ &= Cx(n-n_0)\end{aligned} \qquad (12.22)$$

여기서, C는 0이 아닌 상수이고, n은 주파수축을 의미하며, n_0는 전이인자를 의미한다. 따라서 식(12.22)의 합성된 신호 $\tilde{X}(z)$는 입력신호 $X(z)$가 증폭 또는 감쇄되고 시간 전이된 형태를 의미하며, 이것을 완전복원이라 한다. 완전복원의 해를 구하기 위해서 그림 12.13 (b)의 π/2 주위에서 두 파형이 겹치므로 인해 복원할 때에 신호왜곡의 원인이 되는 엘리어싱을 제거해야 하기 때문에 $S(z)=\frac{1}{2}[H_0(-z)F_0(z)+H_1(-z)F_1(z)]=0$라고 하면, 다음의 식을 얻을 수 있다.

$$\frac{H_0(-z)}{H_1(-z)} = -\frac{F_1(z)}{F_0(z)} \qquad (12.23)$$

완전복원조건에 조건 $T(z)=Cz^{-n_0}$를 추가하면, 다음과 같은 각 필터의 관계식 (12.24)~(12.26)을 얻을 수 있으며, 완전복원을 위한 충분조건이 된다.

$$H_1(z) = -z^{-N}\tilde{H}_0(-z) \qquad (12.24)$$

$$F_0(z) = z^{-N}\tilde{H}_0(z) \qquad (12.25)$$

$$F_1(z) = z^{-N}\tilde{H}_1(z) \qquad (12.26)$$

여기서, N은 전이인자를 의미하며, tilde (˜)는 $\tilde{A}(z) = A(z^{*-1})$의 관계를 나

타낸 것이다. 식(12.24)~(12.26)을 식(12.20)에 대입하면 다음 식과 같다.

$$\hat{X}(z) = \frac{1}{2} z^{-N}[H_0(z)\hat{H}_0(z) + H_1(z)\hat{H}_1(z)]X(z) \tag{12.27}$$

여기서, $H(z) = H_0(z)\hat{H}_0(z)$, $F(z) = H_1(z)\hat{H}_1(z)$이라고 하면, $H(z)$와 $F(z)$는 각각 0 위상(zero phase)을 갖는 저역통과 필터와 대역통과 필터가 된다.

4) 필터뱅크의 설계

이산 웨이브렛 변환을 이용한 영상의 다중해상도 분해에 사용되는 필터들은 완전복원조건을 만족해야 하는데, 필터뱅크의 구현 시 양자화 에러가 발생하게 된다. 그러므로 응용에 있어서 선형성이 반드시 필요한 경우에는 완전복원조건을 제외하면 필터설계의 자유도를 높일 수가 있다. 영상부호화에 널리 사용되는 웨이브렛 관련 필터의 설계 방법에는 Equiripple 필터, Daubechies 필터 및 쌍직교(biorthogonal) 필터 등이 있다

(1) Equiripple 필터

Equiripple 필터는 완전복원을 위하여 사용되며, 다음의 세 가지 조건하에서 설계된다.

① $G(z) = \sum_{n=-N}^{N} g(n)z^{-n}$ 이고, 차수가 $2N$인 파워 대칭(power symmetric) 필터를 설계한다. 이 때 이 필터의 특성에 맞는 설계 알고리즘으로 Parks-McClellan 알고리즘(N=홀수)을 이용한다.

② $H(z) = G(z) + \delta$ (δ : 최대 서브밴드 리플)

③ $H(z)$에서 최대 위상(maximum phase)을 갖도록 단위 원 안의 극점(pole)과 영점(zero)을 선택하여 필터의 $H_0(z)$를 설계한다.

그림 12.14는 Equiripple 필터를 나타낸 것이다. 이 필터는 정규도(regularity)가 낮기 때문에 영상신호의 손실부호화에 적용하기에는 부적절하다. Daubechies는 이를 해결하기 위해서 영상신호에 적합한 정규도가 높고 완전복원조건을 만족할 수 있는 필터 설계방법이다.

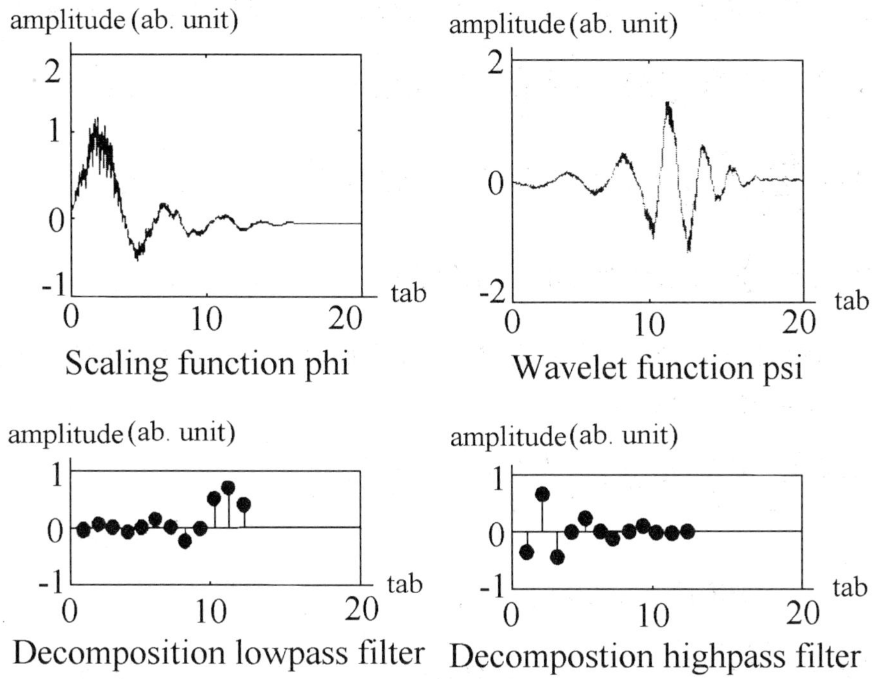

그림 12.14 Equiripple 필터

(2) Daubechies 필터

Daubechies가 제안한 설계조건은 다음과 같다.

① $z=-1$ 즉, $\omega=\pi$ 에서 N개 영점을 갖도록 필터 $P_N(z)$를 설계한다.

② 필터 $P_N(z)$에서 $W(z)$에 진폭왜곡이 제거될 수 있는 조건을 설정하여 삼각함수의 멱급수로 전개한다.

③ 설계된 필터 $P(z)$계수 중 최소 위상 응답을 갖도록 계수를 선택한다.

위의 조건들은 다음 식(12.28)~(12.43)로부터 구한다. 먼저, $N \geq 2$일 때의 해를 구하면

$$C(z)=\cos(\pi\omega)=(z^{-\frac{1}{2}}+z^{\frac{1}{2}})/2 \tag{12.28}$$

$$S(z)=\sin(\pi\omega)=(z^{-\frac{1}{2}}-z^{\frac{1}{2}})/2 \tag{12.29}$$

$$1=(C^2+S^2)^{2N-1}=\sum_{k=0}^{2N-1}\binom{2N-1}{k} C^{4N-2-2k}(1-C^2)^{2k} \tag{12.30}$$

여기서 k 는 0부터 2N-1까지 변하는 변수이며, $|P(z)|^2$을 $P_N(C)$로 나타내면

$$P_N(C) = C^{2N}W_N(S) = \left(\frac{1+z}{2}\right)^{2N} W_N(S) \tag{12.31}$$

$$W_N(S) = \sum_{k=0}^{N-1}\binom{2N-1}{k}(1-S^2)^{N-1-k}S^{2k} \geq 0 \tag{12.32}$$

$$W(z) = \sum_{n=0}^{N-1} w_n z^n |W(z)|^2 = W_N(S) \tag{12.33}$$

여기서, w_n 은 0부터 N-1까지 각각 다른 값을 가지게 되는 변수이며, N=1일 경우, 하-시스템(Haar system)에 해당한다.

$$P(z) = \left(\frac{1+z}{2}\right)^N W(z) = \left(\frac{1+z}{2}\right)^N \sum_{n=0}^{N-1} \omega_n z^n \tag{12.34}$$

$$W(1) = 1 \cong P(1) = 1$$

$$P(z) = \frac{(1+z)}{2} = e^{-\pi\omega}\cos(\pi\omega) \tag{12.35}$$

$$P(-z) = \frac{(1+z)}{2} = e^{-\pi\omega}\sin(\pi\omega) \tag{12.36}$$

$$W_2(S) = 1 + 2S^2 = 2 - \frac{z+z^{-1}}{2} \tag{12.37}$$

$$W(z) = a + bz W(-z) = W(z)^* = a + bz^{-1} \tag{12.38}$$

$$|W(z)|^2 = (a+bz)(a+bz^{-1}) = a^2 + b^2 + ab(z+z^{-1}) \tag{12.39}$$

따라서 a, b는 식(12.40)과 같이 결정된다.

$$a^2 + b^2 = 2,\ ab = -\frac{1}{2},\ a = \frac{1}{2}(1 \mp \sqrt{2}),\ b = \frac{1}{2}(1 \mp \sqrt{3}) \tag{12.40}$$

$$W_{\pm Z} = \frac{1}{2}[(1 \pm \sqrt{3}) + (1 \mp \sqrt{3})z] \tag{12.41}$$

$$P_{\pm z} = \frac{1}{2}\left(\frac{1+z}{2}\right)^2[(1 \pm \sqrt{2}) + (1 \mp \sqrt{3})z] \tag{12.42}$$

N = 2 인 경우, 필터의 계수 값은 식(12.43)과 같다.

$$\frac{1}{2}[1 \quad 2 \quad 1] * [1\pm\sqrt{3} \quad 1\mp\sqrt{3}] = \frac{1}{2}[1\pm\sqrt{3} \quad 3\pm\sqrt{3} \quad 3\mp\sqrt{3} \quad 1\mp\sqrt{3}] \tag{12.43}$$

그림 12.15는 Daubechies 필터를 나타낸 것이다. 그림 12.15에서 보는 바와 같이, 전체적인 형태를 보면, Equiripple 필터보다 정규도가 높아진 것을 알 수 있다.

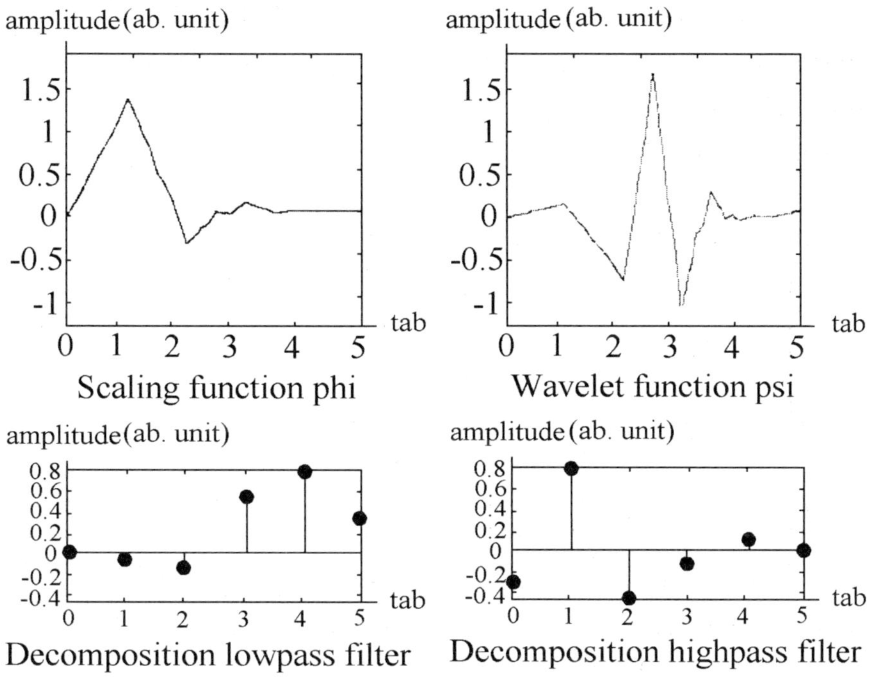

그림 12.15 Daubechies 필터

(3) 쌍직교 필터

쌍직교 필터는 정규도 보다는 선형위상과 완전복원을 만족하도록 설계한 필터이다. 쌍직교 필터는 완전복원의 조건으로부터 $S(z)=0$, $T(z)=Cz^{-n_0}$, (12.23)~(12.26) 및 식(12.44)~(12.47)을 만족하도록 설계한 필터이다.

$$\langle \tilde{f}_0(n-2k), h_1(n-2l)\rangle = 0 \tag{12.44}$$

$$\langle \tilde{f}_1(n-2k), h_0(n-2l)\rangle = 0 \tag{12.45}$$

$$\langle \tilde{f}_0(n-2k), h_0(n)\rangle = \delta_k \tag{12.46}$$

$$\langle \tilde{f}_1(n-2k), h_1(n)\rangle = \delta_k \tag{12.47}$$

식(12.44)에서 $\tilde{f}_0$와 h_1은 그림 12.15의 $\tilde{F}_0$(F_0의 tilde)와 H_1에 해당하며, k 와 l 은 서로 다른 정수를 의미한다. 그리고 식(12.44)와 식(12.45)는, 두 함수가 서로 직교(orthogonal)하는 경우이고, 식(12.46)과 (12.47)은 두 함수가 서로 정규직교(orthonormal)하는 경우이다.

그림 12.16은 쌍 직교 필터를 나타낸 것이다.

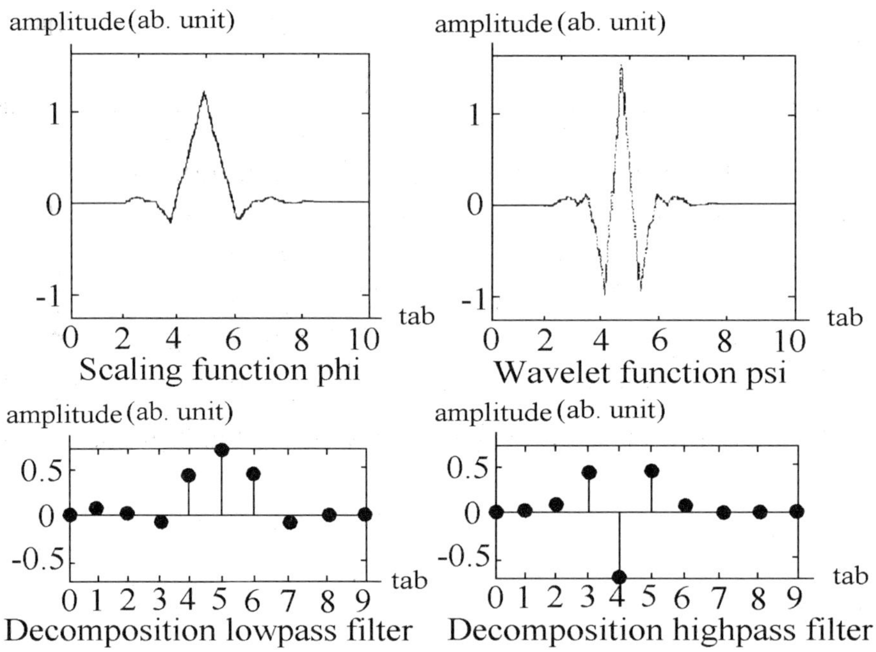

그림 12.16 쌍 직교 필터

12.3.3 동영상 부호화 알고리즘

1) 동영상 부호화 알고리즘

그림 12.17은 동영상 부호화 알고리즘의 전체적인 흐름 도를 나타낸 것이다.

먼저, 영상을 입력받아 4레벨 웨이브렛 변환을 수행한 다음, 기준영상과 나머지 각 영상의 L1영역에 있는 각 화소에 대한 차이 값을 구한다. 이 때, 차이 값이 임계 치(TH1) 이상일 경우에만 화소의 개수를 카운트한다. 이러한 과정을 L1영역에 있는 모든 화소에 대해서 수행한다. 이어서, 카운트된 현재 영상의 화소의 전체 개수와 다음 영상의 화소의 전체 개수에 대한 차이 값을 구한 다음, 임계 치(TH2 : 5가지 종류)에 따라 차이 값을 분류한다. 이어서, 분류한 차이 값이 속하는 화질번호에 따라 부호화를 수행한다. 이러한 과정을 남아있는 모든 영상에 대해서 수행한다.

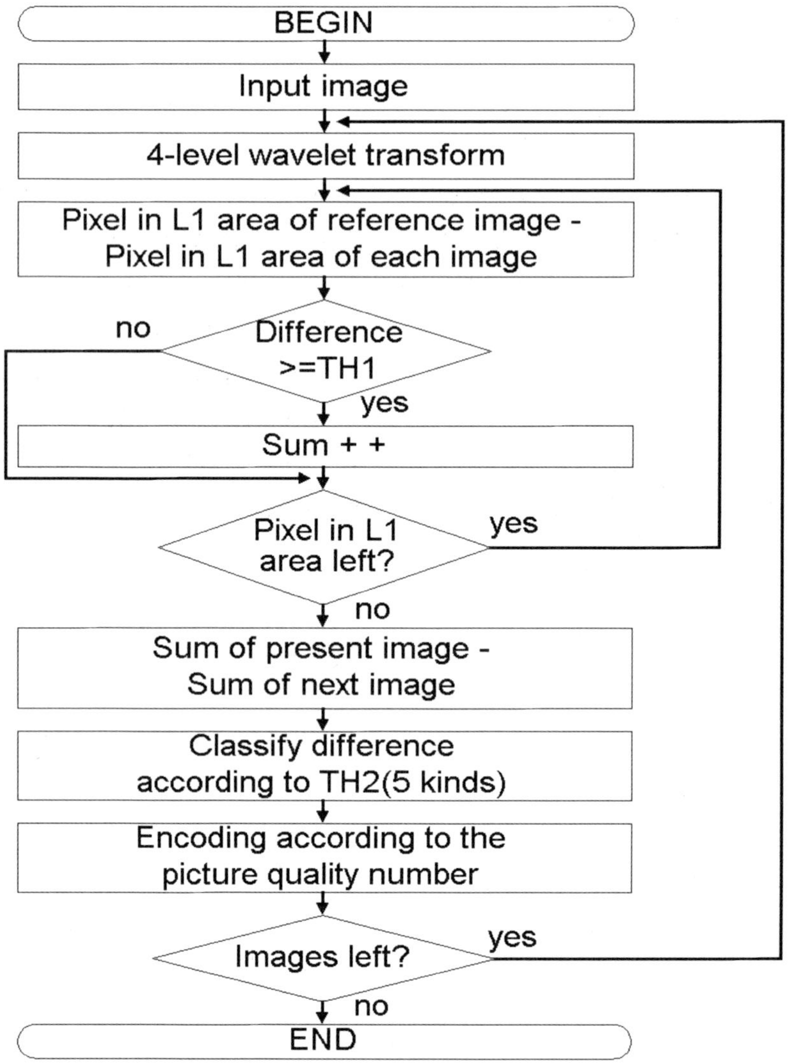

그림 12.17 제안한 동영상 부호화 알고리즘의 전체적인 흐름도

2) 웨이브렛 변환의 영상대역 특성

시뮬레이션에서 사용한 웨이브렛 변환 필터는 안토니니(Antonini)의 웨이브렛 필터이다. 표 12.1은 안토니니의 웨이브렛 필터의 탭의 계수를 나타낸 것이며 각 계수는 실수이다. 그림 12.18은 이 필터를 사용하여 영상을 4-레벨 웨이브렛 변환한 영상의 대역을 나타낸 것이다. 그림에서 L1영역(회색부분)이 움직임 정보영역이다. 이 영역을 움직임 정보영역으로 한 것은 이 영역이 에너지가 가장 많이 집중되어 있고, 전체 영상

중에서 가장 중요한 의미 있는 정보들이 축소된 형상으로 나타나 있기 때문이다. 여기서, 움직임 정보를 추출하는 루틴은 기존의 움직임 예측부분에 해당되는데, 차이점은 비교적 범위가 작은 L1영역에서 움직임의 정보를 찾게 되므로, 탐색시간이 상당히 줄어든다.

표 12.1 안토니니의 웨이브렛 필터의 탭 계수

n	0	±1	±2	±3	±4
$2^{-1/2}h_n$	0.602948	0.266864	-0.078223	-0.016864	0.026749
$2^{-1/2}\tilde{h}_n$	0.557543	0.295636	-0.028772	-0.045636	0.000000

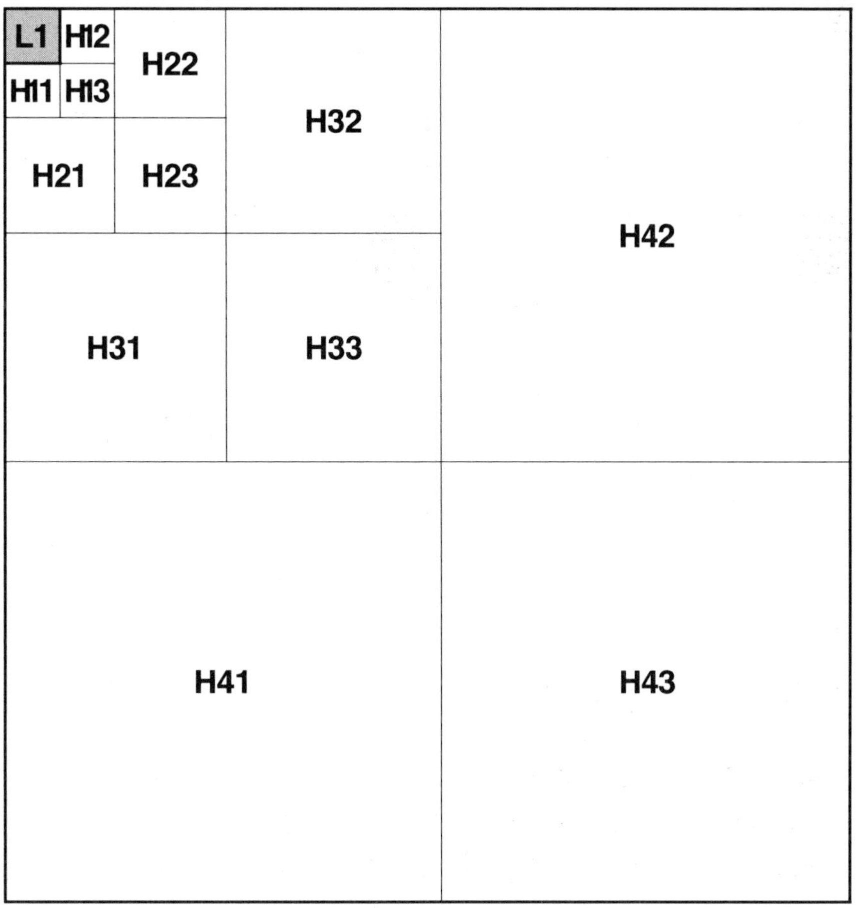

그림 12.18 4-레벨 웨이브렛 변환한 영상의 대역표시

한편, 움직임 정보영역에서 두 영상간의 움직임에 대한 정보를 추출하는 경우 이 움직임이 있는 영역에서 두 영상간의 차이 값이 실험에 의한 기준값보다 클 경우에만 의미 있는 정보(즉, 기준프레임 영상에는 없는 정보)로 인식하게 된다. 이와 같이 의미 있는 정보로 인식된 값들은 계층적 트리구조를 가지는 하위대역 계수들의 페어런트(parent) 값이 된다.

그림 12.19는 계층적 트리구조의 상관관계를 도식화한 것이다.

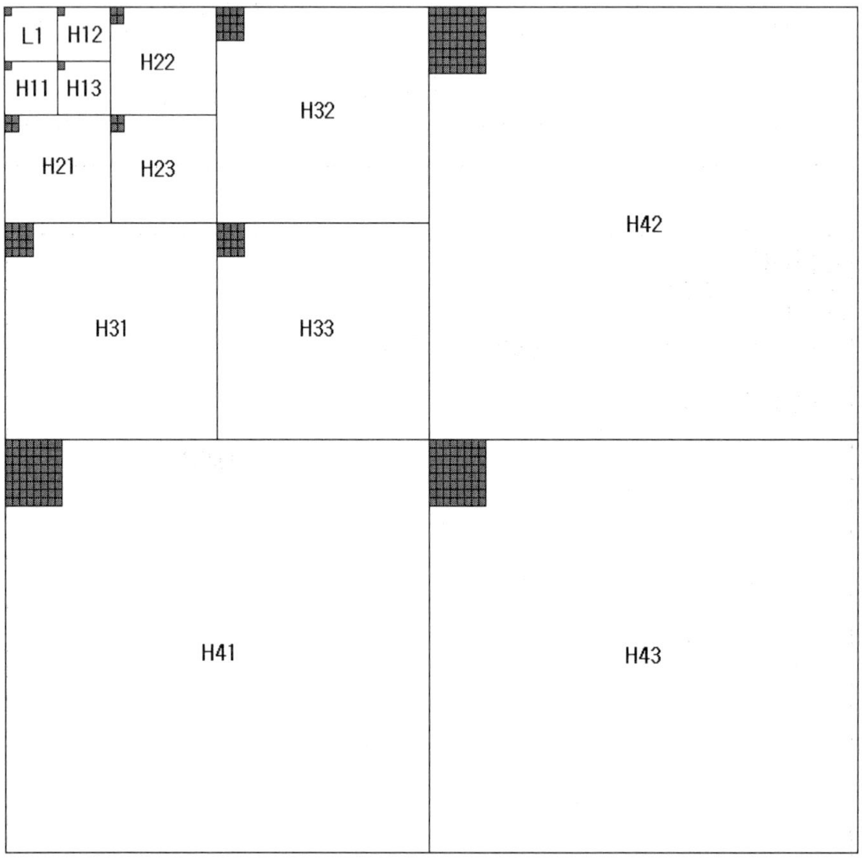

그림 12.19 4-레벨 웨이브렛 변환 영상의 계층적 트리구조의 상관관계

그림 12.19에서 L1영역내의 회색으로 표시된 픽셀 하나가 나머지 하위대역(H11~H43)에 위치하는 회색표시의 255개의 픽셀계수들의 페어런트 값이 된다. 최 상위 대역인 L1 이외의 나머지 대역의 계수들은, 대역이 하위로 내려갈수록, 고주파성분의 계수들로 이루어져 있다.

최하위 대역(H41∼H43)에 위치한 계수들은 일반적으로 에지 성분을 가지고 있으며, 차지하는 데이터양이 많기 때문에 임계 치(threshold) 이하의 정보들은 대부분 삭제하여 데이터양을 줄이게 된다. 이들 대역에서 삭제된 데이터들은 기준프레임의 데이터들로 대체가 된다. 즉, L1 이외의 나머지 하위대역의 픽셀계수들은, 이들의 페어런트 계수인 L1영역의 의미 있는 정보픽셀계수들을 기준으로 압축률을 높이기 위해서 데이터를 삭제하고, 복호화할 때 기준이 되는 프레임에서 대체를 하게 된다.

3) 보호영역과 대체영역의 설정

(1) 정보픽셀계수들의 삭제와 대체 알고리즘

프레임 영상간의 움직임 성분을 추출하기 위하여 웨이브렛 변환된 기준프레임과 나머지 각 영상의 L1영역에 대한 차이 값을 구한 다음, 각각의 차이 값을 임계 치로 필터링한다. 이 때, 차이 값의 절대 값이 임계치보다 크면, 기준프레임 영상과 다른 값(움직임이 있는 픽셀계수 : 의미 있는 페어런트 계수)으로, 임계치보다 작으면, 기준프레임 영상과 같은 값(움직임이 없는 픽셀 계수 : 의미 없는 페어런트 계수)으로 인식한다. 여기서, 압축하고자 하는 프레임 영상에서, 의미 있는 L1의 페어런트 계수들의 하위 자식(child) 노드의 계수들은 그대로 존재시키고, 의미 없는 L1의 페어런트 계수들의 하위 자식노드의 계수들은 모두 삭제(deletion)시킨 다음, 0으로 대체(substitution)시킨다. 그러므로 기준프레임 영상에 대해서 현재 프레임의 영상내의 실제 움직임이 있는 의미 있는 계수들만 남고, 나머지 의미 없는 계수들, 즉, 움직임이 없는 계수들은 기준프레임 영상의 공간적으로 대응되는 위치의 계수들로 충당이 되어, 실제로 움직임이 있는 계수만 저장이 되는 것이다.

한편, 임계 치를 작게 설정하면 많은 계수들이 움직임이 있는 정보로 취급되어 압축률은 저하되지만 화질을 향상시킬 수가 있다. 그리고 임계 치를 크게 설정하면 많은 계수들이 움직임이 없는 계수로 취급되어 화질은 저하되지만 압축률을 향상시킬 수가 있다. 따라서 임계 치를 적절히 조정하면 압축률과 화질을 모두 보장할 수가 있게 된다.

지금까지 설명한 삭제와 대체 알고리즘을 도식으로 좀 더 자세히 고찰하기로 한다. 예를 들어, 기준프레임과 압축할 프레임을 웨이브렛 변환한 결과, L1영역의 화소값의 분포가 그림 12.20의 (a), (b)와 같다고 하자.

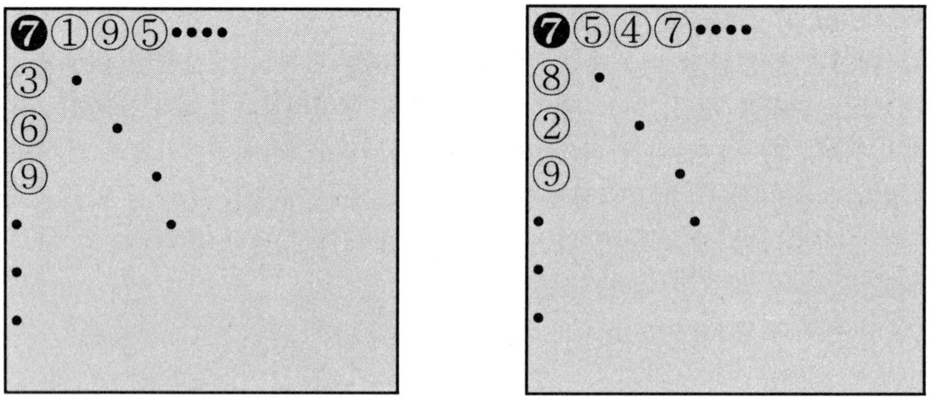

(a) 기준프레임의 L1영역　　　　(b) 압축할 프레임의 L1영역

그림 12.20　기준프레임과 압축할 프레임의 L1대역

먼저, 움직임 성분을 추출하기 위하여 그림과 같이 웨이브렛 변환된 기준프레임과 압축할 프레임의 L1영역에서 화소의 차이 값을 구한다. 즉, 그림 (a)의 기준프레임의 첫 번째 화소 값(7)에서 그림 (b)의 압축할 프레임의 첫 번째 화소 값(7)을 빼면 차이 값은 0이 된다. 그리고 임계 치는 6이다. 따라서 차이 값이 0이므로 임계치보다 작기 때문에, 압축할 프레임의 첫 번째 화소는 움직임이 없는 페어런트 계수가 된다. 따라서 L1영역의 첫 번째 화소에 해당하는 하위영역(H11~H43)의 계수들은 그림 12.21과 같이 모두 0으로 대체된다.

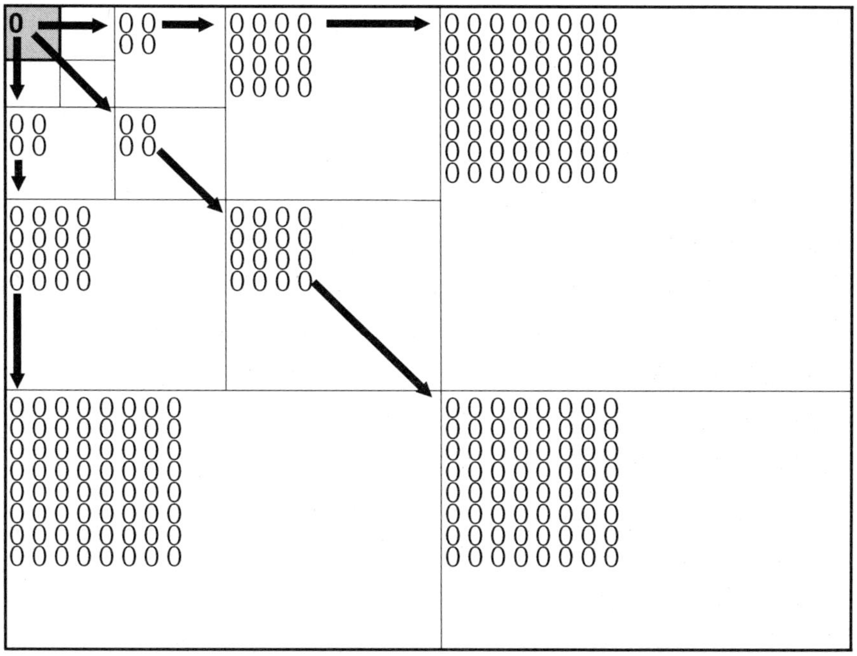

그림 12.21 움직임이 없는 하위영역을 0으로 대체한 영상

이와 같이, 0으로 대체된 영역은 기준프레임의 각각의 해당 영역에 위치하는 화소 값들로 대체되며, 0으로 대체되지 않은 영역은 압축하고자 하는 프레임의 원래의 값이 그대로 사용된다. 이와 같은 과정은 L1영역에 존재하는 전체 화소에 대해서 수행된다.

(2) 프레임 내 영상의 보호영역과 대체영역의 설정

앞에서 설명한 삭제와 대체 알고리즘을 영상 전체에 대해서 적용할 경우, 경우에 따라서는 기준프레임의 영상의 일부가 복원영상에 겹쳐서 나타날 수도 있다. 이러한 현상은, 두 프레임 사이에 움직임이 있음에도 불구하고, 기준프레임의 L1영역에 있는 화소와 압축할 프레임의 L1영역에 있는 화소가 임계 치 이하로 계산되는 경우이다. 이러한 경우, 압축할 프레임의 각각의 해당영역은 모두 0으로 대체되고, 복원 시 기준프레임의 각각의 해당영역이 모두 복원영상의 해당 영역에 대체되기 때문에 복원영상의 일부분에는 기준프레임의 영상이 겹치게 된다.

그러므로, 화질의 보장을 위해서는 대체되는 계수에 대하여 위치적인 중요도에 따라 영역을 제한해 주어야 한다.

4) 적응적 픽쳐 프레임의 구조

두 프레임 영상의 움직임 정보영역에서, 기준프레임과 나머지 프레임들 사이에 의미 있는 페어런트 픽셀들의 차를 카운트하여, 두 프레임 사이의 연관성을 나타내는 데이터를 시뮬레이션을 통하여 구하였다.

먼저, 기준프레임의 L1영역에 있는 화소와 나머지 프레임의 L1영역에 있는 화소 사이에 임계 치 ±6 이상의 차이가 나는 화소의 개수를 카운트한다. 임계 치 ±6은 본 논문에서 실험을 통하여 얻은 값으로서, 이 임계 치 미만의 차이 값을 갖는 화소는 움직임이 없는 화소로 간주하고 임계 치 이상의 차이 값을 갖는 화소는 움직임이 있는 화소로 간주한다. 임계 치를 너무 작게 설정하면 많은 계수들이 움직임이 있는 정보로 취급되어 화질은 향상시킬 수 있으나 압축률이 저하되고, 임계 치를 너무 크게 설정하면 많은 계수들이 움직임이 없는 정보로 취급되어 압축률은 향상시킬 수 있으나 화질이 저하되는 결과를 초래하게 된다. 따라서 임계 치를 적절히 조정하면 압축률과 화질을 모두 보장할 수가 있게 된다.

다음으로, 이 카운트된 수를 이용하여 그림 12.22와 같은 픽쳐 셋 필터(picture set filter)를 표현하였다.

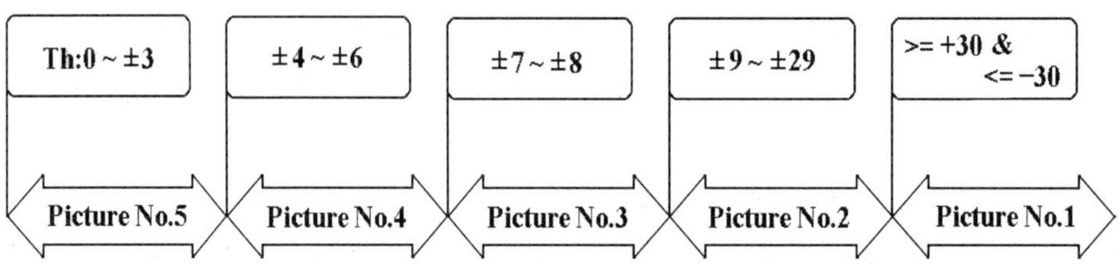

그림 12.22 픽쳐 셋 필터

그림 12.22는 픽쳐 셋 필터의 개략 도를 나타낸 것이다. 즉, 픽쳐 셋 필터에 의하여 부호화하고자 하는 해당 프레임 영상을 5가지의 화질번호로 분류하였다. 즉, 5가지 종류의 임계 치(0, ±4, ±7, ±9, ±30)는 압축률과 화질을 적절히 보장해 주기 위한 최적의 값으로서 실험을 통하여 얻은 것이다.

기준 프레임과 해당 프레임 사이의 페어런트 픽셀의 차를 카운트하여 0~±3은 화질번호 5로, ±4~±6은 화질번호 4로, ±7~±8은 화질번호 3으로, ±9~±29는 화질번호 2로 그리고, ±30 이상은 화질번호 1로 분류하였다. 화질번호가 높을수록 압축률은 향상되지만 화질은 저하되며, 화질번호가 낮을수록 화질은 향상되지만 압축률은 저하된다.

표 12.2는 화질번호에 대한 주관적 화질, 객관적인 화질 및 압축률에 대한 특성을 나타낸 것이다.

표 12.2 화질번호별 특성

Picture quality No.	Subjective quality	PSNR level	Compression ratio
1	best	over 37dB	under 0.73bpp
2	better	over 30dB	under 0.69bpp
3	normal	over 27dB	under 0.25bpp
4	worse	over 23dB	under 0.06bpp
5	worst	over 20dB	under 0.02bpp

표 12.2에서, 화질번호 1로 프로세싱한 결과는 PSNR(Peak Signal to Noise Ratio)이 37dB 이상으로서 주관적인 화질은 매우 양호한 상태로 평가할 수 있으며, 압축비는 0.73bpp(bit per pixel) 이하로서 원영상을 기준(8bpp)으로 하여 대략 11배 이상이다. 화질번호 2로 프로세싱한 결과는 PSNR이 30dB 이상으로서 주관적인 화질은 양호한 상태로 평가할 수 있으며, 압축비는 0.69bpp 이하로서 원 영상을 기준으로 하여 대략 12배 이상이다. 화질번호 3으로 프로세싱한 결과는 PSNR이 27dB 이상으로서 주관적인 화질은 보통상태로 평가할 수 있으며, 압축비는 0.25bpp 이하로서 원 영상을 기준으로 하여 대략 32배 이상이다. 화질번호 4로 프로세싱한 결과는 PSNR이 23dB 이상으로서 주관적인 화질은 어느 정도 양호한 상태로 평가할 수 있으며, 압축비는 0.06bpp 이하로서 원영상을 기준으로 하여 대략 127배 이상이다. 화질번호 5로 프로세싱한 결과는 PSNR이 20dB 이상으로서 주관적인 화질은 양호하지 않은 상태로 평가할 수 있으며, 압축비는 0.02bpp 이하로서 원 영상을 기준으로 하여 대략 500배 이상이다. 이와 같은 특성을 가지는 화질번호는 영상의 특성에 따라 적응적으로 부여할 수도 있고, 사용자의 의도에 따라 개별적으로도 선택이 가능하다. 화질번호가 부여되면, 그 번호에 해당되는 5가지의 화질등급에 따라 정보추출루틴으로 분기하게 된다.

5가지 화질등급에 따른 5가지 정보추출 방식은 다음과 같다.

1) Picture quality No.1

(1) 보호영역
L1, H11, H12, H13, H21, H22, H23

(2) 대체영역
H31, H32, H33, H41, H42, H43

(3) THRESHOLD
1

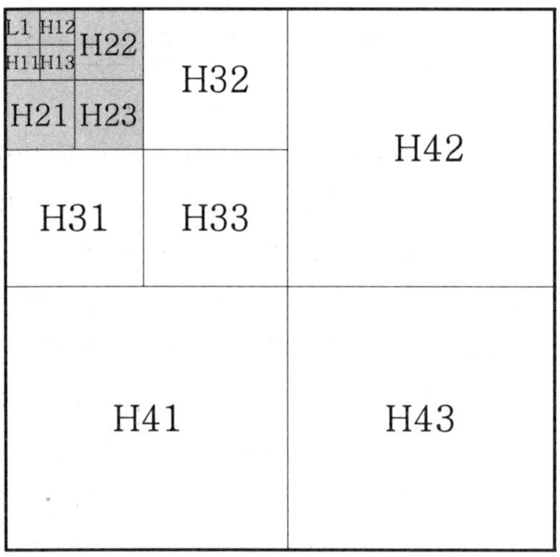

(a) 보호영역(회색부분)

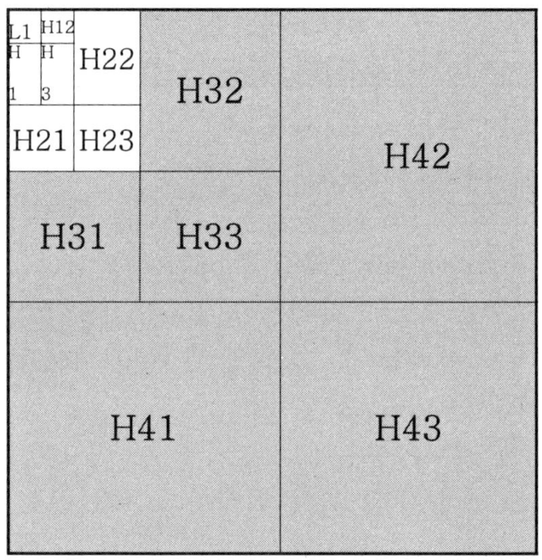

(b) 대체영역(회색부분)

그림 12.23 화질번호 1의 보호영역과 대체영역

그림 12.23은 화질번호 1번의 방법에 대한 정보를 나타낸 것이다. 보호영역은 L1부터 H23까지로 설정하고, 대체영역은 H31부터 H43까지로 설정하였으며, 임계 치를 1로 정하였다. 이것은 보호영역으로 설정된 L1부터 H23까지는, 웨이브렛 변환된 현재 프레임의 값을 그대로 사용하고, 대체영역으로 설정된 H31부터 H43까지는 기준프레임의 L1영역의 화소와 해당 프레임의 L1영역의 화소 사이의 차이 값이 임계치 1 이하인 경우에만 해당 프레임 영역을 기준프레임 영역으로 대체하고, 임계 치 1보다 큰 경우에는 해당 프레임의 정보를 그대로 이용하게 된다. 따라서 화질번호 1번에 의한 프로세싱은 동영상 부호화시에 전체적으로 압축률을 저하시키지만, 화질을 매우 양호하

게 보장해 줄 수 있다.

2) Picture quality No.2

화질번호 2번의 보호영역과 대체영역의 설정은 화질번호 1번의 방법과 동일하며, 임계 치는 6으로 설정하였다. 화질번호 1번의 방법과 마찬가지로, 보호영역은 웨이브렛 변환된 현재 프레임 값을 그대로 사용하고, 대체영역은 이 임계치 이하인 경우에만 해당 프레임 영역을 기준프레임 영역으로 대체하고, 임계치보다 큰 경우에는 해당 프레임의 정보를 그대로 이용한다. 따라서 화질번호 2번에 의한 프로세싱은 동영상 부호화시에 전체적으로 압축률을 조금은 저하시키게 되지만, 화질을 양호하게 보장해 줄 수가 있다.

3) Picture quality No.3

화질번호 3번의 보호영역과 대체영역의 설정은 화질번호 1번의 방법과 동일하며, 임계 치를 2000으로 설정하였다. 임계 치를 큰 값인 2000으로 설정한 것은, 대체영역 부분에 있는 화소들을 부호화시에 이용하지 않음으로서, 압축률을 높이기 위한 것이다. 즉, 두 영상간의 차이 값이 임계 치 2000을 넘는 화소들에 대해서만 부호화를 수행하게 되는데, 영상을 웨이브렛 변환한 화소 값이 -980～+280에 분포하게 되므로, 두 화소 값 사이의 차가 아무리 커도 2000을 넘지는 않게 된다. 따라서 대체영역으로 설정된 부분은 부호화에 이용하지 않게 된다. 따라서 화질번호 3번에 의한 프로세싱은 동영상 부호화시에 압축률 및 화질을 평균적으로 보장해 줄 수가 있다.

4) Picture quality No.4

(1) 보호영역
L1, H11, H12, H13, H21, H22, H23

(2) 대체영역
H43

(3) THRESHOLD
2000

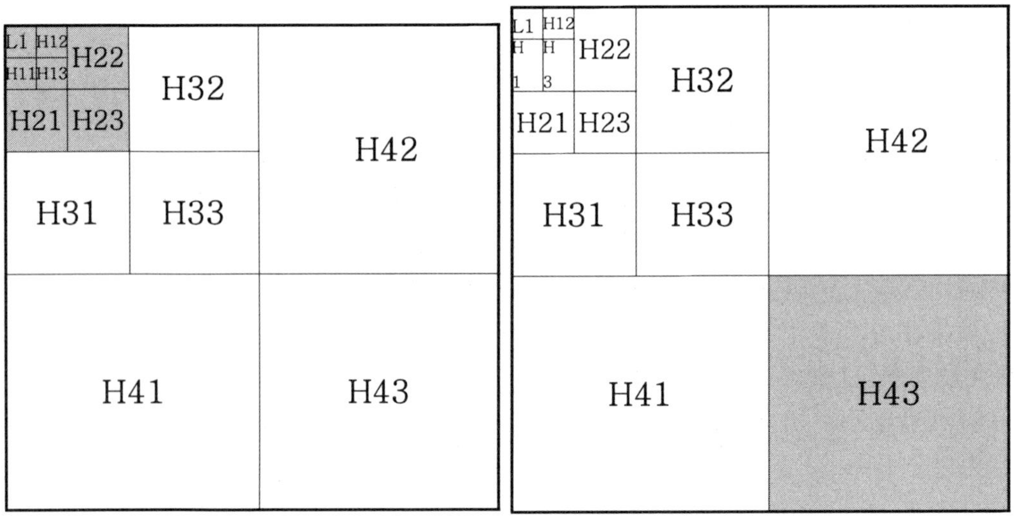

(a) 보호영역(회색부분) (b) 대체영역(회색부분)

그림 12.24 화질번호 4의 보호영역과 대체영역

그림 12.24는 화질번호 4번의 방법에 대한 정보를 나타낸 것이다. 보호영역은 L1부터 H23까지로 설정하고, 대체영역은 H43으로 설정하였으며, 임계 치를 2000으로 정하였다. 보호영역과 대체영역의 설정과 임계치의 사용은 화질번호 1, 2, 3의 방법과 동일하나, 그림에서 보호영역도 아니고 대체영역도 아닌 영역(H31, H32, H33, H41, H42)이 존재한다. 이 영역은 사용되지 않는 영역으로서 부호화시에 전혀 고려하지 않아도 되는 정보이다. 즉, 이 영역은 부호화시에 제외되기 때문에 버려지는 영역이다.

대체영역을 H43으로 설정한 것은 H41 이나 H42 영역을 대체영역으로 설정한 것보다 화질을 좀 더 양호(약 1dB 정도)하게 보장해 주기 때문이다. 즉, 영상에 따라 조금씩은 다르겠지만, 수직이나 수평방향의 고주파성분보다는 대각선 방향의 고주파성분이 해당 영상에 많이 포함되어 있기 때문이다. H41은 수평 방향의 고주파성분을, H42은 수직 방향의 고주파 성분을, 그리고 H43은 대각선 방향의 고주파 성분을 나타내는 값이다.

이와 같이, 화질번호 4번 방법에 의한 프로세싱은 동영상 부호화시에 전체적으로 화질을 조금은 저하시키지만, 압축률을 어느 정도 양호하게 보장해 줄 수가 있다.

5) Picture quality No.5

(1) 보호영역
L1, H11, H12, H13

(2) 대체영역
H43

(3) THRESHOLD
2000

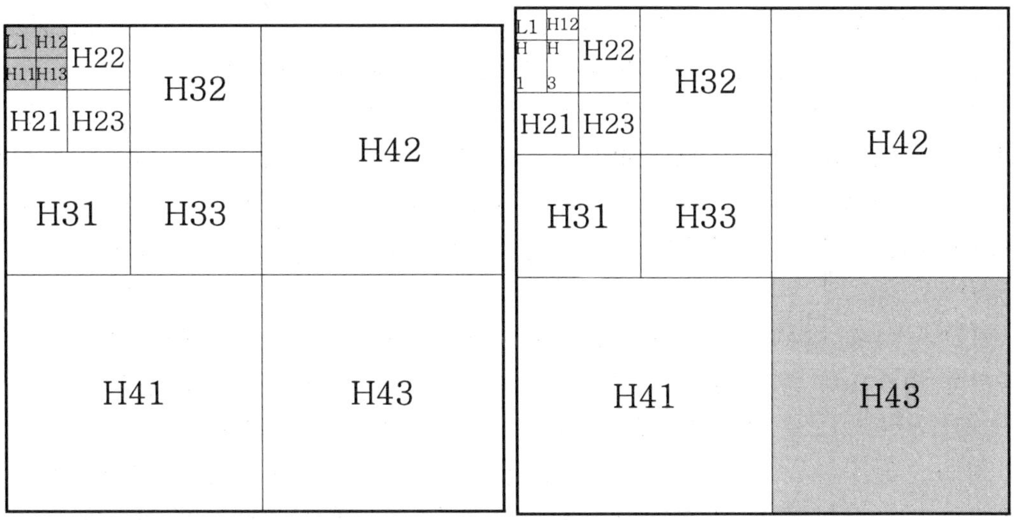

(a) 보호영역(회색부분) (b) 대체영역(회색부분)

그림 12.25 화질번호 5의 보호영역과 대체영역

그림 12.25는 화질번호 5번의 방법에 대한 정보를 나타낸 것이다. 대체영역의 설정과 임계 치는 화질번호 4번의 방법과 동일하며, 보호영역을 L1부터 H13까지로 설정하였다. 따라서 화질번호 5번에 의한 프로세싱은 동영상 부호화시에 전체적으로 화질을 저하시키지만, 압축률을 매우 양호하게 보장해 줄 수 있다.

12.4 프랙탈

12.4.1 개요

오늘날 정보화시대에서 많은 양의 정보를 효율적으로 저장하고 처리하고 전송하기 위해서는 데이터 압축 기술 개발이 필요하다는 것은 아무리 강조해도 지나치지 않다. 앞에서 언급한 JPEG, MPEG, wavelet에서 설명한 압축 알고리즘들과 다른 또 다른 방식이 바로 프랙탈(fractal)을 이용한 영상 압축 기법이다.

1975년 Benoit B. Mandelbrot는 끝없이 확대되어도 여전히 복잡한 구조를 가지고 있는 불규칙하고 조각적인 형태를 가진 것을 묘사하기 위해서 "fractal"이라는 용어를 사용하였다. 프랙탈 기하학은 고전적 기하학의 확장이다. 프랙탈 기하학은 다음 두 가지 특징을 갖는다. 첫째, 기하학적으로 복잡하고 둘째, 적은 정보내용(information content)을 갖는다. 프랙탈은 자연 현상을 묘사하는데 적절한 방법이다.

최근 들어 프랙탈 개념을 이용하여 영상 처리 분야 등 많은 분야에서 연구가 활발히 진행되고 있다. 특히 영상 처리 분야에서는 영상 합성(image synthesis), 3차원 영상 표면 분석(shape from shading and texture), 윤곽선 추출(texture image classification) 및 영상 데이터 압축(image data compression) 등에 프래탈 계수를 적용한다.

엄청난 양의 영상 데이터를 효율적으로 저장하고 전송하기 위해서 인간의 시각적 특성을 이용하여 불필요한 정보를 제거하거나 주파수 영역으로의 변환에 의해 정보량을 감소시키는 영상 압축 기법들이 현재까지 사용되어 왔다. 특히 정지 영상의 경우에는 JPEG, 동영상의 경우는 MPEG으로 압축 기법이 표준화되었다. 이 같은 압축 기법에서는 이산 여현변환 DCT를 이용하여 주파수 영역에서 처리하기 때문에 압축율을 높이기 위해 교류성분을 제거함에 따라 고주파 성분인 에지(edge)가 상실되며, 복잡한 영상의 경우 그 압축 율이 크게 감소하므로 대역폭이 제한된 채널을 사용하여 통신을 하는데 많은 제약을 받게 된다. 또한 영상 확대 시 불록화(pixelization)를 유발하는 문제점도 지니고 있다. 그러므로 이러한 문제점을 해결하려는 일환으로 프랙탈 기법을 이용한 새로운 영상 압축 방법들이 제기되고 있다.

프랙탈은 간단히 말해서 불규칙한 자기 유사성(self similarity)을 지니고 있는 기하학적 형태로서 그 이론은 대략 100년간의 역사를 가지고 있다. 70년대 Mandelbrot에 의해 프랙탈 개념이 체계화되고 80년대 Barnsley에 의해 영상 압축 분야에서 수학적 증명과 더불어 구체적으로 이용되기 시작했다. Barnsley는 프랙탈 영상 압축 기법으로서 IFS(Iteractive Function System)를 제시하였다. 프랙탈 영상 압축 기법은 영상 내에서 자기 유사성의 관계를 표현함으로써 기술하는 것이다. 자기 유사성을 기술하기 위해서는 영상내의 유사한 두 영역을 결정하여 설정된 두 영역에 대한 변환식을 이용하여 관계를 기술하는 것이다. 변환식에 의해서 변환될 영역을 치역(range)이라고 하고 변환된 영역을 정의역(domain)이라 한다. Jacquin은 원영상을 일정한 형태의 치역 블록으로 나눈 후 각 치역 블록에 대하여 변환에 이용된 정의역블록을 영상 내에서 찾아 오차가 가장 적은 쌍의 블록을 찾아 변환식에 사용된 값을 저장함으로써 압축이 행하여진다.

프랙탈 영상 압축 기법은 자기 유사성(self-similarity)이라는 특성을 갖는 프랙탈 기하이론에 근거한 압축기법으로 영상내의 각 블록들을 축소변환 (contractive transformation) 파라미터들로 표현함으로써 영상을 부호화한다.

반복 축소변환에 의한 프랙탈 영상 압축이론은 Barnsley가 최초로 제안하였고, Jacquin은 이 이론에 근거하여 블록기반 프랙탈 압축기법을 제안하였으며 현재 Jacquin의 방법은 프랙탈 압축기법의 근간이 되고 있다.

일반적으로 프랙탈 압축 기법은 고 압축률에서도 블록화 현상이 심하지 않으며 영상의 에지나 질감의 시각적 재생 화질이 우수한 장점이 있으나 압축 시 많은 시간을 소모하는 단점이 있어 실시간 처리 측면에서는 불리하다. 그러나 실시간 복호화만을 요구하는 멀티미디어 온 디멘드와 같은 응용에서는 상대적으로 유리한 기법이라 할 수 있다.

12.4.2 프랙탈 부호화

IFS는 회전(rotation), 변환(translation) 및 스케일링(scaling)의 조합을 나타내는 어핀 변환식(affine transform)들로 구성된다. 즉 IFS는 프랙탈 영상의 압축 정보를 의미하며, 프랙탈 원영상은 IFS로부터 복원될 수 있다. 유클리디안 평면(euclidean plane)상에서 임의의 점들을 새로운 점 위치로 변환시켜주는 2차원 어핀 변한식(w)을 아래 식(12.48)에 표시하였다.

$$\begin{bmatrix} x' \\ y' \end{bmatrix} = w\begin{bmatrix} x \\ y \end{bmatrix} = \begin{bmatrix} a & b \\ c & d \end{bmatrix}\begin{bmatrix} x \\ y \end{bmatrix} + \begin{bmatrix} e \\ f \end{bmatrix} \qquad (12.48)$$

여기서 a, b, c, d, e, f ∈ R이고 (x, y), (x′, y′) ∈ R^2이다.

식(15.1)은 좌표 (x, y)가 행렬식 a, b, c, d, e, f에 의해서 새로운 점 (x′, y′)으로 변환하는 것을 나타낸다.

IFS를 구성하는 어핀 변환식들은 수렴점을 갖기 위해서 수축변환(contractive

transform)이어야 하면, 그 조건은 식(12.49)와 같다.

$$d(w(a),\ w(b)) \le s \bullet d(a,\ b) \qquad (12.49)$$

여기서 $\forall$ a, b $\in$ U, 0 $\le$s < 1

U는 측도 공간(metric space), (U,d)에서의 영상 데이터 공간을 나타내며, d는 그 측도 공간에서의 척도를 나타낸다. 그리고 s는 변환식 w에 대한 수축율이라고 일컫는다.

한 예로서 써핀스키 삼각형 영상에 대한 IFS와 그 복원과정을 살펴보면 IFS는 3개의 수축 어핀 변환식 w1, w2 및 w3으로 구성되고 그림 12.26에 나타내었다.

$$w_1\begin{bmatrix} x \\ y \end{bmatrix} = \begin{bmatrix} \frac{1}{2} & 0 \\ 0 & \frac{1}{2} \end{bmatrix} \begin{bmatrix} x \\ y \end{bmatrix} + \begin{bmatrix} 0 \\ 0 \end{bmatrix} \qquad (12.50)$$

$$w_2\begin{bmatrix} x \\ y \end{bmatrix} = \begin{bmatrix} \frac{1}{2} & 0 \\ 0 & \frac{1}{2} \end{bmatrix} \begin{bmatrix} x \\ y \end{bmatrix} + \begin{bmatrix} 0 \\ \frac{1}{2} \end{bmatrix} \qquad (12.51)$$

$$w_3\begin{bmatrix} x \\ y \end{bmatrix} = \begin{bmatrix} \frac{1}{2} & 0 \\ 0 & \frac{1}{2} \end{bmatrix} \begin{bmatrix} x \\ y \end{bmatrix} + \begin{bmatrix} \frac{1}{2} \\ 0 \end{bmatrix} \qquad (12.52)$$

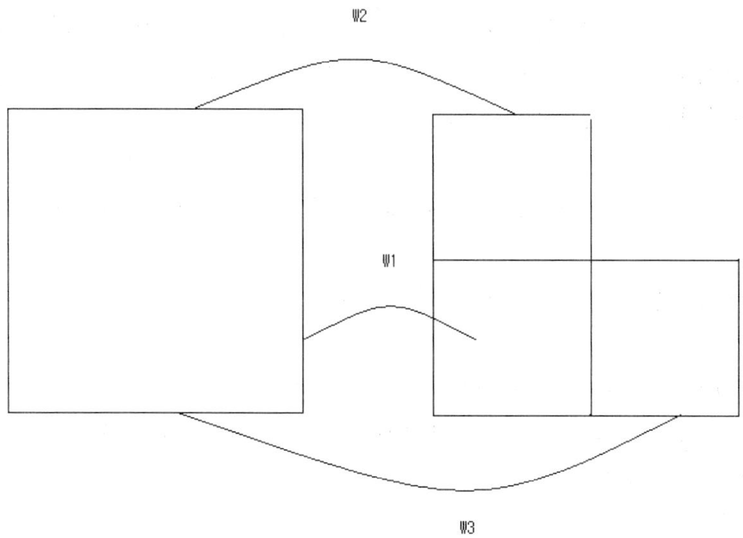

그림 12.26 써핀스키 삼각형 영상에 대한 수축 어핀 변환

IFS정리에 의하면 수축 어핀 변환식들로 구성된 각 IFS는 단일(unique) 프랙탈 영상을 갖게 되면, 그 단일 프랙탈 영상을 해당 IFS의 끌개(attractor)라고 일컫는다. 즉, Hausdorff 거리 H(U)를 영상 데이터 공간 U의 컴팩트 부분집합(compact subset)들로 이루어진 공간이라고 할 때, 수축 어핀 변환식들로 구성된 IFS는 그 끌개 A에 대해 관계식을 식(12.53)과 식(12.54)에 나타내었다.

$$A = W(A) = U_{n=1}^{N} W_n(a),\ A \in H(U) \qquad (12.53)$$

$$A = \lim_{n \to \infty} W^n(B),\ \forall B \in H(U) \qquad (12.54)$$

여기서 W^n은 W 변환을 n번 적용한 것을 나타낸다. 위 식은 초기 영상 B에 관계없이 수축 어핀 변환들을 반복적으로 수행하면 그 IFS에 단일한 영상 A로 수렴해 간다는 것을 의미한다. 단 유의할 점은 각 IFS에 대한 프랙탈 영상은 단일하지만, 프랙탈 영상은 여러 개의 다른 IFS로부터 얻어질 수 있다.

IFS로부터 그 끌개, 즉 단일 프랙탈 영상을 얻는 한 방법으로서 카오스게임 알고리즘이 사용된다. 카오스 게임 알고리즘에서는 각 어핀 변환이 선택되어 사용될 확률이 주어져야 한다. N개의 어핀 변환식 w_1, w_2, • • •, w_N으로 구성된 한 IFS가 있고, 그 각각의 어핀 변환식이 선택되어 사용될 확률을 각각 p_1, p_2, • • •, p_N이라고 가정하자. 이때 확률 관련식은 식(12.55)이 된다.

$$p_1 + p_2 + \cdots + p_N = 1, \; p_i > 0 \text{ for } = 1, 2, \cdots, N \quad (12.55)$$

카오스 게임 알고리즘은 다음과 같이 설명된다.

① x=0, y=0으로 설정
② 확률 p_k를 가지고 수행될 어핀 변환식 w_k를 선택
③ 새로운 점 (x′, y′)를 얻기 위하여 설정된 (x, y)에 대한 어핀 변환식 w_k를 수행
④ x를 x′로 y를 y′로 대치
⑤ (x, y)를 설정
⑥ 단계 ②를 반복수행

간단한 프랙탈 영상에 대한 IFS를 발견하는 것은 용이하지만, 대부분의 자연계 영상들은 복잡한 프랙탈 영상들로 이루어져 있다. 이 경우에 복잡한 프랙탈 영상에 대한 IFS를 발견하는 것은 매우 어렵고 때때로 거의 불가능하다. 이 문제에 대한 해결책은 그 프랙탈 영상에 대한 근사 IFS를 발견하는 것이며, 이는 다음과 같은 collage 이론에 의해 뒷받침되고 있다. B를 대상(target)영상이라고 하고, C를 수축률 s(단, $0 \le s < 1$)를 갖는 임의의 IFS 코드라고 하자.

만약 B와 C(B)간의 Hausdroff 거리가 ε보다 작다면 B와 끌개(C)가에 Hausdroff 거리는 ε/(1 - s)보다 작다, 이 이론의 의미하는 것은 만약 B와 C(B)간에 Hausdroff 거리가 매우 작은 한 IFS 코드 CMFMF 발견할 수 있다면, C의 끌개는 B와 매우 유사하나든 사실이다. 그러므로 한 영상에 대한 IFS 코드를 발견하기 위해서 대상 영상의 축소 변형 복사 본(즉, 대상 영상의 어핀 변환 영상)들이 가능한 정확하게 그 대상 영상을 덮어씌우도록 배열시켜야 한다. 각 변형은 대상 영상의 한 어핀 변환을 의미하기 때문에, 변형된 복사 본들의 College그 한 IFS 코드를 결정하나. 즉 그 Collage가 더 잘 이루어질수록 그 IFS의 끌개는 대상 영상에 근접한다. Collage 이론으로부터 얻어지는 또 다른 결과는 두 IFS 코드들의 계수 값들이 거의 근사하다면 그 때의 두 IFS 코드들의 끌개들도 역시 거의 유사하다. 즉 IFS 코드에서의 작은 에러는 얻어지는 영상에서의 작은 에러를 유도한다. 이는 정보전송 시 에러에 대한 근본적인 안정성을 의미한다. Collage 이론에서 언급된 Hausdroff 거리는 한 점 x로부터 한 영상 B까지의

거리를 d(x, B)라고 하면 식 (12.56)이 생성된다.

$$d(x, B) = \min\{d(x, y) : y \in B) \tag{12.56}$$

연 습 문 제

1. 정보압축의 개념에 대해서 설명하시오.

2. JPEG의 부호화기에 대해서 설명하시오.

3. JPEG의 복호화기에 대해서 설명하시오.

4. MPEG 1에 대해서 설명하시오.

5. MPEG 2에 대해서 설명하시오.

6. MPEG 4에 대해서 설명하시오.

7. H.261에 대해서 설명하시오.

8. H.263에 대해서 설명하시오.

9. wavelet 압축 기법에 대해서 설명하시오.

10. fractal 압축 기법에 대해서 설명하시오.

정보통신개론

2011년 3월 2일 인쇄
2011년 3월 5일 발행
저 자 강 경 인 저
편낸이 오 성 걸
편낸곳 오성미디어
주 소 132-916 서울시 도봉구 창 3동 491-1
전 화 02) 997-0136
FAX 02) 997-0137
등 록 2000. 5. 12 제 7-212 호
ISBN 978-89-6628-001-8 값 20,000원